全国高职高专院校药学类专业核心教材

药用植物学

（供药学类、中药学类专业用）

主　编　丁　平

副主编　陈玉秀　刘灿仿　张　雪　李玉春

编　者　（以姓氏笔画为序）

丁　平（江苏医药职业学院）

丁　铃（毕节医学高等专科学校）

马春霓（楚雄医药高等专科学校）

王佳宇（长春医学高等专科学校）

王程成（江苏医药职业学院）

牛　敏（江苏护理职业学院）

刘灿仿（邢台医学高等专科学校）

许　莉（江苏省连云港中医药高等职业技术学校）

严宝飞（江苏卫生健康职业学院）

李玉春（济南护理职业学院）

庞　磊（天津生物工程职业技术学院）

辛晓伟（山东药品食品职业学院）

张　雪（重庆医药高等专科学校）

陈玉秀（湖南食品药品职业学院）

陈秀花（红河卫生职业学院）

迪娜·巴合提（新疆伊宁卫生学校）

唐　敏（四川卫生康复职业学院）

中国健康传媒集团

中国医药科技出版社

内容提要

本教材是“全国高职高专院校药学类专业核心教材”之一，根据高职高专中药学、制药技术应用等专业的教学标准基本要求和课程特点编写而成，涵盖药用植物细胞和组织构造，药用植物器官形态、类型和内部构造以及药用植物分类与资源调查等内容。该教材强化专业实用性，即以《中国药典》（2020年版）一部为依据，通过梳理所收载的植物类药材来源，并结合临床常见常用的中药饮片，系统介绍被子植物56个科的内容，并配上便于学习的彩色图谱（关键点兼顾黑白墨线图）。本教材为书网融合教材，即纸质教材有机融合电子教材、教学配套资源（PPT、微课、视频、图片等）、题库系统、数字化教学服务（在线教学、在线作业、在线考试），使教学资源更加多样化、立体化。本教材主要供高职高专院校药学类、中药学类专业使用，还可作为中药行业专业人员的参考用书。

图书在版编目（CIP）数据

药用植物学/丁平主编．—北京：中国医药科技出版社，2021.12（2024.8重印）.

全国高职高专院校药学类专业核心教材

ISBN 978-7-5214-2886-5

Ⅰ.①药…　Ⅱ.①丁…　Ⅲ.①药用植物学-高等职业教育-教材　Ⅳ.①Q949.95

中国版本图书馆CIP数据核字（2021）第253591号

美术编辑　陈君杞

版式设计　友全图文

出版　**中国健康传媒集团**｜中国医药科技出版社

地址　北京市海淀区文慧园北路甲22号

邮编　100082

电话　发行：010-62227427　邮购：010-62236938

网址　www.cmstp.com

规格　889mm×1194mm 1/16

印张　22

字数　647千字

版次　2021年12月第1版

印次　2024年8月第4次印刷

印刷　天津市银博印刷集团有限公司

经销　全国各地新华书店

书号　ISBN 978-7-5214-2886-5

定价　79.00元

获取新书信息、投稿、为图书纠错，请扫码联系我们。

出版说明

为了贯彻党的十九大精神，落实国务院《国家职业教育改革实施方案》文件精神，将“落实立德树人根本任务，发展素质教育”的战略部署要求贯穿教材编写全过程，充分体现教材育人功能，深入推动教学教材改革，中国医药科技出版社在院校调研的基础上，于2020年启动“全国高职高专院校护理类、药学类专业核心教材”的编写工作。

党的二十大报告指出，要办好人民满意的教育，全面贯彻党的教育方针，落实立德树人根本任务，培养德智体美劳全面发展的社会主义建设者和接班人。教材是教学的载体，高质量教材在传播知识和技能的同时，对于践行社会主义核心价值观，深化爱国主义、集体主义、社会主义教育，着力培养担当民族复兴大任的时代新人发挥巨大作用。在教育部、国家药品监督管理局的领导和指导下，在本套教材建设指导委员会和评审委员会等专家的指导和顶层设计下，根据教育部《职业教育专业目录（2021年）》要求，中国医药科技出版社组织全国高职高专院校及其附属机构历时1年精心编撰，现该套教材即将付梓出版。

本套教材包括护理类专业教材共计32门，主要供全国高职高专院校护理、助产专业教学使用；药学类专业教材33门，主要供药学类、中药学类、药品与医疗器械类专业师生教学使用。其中，为适应教学改革需要，部分教材建设为活页式教材。本套教材定位清晰、特色鲜明，主要体现在以下几个方面。

1. 体现职业核心能力培养，落实立德树人

教材应将价值塑造、知识传授和能力培养三者融为一体，融入思想道德教育、文化知识教育、社会实践教育，落实思想政治工作贯穿教育教学全过程。通过优化模块，精选内容，着力培养学生职业核心能力，同时融入企业忠诚度、责任心、执行力、积极适应、主动学习、创新能力、沟通交流、团队合作能力等方面的理念，培养具有职业核心能力的高素质技能型人才。

2. 体现高职教育核心特点，明确教材定位

坚持“以就业为导向，以全面素质为基础，以能力为本位”的现代职业教育教学改革方向，体现高职教育的核心特点，根据《高等职业学校专业教学标准》要求，培养满足岗位需求、教学需求和社会需求的高素质技术技能型人才，同时做到有序衔接中职、高职、高职本科，对接产业体系，服务产业基础高级化、产业链现代化。

3. 体现核心课程核心内容，突出必需够用

教材编写应能促进职业教育教学的科学化、标准化、规范化，以满足经济社会发展、产业升级对职业人才培养的需求，做到科学规划教材标准体系、准确定位教材核心内容，精炼基础理论知识，内容适度；突出技术应用能力，体现岗位需求；紧密结合各类职业资格认证要求。

4. 体现数字资源核心价值，丰富教学资源

提倡校企“双元”合作开发教材，积极吸纳企业、行业人员加入编写团队，引入一些岗位微课或者视频，实现岗位情景再现；提升知识性内容数字资源的含金量，激发学生学习兴趣。免费配套的“医药大学堂”数字平台，可展现数字教材、教学课件、视频、动画及习题库等丰富多样、立体化的教学资源，帮助老师提升教学手段，促进师生互动，满足教学管理需要，为提高教育教学水平和质量提供支撑。

编写出版本套高质量教材，得到了全国知名专家的精心指导和各有关院校领导与编者的大力支持，在此一并表示衷心感谢。出版发行本套教材，希望得到广大师生的欢迎，对促进我国高等职业教育护理类和药学类相关专业教学改革和人才培养做出积极贡献。希望广大师生在教学中积极使用本套教材并提出宝贵意见，以便修订完善，共同打造精品教材。

数字化教材编委会

主　编　丁　平

副主编　陈玉秀　刘灿仿　张　雪　李玉春

编　者　（以姓氏笔画为序）

丁　平（江苏医药职业学院）

丁　铃（毕节医学高等专科学校）

马春霓（楚雄医药高等专科学校）

王佳宇（长春医学高等专科学校）

王程成（江苏医药职业学院）

牛　敏（江苏护理职业学院）

刘灿仿（邢台医学高等专科学校）

许　莉（江苏省连云港中医药高等职业技术学校）

严宝飞（江苏卫生健康职业学院）

李玉春（济南护理职业学院）

庞　磊（天津生物工程职业技术学院）

辛晓伟（山东药品食品职业学院）

张　雪（重庆医药高等专科学校）

陈玉秀（湖南食品药品职业学院）

陈秀花（红河卫生职业学院）

迪娜·巴合提（新疆伊宁卫生学校）

唐　敏（四川卫生康复职业学院）

前 言

《药用植物学》是高职中药学及相关专业必修的一门专业基础课程。通过理论知识与实践技能的教学，培养学生掌握药用植物形态学常用术语，熟悉药用植物显微内部构造特点，准确识别及鉴别常见常用药用植物种类的能力，并了解药用植物在临床的应用，为下游中药鉴定技术、中药化学、中药炮制技术等课程服务，具有教学内容多、知识面广、理论性和实践性较强等特点。

本版教材特点：

1. 依据药典标准 通过统计《中国药典》（2020 年版）所收载的植物类药材和饮片的来源，教材覆盖 56 个被子植物科（即药典收载药材和饮片数量多的科），科中所列药用植物均选自《中国药典》（2020 年版）一部所列“药材和饮片”项，以表格形式所列出的药用植物部分选自《中国药典》（2020 年版）四部所列“成方制剂中本版药典未收载的药材和饮片”项。

2. 规范专业内容 按照《中国植物志》、*Species* 2000 *China Node* 或 *The Plant List* 来规范书中所列举药用植物的拉丁名等内容。

3. 实现实例“药化” 打破学科性教材编写思路和方法，突出专业特点，书中基础知识环节涉及举例，全部跟药相关，并列举常见常用药用植物。

4. 选择图谱美观 精心选择药用植物各器官彩色照片并组合，提高药用植物整体辨识的效率和效果；显微内部构造图尽量选用彩色图谱，关键点也配有黑白墨线图。

5. 增强趣味可读 增加情景导入、看一看和药爱生命等栏目，增强教材的趣味性和可读性，使教材不但贴近生活，激发学生的学习兴趣，而且可以作为课外科普读物。

6. 丰富实景资源 配备数字化教学资源如 PPT、实训操作视频、药用植物彩色图谱等，尤其是增加野外采药视频，可以实景再现野外采药情景，既满足教学资源共享，提高教学水平，又利于学生的自学。

本教材编写分工具体如下：丁平编写绪论；庞磊、丁平编写第一章和第二章及实训一到四，刘灿仿编写第三章和实训五，李玉春、丁平编写第四章和实训六和七，王佳宇编写第五章和实训八，陈玉秀编写第六章和实训九，陈秀花编写第七章和实训十，王程成编写第八章和第十六章及实训十三到十八，迪娜·巴合提、丁平编写第九章、第十章、第十一章及实训十一，丁平、许莉编写第十二章、第十三章、第十四章及实训十二，张雪编写第十五章中三白草科至睡莲科、辛晓伟编写第十五章中毛茛科至十字花科、唐敏编写第十五章中景天科至大戟科、丁铃编写第十五章中漆树科至木犀科、严宝飞编写第十五章中龙胆科至茄科、牛敏编写第十五章中玄参科至菊科、马春霓编写第十五章中禾本科至兰科。本套教材彩色照片部分由王满恩、何达裕等提供。

本教材的主要供全国高职高专院校药学类、中药学类专业师生使用，也可作为中药行业专业人员的参考用书。

本教材在编写过程中参阅了许多专家、学者的研究成果和论著，并得到了中国医药科技出版社和各编者及所在院校的大力支持与鼓励，在此一并致谢！

本教材虽经反复审稿和校正，可能仍有不足之处，恳请读者和各院校师生在使用过程中提出宝贵意见，以便修订和改进。

编 者

2021 年 9 月

目录

绪　论

PPT

学习目标

知识目标：

1. **掌握**　药用植物以及药用植物学的相关含义、有代表性的本草著作。
2. **熟悉**　药用植物学的主要研究任务。
3. **了解**　药用植物学学习方法。

技能目标：

能说出药用植物相关含义以及代表性本草著作名称。

素质目标：

培养学生中医药文化自信精神。

我国医药起源于人类的物质生产活动。数千年来，人类繁衍生息，从最初以动物药来医治内、外科疾病到尝试草本类药物，积少成多，代代相传，逐渐形成了较有系统的药物知识。我国药用植物种类较丰富，据第3次中药资源普查，记录我国中药资源（包括植物类、动物类和矿物类等）共计12807种，其中药用植物11146种，约占总数的87%。《中国药典》（2020年版）一部收载616种药材及饮片，其中545种为植物药，涉及药用植物623种。另外还收载46种植物油脂和提取物。中药绝大部分来源于植物，因此，在从事中药领域学习与研究时，掌握药用植物学的基础知识是十分必要的。

一、药用植物学内涵和任务

（一）药用植物学内涵

药用植物是指凡能预防、治疗疾病以及对人体有保健功能的植物。药用植物学是运用植物学的知识和方法来研究药用植物内部构造和外部形态、分类、资源开发和合理利用等内容的一门学科。

（二）药用植物学的任务

药用植物学在中药学、中药制药技术及相关专业中与中药基源研究、品质评价、化学成分及临床效用等密切相关，因此其主要的研究任务如下。

1. 鉴定中药原植物种类，保证药材来源准确　在常用的中药中，植物性药材的种类繁多，来源十分复杂，加上各地用药历史，用药习惯的差异，植物和药材的名称不统一，造成“同名异物”“同物异名”现象十分普遍，如果不准确鉴定其基源，将造成药材的混淆和误用。

同名异物多指同一药材名来源于不同植物的现象。例如在历史上同为白头翁有6科16属37种，当作中药白头翁商品使用的有白头翁属植物6种，其他混用品3科4属4种，后经考证认为：唐代《新修本草》中白头翁即《中国药典》规定使用的为毛茛科植物白头翁 *Pulsatilla chinensis*（Bge.）Regel. 的干燥根。

另如菊科植物黄花蒿 *Artemisia annua* L. 的干燥地上部分入药药材名为青蒿，而菊科青蒿 *Artemisia caruifolia* Buch. －Ham. ex Roxb. 由于体内不含青蒿素而不能作为青蒿药材使用。这种是由于“原植物名”与“药材名”相同而造成的同名异物。

同物异名是指同一植物或药材具有不同名称。如菊科植物鳢肠 *Eclipta prostrate* L. 其干燥地上部分入药药材名为墨旱莲［《中国药典》（2020年版）］。而鳢肠在《图经本草》等中称旱莲草，在《本草备要》中又被称为金陵草，在民间或地方上又有多个异名如水旱莲、莲子草、凉粉草、墨汁草、黑墨草等；另药材名墨旱莲在《图经本草》《中药大辞典》等中，还被称为旱莲草。

因此，准确鉴定原植物种类，澄清中药混乱品种，保证来源准确，是药用植物学首要任务。否则将直接影响中药质量和疗效，甚至威胁患者生命。

2. 调查研究药用植物资源，合理保护与开发利用药源 药用植物资源是中药资源的主要来源，是中医药产业发展的主要物质基础。20世纪60～80年代，我国分别开展了三次全国范围的中药资源普查。2011～2020年，国家中医药管理局又组织开展了第四次全国中药资源普查，对31个省近2800个县开展中药资源调查，汇总了1.3万余种中药资源的种类和分布等信息。

野生药用植物虽说种类上万，但中药工业发展需要消耗大量药用植物资源，传统野生采挖已经不能与工业化生产相匹配。资源总量有限，为确保人们用药的需要，应采取有效措施保护药源、除积极研究并推广野生种变家种外，各地区还应制订合理规划，以便更好地保护野生资源生存环境，确保资源常在。保护与开发利用药用植物资源已成为药用植物学重要任务之一。

3. 利用植物亲缘关系和生物技术等，寻找和扩大新药源 利用植物亲缘关系相近，其体内代谢的生理生化过程相似，所含活性成分近似的这一规律，去寻找新药物资源。如通过第一次中药资源普查，我国植物学家和药学专家根据植物亲缘关系在云南、广西、海南找到了萝芙木，生产降压药物降压灵，取代了印度进口的蛇根木。另外国产安息香、马钱、树胶、胡黄连、大风子、白木香、新疆阿魏等许多国产资源都取代了进口药。

生物技术是20世纪60年代发展起来的新兴技术，包括细胞工程、基因工程、酶工程和发酵工程等。根据植物细胞具有全能性，运用生物技术，充分利用现有药用植物资源，扩大新的药用用途和提高药用植物有效成分含量等方面已取得了较大的成果。

其他如扩大药用部位方面研究。药用植物供药用的部位即是药材，但由于有效成分不仅局限在已供药用的部位，因而可以通过化学、药理和临床对比研究等，发现其他药用部位。例如已成功地从传统只利用钩藤的钩，扩大利用到茎；从仅使用砂仁的果实扩大利用到叶来提制砂仁挥发油；从黄连的根茎扩大试用其须根和地上部；从利用杜仲的皮扩大利用其叶等，使资源能够得到充分利用。

二、药用植物学历史沿革

（一）药用植物学发展简史 微课

药用植物学发展是人们在长期生产实践和与自然及疾病作斗争进程中，不断认识和经验积累发展起来的。古代由于药物中植物类药占大多数，所以古代把记载药物来源与应用知识的书籍称为“本草”，把药学称为“本草学”。

早在三千多年前的《诗经》和《尔雅》中，就分别记载过200和300余种植物，其中有不少为药用植物，如蒹葭（今之芦苇）。

东汉时期的《神农本草经》，收载药物365种，其中植物药237种，是我国现存的第一部记载药物的本草专著，也是我国古代第一部医药经验总结。

南北朝时期梁代陶弘景将《神农本草经》和《名医别录》合并加注而成的《本草经集注》，载药730种，多数为植物药，该书首创按药物自然属性和治疗属性分类的新方法。

唐代李勣、苏敬等23人集体编写的《新修本草》（习称“唐本草”）是以政府名义编修并颁布，被认为是我国第一部国家药典，该书载药844种，其中植物药600种。

宋代唐慎微编著的《经史证类备急本草》收载药物1746种，为我国现存最早的一部完整本草。

明代李时珍经过30多年努力于1578年完成《本草纲目》的编纂，全书载药1892种，附方11000余个，其中植物药1122种。《本草纲目》全面总结了16世纪以前人民认、采、种、制、用药的经验，不仅大大促进了我国医药发展，同时也促进东亚和欧洲各国药用植物学的发展，是本草史上的一部巨著。

清代（1765年）赵学敏编著的《本草纲目拾遗》，共收载药物921种，是《本草纲目》的补充和续编。

清代吴其濬著《植物名实图考》及《植物名实图考长编》共记载植物2552种，是一部论述植物的专著。该书记述确实，插图精美，是研究和鉴定药用植物的重要文献。

新中国成立后，在党和国家的重视下，我国医药事业得到迅速发展，各地陆续成立了多所中医药院校和药用植物教学与研究机构，培养了大量药用植物研究人才。药用植物工作者与相关科学技术人员以药用植物为研究对象，以形态、分类和内部构造为研究内容，为中药混乱品种整理和中药资源调查，做了大量卓有成效的工作。

在这个时期出版了许多中药与药用植物相关的重要专著，如1955～1965年间出版了8册《中国药用植物志》，1985年出版了第9册，共收载450种药用植物，并附有插图。

1959～1961年出版《中药志》，对全国常用500余种中药资料进行了系统的整理（其中收载植物类药物近400余种），并于1982～1994年进行修订并出版《新编植物志》。

1976年、1978年出版《全国中草药汇编》（上、下册）及彩色图谱，其中正文收载植物药2074种，附录中收载1514种，2014年对其进行修订后，内容更加完善。

1977年出版《中药大辞典》（上、下册），收载植物药4773种。

1972～1983年出版《中国高等植物图鉴》共5册及补编1、2册，收录了常见的高等植物8000多种。每种植物均有形态、分布、生境的描述及黑白图。每册还附有相应的分科、分属、分种检索表。

1999年出版《中华本草》全书共34卷，共收载药物8980味，插图8534幅，是迄今为止所收药物种类最多的一部本草专著，代表了我国当代中医药研究最高和最新水平。

1959～2004年出版《中国植物志》，全书80卷126册，记载了我国3万多种植物，共301科408属31142种。是目前世界上最大型、种类最丰富的一部巨著。

1953～2020年出版11个版本《中华人民共和国药典》，从1985年以后每5年出一个新版本，目前现行版为2020年版。

在教科书方面，1949年由中国科学图书公司出版了李承祜教授编著的《药用植物学》教材，这是我国第一部以现代观点编写的教科书。1974年上海人民出版社出版了第一部供中医药院校使用的《药用植物学》教材，随后的多版教材，均继承了该教材，并有所改进。以上这些专著和教材都是我国中药和药用植物研究成果的结晶。

（二）药用植物学学科与课程定位

药用植物学是中药学、药学等相关专业重要的专业基础课，由于中药来源主要为植物，药用植物学与涉及植物种类、药材特征等内容的专业学科均有关系，但其中关系最为密切的有中药鉴定学、中药学、中药炮制学、中药化学。此外，与中药资源学和药用植物栽培学也有较密切的联系。药用植物学是上述学科的基础，要学好上述的专业课程，必须掌握药用植物学。

三、药用植物学的学习方法

药用植物学基本内容主要由植物内部构造及外部形态与植物分类两大部分组成。因为药用植物学具有很强实践性和应用性，涵盖面广，知识点繁多。在学习时必须理论联系实际，做到以下几点。

1. 理论联系实践，正确理解、熟练掌握专业术语 要十分重视实验操作和野外实习，认真观察和比较实物，多走出课堂。大自然中许多植物都是药用植物，通过仔细观察，增强对植物形态结构和内部构造的全面认识，然后结合理论知识，就能加深理解。药用植物学专业术语比较多，只有正确理解和熟练地运用这些专业术语，才能为识别好植物以及后续鉴别好药材等打下坚实基础。

2. 前后联系，系统比较 在学习过程中要善于整理总结，前后联系，抓住植物识别的关键特征，如蓼科的膜质托叶鞘，伞形科的复伞形花序和双悬果等。“有比较才有鉴别”，通过比较不同科以及同科属植物之间的相同点和不同点来加深印象，如唇形科与玄参科、马鞭草科的异同，蔷薇科玫瑰和月季的识别特征，从而快速掌握该科特征以及常见常用药用植物的识别要点。总之，学习过程要抓住重点、难点，带动一般知识点，如可以通过观察有代表性植物来掌握该科的主要特征。

3. 培养兴趣，重视实践 兴趣是学习最好的老师，只有产生兴趣才有学习的动力和积极性，要学好、学活药用植物学，必须多到校园或药用植物园观察植物，遇到不认识的植物，要设法去查阅检索，方能加深印象；同时重视野外采药实习，通过反复实践，提高辨识药用植物的能力。

答案解析

单项选择题

1. 我国现存的最早药学著作，总结了汉以前的药物知识的本草是（　）
   A.《本草纲目》　B.《唐本草》　C.《植物名实图考》
   D.《神农本草经》　E.《经史证类备急本草》
2. 我国现存保存最完整的药学著作是（　）
   A.《本草纲目》　B.《唐本草》　C.《植物名实图考》
   D.《神农本草经》　E.《经史证类备急本草》
3. 首创以药物自然属性分类，为后世以药物性质分类的导源的一部本草著作是（　）
   A.《神农本草经》　B.《本草纲目》　C.《植物名实图考》
   D.《本草经集注》　E.《新修本草》
4. 世界上第一部由国家颁布的药典，开创了我国本草著作图文并茂先河的是（　）
   A.《神农本草经》　B.《本草纲目》　C.《植物名实图考》
   D.《本草经集注》　E.《新修本草》
5. 我国第一部完全记载植物类药的一部本草著作是（　）
   A.《神农本草经》　B.《本草纲目》　C.《植物名实图考》
   D.《本草经集注》　E.《新修本草》

书网融合……

重点回顾

微课

习题

第一章 植物的细胞

学习目标

知识目标：

1. 掌握 细胞后含物中淀粉粒、菊糖和晶体的主要特征和类型。

2. 熟悉 细胞壁的结构和特化类型及纹孔的特点和类型。

3. 了解 植物细胞的基本结构。

技能目标：

1. 学会制作临时标本片。
2. 能熟练使用光学显微镜并会观察植物细胞结构特征。
3. 能在光学显微镜下观察细胞后含物及绘制其结构简图。

素质目标：

培养学生细致入微的观察能力。

导学情景

情景描述：某地村民在自家屋后挖地种菜，偶然挖出如人形的根来，甚喜以为得人参。当日便想洗净用此根熬鸡汤滋补身体，幸得家人劝阻。后将根拿到当地医药院校请专业教师鉴定，鉴定结果为商陆科商陆植物的根。

情景分析：日常生活中，时常看到不少市民采集野生药用植物如枸杞头、马兰头、刺五加叶、蒲公英、荠菜、槐花等进行食疗进补。尽管有些野菜对人体有益，但也有一部分野菜有毒，不慎食之，会影响身体健康，建议一定要采食所熟悉种类，并且加工处理得当，去毒和去涩味，适当食用，以防止中毒引发身体不适。

讨论：人参作为“百草之王”，如何鉴别真伪呢？我们又将如何判断出山民所挖根为商陆呢？

学前导语：中药材人参为五加科植物人参 *Panax ginseng* C. A. Mey. 的根和根茎，薄壁细胞中含草酸钙簇晶。而植物商陆和垂序商陆的根，根形肥大，横切面可见同心性的多环维管束，无簇晶，含草酸钙针晶束。因此可通过外形以及运用“草酸钙结晶”的知识进行显微鉴别，将二者区别开来。

1838 年植物学家施莱登第一个指出“细胞是植物结构的基本单位”。高等植物的个体由许多形态和功能不同的细胞组成，在整体中，它们相互依存，彼此协作，共同完成复杂的生命活动。植物细胞是构成植物体的形态结构和生命活动的基本单位。

植物细胞有多种形态，一般随细胞存在的部位、排列状况和具有的功能不同而不同。存在于植物体表，排列紧密有保护作用的细胞一般多呈扁平长方形、方形、多角形或不规则状；存在于植物体内，排列疏松有贮藏作用的细胞多呈球形和椭圆形，排列紧密有支持作用的细胞多呈长纺锤形，有输导功能的细胞多呈长管状。

植物细胞多数较小，一般在显微镜下才能看见，直径多在 10 ~ 100μm 之间。极少数细胞特别大，肉眼可见，例如番茄果肉细胞和西瓜瓤细胞，直径可达 1mm；棉花种子的表皮毛，长可达 75mm；苎麻茎的纤维细胞，最长达到 550mm。人们把在光学显微镜下可以观察到的内部构造称为显微结构。把在电子显微镜下所观察到的更细微结构称为亚显微结构或超微结构。本书主要学习植物细胞的显微结构。

第一节 植物细胞的基本构造

微课1 微课2

PPT

各种植物细胞的形状和构造不同，就是同一个细胞在不同的发育阶段，其构造也有变化，所以不可能在一个细胞里看到细胞的全部构造。为了便于学习和掌握细胞的构造，将各种植物细胞的主要构造集中在一个细胞里加以说明，这个细胞称为典型的植物细胞或模式植物细胞。

一个模式植物细胞的基本构造主要分为三个部分：①细胞壁；②原生质体；③细胞后含物及生理活性物质（图1－1）。

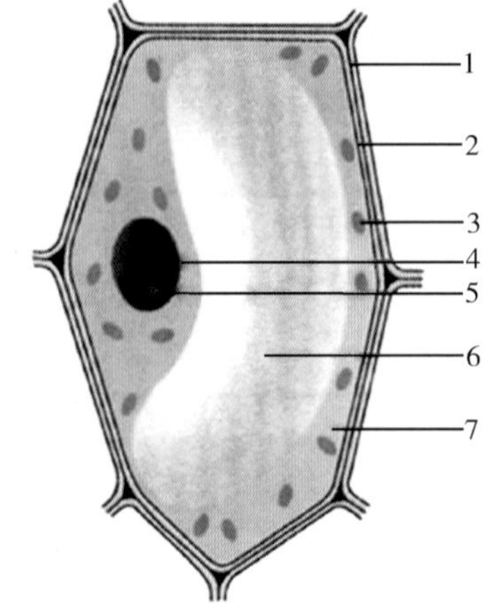

图1－1　植物细胞模式图

1. 细胞壁　2. 细胞质膜　3. 叶绿体　4. 细胞核　5. 核仁　6. 液泡　7. 细胞质

一、细胞壁

细胞壁是由原生质体分泌的非生命物质包裹在原生质体外的一层较坚韧的壳，主要起保护作用。细胞壁是植物细胞特有的结构，是植物细胞与动物细胞相区别的显著特征之一。

（一）细胞壁的结构

细胞壁分为胞间层、初生壁和次生壁等三层（图1－2）。

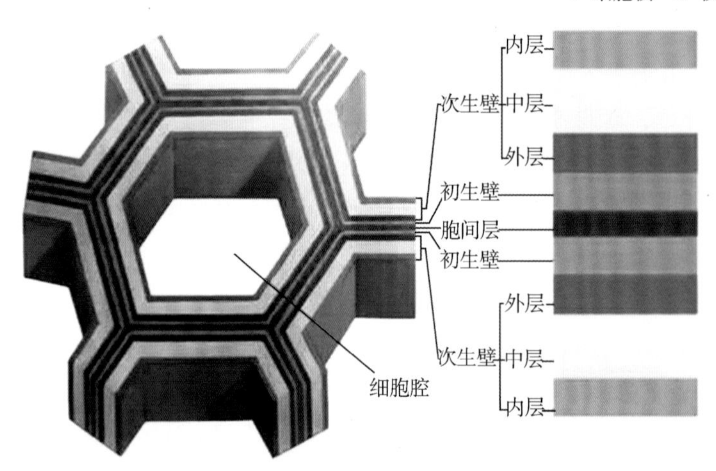

图1－2　植物细胞壁的结构

1. 胞间层　是细胞分裂结束时原生质体分泌形成的细胞壁层，主要成分为果胶质。果胶质能使相邻细胞彼此紧密地粘连在一起，果胶质能被果胶酶分解，可溶于酸和碱。

2. 初生壁　是细胞生长时原生质体分泌形成的细胞壁层，主要成分为纤维素、半纤维素和果胶质。初生壁存在于胞间层内侧，质地柔软，可塑性强，能随细胞的生长而延伸。如图1－2所示。纤维素细胞壁加氯化锌碘试液显蓝色或紫色。

3. 次生壁　是细胞停止生长后原生质体分泌形成的细胞壁层，主要成分是纤维素，还有少量半纤维素。次生壁存在于初生壁内侧，质地较硬，一般无可塑性。有的细胞次生壁较厚，质地坚硬，在光学显微镜下可显出不同的外、中、内三层。当次生壁增得很厚时，原生质体一般死亡，留下细胞壁围成的空腔，称为细胞腔。如图1－2所示。

看一看

沤麻的原理

沤麻是中国古代人民即已使用的获得麻纤维的初加工技术，是利用微生物产生的果胶酶分解果胶质，使亚麻植物茎杆中粘连的细胞彼此发生分离的过程。自然界中有很多能分泌果胶酶的细菌，这些细菌分泌的果胶酶能使果胶质发酵分解，从而使纤维组织与非纤维组织分离。果胶酶首先分解麻类植物韧皮部（皮）与木质部（骨）之间的果胶质，使麻类植物的皮与骨易于分离，接着又分解存在于韧皮部内纤维束之间的果胶质，使纤维束与其周围的非纤维组织分离，从而抽取出可直接供纺织用的优质麻类纤维。

（二）纹孔和胞间连丝

1. 纹孔　细胞壁次生生长时并不完全覆盖初生壁，而在未增厚区域形成一些凹陷或中断部分，这些凹陷或中断部分称为纹孔。相邻两细胞间的纹孔成对存在，称为纹孔对。纹孔对中间隔着胞间层和初生壁，合称纹孔膜。纹孔膜两侧无次生壁的部分称为纹孔腔，纹孔腔通往细胞腔的开口称为纹孔口。

纹孔对有单纹孔、具缘纹孔和半缘纹孔三种（图 1－3）。

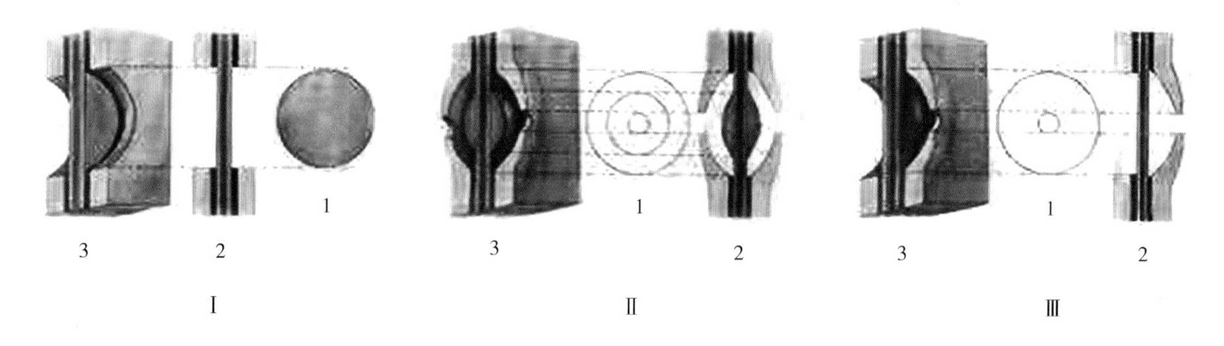

图 1－3　纹孔的类型

Ⅰ. 单纹孔　Ⅱ. 具缘纹孔　Ⅲ. 半缘纹孔

1. 正面图　2. 切面图　3. 立体图

（1）单纹孔　纹孔腔呈圆形或扁圆形孔道，在光学显微镜下正面观察，纹孔口呈一个圆（图 1－3 Ⅰ）。常见于韧皮纤维、石细胞和部分薄壁细胞的细胞壁上。

（2）具缘纹孔　纹孔腔周围的次生壁向细胞腔内呈拱架状隆起，形成纹孔的缘部，纹孔口的直径明显较小。在光学显微镜下正面观察，纹孔口和纹孔腔两者构成两个同心圆。松科、柏科等裸子植物的管胞，纹孔膜中央极度增厚形成纹孔塞，在光学显微镜下正面观察，纹孔口、纹孔塞和纹孔腔三者构成三个同心圆，松、柏科植物的具缘纹孔见图 1－3 Ⅱ。松、柏科植物的具缘纹孔是一种特殊情况。一般正面观察植物细胞的具缘纹孔都为两个同心圆。

（3）半缘纹孔　由具缘纹孔和单纹孔组成的纹孔对，是导管或管胞与薄壁细胞相邻而形成的。在光学显微镜下正面观察，纹孔口和纹孔腔两者构成两个同心圆（图 1－3Ⅲ）。半缘纹孔从正面观察与不具纹孔塞的具缘纹孔相同。

2. 胞间连丝　许多原生质细丝从纹孔处穿过纹孔膜，使相邻细胞彼此联系在一起，这种原生质细丝称为胞间连丝。胞间连丝通常不明显，但柿和马钱子种子的胚乳细胞，由于细胞壁厚，经染色处理后，用光学显微镜可清楚地观察到胞间连丝（图 1－4）。

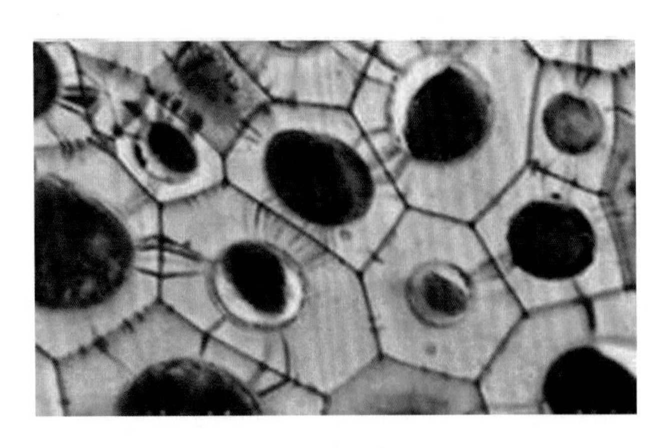

图1-4　胞间连丝

（三）细胞壁的特化

细胞壁主要由纤维素构成，纤维素既亲水又有韧性。由于受环境的影响和生理功能的不同，细胞壁中可渗入其他物质而发生特化现象。

1. 木质化　细胞壁内渗入了木质素。木质素既亲水又坚硬，因而增强了细胞壁的硬度。当细胞壁增得很厚时，细胞一般都死亡。如导管、管胞、木纤维和石细胞等。木质化细胞壁加间苯三酚溶液和浓盐酸显樱红色或红紫色。

2. 木栓化　细胞壁内渗入了木栓质。木栓质亲脂，因而细胞壁不透水和气，使原生质体与外界隔绝而细胞死亡。木栓化细胞壁加苏丹Ⅲ溶液显红色。

3. 角质化　表皮细胞与外界接触的细胞壁外覆盖了一层角质，形成无色透明的角质膜（角质层）。角质亲脂，既能减少水分蒸腾，又能防止雨水的浸渍和微生物的侵袭。角质化细胞壁加苏丹Ⅲ溶液显红色。

4. 黏液化　细胞壁中的部分果胶质和纤维素发生了黏液性变化，如车前子和亚麻子等。黏液化细胞壁加钌红试液显红色。

5. 矿质化　细胞壁内渗入了硅质和钙质，使植物茎和叶变硬，增强了机械支持力。如禾本科植物的茎和叶及木贼的茎，细胞壁中含有大量的硅酸盐。矿质化细胞壁加硫酸或醋酸不发生变化。

练一练

细胞壁内渗入亲脂性的木栓质，细胞壁不透水和气，细胞内的原生质体与外界隔绝而死亡，被称为（　）

A. 角质化　　B. 木质化　　C. 黏液化　　D. 木栓化

答案解析

二、原生质体

原生质体是细胞内有生命物质（原生质）的总称，分为细胞质和细胞核，是细胞的主要部分，细胞的一切代谢活动都在这里进行。细胞质和细胞核在光学显微镜下能明显区别。

（一）细胞质

细胞质是原生质体除掉细胞核所余下的部分。细胞质由细胞质膜（简称质膜）、细胞器和细胞质基质（简称胞基质）三部分组成。

1. 质膜　质膜是细胞质表面的一层紧贴细胞壁的薄膜。质膜在光学显微镜下不易识别，如果用高渗溶液处理，原生质体失水收缩与细胞壁发生质壁分离现象时，用探针可以感觉到细胞质表面有一层光滑的薄膜。

质膜有选择性通透某些物质的特性。质膜的选择透性能使细胞不断地从周围环境取得水分和营养物质，而又把细胞代谢废物排泄出去。细胞一旦死亡，质膜的选择透性就会消失。

2. 细胞器　细胞器是悬浮于细胞质内有特定功能的更微小结构。在光学显微镜下观察植物细胞的细胞器一般可见质体、线粒体和液泡三种。

（1）质体　是绿色植物细胞与动物细胞相区别的显著特征之一，是一类与碳水化合物合成与贮藏有密切关系的细胞器。质体根据色素有无或不同，分为叶绿体、有色体和白色体（图 1－5）。

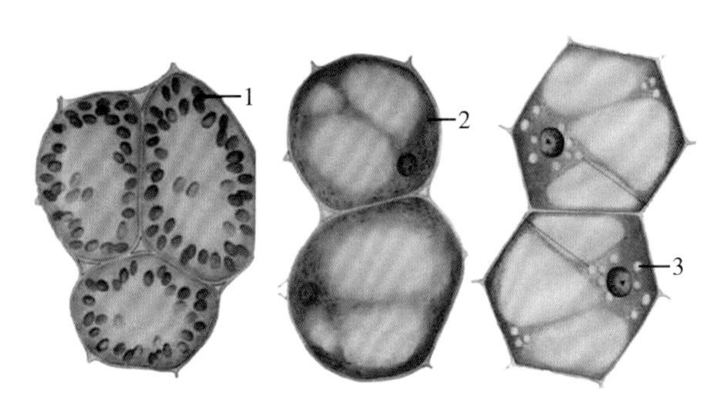

图 1－5　质体的类型

1. 叶绿体　2. 有色体　3. 白色体

①叶绿体：多为球形、卵圆形或扁圆形，一般呈颗粒状分布于绿色植物的叶、幼嫩茎、未成熟果实和花萼等的薄壁细胞中。叶绿体是最重要的质体。叶绿体中含叶绿素、叶黄素和胡萝卜素，其中叶绿素含量最多，是最重要的光合色素。叶绿体是绿色植物进行光合作用的场所。

②有色体：常呈杆状、颗粒状或不规则形，一般存在于花瓣、成熟果实以及某些植物根的薄壁细胞中。有色体主要含胡萝卜素和叶黄素，由于两者的比例不同，因而使不同植物的花、果实呈现黄色、橙色或橙红色等。

③白色体：常呈圆形或纺锤形，不含色素，普遍存在于植物各部的贮藏细胞中，有合成和贮藏淀粉、脂肪和蛋白质的功能。白色体合成和贮藏淀粉时，称造粉体；合成和贮藏脂肪时，称造油体；合成和贮藏蛋白质时，称造蛋白体。

想一想

植物细胞内质体是否能相互转化？怎么转化？

答案解析

（2）线粒体　多呈球状、杆状或细丝状，比质体小，在光学显微镜下需用特殊的染色方法才能识别。线粒体是细胞进行呼吸作用的场所，专门氧化分解糖、脂肪和蛋白质，氧化分解释放出来的能量可源源不断满足细胞生命活动的需要。

（3）液泡　具有一个中央大液泡或几个较大液泡是植物细胞区别于动物细胞的显著特征之一，也是植物细胞发育成熟的显著标志。幼小的植物细胞有许多小液泡，在发育过程中，这些小液泡相互融合并逐渐长大，最后形成一个在光学显微镜下能看见的中央大液泡，中央大液泡一般可占整个细胞体积的 90% 以上。有些细胞在发育过程中，小液泡融合成几个较大液泡，细胞核被这些较大液泡分割成的细胞质索悬挂于细胞的中央。

液泡由一层液泡膜包围着，液泡膜与质膜一样具有选择透性。液泡内的液体称为细胞液，细胞液是多种物质的混合液。

3. 胞基质 是细胞质中除掉质膜和细胞器而无特殊形态的液胶体。胞基质成分十分复杂，有水、无机盐、氨基酸、核苷酸、蛋白质等。胞基质具有一定的弹性和黏滞性。胞基质流动会带动细胞器（除液泡外）在细胞内不断运动，流动快细胞生命活动旺盛，流动慢细胞生命活动微弱，流动停止细胞处于休眠状态或死亡。

由于电子显微镜的使用，人们对细胞的亚显微结构有了更深入的了解。不但发现了细胞核、质膜、叶绿体、线粒体和液泡的超微结构，而且在细胞质中还发现了核糖核蛋白体、高尔基复合体、内质网、溶酶体、圆球体、微粒体、微管和微丝等更微小的细胞器。

（二）细胞核

细胞核是一个折光性较强、黏滞性较大的扁球体。一个细胞一般只有一个细胞核，但也有两个或多个的。细胞核的形状、大小和位置随细胞生长发育而变化。幼小细胞的细胞核呈球形，近于细胞中央，成熟细胞的细胞核多呈扁圆形，偏于细胞一侧。细胞核在未发育成熟的细胞中所占比例较大，在成熟细胞中所占比例较小（图 1－1）。

细胞核由核膜、核仁、染色质（染色体）和核液组成。核膜是包裹细胞核的薄膜，膜上有小孔称为核孔，核孔是细胞核物质进出的通道。核仁是细胞核中一个或数个折光性更强的小体，是核内合成核糖核酸和蛋白质的场所。染色质（由脱氧核糖核酸和蛋白质组成）是易被碱性染料着色的遗传物质；在细胞分裂时，染色质螺旋、折叠、缩短、增粗，成为在光学显微镜下清晰可见的染色体；染色质和染色体是同一物质在细胞不同时期的表现形式。核液是细胞核内无明显结构的液胶体，核仁和染色质就分散在核液内。

三、细胞后含物及生理活性物质 微课 3

（一）细胞后含物

原生质体在新陈代谢过程中产生的非生命物质，统称为细胞后含物。细胞后含物的种类很多，有的是营养物质，有的是非营养物质。细胞后含物的形态和性质是鉴定植物类药材的依据之一。

1. 淀粉 淀粉多贮藏于植物的根、地下茎和种子的薄壁细胞中。一般以淀粉粒形式存在，呈圆球形、卵圆形和多面体形。淀粉粒在白色体内聚积时，先形成脐点（核心），然后再围绕脐点一层一层地聚积淀粉，而最终形成淀粉粒。脐点位于淀粉粒的中间或偏于一侧，有颗粒状、分叉状、裂隙状、星状等。在光学显微镜下，有的植物淀粉粒可见明暗相间的层纹，这是因为淀粉粒分为直链淀粉和支链淀粉。在围绕脐点聚积淀粉粒时，一般直链淀粉和支链淀粉相互交替分层积聚，而直链淀粉比支链淀粉有更强的亲水性，二者遇水膨胀不一，从而在折光上显示明暗差异。淀粉粒有单粒淀粉、复粒淀粉和半复粒淀粉三种（图 1－6）。

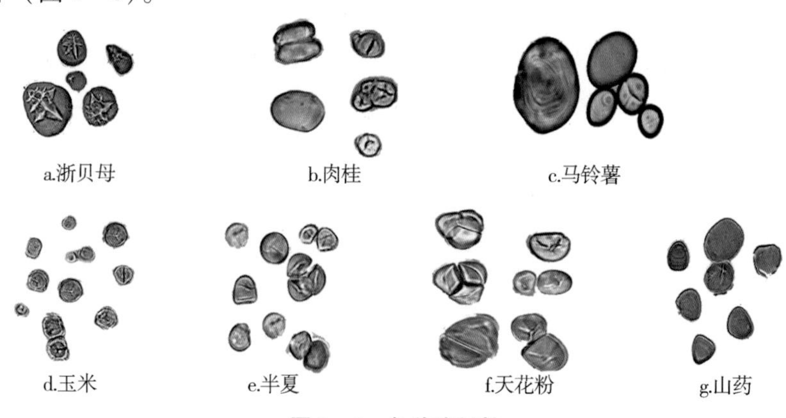

图 1－6 各种淀粉粒

（1）单粒淀粉　每个淀粉粒有一个脐点，围绕脐点有层纹。如浙贝母、山药、肉桂、藕等。

（2）复粒淀粉　每个淀粉粒有两个或多个脐点，围绕每个脐点有自己的层纹。如天花粉、半夏、肉桂、玉米等。

（3）半复粒淀粉　每个淀粉粒有两个或几个脐点，每个脐点除有围绕自己的层纹外，还有共同的层纹。如半夏、牡丹皮等。

在含有淀粉粒的植物细胞中，一般单粒淀粉和复粒淀粉比较常见，半复粒淀粉相对较少。淀粉粒加稀碘溶液显蓝紫色。

2. 菊糖　菊糖多存在于桔梗科和菊科植物根的细胞中，易溶于水，不溶于乙醇。把含有菊糖的材料浸入乙醇中一周后做成切片，置光学显微镜下观察，在细胞内可见呈球形、半球形的菊糖结晶（图1－7）。菊糖加10% α－萘酚乙醇溶液再加硫酸，显紫红色并溶解。

3. 蛋白质　贮藏蛋白质无生命活性，与组成原生质体的蛋白质不同，有结晶和无定形颗粒两种。结晶蛋白质常呈方形，有晶体和胶体的二重性，称为拟晶体。无定形蛋白质常有一层膜包裹呈圆球形，特称糊粉粒。糊粉粒较多地分布于植物种子的胚乳或子叶细胞中。谷类种子的糊粉粒集中分布在胚乳最外面的一层或几层细胞中，特称为糊粉层。豆类种子的糊粉粒存在于子叶细胞中，以无定形颗粒为主，还含有一至几个拟晶体。蓖麻种子胚乳细胞的糊粉粒，除拟晶体外还含有磷酸盐球形体（图1－7）。蛋白质加碘溶液显暗黄色；加硫酸铜和苛性碱水溶液显紫红色。

4. 油脂　油脂是油和脂的总称，在常温下呈液态的称为油，如菜籽油、芝麻油、花生油等；呈固态或半固态的称为脂，如可可豆脂、乌桕脂等。油脂常存在于植物种子的细胞内，并分散于细胞质中（图1－7）。油脂加苏丹Ⅲ溶液显橙红色；加紫草试液显紫红色。

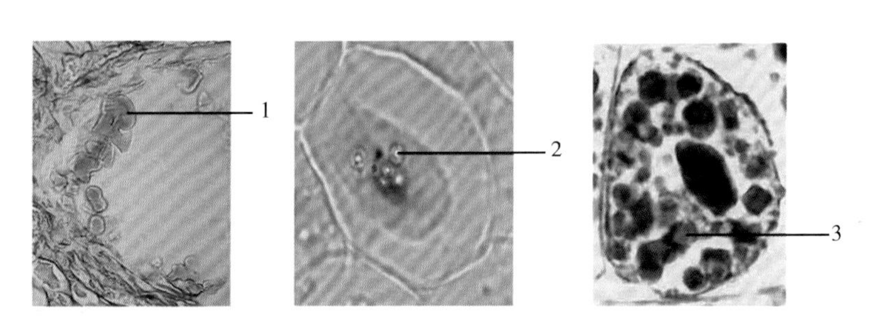

图1－7　贮藏的营养物质

1. 菊糖　2. 糊粉粒　3. 油脂

5. 晶体　晶体是植物细胞新陈代谢形成的物质，主要存在于液泡内，有的呈溶解状，有的呈结晶状。如无机盐、有机酸、挥发油、苷、生物碱、单宁（鞣质）、色素、树脂和晶体等。在细胞中形成晶体，可避免代谢产生的废物对细胞的危害。植物细胞是否存在晶体，以及晶体的种类、形态和大小等是鉴别植物类药材的依据之一。晶体主要为草酸钙晶体，还有碳酸钙晶体。

（1）草酸钙晶体　草酸钙晶体是植物体在代谢过程中产生的草酸与钙结合而成的晶体。草酸钙晶体无色透明或呈暗灰色，常见有以下几种。

①簇晶：晶体呈多角星状，是由许多菱形、八面体形的单晶聚集而成，如大黄、人参、曼陀罗叶等（图1－8a）。

②针晶：晶体呈针状，但一般是由许多单个针晶聚集成针晶束，存在于黏液细胞中，如半夏、黄精等（图1－8b）。

③方晶：晶体呈方形、斜方形、长方形或菱形，如甘草、番泻叶等（图1－8c）。

④砂晶：晶体呈细小三角形、箭头形或不规则形，大量散布于细胞内，如地骨皮、颠茄、牛膝等

（图1－8d）。

⑤柱晶：晶体呈长柱形，长为直径的4倍以上，如射干等鸢尾科植物（图1－8e）所示。

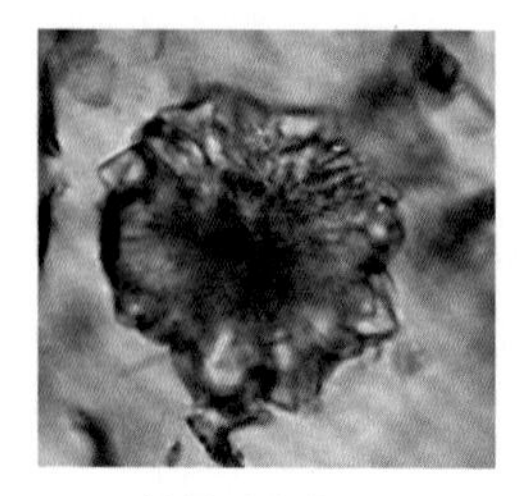
a.簇晶（大黄根茎）

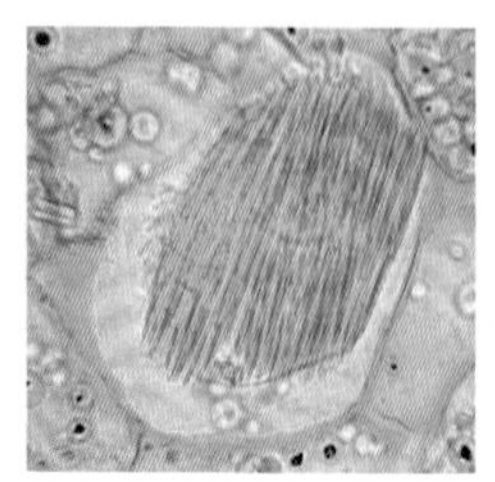
b.斜晶束（半夏块茎）

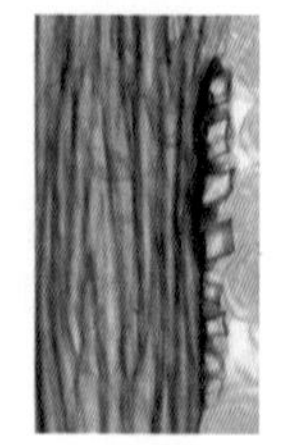
c.方晶（甘草根）

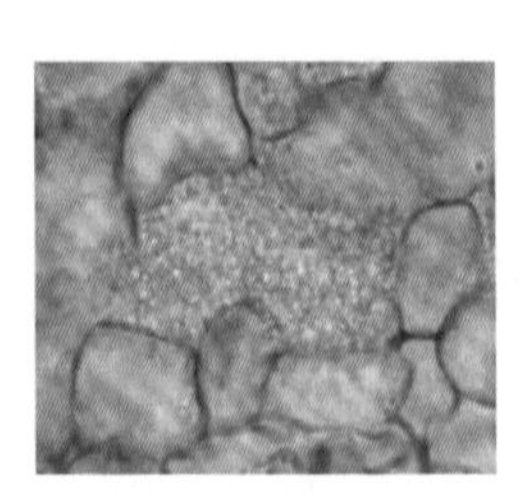
d.砂晶（地骨皮根）

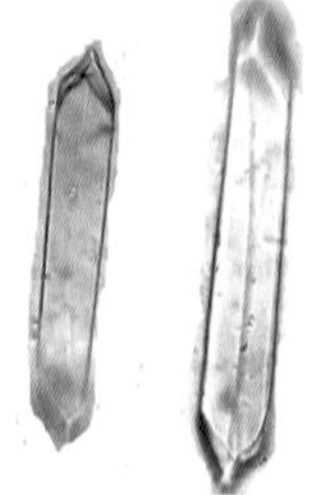
e.柱晶（射干根茎）

图1－8　草酸钙晶体

（2）碳酸钙晶体　多存在于桑科、荨麻科等植物中，晶体一端与细胞壁相连，另一端悬于细胞腔内，状如一串悬垂的葡萄，称为钟乳体（图1－9）。碳酸钙晶体遇醋酸溶解，并放出二氧化碳，而草酸钙晶体则不溶，由此可鉴别。

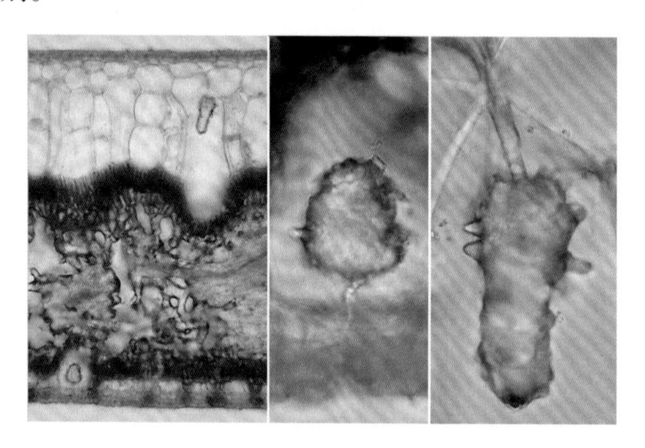

图1－9　碳酸钙晶体

此外，除草酸钙结晶和碳酸钙结晶以外，还有石膏结晶，如柽柳叶；靛蓝结晶，如菘蓝叶；橙皮苷结晶，如吴茱萸和薄荷叶；芸香苷结晶，如槐花等。

（二）生理活性物质

生理活性物质是对细胞内的生化反应和生理活动起调节作用的物质的总称，包括酶、维生素、植物激素、抗生素等，这些物质统称为生理活性物质。虽然它们含量甚微，但对植物体的生长、发育、代谢等都具有非常重要的作用。

第二节　植物细胞的分裂、生长和分化

PPT

一、植物细胞的分裂和生长

植物生长是靠细胞数量的增加和细胞体积的增大来实现的。植物细胞的生长是有一定限度的，当体积达到一定大小后，便会停止生长。细胞最后的大小，随植物的种类和细胞的类型而异，这说明生长受遗传因子的控制。但是，细胞生长的速度和细胞的大小，也会受环境条件的影响，例如在水分充足、营养条件良好、温度适宜时，细胞生长迅速，体积亦较大，在植物体上反映出根、茎生长迅速，

植株高大，叶宽而肥嫩。反之，水分缺乏、营养不良、温度偏低时，细胞生长缓慢，而且体积较小，在植物体上反映出生长缓慢、植株矮小、叶小而薄。

植物细胞的分裂主要有两个方面的作用。一是增加体细胞的数量，使植物生长茁壮，二是形成生殖细胞，用以繁衍后代。植物细胞的分裂通常有三种方式：有丝分裂、无丝分裂和减数分裂等。

（一）有丝分裂

有丝分裂是细胞分裂中最普遍的一种方式。根尖和茎尖的分生组织、形成层细胞的分裂，就是有丝分裂。有丝分裂是一个连续而复杂的过程。一般细胞的分裂都以这种方式进行。

（二）无丝分裂

无丝分裂也称直接分裂，是细胞分裂较简单的一种方式，在分裂时不出现染色体。过去认为无丝分裂在低等植物内较为常见，在高等植物中少见。近来研究，证实无丝分裂在高等植物体中也普遍存在，无论在未分化的组织和已分化的组织中都可以见到，尤其是生长迅速的地方，如愈伤组织、薄壁组织、生长点、表皮、叶柄、不定芽、不定根的产生，以及胚乳形成时，无丝分裂更是普遍存在。

（三）减数分裂

减数分裂是形成生殖细胞的一种分裂方式。它是母细胞进行两次与有丝分裂相似的细胞分裂，但染色体只复制一次，结果是每个子细胞的染色体数只有母细胞的一半，成为单倍染色体（n），故称减数分裂。

种子植物在有性生殖时所产生的精子和卵细胞经过减数分裂以后，方能形成单倍体（n），由于精子和卵细胞的结合，又恢复成为二倍体（2n），使子代的染色体仍保持与亲代同数的染色体，不仅保证了遗传的稳定性，而且还保留了父母双方的遗传物质而扩大变异，增强适应性。在栽培育种上，常利用减数分裂，进行品种间杂交，培育新品种。

二、植物细胞的分化

多细胞生物中，细胞的功能具有分工，与之相适应的，在细胞形态上就出现各种变化，例如绿色细胞专营光合作用，适应这一功能，细胞中相应地会出现大量叶绿体。表皮细胞行使保护功能，细胞内不发育出叶绿体，而在细胞壁的结构上有所特化，发育出明显的角质层。细胞这种结构和功能上的特化，称为细胞分化。细胞分化表现在内部生理变化和形态外貌变化两个方面，生理变化是形态变化的基础，但是形态变化较生理变化容易察觉。细胞分化使多细胞植物中细胞功能趋向专门化，这样有利于提高各种生理功能的效率。因此，分化是进化的表现。

植物体的个体发育，是植物细胞不断分裂、生长和分化的结果。植物在受精卵发育成成年植株的过程中，最初受精卵重复分裂，产生一团比较一致的分生细胞，此后细胞分裂逐渐局限于植物体的某些特定部位，而大部分的细胞停止分裂，进行生长和分化。

药爱生命

草酸钙结石为泌尿系统最常见的结石种类，且术后复发率较高。迄今为止，研究认为草酸钙结石形成机制比较复杂，且确切机制尚不明确。那么日常饮食中，我们如何预防这类病的产生呢？草酸存在于许多食物中，想要避免草酸钙结石，既要减少食用草酸含量高的食物，像茶、花生、草莓、菠菜、麦麸和各种坚果等，还要防止草酸和钙含量高的食物同食，即避免草酸含量高的菠菜、草莓、西红柿、酸橙等和钙含量高的豆制品、牛奶等同食。

目标检测

答案解析

一、单项选择题

1. 下列显微镜结构中属于机械构造的是（　）
   A. 目镜　　B. 物镜　　C. 聚光器
   D. 物镜转换器　　E. 以上都不是
2. 下列显微镜结构中属于光学构造的是（　）
   A. 目镜　　B. 镜座　　C. 载物台
   D. 物镜转换器　　E. 调焦螺旋
3. 下列显微镜的操作顺序中正确的是（　）
   A. 先装片再对光　　B. 先粗调再细调　　C. 先高倍镜观察再低倍镜观察
   D. 先细调再粗调　　E. 以上都错
4. 相邻两细胞共用的薄层，这是细胞分裂时最初形成的，其为（　）
   A. 细胞壁　　B. 胞间层　　C. 初生壁
   D. 次生壁　　E. 以上均不是
5. 木质化的细胞壁加间苯三酚和浓盐酸显（　）
   A. 红色或紫红色　　B. 橙红色　　C. 紫色
   D. 黄棕色　　E. 黄色
6. 角质化细胞壁用（　）染色呈橙红色
   A. 稀碘液　　B. 苏丹Ⅲ　　C. 浓硫酸
   D. 间苯三酚　　E. 以上均不是
7. 植物细胞内有生命物质的总称是（　）
   A. 质体　　B. 细胞质　　C. 原生质体
   D. 细胞液　　E. 细胞壁
8. 具有两个或多个脐点，每个脐点有自己的层纹，这是（　）
   A. 单粒淀粉　　B. 半复粒淀粉　　C. 复粒淀粉
   D. 淀粉粒　　E. 糊粉粒
9. 具有一个脐点，每个脐点有无数的层纹，这是（　）
   A. 单粒淀粉　　B. 半复粒淀粉　　C. 复粒淀粉
   D. 淀粉粒　　E. 糊粉粒
10. 具有两个或多个脐点，每个脐点除了有各自层纹，在外还有共同层纹是（　）
    A. 单粒淀粉　　B. 半复粒淀粉　　C. 复粒淀粉
    D. 淀粉粒　　E. 糊粉粒
11. 下列除哪项外，均为草酸钙晶体的形状（　）
    A. 钟乳体　　B. 簇晶　　C. 针晶
    D. 方晶　　E. 砂晶
12. 一般牛膝薄壁细胞中所含的草酸钙结晶为（　）

A. 方晶　　B. 簇晶　　C. 针晶
D. 柱晶　　E. 砂晶

13. 大黄根茎和甘草根混合粉末中，可见到哪种类型的草酸钙晶体（　）
A. 针晶和方晶　　B. 柱晶和砂晶　　C. 针晶和簇晶
D. 簇晶和方晶　　E. 以上都不是

14. 无花果叶和穿心莲叶中含有的晶体类型为（　）
A. 靛蓝晶体　　B. 草酸钙簇晶　　C. 硫酸钙晶体
D. 芸香苷晶体　　E. 钟乳体

15. 加碘液细胞呈蓝紫色的细胞后含物是（　）
A. 草酸钙方晶　　B. 脂肪　　C. 蛋白质
D. 淀粉　　E. 碳酸钙晶体

二、多项选择题

1. 下列说法中正确的是（　）
A. 观察显微镜时，要两眼同时睁开
B. 观察任何标本，都必须先用低倍镜，再用高倍镜
C. 直接转动物镜，将低倍镜转到高倍镜
D. 对光时应把光圈完全关闭
E. 对光时应先把聚光器升至最高

2. 细胞壁的结构分层有（　）
A. 初生壁　　B. 木栓层　　C. 胞间层
D. 胞间连丝　　E. 次生壁

3. 细胞壁上（　）和（　）的存在，都有利于细胞和环境及细胞之间的物质交流，使多细胞植物在结构和生理活动上成为一个统一的有机体
A. 初生壁　　B. 纹孔　　C. 胞间层
D. 胞间连丝　　E. 次生壁

4. 植物细胞特有的细胞器是（　）
A. 线粒体　　B. 质体　　C. 液泡
D. 细胞核　　E. 细胞壁

5. 植物细胞后含物中能作为鉴定药材的依据的有（　）
A. 细胞核　　B. 淀粉　　C. 叶绿体
D. 草酸钙结晶　　E. 菊糖

书网融合……

重点回顾

微课 1

微课 2

微课 3

习题

第二章　植物的组织

学习目标

知识目标：

1. 掌握　各种植物组织的主要特征和维管束的类型。

2. 熟悉　各种植物组织的概念和分类。

3. 了解　各种组织在植物体内的分布及生理功能。

技能目标：

1. 学会制作各组织的临时标本片。
2. 能在光学显微镜下辨别各种毛茸、气孔轴式、导管、石细胞与纤维等组织。
3. 会绘制各种组织简图。

素质目标：

养成严谨、实事求是的科学态度；培养自主学习能力。

导学情景

情景描述：三七是常用中药，能化瘀止血、活血止痛，治疗冠心病等心脑血管疾病有良好的功效。三七主产于云南和广西，近年来受到消费者青睐，三七价格连年走高，3 年内价格涨了近 7 倍，由于价格持续走高，三七质量下滑，伪品也层出不穷。

情景分析：正品三七呈类圆锥形或圆柱形，表面灰褐色或灰黄色，顶端有茎痕，周围有瘤状突起，俗称“猴头三七”。体重，质地坚实，打碎后断面呈灰绿色或黄绿色，气微，味苦而回甜。

讨论：如何鉴别假冒的三七呢？

学前导语：莪术和三七质地相似，是最常作为加工伪品三七的原料。不法分子将莪术去外皮，用刀雕刻成三七外形来冒充三七。这类伪品形状、颜色和正品相似，但无外皮，且可看到刀削痕迹，质地坚实极难辨断，口尝味微辛辣。笔者还在市场见到一种压制的伪品三七，原料不详，外形和正品相似，无外皮，表面灰黄色，质地坚实，敲碎无植物组织构造，断面白色，粗颗粒状，味淡。

许多来源相同，形态、结构相似，具有同一种生理功能的细胞群，称植物组织。植物的各种器官（根、茎、叶、花、果实和种子等）都是由多种组织构成的。

第一节　植物组织的类型

微课 1　微课 2

PPT

植物组织根据其结构和生理功能的不同，分为分生组织、保护组织、薄壁组织、机械组织、输导组织、分泌组织六类。后五类组织是由分生组织的细胞分裂、分化、生长发育成熟的组织，因此称为成熟组织。

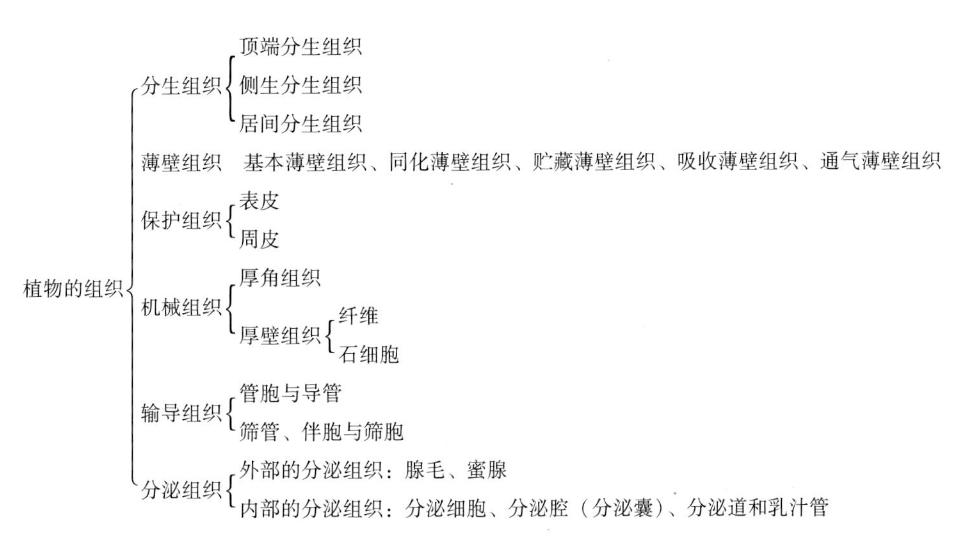

一、分生组织

分生组织是具有分裂能力的细胞组成的细胞群。位于植物体的生长部位，主要存在于茎尖和根尖。分生组织的细胞小、略呈等边形、排列紧密、无细胞间隙，细胞核大、细胞壁薄、细胞质浓、液泡不明显。由于分生组织能够不断的分裂生长，一部分细胞仍保持着分生能力，另一部分细胞则分化形成其他各种组织。

（一）按来源性质分

按来源性质分为下列三种。

1. 原分生组织　直接由种子的胚保留下来的分生组织，一般具有持续而强烈的分裂能力，位于根、茎的顶端。

2. 初生分生组织　由原生分生组织分裂衍生的细胞所组成，细胞在形态上出现初步分化，向着成熟的方向发展，但仍具有较强的分裂能力，是一边分裂，一边分化的分生组织。

3. 次生分生组织　由已成熟的某些薄壁组织（如表皮、皮层、髓射线等）重新恢复分裂能力而形成的分生组织，成为次生分生组织，包括形成层和木栓形成层。次生分生组织产生次生构造，使植物的根和茎加粗生长。

（二）按存在部位分

按存在部位分为下列三种（图2－1）。

1. 顶端分生组织　存在于根、茎的顶端，包括原分生组织和初生分生组织。顶端分生组织细胞的分裂和生长，使根、茎不断地伸长、长高。

2. 侧生分生组织　存在于根、茎的四周，包括形成层和木栓形成层。侧生分生组织的活动，使根、茎不断地长粗。大多数单子叶植物无侧生分生组织，故不能加粗生长。

3. 居间分生组织　存在于某些植物叶基部、茎节间基部或子房柄等处，是由顶端分生组织保留下来形成的或者是由已经分化的薄壁组织恢复分裂能力后形成分生组织。

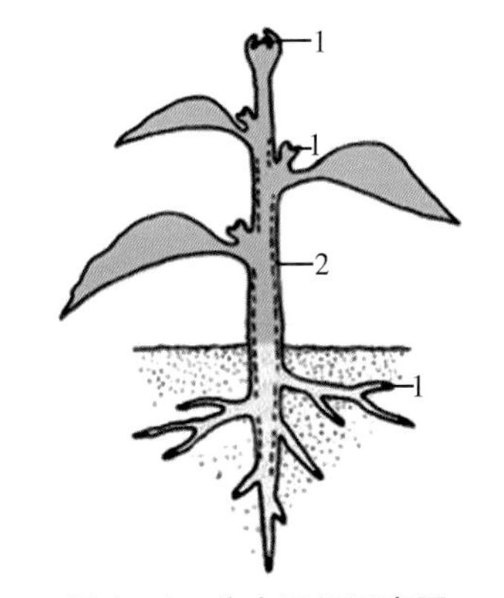

图2－1　分生组织示意图
1. 顶端分生组织　2. 侧生分生组织

二、薄壁组织

薄壁组织也称基本组织，在植物体内分布很广，占有最大的体积，是植物体的基本组成部分，具有同化、贮藏、吸收、通气等营养功能。其细胞体积大，是生活细胞，常为球形、椭圆形、圆柱形、多面体、星形等，排列疏松，细胞壁薄，具单纹孔，液泡较大。薄壁组织分化程度较低，具有潜在的分生能力，在某些情况下，可转变为分生组织或进一步发展为其他组织。根据细胞结构和生理功能的不同，薄壁组织常可分为下列几种类型（图2-2）。

1. 基本薄壁组织 在根、茎的皮层、髓部主要起填充和联系其他组织的作用，且可在一定条件下转化为次生分生组织。

2. 同化薄壁组织 又称绿色薄壁组织，细胞内含有叶绿体，能进行光合作用。

3. 贮藏薄壁组织 贮藏营养物质，存在于植物的根、茎、果实和种子中。

4. 吸收薄壁组织 从外界吸收水分和无机盐类，位于根的尖端。

5. 通气薄壁组织 具有发达的细胞间隙，对植物体有漂浮和支持作用，如莲的根状茎、灯芯草的茎髓等。

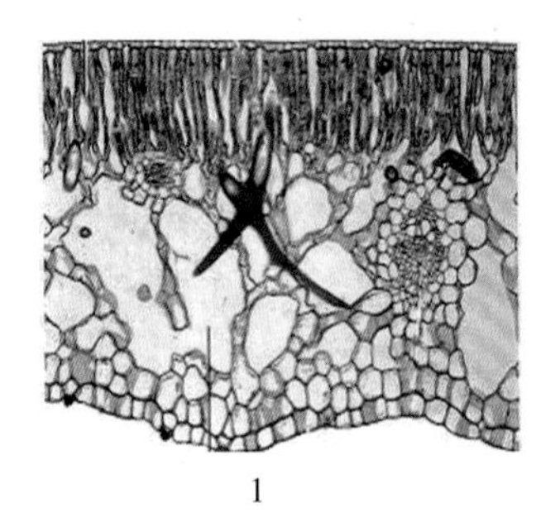
1

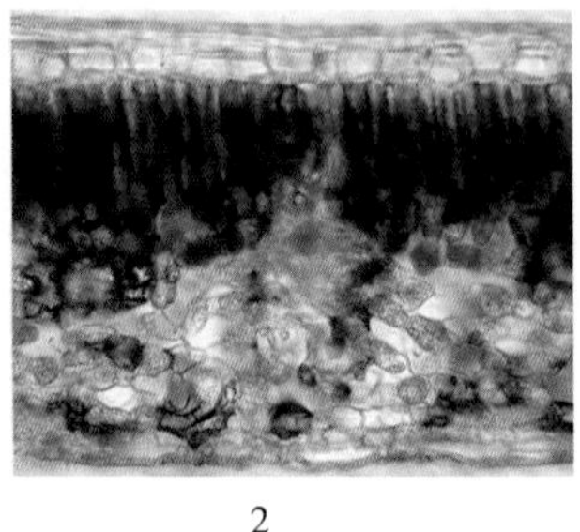
2

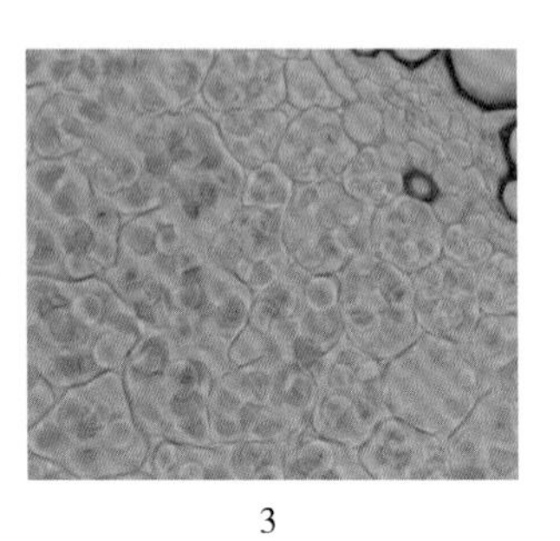
3

图2-2 几种基本植物组织

1. 通气薄壁组织 2. 同化薄壁组织 3. 贮藏薄壁组织

三、保护组织 微课3

保护组织包被在植物各个器官的表面，保护着植物的内部组织，能防止水分过度散失和外界不良环境的伤害。由于来源和形态结构不同，保护组织分为表皮和周皮，前者属于初生保护组织，后者则为次生保护组织。

（一）表皮

表皮存在于植物器官的表面，由初生分生组织的原表皮分化而来，通常由一层活细胞组成。表皮细胞常为扁平状长方形、方形、长柱形、多角形或不规则形，排列紧密，无细胞间隙，细胞内有细胞核、大型液泡及少量的细胞质，一般不含叶绿体。细胞内壁和侧壁一般较薄，外壁较厚，同时角质化，并常覆盖角质层，有的还具有蜡被。角质和蜡被都是脂类物质，能增强细胞壁的保护作用。部分表皮细胞分化成气孔和毛茸。气孔和毛茸是鉴别药材的重要依据之一（图2-3）。

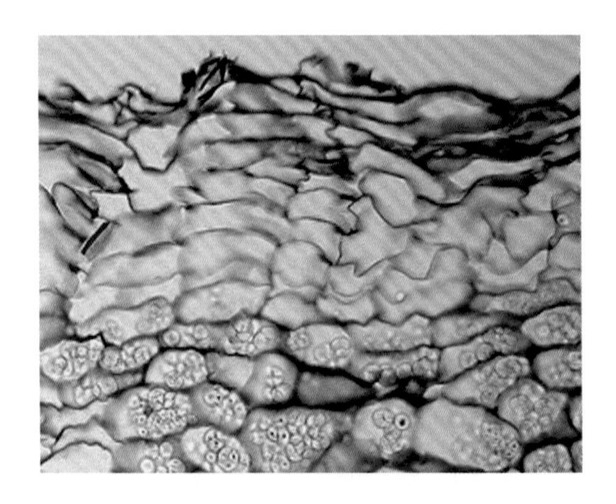

图2-3 表皮

1. 气孔 气孔是气体进入植物体的门户，主要分布在叶片、嫩茎、花、果实的表面，是由两个肾形保卫细胞对合而成的小孔。保卫细胞有明显的细胞核，含有叶绿体，细胞质丰富。保卫细胞周围的表皮细胞，称为副卫细胞。气孔是植物体控制气体交换和调节水分蒸发的通道（图2-4）。

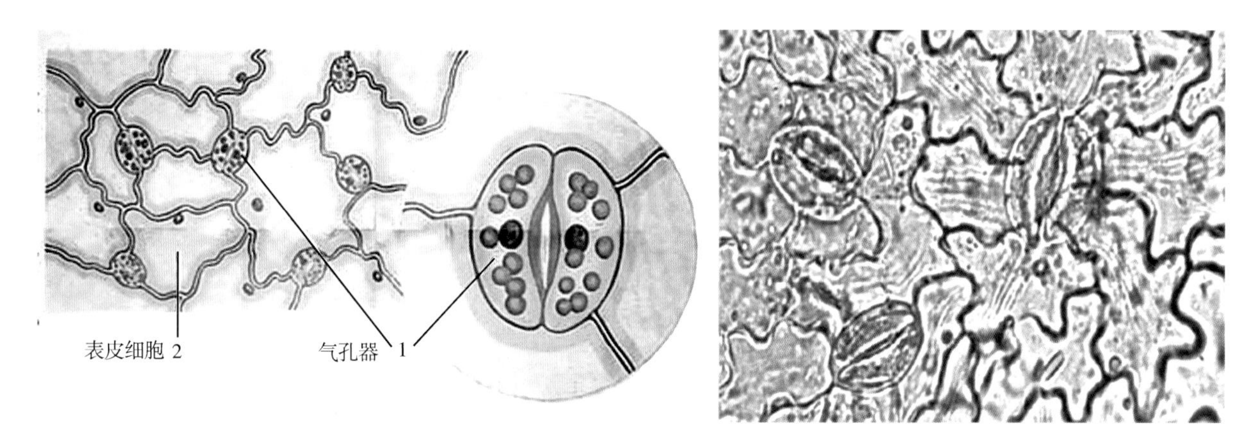

图 2－4　叶的表皮细胞和气孔

保卫细胞与其周围副卫细胞的排列方式，称为气孔轴式或气孔类型。常见有以下几种类型（图 2－5）。

（1）直轴式　保卫细胞周围有 2 个副卫细胞，保卫细胞与副卫细胞的长轴互相垂直。如薄荷叶、紫苏叶、穿心莲叶等。

（2）平轴式　保卫细胞周围有 2 个副卫细胞，保卫细胞与副卫细胞的长轴互相平行。如番泻叶、常山叶、茜草叶等。

（3）不等式　保卫细胞周围有 3～4 个副卫细胞，其中一个副卫细胞显著较小。如忍冬叶、颠茄叶、白曼陀罗叶等。

（4）不定式　保卫细胞周围的副卫细胞数目不定，且形状与表皮细胞无明显区别。如杭白菊、洋地黄叶、桑叶等。

（5）环式　保卫细胞周围的副卫细胞数目不定，其形状比其他表皮细胞狭窄，并围绕保卫细胞呈环状排列。如八角金盘叶、茶叶、桉叶等。

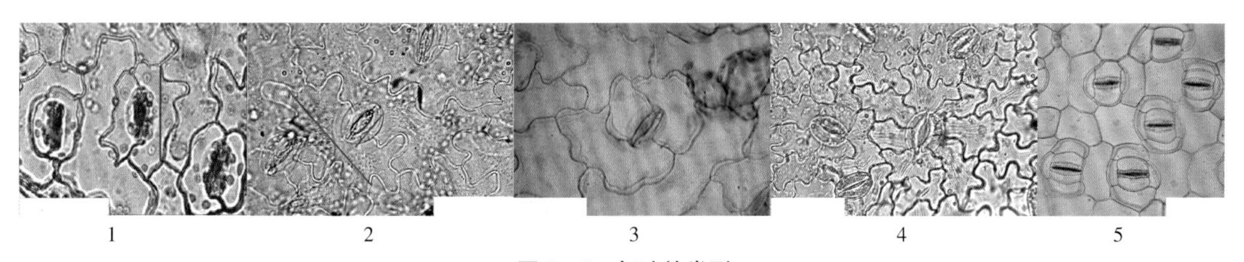

图 2－5　气孔的类型

1. 平轴式气孔　2. 直轴式气孔　3. 不等式气孔　4. 不定式气孔　5. 环式气孔

2. 毛茸　有些表皮细胞向外突起可形成各种毛茸，毛茸分为腺毛和非腺毛两种类型。

（1）腺毛　具分泌作用的毛茸，分为腺头和腺柄。腺头膨大，位于顶端，有分泌作用；腺柄连接腺头与表皮。腺毛由于组成头、柄部细胞的多少不同而呈各种形状。在唇形科植物叶的表皮上有一种腺毛，具极短的单细胞柄，腺头由 4～8 个细胞组成，特称为腺鳞（图 2－6）。

（2）非腺毛　不具分泌作用的毛茸，由单细胞或多细胞组成，无头、柄之分，顶端狭尖，种类较多（图 2－7）。

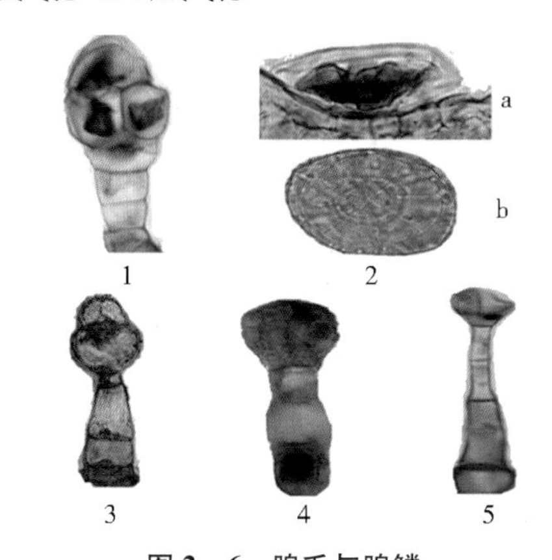

图 2－6　腺毛与腺鳞

1. 南瓜　2. 薄荷叶（a. 侧面观　b. 顶面观）
3. 向日葵　4. 忍冬叶　5. 天竺葵叶

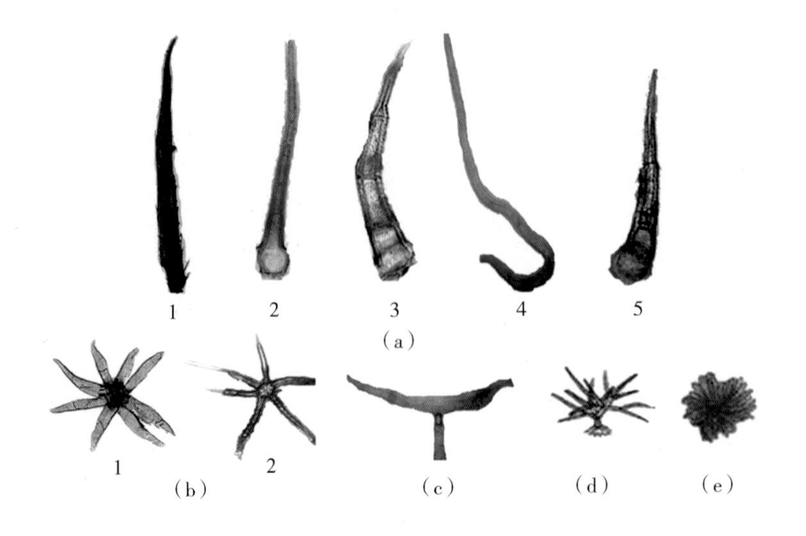

图 2-7　各种非腺毛

(a) 线状毛（1. 杜鹃叶 2. 大青叶 3. 荔枝草叶 4. 枇杷叶 5. 蒲公英叶）
(b) 星状毛（1. 石韦叶 2. 红花槲木叶）　(c) 丁字毛（杭白菊叶）
(d) 分枝毛（薰衣草叶）　(e) 鳞毛（油橄榄叶）

（二）周皮

大多数草本植物器官的表面，终生具有表皮。木本植物，只有叶始终有表皮，而根和茎的表皮仅见于幼年时期，后来由于根和茎在加粗过程中表皮被破坏，这时，植物相应的形成次生保护组织——周皮，代替表皮行使保护作用。周皮由木栓层、木栓形成层和栓内层三者组成（图 2-8）。

1. 木栓层　是由木栓形成层向外分生的多层扁平细胞构成，细胞排列紧密整齐，无细胞间隙，细胞壁木栓化，细胞内的原生质体解体，为死细胞。木栓化的细胞壁不易透水、透气，是良好的保护组织。

2. 木栓形成层　为次生分生组织，在茎中由表皮、皮层、韧皮部薄壁细胞发育而来。在根中木栓形成层一般由中柱鞘细胞产生。木栓形成层细胞向外分生形成木栓层，向内分生形成栓内层。

周皮形成时，位于气孔内方的木栓形成层向外分生许多排列疏松的类圆形薄壁细胞，称填充细胞。由于填充细胞的积累，将表皮突破形成皮孔。在木本植物的茎枝上，皮孔多呈条状或点状突起。它是植物体进行气体交换的通道（图 2-9）。

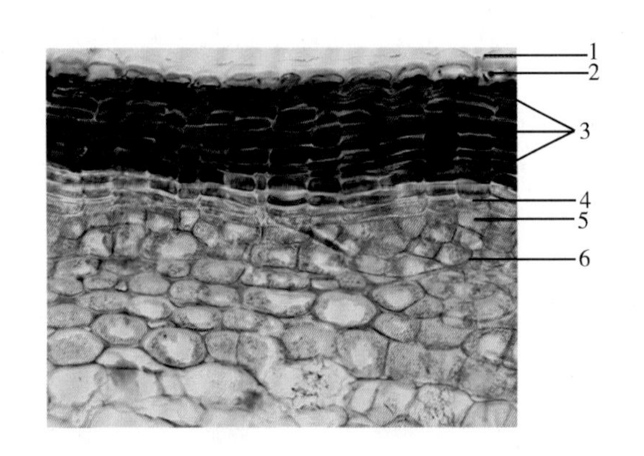

图 2-8　周皮

1. 角质层　2. 表皮　3. 木栓层
4. 木栓形成层　5. 栓内层　6. 皮层

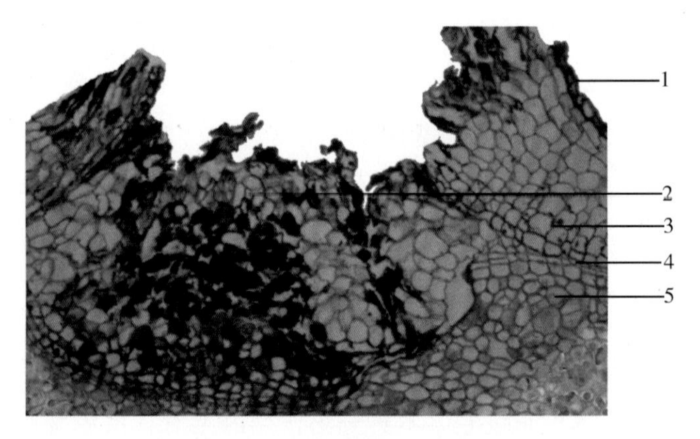

图 2-9　皮孔横切面（接骨木）

1. 表皮　2. 填充细胞　3. 木栓层
4. 木栓形成层　5. 栓内层

四、机械组织

微课4

机械组织是细胞壁明显增厚并对植物体起支持作用的细胞群。根据细胞壁增厚的部位和程度不同，可分为厚角组织和厚壁组织。

（一）厚角组织

厚角组织的细胞常呈多角形，初生壁不均匀加厚，一般只在角隅处加厚，不木质化，是生活细胞。常存在于茎、叶柄、主脉、花梗等处，位于表皮下，成环状或束状分布。在有棱脊的茎中，棱脊处就是厚角组织集中的部位，能增强茎的支持力。如薄荷、芹菜的茎（图2－10）。

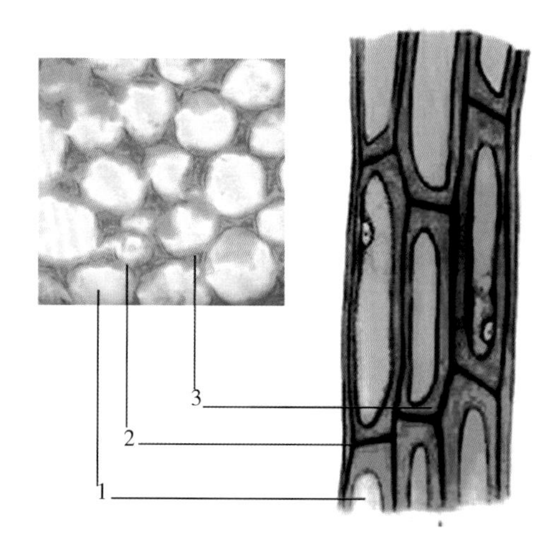

图2－10　厚角组织（芹菜）

1. 细胞质　2. 胞间层　3. 增厚的壁

（二）厚壁组织

细胞壁全面增厚，大都木质化，具层纹和纹孔，胞腔小，成熟后细胞死亡。根据细胞形态不同，分为纤维和石细胞。

1. 纤维　纤维一般是两端尖锐的细长形细胞，增厚的次生壁上具少数纹孔，胞腔狭窄。细胞末端彼此嵌插，形成器官的坚强支柱。根据纤维在植物体内所处的位置不同，可分为韧皮纤维和木纤维两种（图2－11）。

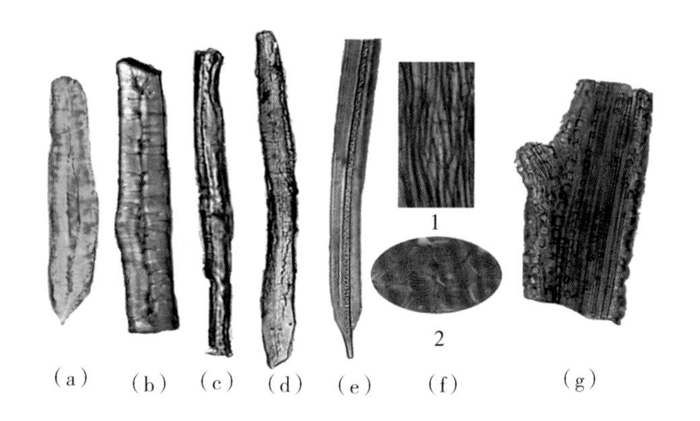

图2－11　纤维与晶纤维

（a）丁香　（b）黄连　（c）丹参　（d）肉桂　（e）山药
（f）纤维束（1. 侧面 2. 横切面）　（g）番泻叶（晶纤维）

看一看

苎麻的利用

苎麻为荨麻科植物，根、叶可药用，嫩叶可作饲料，种子可榨油，供制肥皂和食用。早在四千年前，我国古人就开始利用苎麻纺纱织布，比棉花（汉代开始）大约早两千年。苎麻是我国特有的用于纺织的农作物，是世界公认的“天然纤维之王”。苎麻的茎皮可加工制作成纺织用纤维。苎麻纤维的特点是细长、坚韧、质地轻、吸湿和散湿快、透气性比棉纤维高三倍左右。同时，苎麻纤维含有单宁、嘧啶、嘌呤等成分，对金黄色葡萄球菌、铜绿假单胞菌、大肠杆菌等有不同程度的抑制作用，具有防腐、防菌、防霉等功能，适宜纺织各类卫生保健用品。

（1）韧皮纤维　韧皮纤维主要分布在韧皮部，常聚合成束。细胞呈长纺锤形，两端尖。在横切面上细胞壁多呈现同心环纹。细胞壁增厚物质主要是纤维素，因此韧性大，拉力强，如苎麻、亚麻等植物的韧皮纤维。

（2）木纤维　分布于木质部，一般较短，细胞壁明显增厚且木质化。木纤维比较坚硬，支持力强。如一般树木的木质部纤维。

有些植物纤维束周围的薄壁细胞含有草酸钙方晶，称为晶纤维或晶鞘纤维，如甘草、番泻叶、黄柏等。

想一想

红芪又叫“独根”“红皮芪”，自古与黄芪通用，但其原植物多序岩黄芪与黄芪同科不同属，《中华人民共和国药典》（2020年版）一部已经将其单列，二者如何区别呢？

答案解析

2. 石细胞　石细胞是细胞壁显著增厚特别硬化的厚壁细胞，纹孔多呈分枝沟状。石细胞有多种形状，常成群存在或单个分布于植物的根、茎、叶、果实和种子中。如厚朴的茎皮、八角茴香的果实、五味子的果实等均有石细胞。另外，在睡莲、茶树、木樨等植物的叶片中有单个存在的大型分支状石细胞，起支撑作用，称为支柱细胞，也叫异型石细胞（图2－12）。

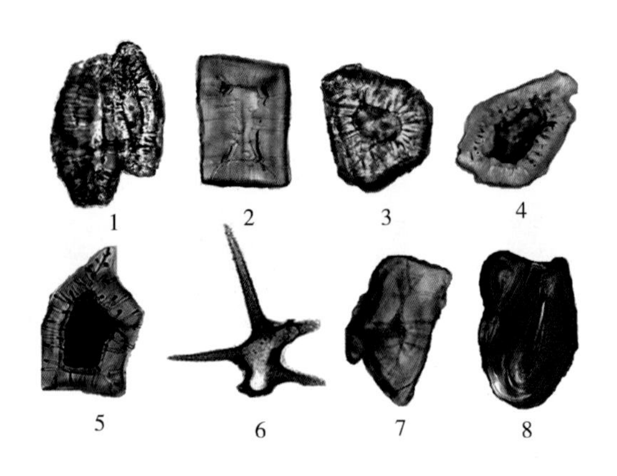

图2－12　石细胞

1. 丹参　2. 黄连　3. 肉桂　4. 天花粉　5. 木瓜　6. 睡莲　7. 厚朴　8. 黄柏

五、输导组织

输导组织是植物体内运输水分和养料的组织，细胞一般呈管状，上下相接，贯穿于整个植物体内。根据输导组织的构造和运输物质的不同，可分为两类：一类是导管和管胞；另一类是筛管、伴胞和筛胞。

（一）导管和管胞

导管和管胞是存在于植物木质部的死细胞，能自下而上地输送水分和无机盐。

1. 导管　是被子植物的主要输水组织，少数裸子植物如麻黄也有导管。它由许多长管状细胞纵向连接而成，每个管状细胞称导管分子。由于导管分子间的横壁溶解消失，成为上下贯通的长管，因而具有较强的输导能力。相邻导管则靠侧壁上的纹孔横向输导。导管的细胞壁木质化，次生壁不均匀增厚，根据管壁增厚所形成的纹理不同，可分为以下五种（图2－13）。

（1）环纹导管　次生壁呈一环一环的增厚。

（2）螺纹导管　次生壁呈一条（稀）或数条（密）螺旋带状增厚。

（3）梯纹导管　次生壁增厚部分与未增厚部分相间呈梯状。

（4）网纹导管　次生壁增厚呈网状，网眼是未增厚部分。

（5）孔纹导管　次生壁全面增厚，只留下未增厚的纹孔，主要为具缘纹孔。

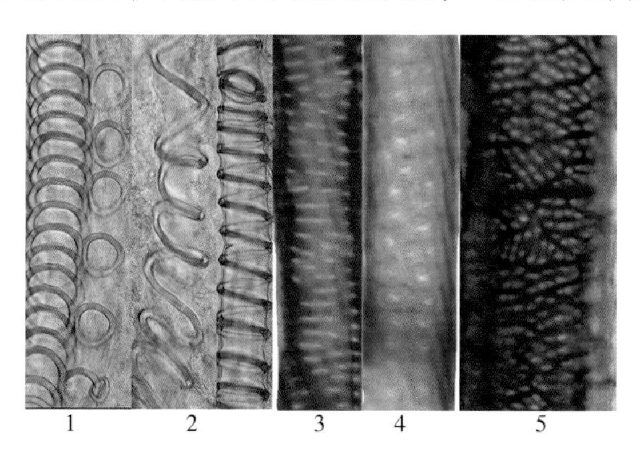

图 2－13　导管的类型

1. 环纹导管　2. 螺纹导管　3. 梯纹导管　4. 孔纹导管　5. 网纹导管

2. 管胞　是绝大多数蕨类植物和裸子植物的输水组织。管胞为长梭形两端斜尖的管状死细胞相连，连接细胞壁不消失，细胞壁木质化，次生壁增厚，也常形成环纹、螺纹、梯纹和孔纹等类型。管胞输导效率比导管低，是一类较原始的输导组织。管胞在蕨类植物和裸子植物中还具有机械支持作用（图 2－14）。

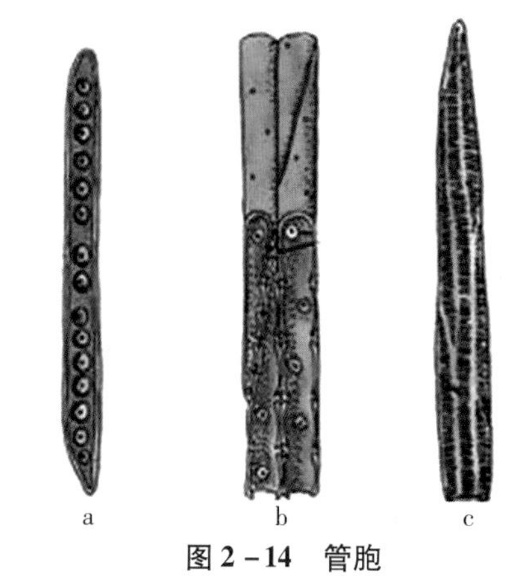

图 2－14　管胞

a. 孔纹管胞　b. 管胞连接情况　c. 梯纹管胞

导管和管胞衰老时常受四周组织的挤压，使相邻的薄壁细胞从未增厚部位或纹孔处挤入管腔内形成侵填体而造成管腔堵塞，失去输导能力。

（二）筛管、伴胞和筛胞

1. 筛管与伴胞

（1）筛管　是由一列纵行的长管状生活细胞构成，其中每一个管状细胞称为筛管分子。筛管分子上下两端的横壁由于不均匀增厚而形成筛板，筛板上有许多小孔称为筛孔，原生质丝通过筛孔彼此连接，形成输送有机物质的通道。筛板和筛管壁上筛孔集中分布的区域称为筛域（图 2－15）。

（2）伴胞　在被子植物筛管分子的旁边，常伴生一个或多个细长梭形的薄壁细胞，称伴胞。伴胞具有浓稠的细胞质和较大的细胞核，筛管的输导功能与伴胞有关。伴胞和筛板一起成为识别筛管分子的特征。

2. 筛胞　是裸子植物和蕨类植物运输有机养料的组织。它是单个分子的狭长细胞，有筛孔、筛域，无筛板、伴胞，输导能力较弱。

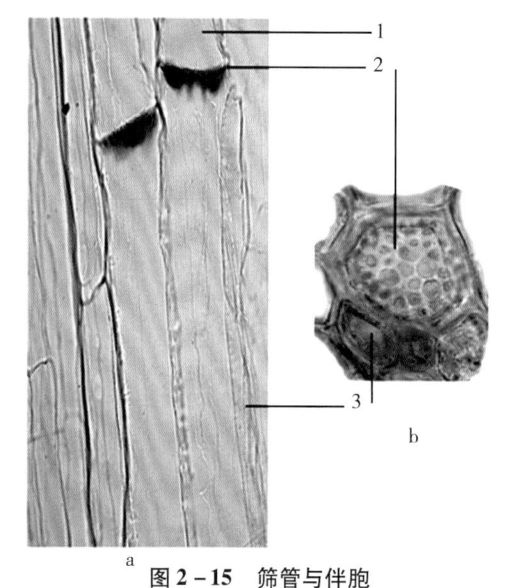

图 2－15　筛管与伴胞

a. 纵切面　b. 横切面

1. 筛管　2. 筛板　3. 伴胞

六、分泌组织

分泌组织是植物体中具有分泌功能的细胞群。其细胞多呈圆球形、椭圆形或长管状，一般为生活细胞，能分泌或贮藏挥发油、树脂、乳汁、黏液或蜜汁等物质。这些分泌物能够阻止植物组织腐烂，促进创伤愈合，避免动物侵害，有的还能引诱昆虫传粉。有的分泌物，如松香、松节油、樟脑、乳香、没药、芳香油均可入药。常见的分泌组织有下列几种。

（一）腺毛

见本章本节“保护组织”。

（二）蜜腺

蜜腺是能分泌蜜液的腺体，由一群表皮细胞或其下面的数层细胞特化而成，细胞质较浓厚，细胞壁较薄。蜜腺一般位于虫媒花植物的花或叶上，如槐、桃和大戟属植物。

（三）分泌细胞

分泌细胞是分布在植物体内部具有分泌能力的细胞，通常比周围细胞大，当贮藏物充满时，细胞壁多木栓化而为死细胞。贮藏挥发油的分泌细胞称油细胞，如姜、肉桂；贮藏黏液的分泌细胞称黏液细胞，如玉竹、半夏。

（四）分泌腔（分泌囊）

分泌腔是分泌细胞在植物体内形成的腔穴，能贮藏分泌物。分泌腔的形成方式有两种：一种为溶生式分泌腔，由许多聚集的分泌细胞本身破裂溶解形成的腔室，其四周的细胞破碎不完整，如柑橘类植物的叶、果皮上的分泌腔，由于其为贮藏挥发油的分泌腔，因此称油室。另一种为裂生式分泌腔，由分泌细胞的胞间层裂开形成的腔室，其周围是完整的分泌细胞，如当归的分泌腔。

（五）分泌道

分泌道是由分泌细胞彼此分离形成的长形胞间隙腔道，腔道周围的分泌细胞称上皮细胞。贮藏树脂的分泌道称树脂道，如松树、人参；贮藏挥发油的分泌道称油管，如小茴香果实；贮藏黏液的分泌道称黏液道，如美人蕉。

练一练

小茴香果实中贮藏挥发油的是（　　）

A. 油细胞　　B. 油管　　C. 腺鳞　　D. 油室

答案解析

（六）乳汁管

乳汁管是一种能分泌乳汁的具分枝的长管状单细胞，或由一系列细胞错综连接而成，连接处的横壁溶化贯通，形成网状系统。乳汁管细胞是具有细胞质和细胞核的生活细胞，液泡里含大量乳汁。乳汁具黏滞性，多呈乳白色、黄色、橙色。根据乳汁管的发育过程可分为两种类型。

1. 无节乳汁管　由单个细胞构成的乳汁管，如夹竹桃科、萝藦科、桑科等植物的乳汁管。

2. 有节乳汁管　由多数细胞连接而成的乳汁管，如菊科、桔梗科、罂粟科、旋花科等植物的乳汁管。

某些科属的植物常具有一定的分泌结构，也可作为鉴别植物“种”或中药材种类的依据之一（图2－16）。

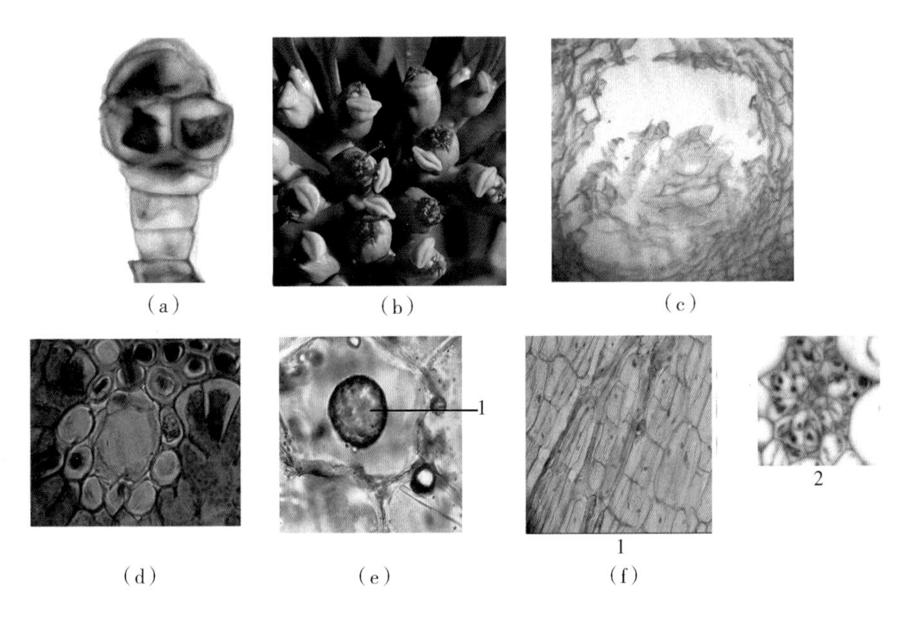

图 2－16　分泌组织

(a) 腺毛（南瓜）　(b) 蜜腺（大戟属植物）　(c) 分泌腔（橘皮）　(d) 树脂道（松针横切）
(e) 油细胞（姜根茎 1 所示）　(f) 乳汁管（1. 大蒜纵切 2. 无花果横切）

PPT

第二节　维管束及其类型

一、维管束的组成

维管束是由韧皮部和木质部组成的束状复合组织。常因植物种类和器官的不同而异。维管束贯穿于植物体的各种器官中，彼此相连形成一个完整的输导系统，同时对器官起着支持作用。

二、维管束的类型

根据有无形成层，维管束分为无限维管束和有限维管束。无限维管束在韧皮部和木质部之间有形成层，维管束能不断增大，如双子叶植物和裸子植物根、茎的维管束，如图 2－17a 所示。有限维管束在韧皮部和木质部之间无形成层，维管束不能增大，如单子叶植物和蕨类植物根、茎的维管束，如图 2－17b 所示。

根据韧皮部和木质部的排列位置，维管束又可分为下列五种，如图 2－17 所示。

1. 无限外韧维管束　韧皮部位于外侧，木质部位于内侧，中间有形成层，维管束可逐年增粗。如双子叶植物和裸子植物茎中的维管束。

2. 有限外韧维管束　韧皮部与木质部之间无形成层，维管束增粗有限。如大多数单子叶植物茎中的维管束。

3. 双韧维管束　木质部内外两侧都有韧皮部。常见于茄科、葫芦科、夹竹桃科、桃金娘科植物的茎中。

4. 周韧维管束　木质部居中，韧皮部围绕在木质部的周围。常见于百合科、禾本科、棕榈科、蓼科及蕨类的某些植物体内。

5. 周木维管束　韧皮部居中，木质部围绕在韧皮部的周围。常见于石菖蒲、菖蒲等少数单子叶植物的根茎中。

6. 辐射维管束 韧皮部和木质部相间排列呈辐射状，并形成一圈。仅存在于单子叶植物根和少数双子叶植物根以及双子叶植物根的初生构造中如麦冬、天冬、细辛和毛茛幼根等。

某些植物同一器官中，可以存在两种类型的维管束，如石菖蒲。

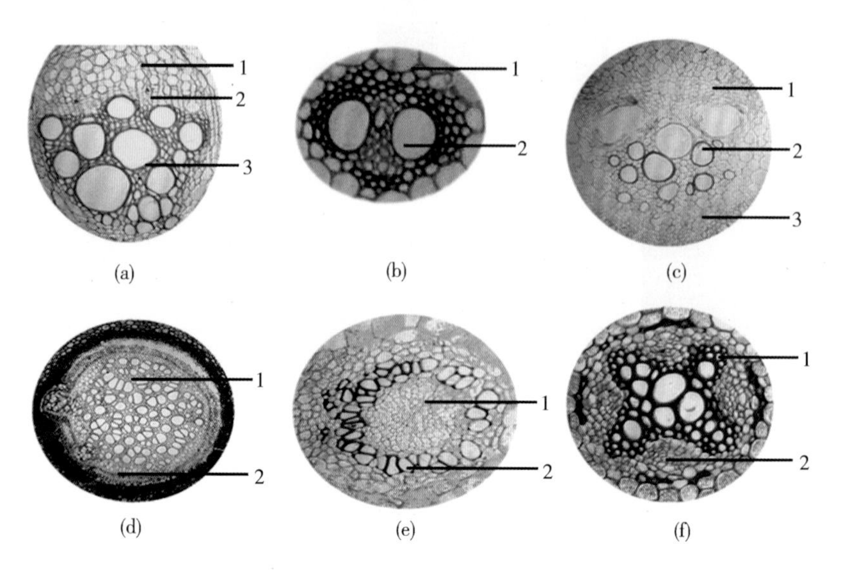

图 2－17 维管束的类型

（a）无限外韧维管束（马兜铃 1. 韧皮部；2. 形成层；3. 木质部）（b）有限外韧维管束（玉米 1. 韧皮部；2. 木质部）（c）双韧维管束（南瓜茎 1、3. 韧皮部；2. 木质部）（d）周韧维管束（芒萁的根茎 1. 木质部；2. 韧皮部）（e）周木维管束（菖蒲根茎 1. 韧皮部；2. 木质部）（f）辐射维管束（毛茛幼根 1. 木质部；2. 韧皮部）

药爱生命

胡杨是杨柳科杨属的一种植物，落叶乔木，高达 15 米。其树脂、叶、根、花等可入药，木材可供建筑、桥梁、农具、家具等用。胡杨耐旱耐涝，生命顽强，死后仍可百年不倒。有着“生而不死一千年，死而不倒一千年，倒而不朽一千年，三千年的胡杨，一亿年的历史”的传说。

胡杨的解剖学研究表明，其具有发达的机械组织和输导组织，包括发达的木质部导管。导管内径大、导管壁增厚、管壁机械强度增强，具有孔纹式和螺纹式两种类型，其中纹孔多为具缘纹孔，呈互列式排列，端壁穿孔为单穿孔类型，并具有螺纹加厚现象，这些特殊结构正是胡杨生命顽强，死后仍可千年不倒的秘密。

答案解析

一、单项选择题

1. “雨后春笋”迅速生长主要是由于（ ）分裂活动的结果

A. 次生分生组织　　B. 顶端分生组织　　C. 居间分生组织

D. 侧生分生组织　　E. 原分生组织

2. 在薄荷等唇形科植物叶片上，腺毛无柄或短柄，其头部常有 8 个（或 6、7 个）细胞组成，排列在同一平面上，称为（ ）

A. 腺毛　　B. 毛茸　　C. 非腺毛
D. 腺鳞　　E. 间隙腺毛

3. 有的植物腺毛存在于薄壁组织内部的细胞间隙中，称为（　）
A. 腺毛　　B. 毛茸　　C. 非腺毛
D. 腺鳞　　E. 间隙腺毛

4. 艾叶和野菊花叶上的非腺毛形态为（　）
A. 分枝毛　　B. 丁字毛　　C. 星状毛
D. 鳞毛　　E. 冠毛

5. 气孔周围的副卫细胞，其长轴平行于保卫细胞和气孔长轴的气孔类型是（　）
A. 直轴式　　B. 环式　　C. 不定式
D. 平轴式　　E. 不等式

6. 气孔周围的副卫细胞数目不定，其形状与一般表皮细胞相似的是（　）
A. 平轴式　　B. 不等式　　C. 不定式
D. 环式　　E. 直轴式

7. 茶叶、桉叶的气孔轴式多为（　）
A. 直轴式　　B. 平轴式　　C. 不定式
D. 环式　　E. 不等式

8. 气孔轴式是指构成气孔的保卫细胞和副卫细胞的（　）
A. 大小　　B. 数目　　C. 来源
D. 排列关系　　E. 特化程度

9. 木栓层、木栓形成层、栓内层合称（　）
A. 表皮　　B. 树皮　　C. 周皮
D. 根被　　E. 皮层

10. 次生保护组织上的通气结构是（　）
A. 气孔　　B. 筛孔　　C. 纹孔
D. 皮孔　　E. 以上均不是

11. 厚角组织最发达的是（　）
A. 草本植物的根中　　B. 裸子植物茎
C. 草本植物的茎　　D. 双子叶植物进行次生生长的木质茎
E. 以上均不是

12. 石细胞的主要特征是（　）
A. 壁薄　　B. 壁厚　　C. 细胞质浓
D. 生活细胞　　E. 具分泌作用

13. 植物体内运输水分和无机盐的输导组织是（　）
A. 导管和管胞　　B. 筛管和伴胞　　C. 维管束
D. 筛胞　　E. 纤维

14. 甘草根中的导管，壁几乎全面增厚，未增厚的部分为纹孔，其属（　）
A. 环纹导管　　B. 螺纹导管　　C. 梯纹导管
D. 孔纹导管　　E. 网纹导管

15. 不属于分泌组织的是（　）

A. 树脂道　　B. 腺毛　　C. 非腺毛

D. 油管　　E. 乳汁管

16. 小茴香果实中贮藏挥发油的分泌组织是（　）

A. 油细胞　　B. 油管　　C. 腺鳞

D. 油室　　E. 树脂道

17. 桔子果皮和叶子中贮藏挥发油的分泌组织是（　）

A. 油细胞　　B. 油管　　C. 腺鳞

D. 油室　　E. 树脂道

18. 一般单子叶植物的根具有（　）

A. 周木维管束　　B. 双韧维管束　　C. 无限维管束

D. 有限维管束　　E. 辐射维管束

二、简答题

1. 比较厚角组织与厚壁组织在结构与功能上的异同。

2. 何谓维管束？简述维管束的类型。

书网融合……

重点回顾　　微课1　　微课2　　微课3　　微课4　　习题

第三章　根

学习目标

知识目标：

1. 掌握　根的形态、类型及根的次生构造。

2. 熟悉　根的变态、根的初生构造和根的异常构造。

3. 了解　根的生理功能、根尖的构造。

技能目标：

1. 能识别根的类型及其变态类型。
2. 能熟练进行根横切片临时显微片的制作。
3. 能观察根的初生构造、次生构造。

素质目标：

1. 培养细致入微的观察能力和独立思考的习惯。
2. 培养良好的职业道德和敬业精神。

导学情景

情景描述：我们观察周围的植物的根会发现它们多种多样，有膨大的萝卜，有坚硬的大树。种类繁多，形态各异。

情景分析：一株完整植物一般由不同器官组成，植物器官是由各种组织构成的，具有一定外部形态和内部构造，并执行一定生理功能的植物体。植物的根是植物吸收营养和固定的重要器官。

讨论：这些不同的植物的根是如何帮助植物生长和生存的呢？

学前导语：在高等植物中，种子植物的植物体一般由根、茎、叶、花、果实和种子构成。其中根、茎、叶具有吸收、制造、运输和贮藏营养物质等功能，称为营养器官；花、果实、种子具有繁衍后代延续种族的功能，称为繁殖器官。器官之间在生理上和结构上有着明显的差异，但彼此间又密切联系，相互协调，构成一个完整的植物体。现在就让我们开启识别植物根的学习之旅。

根一般是植物体生长在土壤中的营养器官，具有向地性、向湿性和背光性。根是植物适应陆地生活，在进化过程中逐渐形成的重要器官。根的主要功能是吸收和输导作用。植物体生活所需的水分和无机盐，都是靠根从土壤中吸收来的。根还为植物体的地上部分提供了稳固的支持与固着作用，并具有合成养分、贮藏和繁殖等功能。根中贮存着丰富的营养物质和次生代谢产物，许多植物的根是重要的中药材，如党参、甘草、黄芪、当归、人参等。

第一节 根

PPT

一、根的形态特征

根通常呈圆柱形，越向下越细，向四周分枝，形成复杂的根系。根由于在地下生长，细胞中不含叶绿体，无节和节间，不生叶和花，一般也无定芽。

二、根的类型

分为主根、侧根、纤维根和不定根。

1. 主根、侧根和纤维根 植物最初生长出来的根，是由种子的胚根直接发育来的，它不断向下生长，这个由胚根细胞的分裂和伸长所形成的向下垂直生长的根，称为主根。主根生长到一定的长度，其侧面长出的分枝，称为侧根。侧根上长出的细小分枝，称为纤维根（图3－1）。由于主根、侧根和纤维根都直接或间接由胚根发育而成，有固定的生长位置，故称为定根。

2. 不定根 有些植物的根并不是直接或间接由胚根所形成，而是从茎、叶、老根或胚轴上生出来的，这些根的产生没有一定的位置，故统称不定根。如百合、麦冬、浙贝母的根（图3－2）。桑、柽柳的枝条插入土中也能长出不定根，故栽培上常利用这种特性来进行压条、扦插等营养繁殖。

三、根系的类型

一株植物上所有的根，合称根系。根系有以下两种类型（图3－3）。

1. 直根系 主根发达、粗壮，一般垂直向下生长，并与侧根、纤维根有明显的区别。一般双子叶植物的根系都是直根系，如桔梗、商陆、人参、党参等的根系。

2. 须根系 主根不发达或早期枯萎，而从茎的基部生长出许多粗细相仿的不定根，呈胡须状，无主根与侧根的区别。一般单子叶植物的根系是须根系，如麦冬、石蒜、百合等。也有少数双子叶植物的根系是须根系，如徐长卿、龙胆、白薇等。

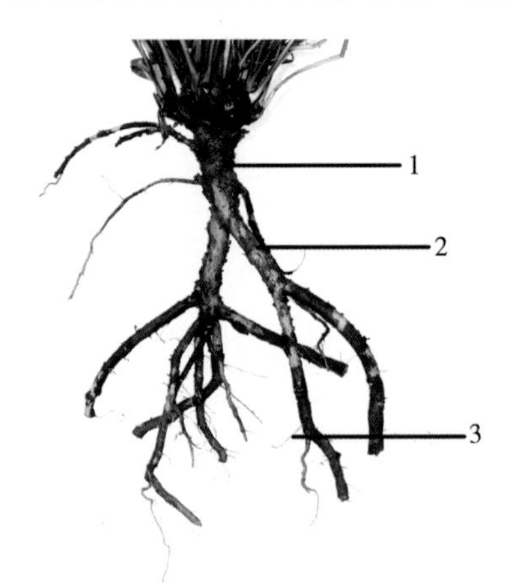

图3－1 定根（蒲公英）
1. 主根 2. 侧根 3. 纤维根

图3－2 不定根（麦冬）

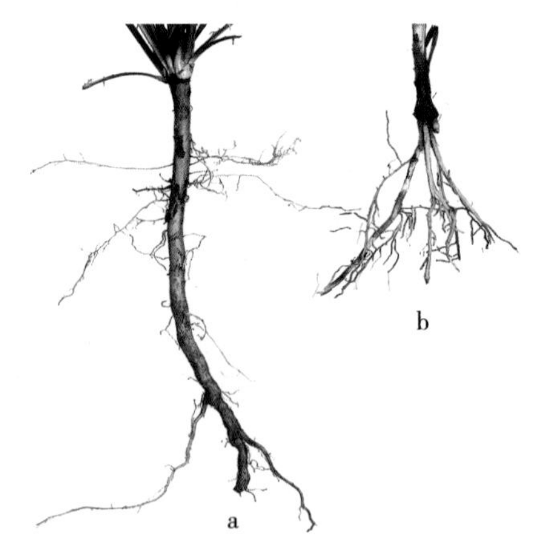

图3－3 根系
a. 直根系 b. 须根系

四、根的变态 微课

有些植物的根，由于长期适应生活环境的变化，其形态、构造和生理功能发生了许多变异，而且这些变异形成后具有遗传性。这种具有可遗传性的变异根称为变态根。常见的变态根有以下几种类型。

（一）贮藏根

由于贮藏大量的营养物质而使根的一部分或全部变得肥大肉质，这种根称贮藏根。根据其形态的不同又可分为肉质直根和块根（图3－4）。

1. 肉质直根　主要由主根发育而成，一株植物上只有一个肉质直根，其上部具有胚轴和节间很短的茎。有的肉质直根肥大呈圆锥形，如白芷、黄芩的根。有的肥大呈圆柱形，如丹参、甘草、膜荚黄芪的根。有的肥大呈球形，如芜菁的根。

2. 块根　由侧根或不定根肥大而成，形状不一，多呈块状或纺锤状。如麦冬、百部、何首乌、白蔹等的根。

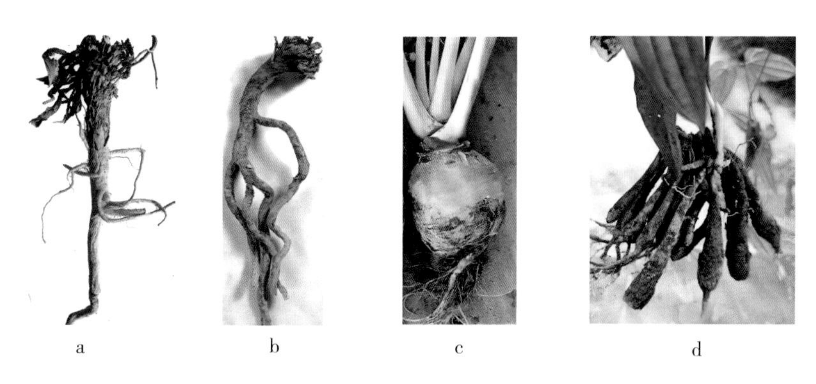

a　b　c　d

图3－4　贮藏根

a. 圆锥根（板蓝根）　b. 圆柱根（黄芪）　c. 圆球根（芜菁）　d. 块根（蔓生百部）

（二）支持根

有些植物自茎基部产生一些不定根伸入土中，以增强支撑茎干的力量，这种根称为支持根。如薏米、玉米等（图3－5）。

（三）攀援根

攀援植物在茎上产生的不定根，能攀援树干、墙壁或它物而使植物体向上生长，这种根称为攀援根。如凌霄、薜荔、络石等（图3－6）。

图3－5　支持根（玉米）

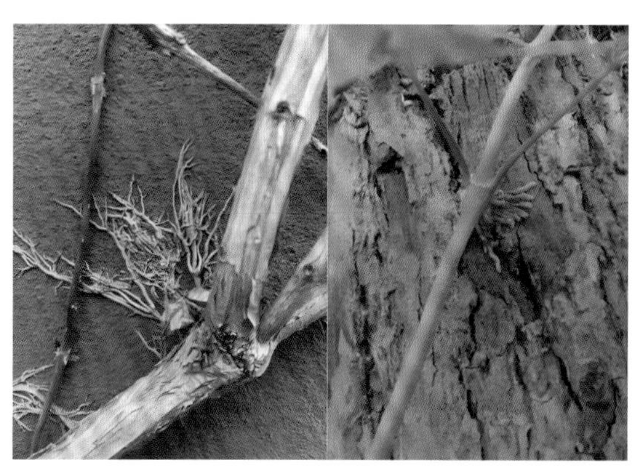

图3－6　攀援根（凌霄）

练一练

属于块根的有（　）

A. 甘草　　B. 人参　　C. 何首乌　　D. 百部　　E. 麦冬

答案解析

（四）气生根

从茎上产生的不伸入土里，暴露在空气中的不定根，能吸收和贮藏空气中的水分，这种根称为气生根。如榕树、石斛、吊兰等（图3-7）。

（五）寄生根

寄生植物的根插入寄主体内，吸取寄主体内的水分和营养物质，以维持自身生活，这种根称为寄生根。寄生植物有两种类型：一种是植物体内不含叶绿素，自身不能制造养料，完全依靠吸收寄主体内的养分维持生活，称为全寄生植物，如菟丝子、列当等；另一种是植物体不仅由寄生根吸收寄主体内的养分，同时自身含有叶绿素，能制造一部分养料，称为半寄生植物，如槲寄生、桑寄生等（图3-8）。

图3-7　气生根（榕树）

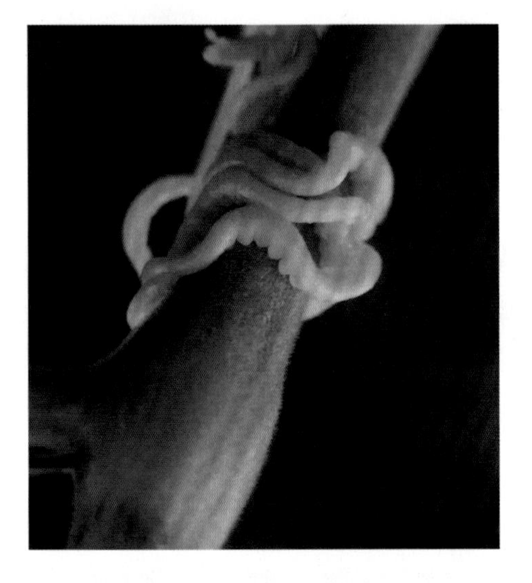

图3-8　寄生根（菟丝子）

（六）呼吸根

有些生长在湖沼或热带海滩地带的植物，由于植株部分被淤泥淹没，呼吸十分困难，因而有部分根垂直向上生长，暴露于空气中进行呼吸，这种根称为呼吸根。如红树、池杉等。

想一想

常见食物中哪些属于变态根类型，各属哪一类？

答案解析

（七）水生根

水生植物的根漂浮在水中呈须根状，称水生根。如浮萍、欧菱等。

第二节　根的内部构造

一、根尖的构造

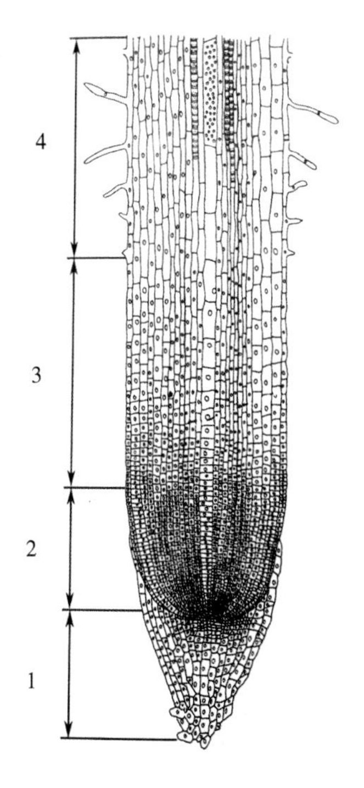

图3－9　玉米根尖纵切面

1. 根冠　2. 分生区　3. 伸长区　4. 成熟区

根尖是从根的最尖端到有根毛的部分。根据外部构造和内部组织分化的不同，分为根冠、分生区、伸长区和成熟区四部分（图3－9）。

1. 根冠　位于根尖的最顶端，像帽子一样罩在生长锥的前端，由数列排列疏松的薄壁细胞组成，起保护作用。根冠的外层细胞破损能分泌黏液，使根容易伸入土中。除了一些寄生根和菌根外，绝大多数植物的根尖部分都有根冠存在。

2. 分生区　位于根冠的上方或内方，呈圆锥状，又称生长锥或生长点。其最先端的一群细胞属于原分生组织。分生区不断地进行细胞分裂而增生细胞，一部分向先端发展，形成根冠细胞；一部分向根后方的伸长区发展，经过细胞的生长、分化，逐渐形成根成熟区的各种结构如表皮、皮层和中柱等。

3. 伸长区　位于分生区上方，到出现根毛的地方。细胞沿根的长轴伸长，使根不断延伸。伸长区的细胞开始出现了分化，细胞的形状已有差异，相继出现了导管和筛管。根的长度生长是分生区细胞的分裂和伸长区细胞的延伸共同活动的结果，特别是伸长区细胞的延伸，使根不断地向土壤深处推进，有利于根不断转移到新的环境，以吸取更多的养分。

4. 成熟区　成熟区位于伸长区的上方，细胞停止伸长，并且多已分化成熟，形成各种成熟的初生组织，因此称为成熟区。本区的主要特征是表皮细胞向外突出形成众多细长的根毛，所以又叫根毛区。根毛的生活期较短，但生长速度较快，老的根毛不断死亡，新的根毛不断产生。根毛虽细小，但数量很多，大大增加了根的吸收面积。水生植物常无根毛。

二、根的初生构造

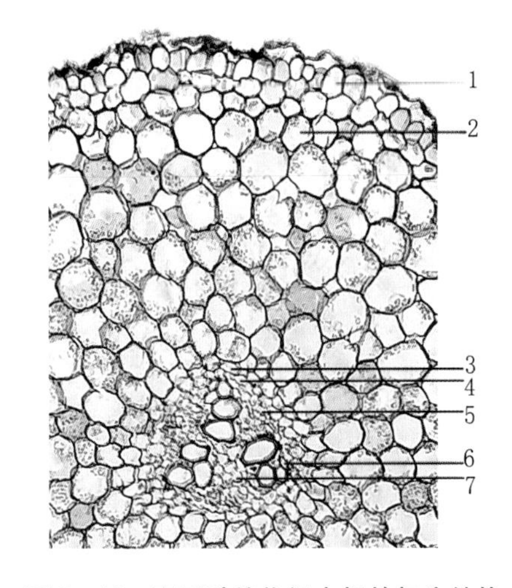

图3－10　双子叶植物细辛根的初生结构

1. 表皮　2. 皮层　3. 内皮层　4. 维管柱鞘　5. 初生韧皮部　6. 原生木质部　7. 后生木质部

由初生分生组织分化形成的组织，称为初生组织，由其形成的构造称为初生构造。对双子叶植物根尖的成熟区作一个横切片，置显微镜下观察，可见根的初生结构，从外至内可分为表皮、皮层和维管柱三个部分（图3－10）。

1. 表皮　位于幼根最外面的一层扁平的薄壁细胞。细胞排列整齐、紧密，无细胞间隙，未角质化，不具气孔。部分表皮细胞的外壁向外突起形成根毛，根毛有吸收水分的功能。有些单子叶植物的根，在表皮形成时，常进行切向分裂，形成多列木栓化细胞称为根被。如麦冬、百部等。

2. 皮层　位于表皮内方，占幼根的绝大部分。由众多排列疏松的薄壁细胞组成。可分为外皮层、皮层薄壁组织和内皮层。

（1）外皮层　为皮层最外方的一层细胞，细胞排列整齐、紧密，无细胞间隙。当表皮破坏后，外皮层细胞木栓化后代替表皮起保护作用。

（2）皮层薄壁组织（中皮层）　为外皮层内方的多层细胞，占皮层的绝大部分。细胞多呈类圆形，排列疏松。具有吸收、运输和贮藏的作用。

（3）内皮层　为皮层最内方的一层细胞，细胞排列整齐紧密，无细胞间隙。内皮层细胞壁增厚情况特殊，一种是径向壁（侧壁）和上下壁（横壁）局部增厚（常木质或木栓化），呈带状环绕一圈称凯氏带，因其宽度常比其所在的细胞壁狭窄，从横切面观，凯氏带在相邻细胞的径向壁上呈点状，故凯氏带亦称凯氏点。多见于双子叶植物（图3－11）。另一种是径向、上下及内切向壁五面加厚，只有外切向壁较薄，在横切面观时，增厚部分呈马蹄形。多见于单子叶植物。也有的内皮层细胞壁全部木栓化加厚。在内皮层细胞壁增厚的过程中，有少数正对初生木质部束顶端的内皮层细胞的细胞壁不增厚，这些细胞称为通道细胞，起着皮层与维管束间物质内外流通的作用。

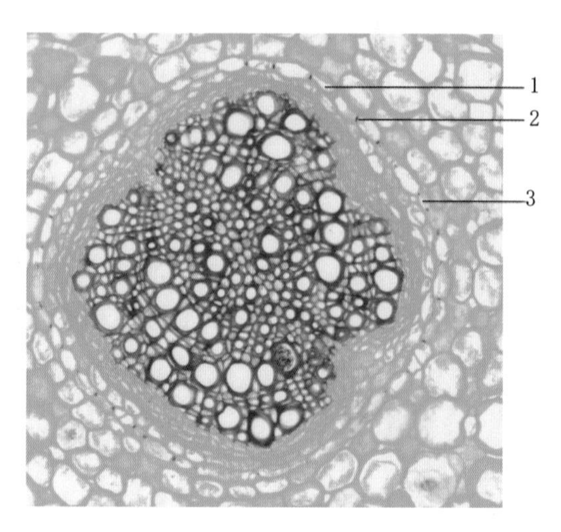

图3－11　内皮层及凯氏带

1. 内皮层　2. 凯氏点　3. 凯氏带

3. 维管柱　内皮层以内的所有组织构造，统称为维管柱，包括中柱鞘、初生木质部和初生韧皮部三部分，单子叶植物和少数双子叶植物还有髓部。

（1）中柱鞘　是维管柱的外层组织，向外紧贴着内皮层。常见的由一层薄壁细胞组成，如多数的双子叶植物。少数植物的中柱鞘由两层或多层细胞组成，如裸子植物。中柱鞘细胞由原形成层的细胞发育而来，个体较大，排列整齐，保持着潜在的分生能力，由这些细胞可以形成侧根、不定根、不定芽以及一部分形成层和木栓形成层等。

（2）初生木质部和初生韧皮部　位于根的最内方，是根的输导系统。初生木质部和初生韧皮部相间排列，木质部在内呈放射棱状（木质部束），韧皮部位于其外侧凹陷处，为辐射型维管束。初生木质部由外向内逐渐成熟，这种成熟方式，称为外始式。外方先成熟的初生木质部称为原生木质部，内方后分化成熟的木质部，称为后生木质部。初生木质部的放射棱数（木质部束数）因植物种类而异，为此将根分成若干类型。如十字花科、伞形科的一些植物的根中只有2束初生木质部，称二原型；毛茛科的唐松草属有3束，称三原型；葫芦科、杨柳科的一些植物有4束，称四原型；束数多的称为多原型。被子植物的初生木质部由导管、管胞、木薄壁细胞和木纤维组成；初生韧皮部由筛管、伴胞、韧皮薄壁细胞组成。一般双子叶植物的根，初生木质部一直分化到维管柱的中心，因此没有髓部；但少数双子叶植物，如乌头、龙胆等初生木质部不分化到维管柱中心，因而有髓部。

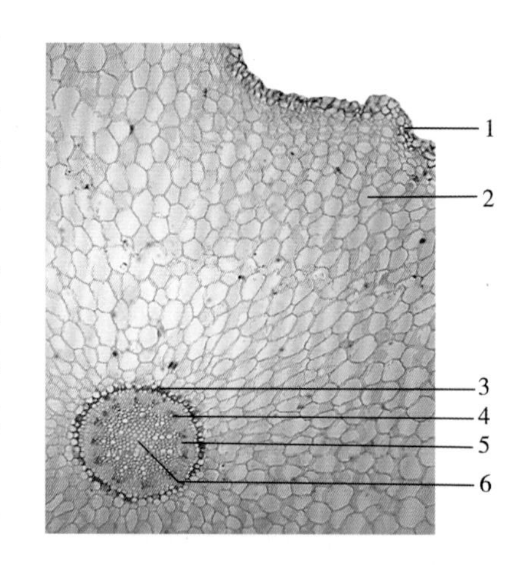

图3－12　单子叶植物麦冬根的初生结构

1. 表皮　2. 皮层　3. 内皮层　4. 初生木质部　5. 初生韧皮部　6. 髓

单子叶植物的根，初生木质部一般不分化到中心，中央仍保留未经分化的薄壁细胞，因而有发达的髓部，如麦冬的块根（图3－12）。个别植物如鸢尾，其髓部细胞增厚木化而成厚壁组织。

看一看

侧根的生长

侧根是主根生长达到一定长度，在一定部位上侧向地从内部生出许多支根。侧根的发生部位在中柱鞘，部分细胞恢复分生能力，形成根原基，并进一步分裂、分化形成生长锥、根冠，突破表皮形成侧根。侧根形成常有一定的部位，二原型常发生在木质部与韧皮部之间；三原型和四原型，在正对原生木质部的位置发生；在多原型根中，正对原生韧皮部或原生木质部位置形成侧根。由于侧根的位置一定，所以在母根的表面，常规律地纵向排列成行。

三、根的次生构造

绝大多数蕨类和单子叶植物的根在整个植物生长活动周期内，一直保持着初生构造。可是大多数双子叶植物和裸子植物的根生长时，能产生次生分生组织，即形成层和木栓形成层。由次生分生组织细胞的分裂、分化产生的新组织，称为次生组织，由次生组织形成的构造称为次生构造。

1. 形成层的产生及其活动 当根进行次生生长时，在初生木质部和初生韧皮部之间的一些薄壁细胞恢复分裂功能，转变成为形成层，并逐渐向外方的中柱鞘部位发展，使相连接的中柱鞘细胞也开始分化成为形成层的一部分，这样形成层就由片段连接成一个凹凸的形成层环。最初形成层环依初生木质部形状而形成，以后由于位于韧皮部内侧的形成层部分分裂速度较快，产生的次生组织数量较多，把凹陷处的形成层向外推移，使整个凹凸相间的形成层环转变成为一个圆形环。

形成层多为一层扁平细胞，不断进行分裂，向内分裂产生的细胞形成新木质部，加在初生木质部的外方，称为次生木质部，一般由导管、管胞、木薄壁细胞和木纤维组成；向外分裂所生的细胞形成新的韧皮部，加在初生韧皮部的内方，称为次生韧皮部，一般由筛管、伴胞、韧皮薄壁细胞和韧皮纤维组成。此时的维管束由初生构造的木质部与韧皮部相间排列，转变为木质部在内方，韧皮部在外方的外韧型维管束。次生木质部和次生韧皮部，合称次生维管组织，是次生构造的主要组成部分（图3－13）。

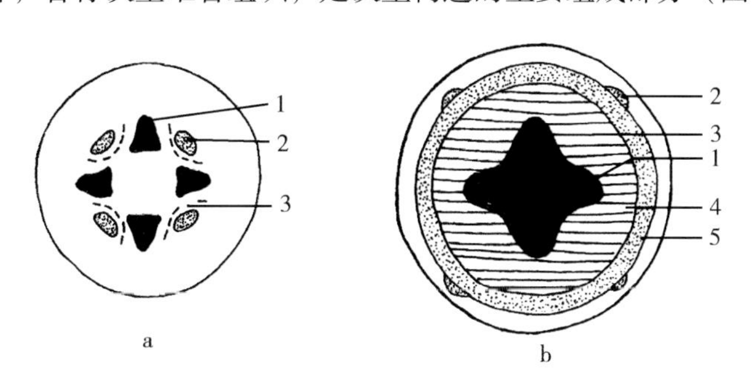

图3－13 根的次生结构（模式图）

a. 根的次生生长初期　　b. 根的次生生长成熟期

1. 初生木质部 2. 初生韧皮部 3. 形成层 4. 次生木质部 5. 次生韧皮部

形成层细胞在一定的部位也分生一些薄壁细胞，这些薄壁细胞呈辐射状排列，称维管射线。贯穿于木质部的称木射线，贯穿于韧皮部的称韧皮射线。维管射线具有横向输送水分和营养物质的功能。此外，在次生韧皮部中常有油细胞、树脂道、油室或乳汁管等分泌组织。薄壁细胞中常有淀粉、晶体、糖类等。

2. 木栓形成层的产生及其活动 形成层的活动使根不断加粗，表皮和皮层遭受破坏，中柱鞘细胞恢复分裂能力，形成木栓形成层。木栓形成层向外分生木栓层，向内分生栓内层。栓内层为数层薄壁细胞，排列较疏松，不含有叶绿体，有的植物根的栓内层较发达，有类似于皮层的作用，称为次生皮层。木栓层由多层扁平状木栓细胞组成，细胞成熟时为死细胞，细胞壁已经木栓化，排列紧密。木栓层、木栓形成层和栓内层三者合称为周皮。周皮形成后，木栓层外的表皮和皮层得不到水分和营养物质而逐渐枯死脱落，周皮代替表皮起保护作用（图3－14）。

最初的木栓形成层产生后，随着根的进一步增粗，老周皮中的木栓形成层逐渐终止活动，其内方的部分薄壁细胞（皮层和韧皮部内）又能恢复分生能力，产生新的木栓形成层，进而形成新的周皮。

这里需要特别指出，植物学中根皮是指周皮，而中药材中的根皮，如牡丹皮、地骨皮、桑白皮等，却是指形成层以外的部分，包括韧皮部、皮层和周皮。

单子叶植物的根没有形成层，不能加粗生长；且没有木栓形成层，不能形成周皮，由表皮和外皮层行使保护作用。

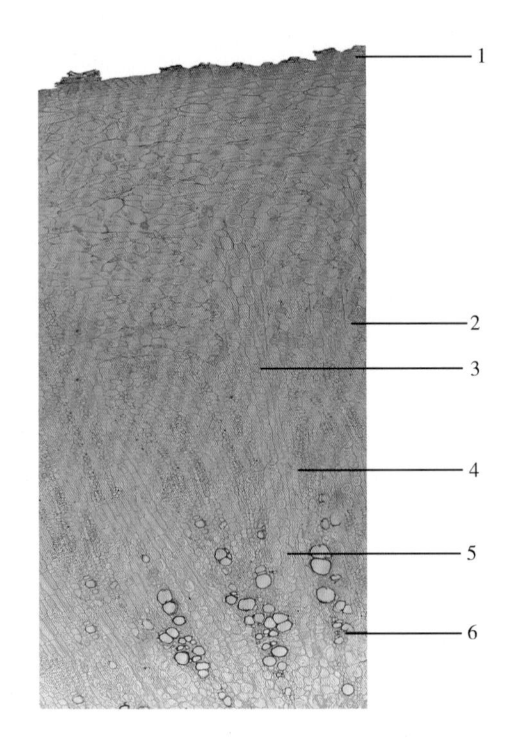

图3－14　黄芪的次生结构

1. 周皮　2. 韧皮部　3. 韧皮射线　4. 形成层　5. 木射线　6. 木质部

四、根的异常构造

某些双子叶植物的根，除正常的次生构造外，还可产生一些特有的维管束，称为异常维管束，形成根的异常构造，也称三生构造（图3－15）。常见的有以下几种类型。

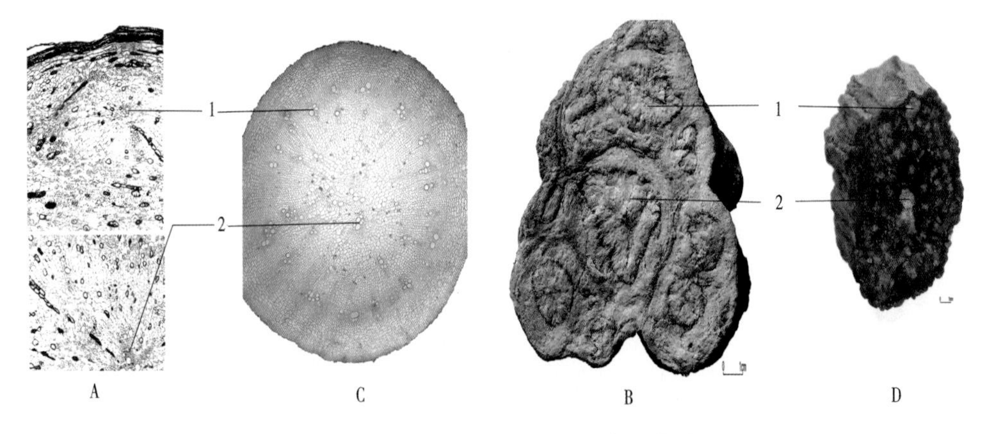

图3－15　根的异常结构（何首乌、牛膝）

1. 异常维管束　2. 正常维管束

1. 同心环状排列的异常维管组织　在根的正常维管束形成不久，形成层往往失去分生能力，而相当于中柱鞘部位的薄壁细胞转化成新的形成层，由于此形成层的活动，产生一圈小型的异型维管束。在它的外方，还可以继续产生新的形成层环，再分化成新的异型维管束，如此反复多次，构成同心性的多环维管束。如苋科的牛膝、川牛膝和商陆科的商陆等。

2. 附加维管柱　有些双子叶植物的根，在维管柱外围的薄壁组织中能产生新的附加维管束，形成异常结构。如何首乌的块根在中央较大的正常维管束形成之后，其皮层中部分薄壁细胞恢复分生能力，产生许多单独的和复合的异型维管束。故在何首乌根横切面上可以看到大小不等的类圆形异型维管束环列，药材鉴别上习称“云锦花纹”。

3. 木间木栓　有些双子叶植物的根，在次生木质部内也形成木栓带，称木间木栓。木间木栓通常由次生木质部薄壁细胞分化形成。如黄芩的老根中央可见木栓环；新疆紫草根中央也有木栓环带；甘松根中的木间木栓环包围一部分韧皮部和木质部而把维管柱分隔成2～5束。

药爱生命

何首乌是一种常用的补益良药，除了传统功效，还有抗衰老、降血脂、抗炎镇痛、调节机体免疫等功能。在工作中，经常发现何首乌的伪品。断面的“云锦花纹”是何首乌的独有性状特征，其他伪品没有，如同科植物翼蓼和毛脉蓼的块根，前者习称“红药子”，后者习称“朱砂七”或“黄药子”，两者断面皮部均无“云锦花纹”，髓部有异常维管束。由于中药饮片需要加工炮制，而且各地所用辅料有所差别，所以有时饮片较难鉴别。因此，除了要掌握正品与伪品的来源外，还要依据《中华人民共和国药典》对何首乌的性状、显微、理化等进行鉴别，这样才能保证品种的正确和临床疗效。何首乌作为中药，是特殊的商品，它的质量控制至关重要，关系着人类的生命与健康。我们必须秉持科学严谨的工作态度、责任心，恪守职业道德，依法鉴定，才能更好地保证它的质量。

答案解析

一、单项选择题

1. 侧根属于（　）
   A. 定根　B. 不定根　C. 主根　D. 纤维根　E. 支持根
2. 肉质直根是（　）变态成的
   A. 主根　B. 侧根　C. 纤维根　D. 不定根　E. 支持根
3. 吊兰、石斛的根属于（　）
   A. 贮藏根　B. 支持根　C. 寄生根　D. 气生根　E. 呼吸根
4. 根的次生构造中形成层位于（　）
   A. 初生木质部与初生韧皮部　B. 次生木质部与次生韧皮部
   C. 木栓层与栓内层　D. 表皮与皮层
   E. 表皮与周皮
5. 双子叶植物根的初生维管束类型为（　）
   A. 外韧型维管束　B. 双韧型维管束　C. 周木型维管束
   D. 周韧型维管束　E. 辐射型维管束
6. 凯氏带存在于根的（　）
   A. 外皮层　B. 中皮层　C. 内皮层　D. 中柱鞘　E. 表皮
7. 根的初生木质部分化成熟的顺序是（　）
   A. 外始式　B. 内始式　C. 外起源　D. 内起源　E. 裂生式
8. 根的内皮层某些细胞的细胞壁不增厚，称为（　）
   A. 泡状细胞　B. 运动细胞　C. 通道细胞　D. 填充细胞　E. 副卫细胞
9. 根的最初的木栓形成层起源于（　）
   A. 外皮层　B. 内皮层　C. 中皮层　D. 中柱鞘　E. 韧皮部

10. 一些单子叶植物根的表皮分裂成多层细胞且木栓化形成（ ）

A. 复表皮 B. 次生表皮 C. 次生皮层 D. 后生皮层 E. 根被

11. 下列不属于变态根的是（ ）

A. 支持根 B. 气生根 C. 纤维根 D. 寄生根 E. 呼吸根

二、多项选择题

1. 不是直接或间接由胚根发育而来的根是（ ）

A. 主根 B. 气生根 C. 侧根 D. 纤维根 E. 支持根

2. 属于定根的有（ ）

A. 攀援根 B. 支持根 C. 圆锥状根 D. 圆柱状根 E. 圆球状根

3. 属于不定根的是（ ）

A. 纤维根 B. 侧根 C. 攀援根 D. 支持根 E. 气生根

4. 贮藏根的类型有（ ）

A. 圆锥状根 B. 圆球状根 C. 圆柱状根 D. 块根 E. 支持根

5. 根尖可划分为（ ）

A. 分生区 B. 伸长区 C. 成熟区 D. 根冠 E. 分化区

6. 根的中柱鞘细胞具有潜在的分生能力，可产生（ ）

A. 侧根 B. 部分形成层 C. 木栓形成层 D. 不定芽 E. 不定根

7. 药材中的“根皮”包括（ ）

A. 皮层 B. 表皮 C. 韧皮部 D. 木质部 E. 周皮

8. 根的次生构造包括（ ）

A. 周皮 B. 皮层 C. 次生韧皮部 D. 形成层 E. 次生木质部

9. 组成根的次生结构的周皮包括是（ ）

A. 木栓层 B. 形成层 C. 皮层 D. 木栓形成层 E. 栓内层

书网融合……

重点回顾

微课

习题

第四章　茎

学习目标

知识目标：

1. 掌握　茎的形态特征、茎及变态茎的类型。

2. 熟悉　双子叶植物茎次生构造，单子叶植物根及根状茎的构造特点。

3. 了解　芽的类型和茎尖构造；双子叶植物茎的初生构造和异常构造。

技能目标：

1. 能准确说出茎的功能。
2. 会熟练辨认地上、地下茎变态的各种类型。
3. 能绘出双子叶植物茎的初生构造简图。

素质目标：

培养学生观察能力和学习兴趣，养成爱岗敬业的职业精神。

导学情景

情景分析：形态各异的茎把植物体各部分连成一个整体，茎承担着运输任务——将水和土壤中养料从根部运送到叶子中去，又把叶子制造的有机养料传送到植物其他部分，使植物体不断生长发育。

情景描述：每到春天，时常看到许多玉竹、薯蓣、天麻等开始发出新芽，这些新芽借助母体储存的水分和营养物质逐渐长大，发出新的枝叶，茎叶越长越粗越高，形成新的植株。

讨论：根和茎都是植物重要的营养器官，根和茎有哪些最主要的区别呢？

学前导语：茎是种子植物重要的营养器官，由胚芽发育而来，茎具有输导、支持、贮藏和繁殖功能。和根相比，茎具有节和节间，节上生有叶和芽，而根无节和节间之分，也不生叶，这是根和茎在外形上的区别要点。

茎是植物体生长于地上的营养器官，是联系根、叶，输送水分、无机盐和有机养料的轴状结构。茎通常生长在地面以上，但有些植物的茎生长在地下，如泽泻、百合、贝母。有些植物的茎极短，叶由茎生出呈莲座状，如蒲公英、车前。种子萌发后，随着根系的发育，上胚轴和胚芽向上发展为地上部分的茎和叶。茎端和叶腋处着生的芽萌发生长形成分枝。继而新芽不断出现与生长，最后形成了繁茂的植物地上部分。

茎有输导、支持、贮藏和繁殖的功能。根部吸收的水分和无机盐以及叶制成的有机物质，通过茎输送到植物体各部分以供给各器官生活的需要。有些植物的茎，有贮藏水分和营养物质的作用，如仙人掌茎贮存水分，甘蔗茎贮存蔗糖，半夏茎贮存淀粉。此外，有些植物茎能产生不定根和不定芽，常用茎来进行繁殖，如薄荷、姜、川芎、半夏等。

第一节　茎的形态和类型

一、芽

芽是处于幼态而尚未发育的枝条、花或花序，即枝条、花或花序的原始体。根据芽的生长位置、发育性质、有无鳞片包被以及活动能力等情况将芽分为以下类型。

（一）依芽生长位置分

1. 定芽　在茎上有确定生长位置的芽，又分为三类。

（1）顶芽　生长于茎枝顶端，如玉兰、山楂等。

（2）腋芽　生长于叶腋，腋芽因生在枝的侧面，亦称侧芽，如紫藤、刺槐的芽等。

（3）副芽　有些植物的顶芽和腋芽旁边还可生出一、二个较小的芽称为副芽，如忍冬、桃、葡萄等，在顶芽和腋芽受伤后可代替它们发育。

2. 不定芽　无固定生长位置的芽。芽不是从叶腋或枝顶发出，而是生在茎的节间、根、叶及其他部位，如甘薯根上的芽，落地生根和秋海棠叶上的芽，柳、桑等的茎枝或创伤切口上产生的芽。不定芽在植物的营养繁殖上有重要意义。

（二）依芽发育性质分

1. 叶芽　发育成枝和叶的芽，又称枝芽。

2. 花芽　发育成花或花序的芽。

3. 混合芽　能同时发育成枝叶和花或花序的芽，如苹果、梨等。

（三）依芽鳞有无分

1. 鳞芽　在芽的外面有鳞片包被，如杨、柳、玉兰等。

2. 裸芽　在芽的外面无鳞片包被，多见于草本植物和少数木本植物，如茄、薄荷等；木本植物的枫杨、吴茱萸等。

（四）依芽的活动状态分

1. 活动芽　指正常发育的芽，即当年形成，当年萌发或第二年春天萌发的芽，如一年生草本植物和一般木本植物的顶芽及距顶芽较近的芽。

2. 休眠芽（潜伏芽）　长期保持休眠状态而不萌发的芽。在一定条件下，休眠芽和活动芽是可转变的，如在生长季节突遇高温、干旱，会引起一些植物的活动芽转入休眠；另一方面，如树木砍伐后，树桩上往往由休眠芽萌发出许多新枝条。

二、茎的形态

茎是植物地上部分的轴，上承叶、花、果实和种子，下与根相连。茎上有节和节间，顶端有顶芽，叶腋有腋芽。顶芽、腋芽的发育可以使茎不断延伸并向空间发展。许多植物的茎或茎皮可供药用，如苏木、桂枝、黄连、厚朴、肉桂等。

茎通常呈圆柱形，但也有方柱形，如薄荷、益母草等；或三角柱形，如荆三棱、莎草等；或扁平形，如仙人掌、竹节蓼等。茎通常是实心的，但也有空心的，如连翘、木贼等。禾本科植物的茎，节明显，节间常中空，特称为秆。

生长有叶和芽的茎，称为枝条。茎和枝条一般具有节、节间、叶痕、维管束痕和皮孔等（图4-1）。

图4－1　茎的外部形态

1. 顶芽　2. 腋芽　3. 节　4. 节间

（一）节和节间

着生叶和腋芽的部位称为节，相邻两节之间的部分称为节间。节和节间是识别茎枝的主要依据。有些植物的节比较明显，如竹、玉米的节呈环状，牛膝的节膨大似膝状，莲藕的节则环状缢缩。但多数植物的节并不明显，仅在着生叶的部位稍有膨大。各种植物节间的长短有差异，如竹的节间长达60cm，而蒲公英的节间长只有1mm。有些木本植物有两种枝条，一种节间较长，称长枝。一种节间较短，称短枝。通常短枝开花结果，故短枝又称果枝。如桃、银杏、木瓜等。

（二）叶痕、维管束痕、托叶痕和芽鳞痕

木本植物的叶脱落后，叶柄在茎节上留下的痕迹称叶痕。叶痕有三角形、心形、半月形等。叶痕中的点状小突起称为维管束痕，维管束痕的分布方式因植物不同而有差异。托叶痕是托叶脱落后留下的痕迹，如木兰科植物具有环状托叶痕；芽鳞痕是包被芽的鳞片脱落后留下的痕迹。

（三）皮孔

茎枝表面突起的小裂隙称为皮孔，通常呈椭圆形或圆形。皮孔是植物茎枝与外界进行气体交换的通道。

三、茎的类型　微课

茎的类型较多，可按下列两种方法来分类。

（一）按茎的生长习性分类

1. 直立茎　茎直立于地面向上生长，如杜仲、女贞等（图4－2）。

2. 缠绕茎　茎靠自身缠绕他物而呈螺旋状向上生长，如牵牛、忍冬、何首乌等（图4－3）。

看一看

缠绕茎植物的缠绕规律

缠绕植物利用茎尖的“转头运动”不断向上爬攀。大多数植物的“转头运动”是有一定方向的，如金银花、菟丝子、鸡血藤等为右旋，牵牛、扁豆、马兜铃、薯蓣等为左旋，而何首乌、天冬等旋向不固定。

有学者认为缠绕植物旋转的方向，是它们祖先遗传下来的本能。缠绕植物的始祖，一种生长在南半球，一种生活在北半球。为了获得更多的光照，使其更好地生长发育，茎的顶端随时朝向东升西落的太阳。这样，生长在南半球植物的茎就向右旋转，生长在北半球植物的茎则向左旋转。经过漫长的进化过程，它们逐步形成了各自固定的旋转方向。现在，它们虽被移植到不同的地方，但其旋转的方向特性被遗传下来。而起源于赤道附近的缠绕植物，由于太阳当空，它们就不需要随太阳旋转，因而其旋绕方向不固定。

3. 攀援茎 茎靠卷须、不定根、吸盘等攀附他物向上生长，如凌霄具有不定根、罗汉果具有茎卷须、豌豆具有叶卷须、爬山虎具有吸盘等（图4-4）。

a.银杏　　b.杜仲

图4-2 直立茎

图4-3 缠绕茎（鸡血藤）

图4-4 攀援茎（美洲凌霄）

4. 平卧茎 茎平卧于地面生长，节上没有不定根，如马齿苋、蒺藜、过路黄等（图4-5a）。

5. 匍匐茎 茎平卧于地面生长，其节上有不定根，如活血丹、积雪草、地锦草等（图4-5b）。

a. 平卧茎（马齿苋）

b. 匍匐茎（活血丹）

图4-5 平卧茎、匍匐茎

（二）依茎的质地分类

1. 木质茎　茎质地坚硬，木质部发达。具有木质茎的植物称为木本植物。其中植株高大，主干明显的称为乔木。如皂荚、黄皮树、厚朴等（图4-6）。

植株矮小，主干不明显，下部多分枝的称为灌木，如月季、连翘等（图4-7）。其中仅在基部木质化的称半灌木或亚灌木，如麻黄、牡丹等。茎长，木质，常缠绕茎或攀援他物向上生长的茎则称为木质藤本，如忍冬、五味子等（图4-8）。

2. 草质茎　茎质地柔软，木质化程度低。具草质茎的植物，称为草本植物。其中在一年内完成生命周期，开花结果后枯死的称一年生草本，如紫苏、红花、马齿苋等（图4-9）。种子第一年萌发，第二年开花结果，然后枯死的称为两年生草本，如菘蓝、萝卜、益母草等（图4-10）。若生命周期超过两年以上的则称为多年生草本。其中又分为两种类型：一种为宿根草本，地上部分每年有一段时间枯死，而地下部分存活，当年或翌年又长出新苗，如芍药、桔梗、人参等；另一种为常绿草本，植株终年保持常绿，不枯萎，如麦冬、万年青等（图4-11）。植物体细长柔软，草质，常攀援或缠绕他物而生长，称为草质藤本，如蔓生百部、薯蓣（图4-12）。

3. 肉质茎　茎的质地柔软多汁呈肉质肥厚，如仙人球、马齿苋、景天等（图4-13）。

图4-6　乔木（银杏）

图4-7　灌木（连翘）

图4-8　木质藤本（五味子）

图4-9　一年生草本（紫苏）

图4－10　二年生草本（益母草）

a. 常绿草本（麦冬）

b. 宿根草本（芍药）

图4－11　多年生草本

图4－12　草质藤本（何首乌）

图4－13　肉质茎（芦荟）

四、茎的变态

茎和根一样，由于植物长期适应不同的生活环境，产生了变态，可分为地下茎的变态和地上茎的变态两大类。

（一）地下茎的变态

生长在地面以下的茎，称为地下茎。地下茎和根类似，但仍具有茎的特征，其上有节和节间，退化的鳞叶及顶芽、侧芽等，可与根相区分。地下茎多贮藏各种营养物质而发生变态，常见的类型有以下几种。

1. 根茎　具明显的节和节间，节上生有不定根和退化的鳞叶，具顶芽和侧芽，常横卧地下。根状茎的形态及节间的长短随植物而异，有的植物根状茎短而直立，如人参、三七等；有的细长，如芦苇、白茅、鱼腥草等；有的短粗呈团块状，如白术、姜、川芎等；有的具明显的茎痕，如黄精、玉竹等（图4－14）。

2. 块茎　与块根相似，肉质肥大呈不规则块状，节间很短或不明显，节上有芽，叶退化成鳞片状或早期枯萎脱落。如天南星、半夏、天麻、泽泻等（图4－15）。

3. 球茎　肉质肥大呈球形或扁球形，顶芽发达，其上半部具有明显的节和缩短的节间，节上有腋芽和较大的膜质鳞片叶，基部具有不定根。如慈菇、荸荠等（图4－16）。

4. 鳞茎　呈球形或扁球形。茎极度缩短成盘状称鳞茎盘，盘上生有肉质肥厚的鳞叶。鳞茎盘上节很密集，顶端有顶芽，鳞叶腋内有腋芽，基部生有不定根。有的鳞茎鳞叶阔，内层被外层完全覆盖，称有被鳞茎，如薤白、大蒜；有的鳞茎鳞叶狭，呈覆瓦状排列，内层不能被外层完全覆盖，称无被鳞茎，如百合、贝母等（图 4－17）。

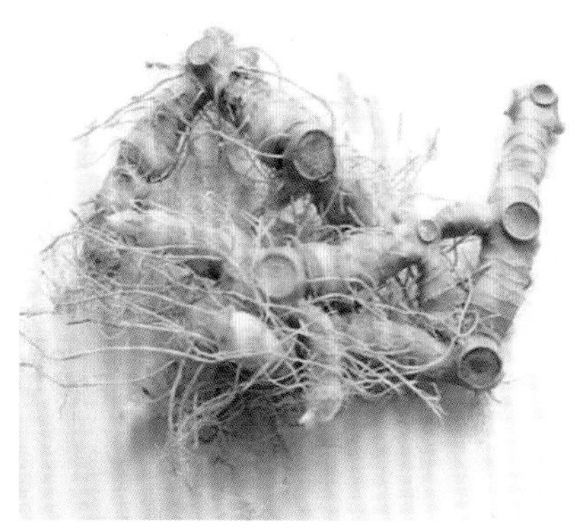

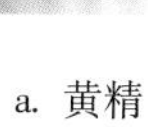

a. 黄精

b. 姜

图 4－14　根茎

a. 半夏

b. 天麻

图 4－15　块茎

a. 荸荠

b. 慈姑

图 4－16　球茎

a. 有被鳞茎（大蒜）

b. 无被鳞茎（百合）

图 4－17　鳞茎

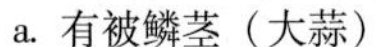

练一练

葱、大蒜、百合地下具有的变态茎类型是（　）

A. 根状茎　　B. 块茎　　C. 球茎　　D. 小块茎　　E. 鳞茎

答案解析

（二）地上茎的变态

1. 叶状茎或叶状枝　茎变为绿色的扁平状或针叶状，易被误认为叶，如仙人掌、天门冬、假叶树等（图 4－18）。

2. 刺状茎（枝刺或棘刺）　茎变为刺状，具保护作用。常分为不分枝和分枝的枝刺。山楂、酸橙和木瓜的枝刺不分枝，而皂荚、枸橘的刺常分枝。刺状茎生于叶腋，可与叶刺相区别。月季、花椒茎上的刺由表皮细胞突起形成，无固定的生长位置，易脱落，称皮刺，与刺状茎不同（图 4－19）。

3. 钩状茎　通常钩状，粗短，坚硬，无分枝，位于叶腋，由茎的侧轴变态而成，如钩藤、大叶钩藤等。

4. 茎卷须　常见于具攀援茎植物，茎变为卷须状，柔软卷曲，多生于叶腋，如丝瓜、栝楼等（图 4－20）。

想一想

食用的莲藕、马铃薯、洋葱是茎的何种变态？

答案解析

5. 小块茎和小鳞茎　有些植物的腋芽常形成小块茎，形态与块茎相似，如山药的零余子（珠芽）。有的植物叶柄上的不定芽也形成小块茎，如半夏。有些植物在叶腋或花序处由腋芽或花芽形成小鳞茎，如卷丹腋芽形成小鳞茎，洋葱、大蒜花序中花芽形成小鳞茎。小块茎和小鳞茎均有繁殖作用（图 4－21）。

a. 仙人掌　　b. 假叶树

图 4－18　叶状茎

a. 有分枝的枝刺（皂荚）

b. 无分枝的枝刺（酸橙）

图 4－19　枝刺

图 4－20　茎卷须（绞股蓝）

图 4－21 小块茎（零余子）

看一看

刺的类型

植物利用刺来保护自己，有的生长在树干上、枝条上，也有的生于叶上，甚至花和果实上。这些刺形态上相似，但来源却不同。山楂等的枝刺生于叶腋，位置相当于枝生长之处；枣的叶刺是由叶或托叶变态而成，位置相当于叶或托叶着生之处；金樱子、花椒等的皮刺则是表皮细胞突起而成，无固定生长位置，易脱落。

PPT

第二节　茎的内部构造

一、茎尖的构造

茎尖是指主茎及分枝的顶端部分，其结构与根尖基本相似，即由分生区（生长锥）、伸长区和成熟区三部分组成。所不同的是茎尖顶端没有根冠样的结构，而是由幼小的叶片包围着几个小突起，这些小突起称叶原基或腋芽原基，以后发育成叶或腋芽，腋芽则发育形成枝条；其次茎成熟区的表皮不形成根毛，却常有气孔和毛茸等附属物。

由生长锥分裂出来的细胞逐渐分化为原表皮层、基本分生组织和原形成层等初生分生组织，这些分生组织细胞继续分裂分化，所形成的构造即为茎的初生构造（图4－22）。

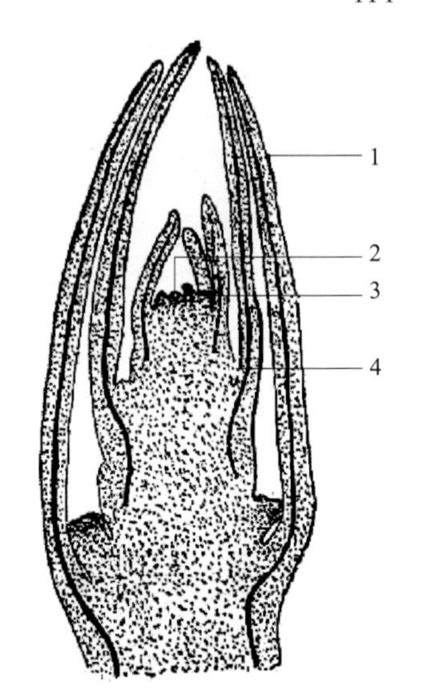

图4－22　芽的纵切图

1. 幼叶　2. 生长锥
3. 叶原基　4. 腋芽原基

二、茎的初生构造

通过茎的成熟区作一横切片，可观察到茎的初生构造。从外到内分为表皮、皮层和维管柱三部分。

1. 表皮　是由原表皮层细胞发育而来，位于茎的表面，是由一层长方形、扁平、排列整齐紧密、无细胞间隙的生活薄壁细胞组成。细胞一般不含叶绿体，少数植物含有花色素，使茎呈现多种颜色，如石香薷（茎紫色）、金钗石斛（茎金黄色）等。表皮细胞的外壁稍厚，通常角质化形成角质层；细胞上通常还有气孔和毛茸存在；少数植物还具有蜡被。

2. 皮层　皮层是由基本分生组织发育而来，位于表皮的内方，是表皮和维管柱之间的部分，由多层生活细胞构成。通常不如根的皮层发达，横切面观所占比例比较小，主要由薄壁细胞组成，细胞常为多面体形、球形或椭圆形，排列疏松，具有细胞间隙；靠近表皮的细胞常含叶绿体，故嫩茎常为绿色；有些植物近表皮部位常具厚角组织，以增强茎的韧性，其中有的呈环状排列，如菊科和葫芦科的一些植物；有的分布在棱角处，如益母草、薄荷等；有的植物在皮层的内方有纤维束或石细胞群，如向日葵、黄柏、桑等；有的有分泌组织，如向日葵、棉花等。

茎的内皮层通常不明显，所以皮层与维管区域之间无明显界线。有少数植物茎皮层最内一层细胞含有大量淀粉粒，称淀粉鞘，如蚕豆、蓖麻等。

3. 维管柱　位于皮层以内，包括呈环状排列的初生维管束、髓和髓射线等，所占比例比较大。又称中柱。

（1）初生维管束　是茎的输导系统，位于皮层的内方，成环状排列，由初生韧皮部、初生木质部和束中形成层组成。木本植物维管束排列紧密，束间区域较窄，维管束似乎连成一圆环状；而藤本植物和大多数草本植物束间距离比较宽。

初生韧皮部：位于维管束的外方，由筛管、伴胞、韧皮薄壁细胞和初生韧皮纤维组成。分化成熟的方向与根相同，由外向内，为外始式。初生韧皮纤维常成群或成环状分布于韧皮部外侧，可增强茎的韧性，过去被误称为中柱鞘纤维，现在称初生韧皮纤维束。

初生木质部：位于维管束的内侧，由导管、管胞、木薄壁细胞和木纤维组成，其分化成熟的方向与根相反，由内向外，为内始式。

束中形成层：又称为束内形成层，位于初生韧皮部和初生木质部之间，由 1～2 层具分生能力的细胞组成，能分裂产生大量细胞，使茎不断加粗。

（2）髓射线　也称初生射线，是位于初生维管束之间的薄壁细胞区域，外接皮层，内连髓部，细胞径向延长，横切面观呈放射状，具有横向运输和贮藏的作用。一般双子叶草本植物茎的髓射线比较宽，而木本植物茎的髓射线却很窄。髓射线细胞分化程度较浅，具有潜在的分生能力。在次生生长开始时，与束中形成层相邻的髓射线细胞能转变为形成层的一部分，形成束间形成层。此外，在一定条件下，髓射线细胞还能分裂产生不定芽和不定根。

（3）髓　位于茎的中央，被初生维管束围绕，由基本分生组织产生的一些较大的薄壁细胞组成。草本植物茎的髓部比较大，木本植物茎的髓部比较小，但通脱木、旌节花、接骨木、泡桐等木本植物也有比较大的髓部。有些植物茎的髓部细胞部分消失，形成一系列的横髓隔，如猕猴桃、胡桃等。有些植物茎的髓部在发育过程中逐渐消失而形成中空，如连翘、芹菜、南瓜等（图 4－23）。

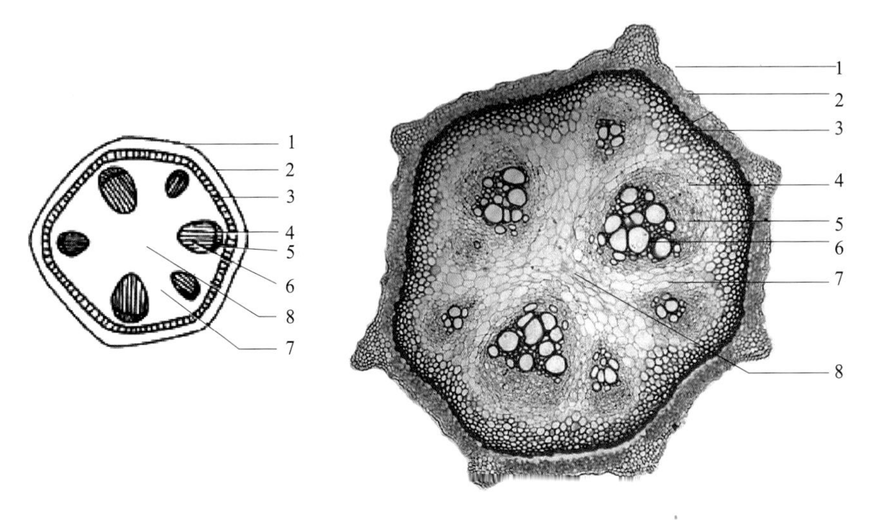

图 4－23　双子叶植物茎（马兜铃）的初生结构（左简图，右详图）

1. 表皮　2. 皮层　3. 纤维　4. 初生韧皮部

5. 束中形成层　6. 初生木质部　7. 髓射线　8. 髓

三、双子叶植物茎的次生构造

（一）双子叶植物木质茎的次生构造

木本双子叶植物茎的次生生长可持续多年，故次生构造特别发达（图 4－24）。

1. 形成层及其活动　在植物茎开始次生生长时，靠近束内形成层的髓射线薄壁细胞恢复分生能力，转变为束间形成层，并与束中形成层连接，形成一个形成层圆筒，横切面观，呈一个完整的形成层环。

大部分形成层细胞略呈纺锤形，液泡明显，称纺锤原始细胞；少部分形成层细胞近于等径，称射线原始细胞。当形成层成为一完整环后，纺锤原始细胞即开始进行切向分裂，向内产生次生木质部细胞，向外产生次生韧皮部细胞；射线原始细胞则向内向外分裂产生次生射线细胞。

在次生生长中，束中形成层产生的次生木质部细胞增添于初生木质部的外方；产生的次生韧皮部细胞，增添于初生韧皮部的内方，并将初生韧皮部向外挤；产生的次生射线细胞，存在于次生木质部和次生韧皮部中，形成横向的联系组织，称维管射线，位于次生木质部内的称木射线，位于次生韧皮部内的称韧皮射线。通常产生的次生木质部细胞比次生韧皮部细胞数量多得多，由此，横切面观，次生木质部比次生韧皮部大很多。而束间形成层细胞，一部分形成薄壁细胞，延续髓射线，另一部分则分裂分化产生新的维管组织，所以木本植物茎维管束之间距离会变窄。藤本植物茎次生生长时，束间形成层不分化产生维管组织，故藤本植物的次生构造中维管束之间距离较宽，如木通、马兜铃（关木通）。

在形成层细胞进行切向分裂使茎增粗生长的同时，为适应内方木质部的增大，形成层也进行径向和横向分裂，增加细胞，扩大圆周，同时形成层的位置也逐渐向外推移。

（1）次生木质部　占木本植物茎的绝大部分。构成次生木质部的是导管、管胞、木薄壁细胞、木纤维和木射线细胞，其中导管主要是梯纹、网纹及孔纹导管，以孔纹导管最普遍。导管、管胞、木薄壁细胞和木纤维是次生木质部中的纵向系统，是由形成层的纺锤原始细胞分裂所产生的细胞发展而成的。木射线由多列保持生活状态的薄壁细胞组成，径向延长，也有一列细胞的细胞壁有时木质化，是次生木质部中的横向系统。

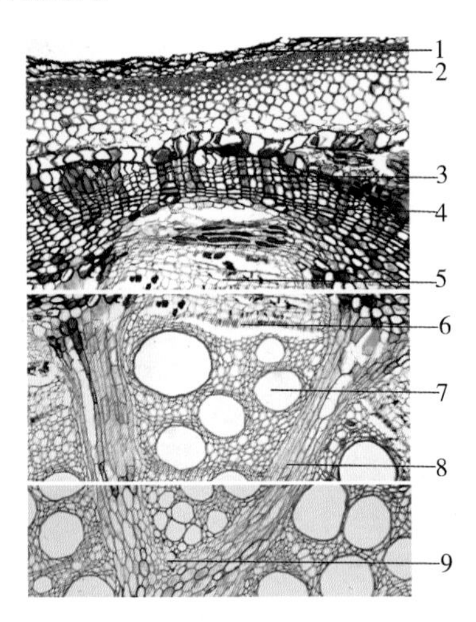

图4-24　双子叶植物木质茎的次生结构
（大血藤茎横切面图）

1. 表皮　2. 木栓层　3. 栓内层　4. 石细胞群　5. 韧皮部　6. 形成层　7. 木质部　8. 髓射线　9. 髓

形成层的活动受四季气候变化的影响很大。温带和亚热带的春季或热带的雨季，由于气候温和，雨量充足，形成层活动旺盛，所形成的次生木质部中的细胞径大壁薄，质地较疏松，色泽较淡，称早材或春材；温带的夏末秋初或热带的旱季，形成层活动逐渐减弱，所形成的细胞径小壁厚，质地紧密、色泽较深，称晚材或秋材。在一年中早材和晚材是逐渐转变的，没有明显的界限，但当年的秋材与第二年的春材却界限分明，形成一个同心环，一年一环，称年轮或生长轮。但有的植物一年可以形成2~3轮，这是由于形成层有节律的活动，每年有几个循环的结果，这些年轮称假年轮。假年轮通常成不完整的环状，它的形成有的又是由于一年中气候变化特殊，或被害虫吃掉了树叶，生长受影响而引起的。终年气候变化不大的热带树木，通常不形成年轮。

在木质部横切面上，靠近形成层的边缘部分颜色较浅，质地较松软，称边材。边材具有输导能力。而中心部分，颜色较深，质地较坚固，称心材。心材没有输导能力，这是由于心材中的细胞常积累代谢产物，如挥发油、单宁、树胶、色素等，以及有些射线细胞或轴向薄壁细胞，在生长过程中通过导管上的纹孔被挤入导管内，形成侵填体，从而使导管或管胞堵塞，失去输导能力。心材比较坚硬，不易腐烂，且常含有某些化学成分，因此，茎木类药材多为心材，如沉香、檀香、苏木、降香等，均为心材入药。

茎内部各种组织，纵横交错，十分复杂。在鉴定茎木类药材时，应充分理解其立体结构，采用三种切面即横切面、径向切面、切向切面进行比较观察，以便准确鉴定。

横切面：是与纵轴垂直所作的切面，从切面上可见年轮呈同心环状，所见射线为纵切面，呈放射状排列，可观察到射线的长度和宽度。两射线间的导管、管胞、木纤维和木薄壁细胞等，都呈大小不一、细胞壁厚薄不等的类圆形或多角形。

径向切面：是通过茎的直径所作的纵切面。可见年轮呈垂直平行的带状，射线则横向分布，与年轮呈直角，可观察到射线的高度和长度。一切纵长细胞如导管、管胞、木纤维等均为纵切面，呈纵长筒状或棱状，其长度和次生壁的增厚纹理都很清楚。

切向切面：是不通过茎的中心而垂直于茎的半径所作的纵切面。可见射线为横切面，细胞群呈纺锤形，作不连续的纵行排列。可观察到射线的宽度和高度以及细胞列数和两端细胞的形状。所见到的导管、管胞和木纤维等细胞的形态、长度及次生壁增厚的纹理等都与其径向切面相似。

在木材的三个切面中，射线的形状最为突出，可作为判断切面类型的重要依据（图4－25）。

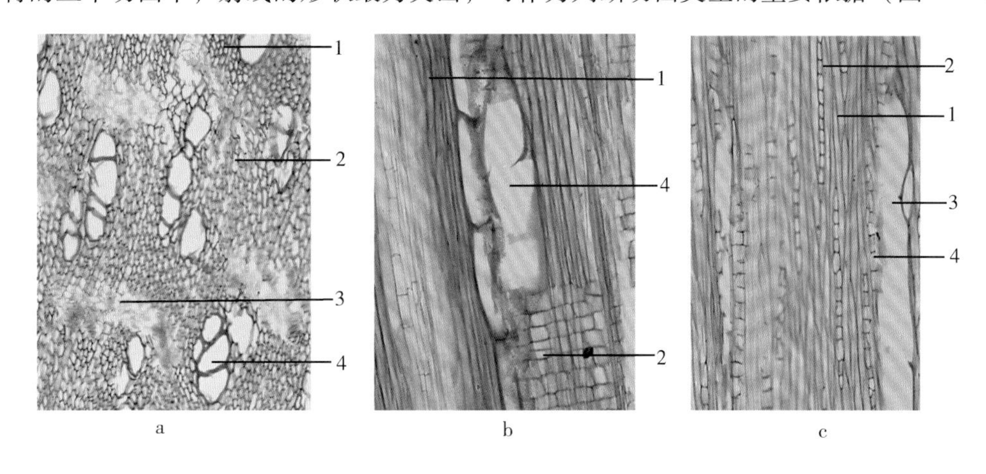

图4－25　沉香（白木香）药材三切面特征图

a. 横切面　b. 径向纵切面　c. 切向纵切面

1. 木纤维　2. 射线　3. 内涵韧皮部　4. 导管

（2）次生韧皮部　是由形成层向外分裂而形成的，由于向外分裂产生次生韧皮部细胞的次数远不如向内分裂产生次生木质部细胞的次数多，因此次生韧皮部要比次生木质部小得多。次生韧皮部形成时，初生韧皮部细胞被挤向外方，其中的筛管、伴胞及薄壁细胞被挤压而变形、破裂，成为颓废组织。构成次生韧皮部的是筛管、伴胞、韧皮纤维和韧皮薄壁细胞。有的植物次生韧皮部中有石细胞，如厚朴、肉桂、杜仲等；有的有乳汁管，如夹竹桃。

次生韧皮部中薄壁组织常占主要部分，细胞中含有多种营养物质和生理活性物质，如糖类、油脂、单宁、生物碱、苷类、橡胶、挥发油等，故具有一定的药用价值，如肉桂、厚朴、黄柏等茎皮类药材。韧皮射线与木射线相连，是次生韧皮部内的薄壁组织，细胞壁不木质化，形状也不及木射线那样规则。韧皮射线的长短宽窄因植物种类而异。

2. 木栓形成层及周皮　形成层活动产生大量组织细胞，使茎不断增粗生长，但已分化成熟的表皮细胞一般不能相应增大和增多，从而失去了保护功能。此时，植物茎就由表皮细胞或皮层薄壁组织细胞也可能是韧皮薄壁细胞恢复分生能力（多为皮层薄壁组织细胞），转化为木栓形成层。木栓形成层则向外分裂产生木栓组织细胞、向内分裂产生栓内层薄壁组织细胞，逐渐形成了由木栓层、木栓形成层及栓内层三层结构所构成的周皮，代替表皮行使保护茎的作用。一般木栓形成层的活动只不过数月，在其停止活动后，大部分树木又可依次在其内方产生新的木栓形成层。这样，其发生的位置就会逐渐向内移，可深达次生韧皮部中，形成新的周皮。老周皮内方的组织被新周皮隔离后逐渐枯死，这些新周皮以及被它隔离的死亡组织的综合体，常剥落，称落皮层。有的落皮层呈鳞片状脱落，如白皮松；有的呈环状脱落，如白桦；有的裂成纵沟，如柳、榆；有的呈大片脱落，如悬铃木。但也有的周皮不脱落，如黄柏、杜仲。落皮层也称外树皮。“树皮”有两种概念，狭义的树皮即落皮层；广义的树皮是指形成层以外的所有组织，包括落皮层和木栓形成层以内的次生韧皮部（内树皮）。如皮类药材肉桂、厚朴、黄柏、杜仲、秦皮、合欢皮等的药用部分均指广义的树皮。

（二）双子叶植物草质茎的内部构造

双子叶植物草质茎因生长期短，次生生长有限，次生构造不发达，木质部细胞量少，质地柔软，与木质茎相比，有如下特点。

1. 表皮　最外面仍由表皮起保护作用，常具角质层、蜡被、气孔及毛茸等附属物。少数植物在表皮下方有木栓形成层的分化，向外产生1～2层木栓细胞，向内产生少量栓内层，但表皮未被破坏仍然存在。

2. 皮层　多数无限外韧维管束成环状排列。有少量植物为双韧维管束。

3. 维管束　有些植物只有束中形成层，没有束间形成层。还有些植物不仅没有束间形成层，束中形成层也不明显。

4. 髓射线　维管束之间的薄壁组织区域，宽窄不一。

5. 髓　位于中央，较发达，由大型的薄壁细胞组成，有的植物髓部中央破裂形成空洞（图4-26）。

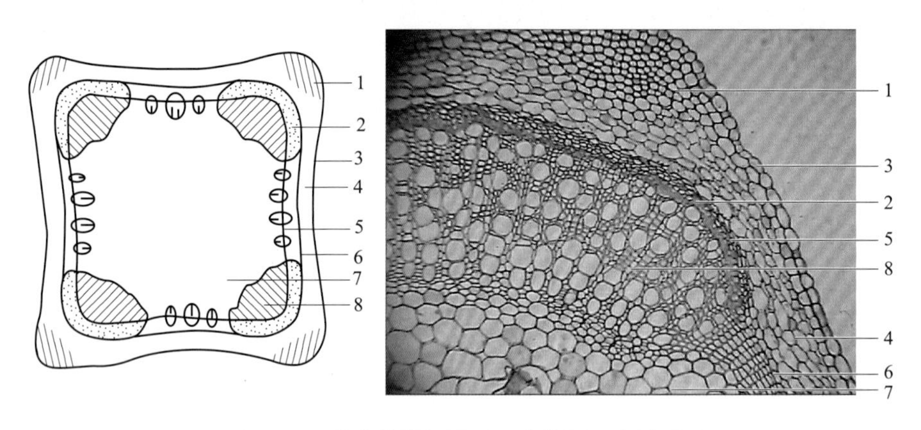

图4-26　薄荷茎横切面图（左简图，右详图）

1. 厚角组织　2. 韧皮部　3. 表皮　4. 皮层　5. 形成层　6. 内皮层　7. 髓　8. 木质部

（三）双子叶植物根茎的内部构造

双子叶植物根茎一般系指草本双子叶植物根茎，其构造与地上茎相类似，有如下特点。

1. 表面常为木栓组织，有的植物木栓组织中分布有木栓石细胞，如苍术、白术等；少数植物具有表皮或鳞叶。

2. 皮层常有根迹维管束（即茎中维管束与不定根中维管束相连的维管束）和叶迹维管束（即茎中维管束与叶柄维管束相连的维管束）斜向通过。

3. 维管束为无限外韧型，呈环状排列。束间形成层明显的植物，其形成层成完整的环状；但有的植物束间形成层不明显。

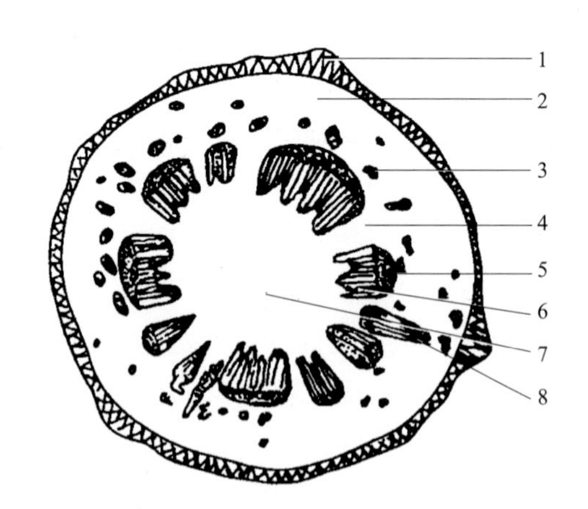

图4-27　双子叶植物根茎横切面简图（黄连）

1. 木栓层　2. 皮层　3. 石细胞群　4. 射线　5. 韧皮部　6. 木质部　7. 髓　8. 根迹维管束

4. 髓射线常较宽，中央有明显的髓部。

5. 薄壁组织发达，细胞中多含有贮藏物质；机械组织多不发达，仅皮层内侧有时具有纤维或石细胞（图4-27）。

（四）双子叶植物茎及根茎的异常构造

某些双子叶植物茎或根茎除了能形成正常的维管构造以外，通常有部分薄壁细胞，还能恢复分生能力，转化成非正常形成层。该形成层的活动所产生的维管束即为异型维管束，所形成的构造即为异常构造。常见的异常构造有：

1. 髓部的异常维管束　是指位于双子叶植物茎或根茎髓部的维管束。如胡椒科植物海风藤茎的横切面上，除正常排成环状的维管束外，髓部还有6～13个异型维管束散在。又如大黄根茎的横切面上，除正常的维管束外，髓部有许多星点状的异型维管束，其形成层呈环状，外侧为由几个导管组成的木质部，内侧为韧皮部，射线呈星芒状排列。此外，在大花红景天根茎的髓中，苋科倒扣草茎的髓部也有异型维管束存在（图4－28、图4－29）。

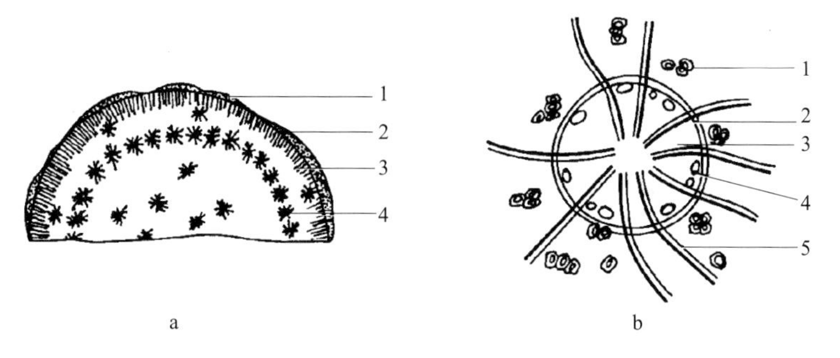

图4－28　大黄根茎横切面简图

a. 大黄根茎横切面：1. 韧皮部　2. 形成层　3. 木质部　4. 星点

b. 星点简图：1. 导管　2. 形成层　3. 韧皮部　4. 黏液腔　5. 射线

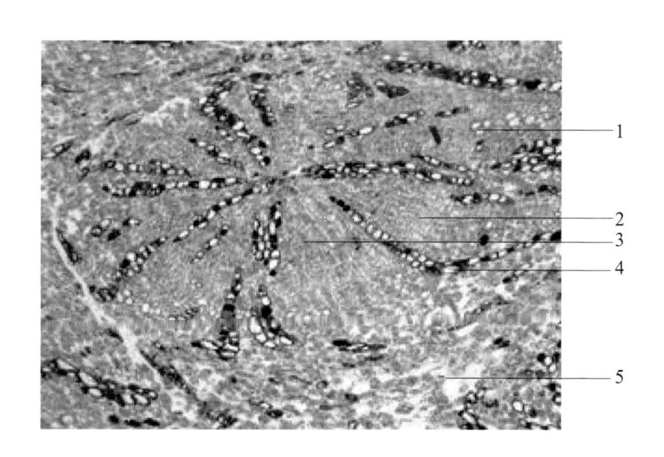

图4－29　大黄根茎星点详图

1. 导管　2. 形成层　3. 韧皮部　4. 射线　5. 髓

2. 同心环状排列的异常维管束　在某些双子叶植物茎内，初生生长和早期次生生长都是正常的。当正常的次生生长发育到一定阶段，次生维管柱的外围又形成多轮呈同心环状排列的异常维管组织。如密花豆老茎（鸡血藤）的横切面上，可见韧皮部呈2～8个红棕色至暗棕色环带，与木质部相间排列。其最内一圈为圆环，其余为同心半圆环（图4－30）。常春油麻藤茎的横切面上也可见上述异型构造。

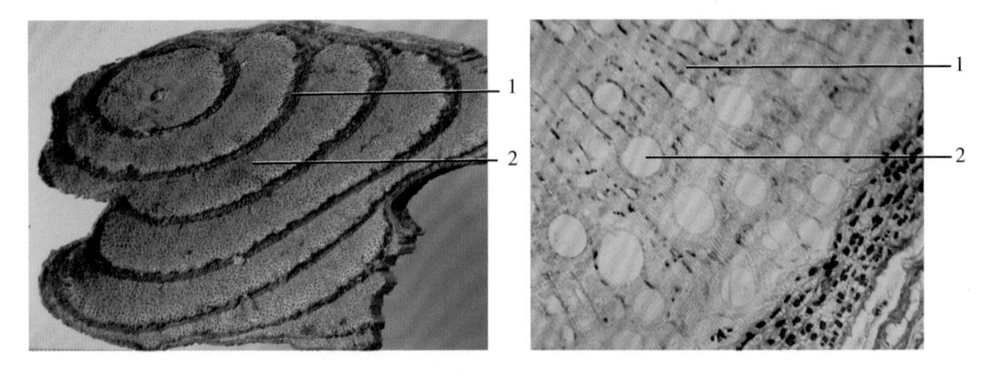

图4－30　同心环状排列的异常维管束（鸡血藤）

1. 韧皮部　2. 木质部

3. 木间木栓　在甘松根茎的横切面上，木间木栓呈环状包围一部分韧皮部和木质部，把维管柱分隔为数束。

四、单子叶植物茎和根茎的内部构造

（一）单子叶植物茎的构造特征

单子叶植物茎一般没有形成层和木栓形成层，终身只有初生构造，没有次生构造，不能无限增粗，其主要特征如下。

1. 表皮　茎的最外面通常由一列表皮细胞起保护作用，不产生周皮。禾本科植物秆的表皮下方，往往有数层厚壁细胞分布，以增强支持作用。

2. 表皮以内　为基本薄壁组织和星散分布于其中的有限外韧型维管束，因此没有皮层、髓及髓射线之分。多数禾本科植物茎的中央部位（相当于髓部）萎缩破坏，形成中空的茎秆。

此外，也有少数单子叶植物茎具形成层，而有次生生长，如龙血树、丝兰和朱蕉等。但这种形成层的起源和活动情况与双子叶植物不同。如龙血树的形成层起源于维管束外的薄壁组织，向内分裂产生维管束和薄壁组织，向外也分裂产生少量薄壁组织（图4－31）。

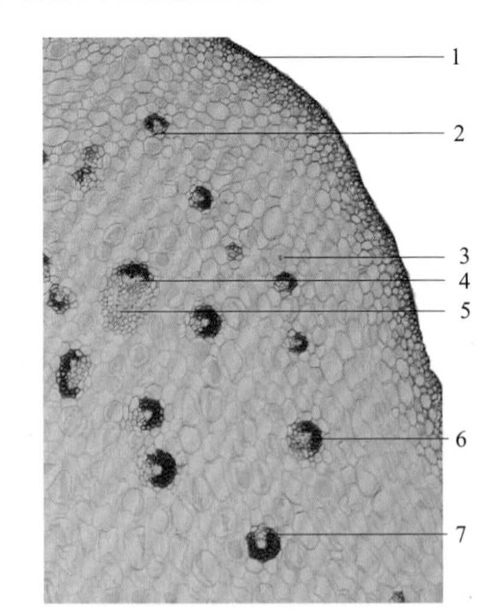

图4－31　单子叶植物茎的构造（石斛）

1. 表皮　2. 维管束　3. 针晶束
4. 韧皮部　5. 木质部　6. 纤维群　7. 硅质块

（二）单子叶植物根茎的构造特征

1. 表皮　根茎表面仍为表皮或木栓化的皮层细胞起保护作用。少数植物有周皮，如射干、仙茅等。禾本科植物根茎表皮较特殊，细胞平行排列，每纵行多为1个长细胞和2个短细胞纵向相间排列，长细胞为角质化的表皮细胞，短细胞中，一个是木栓化细胞，一个是硅质化细胞，如白茅、芦苇等。

2. 皮层　常占较大体积，其中常有细小的叶迹维管束存在，薄壁细胞内含有大量营养物质。中柱维管束散在，多为有限外韧型，如白茅根、姜黄、高良姜等；少数为周木型，如香附；有的则兼有有限外韧型和周木型两种维管束，如石菖蒲（图4－32）。

3. 内皮层　大多明显，具凯氏带，因而皮层和维管组织区域可明显区分，如姜、石菖蒲等。也有的内皮层不明显，如玉竹、知母、射干等。

4. 其他 有些植物根茎在皮层靠近表皮部位的细胞形成木栓组织，如生姜；有的皮层细胞转变为木栓化细胞，形成所谓“后生皮层”，以代替表皮行使保护功能，如藜芦。

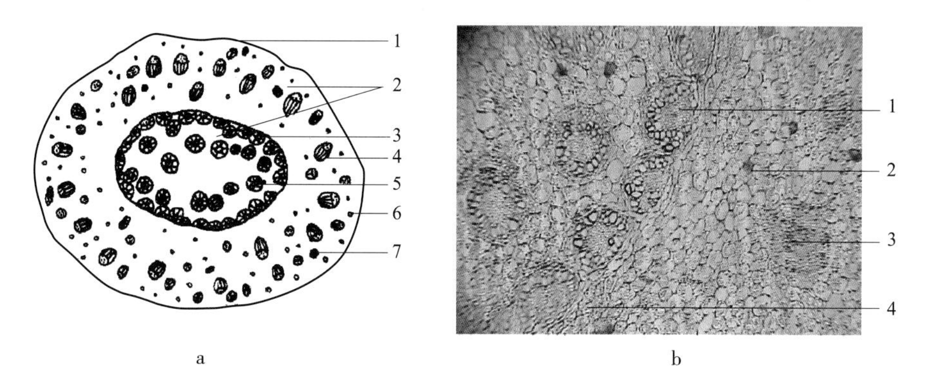

图4-32 单子叶植物石菖蒲根茎横切面图（左简图，右详图）

a. 左简图：1. 表皮 2. 薄壁细胞 3. 内皮层 4. 叶迹维管束 5. 周木维管束 6. 油细胞 7. 纤维束

b. 右详图：1. 周木维管束 2. 油细胞 3. 叶迹维管束 4. 内皮层

药爱生命

蒲公英素有“天然下火草”之美誉，有很好的消炎作用，对各种慢性炎症均有效。蒲公英具有药食两用的作用，经常用蒲公英根茎泡水喝，能降血糖、降血脂，对身体有多种保健功效。日常生活中应注意哪些问题呢？

蒲公英性苦寒之功效，对于体质阴寒之人非但没有治疗效果，反而会使病情更加严重，脾胃虚寒者最好少喝，对于脾胃虚寒者经常用蒲公英泡水喝，会加重脾胃负担，甚至会出现腹泻的问题；过敏体质的人群最好不要喝蒲公英水，由于个体差异有些人在服用蒲公英后会出现皮肤瘙痒的问题，甚至会诱发荨麻疹，如果有过敏情况，最好停止饮用蒲公英水；放凉后的蒲公英水最好不要喝，蒲公英茶水最好温热喝，放凉后喝很容易出现腹泻的问题；还要注意不宜过量饮用。

目标检测

答案解析

一、单项选择题

1. 茎的主要形态特征是（ ）

A. 皮孔　B. 叶痕　C. 节和节间
D. 托叶痕　E. 芽鳞痕

2. 钩藤、栝楼、凌霄等的茎按照生长习性同属（ ）

A. 直立茎　B. 攀援茎　C. 匍匐茎
D. 缠绕茎　E. 平卧茎

3. 高度常在5米以上，具有明显的主干，下部少分枝的植物称（ ）

A. 乔木　B. 灌木　C. 亚灌木
D. 木质藤本　E. 小灌木

4. 黄精、姜、玉竹、白茅等都具有的地下变态茎是（ ）

A. 鳞茎　B. 球茎　C. 块茎

D. 根茎　　E. 圆柱根

5. 呈球形或扁球形，茎极度缩短成盘状称鳞茎盘的变态茎属于（　）

A. 根状茎　　B. 块茎　　C. 球茎

D. 小块茎　　E. 鳞茎

6. 皂荚的刺状物属于（　）

A. 根的变态　　B. 地上茎的变态　　C. 地下茎的变态

D. 叶的变态　　E. 托叶的变态

7. 束中形成层是由（　）保留下来的

A. 原形成层　　B. 基本分生组织　　C. 原表皮层

D. 木栓形成层　　E. 异常形成层

8. 茎的初生木质部分化成熟的方向是（　）

A. 不定式　　B. 外始式　　C. 内始式

D. 不等式　　E. 双始式

9. 茎的次生木质部中最普遍的导管是（　）

A. 环纹导管　　B. 螺纹导管　　C. 梯纹导管

D. 网纹导管　　E. 孔纹导管

10. 沉香、降香等的入药部位是茎的（　）

A. 边材　　B. 心材　　C. 春材

D. 秋材　　E. 早材

二、多项选择题

1. 茎在外形上区别于根的特征有（　）

A. 具有节　　B. 具有节间　　C. 有芽

D. 生叶　　E. 圆柱形

2. 按质地分，植物茎分有（　）

A. 乔木　　B. 肉质茎　　C. 草质茎

D. 灌木　　E. 木质茎

3. 茎尖区别于根尖的构造特点是（　）

A. 无类似于根冠的构造　　B. 有生长区

C. 具有叶原基　　D. 具有腋芽原基

E. 具有气孔和毛茸

4. 构造上通常具有髓的器官有（　）

A. 双子叶植物初生茎　　B. 双子叶植物初生根

C. 双子叶植物次生根　　D. 双子叶植物草质茎

E. 双子叶植物根茎

5. 构造上一般具有髓射线的器官有（　）

A. 双子叶植物初生茎　　B. 双子叶植物木质茎

C. 双子叶植物根茎　　D. 双子叶植物草质茎

E. 单子叶植物根茎

6. 髓射线在一定条件下可分裂形成（　）

A. 不定根　　B. 不定芽　　C. 束中形成层

D. 束间形成层　　E. 木栓形成层

7. 心材与边材的区别为（　）

A. 颜色较深　　B. 颜色较浅　　C. 质地坚硬

D. 质地松软　　E. 导管失去输导能力

8. 年轮通常包括一个生长季内形成的（　）

A. 早材　　B. 心材　　C. 秋材

D. 晚材　　E. 春材

9. 双子叶植物根茎的构造特点为（　）

A. 表面通常为木栓组织　　B. 皮层中有根迹维管束

C. 皮层中有叶迹维管束　　D. 贮藏薄壁组织发达

E. 机械组织发达

10. 裸子植物茎的次生构造中没有（　）

A. 管胞　　B. 木纤维　　C. 韧皮纤维

D. 筛管　　E. 筛胞

书网融合……

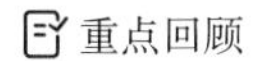

习题

第五章　叶

学习目标

知识目标：

1. **掌握**　叶的组成、类型及特征，叶脉的类型；双子叶植物叶片的构造。
2. **熟悉**　叶序和叶的变态。
3. **了解**　叶的生理功能；叶端、叶尖、叶基、叶缘等的形态及类型。

技能目标：

1. 能识别叶的组成、形态和类型，能判断出叶序和叶的变态类型。
2. 学会制作临时装片和观察叶的内部构造。
3. 能绘制叶横切面简图。

素质目标：

培养对学生对叶的辨别能力和归类能力，体会各种植物叶的千姿百态。

导学情景

情景描述：2015 年，中国著名药学家屠呦呦获得诺贝尔生理学或医学奖。屠呦呦 1971 年首先从黄花蒿中发现抗疟有效提取物，1972 年又分离出新型结构的抗疟有效成分青蒿素，1979 年获国家发明奖二等奖。2011 年 9 月获得拉斯克临床医学奖，获奖理由是"因为发现青蒿素——一种用于治疗疟疾的药物，挽救了全球特别是发展中国家的数百万人的生命。"

情景分析：药材虽名青蒿，其来源却为菊科植物黄花蒿的干燥地上部分。植物青蒿与黄花蒿为同属不同种。在生活中人们往往会将它们混为一谈，但其在药用价值上差距甚远。

讨论：如何快速区分植物青蒿和植物黄花蒿呢？

学前导语：青蒿的叶片颜色为暗绿色或棕色，叶片卷缩，中部叶多为二回栉齿状羽状深裂，上部叶渐小，多为一回栉齿状羽状深裂。黄花蒿叶片幼时绿色，老时变为枯黄色，中部叶多为三回齿状羽状深裂。由此，可通过叶的颜色和形态将其快速区分。

叶是植物进行光合作用、制造有机养料的重要场所，属于营养器官，着生于植物的茎节上。叶一般呈绿色扁平状，含有大量叶绿体，具有向光性。同时，叶还具有气体交换和蒸腾作用。

植物的叶除上述三种基本生理功能外，有的植物叶具有贮藏作用，如百合、贝母的肉质鳞片等。少数植物的叶兼具繁殖作用，如秋海棠叶、落地生根叶等。

许多植物的叶可供药用，如大青叶、桑叶、紫苏叶等。还有以叶的某一部分，如黄连、菱等以叶柄入药。 e 微课

PPT

第一节　叶

一、叶的组成

叶来源于茎尖周围的叶原基。发育成熟的叶子一般由叶片、叶柄、托叶三部分组成（图5－1）。

具有叶片、叶柄、托叶三部分的叶，称完全叶，如杏、桃、玫瑰的叶（图5－2a）。缺少其中任何部分的叶，称不完全叶。缺少叶柄和托叶的，如龙胆叶、莴苣叶；缺少托叶的，如女贞、连翘的叶。有些植物的叶具托叶，但较早脱落，称托叶早落，不完全叶（图5－2b）。

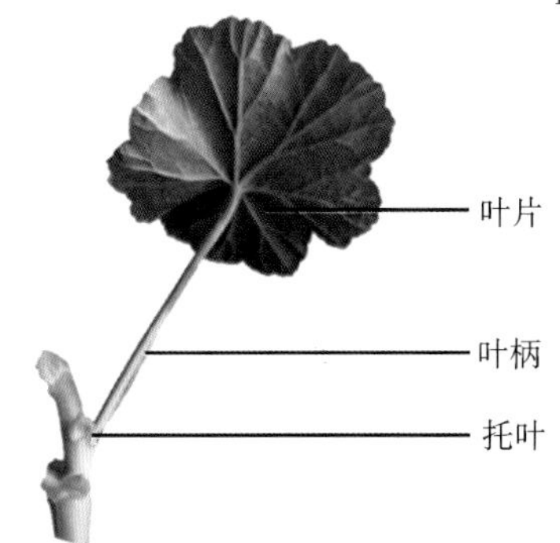

图5－1　叶的组成部分

a. 完全叶

b. 不完全叶

图5－2　完全叶与不完全叶

（一）叶片

叶片是叶的主要部分，常为绿色扁平体。叶片的全形称叶形，有上表面和下表面之分，顶端称叶端或叶尖，基部称叶基，边缘称叶缘。叶片内分布许多叶脉。

（二）叶柄

叶柄是连接叶片和茎枝的部分，具有支持叶片的作用。常呈圆柱形、半圆柱形或稍扁平，上表面（腹面）多有沟槽。其形状随植物种类的不同有较大的差异。如水浮莲、菱等水生植物的叶柄上具膨胀的气囊，其结构以利于浮水。有的植物叶柄具膨大的关节，称叶枕，能调节叶片的位置和休眠运动，如含羞草叶。有的叶柄能围绕各种物体螺旋状的扭曲，起着攀援作用，如旱金莲叶。亦有的植物叶片退化，叶柄变成叶片状，以代替叶片的功能，成为叶状柄，如台湾相思树叶（图5－3）。

a. 含羞草

b. 旱金莲

c. 台湾相思树

图5－3　特殊形态的叶柄

有些植物的叶柄基部或叶柄全部扩大形成叶状，成为叶鞘。叶鞘部分或全部包围着茎秆，加强了茎的支持作用，并保护了茎的居间生长和叶腋内的幼芽，如前胡、当归、白芷等伞形科植物的叶鞘，由叶柄基部扩大形成。淡竹叶、芦苇、小麦等禾本科及姜、益智、砂仁等姜科植物叶的叶鞘，是由相当于叶柄的部位扩大形成的（图5－4）。

图5－4　叶鞘

禾本科植物叶的特点，除叶鞘外，与叶鞘与叶片相接触的腹面还有膜状的突起物，称为叶舌。叶舌能使叶片向外弯曲，使叶片可更多地接受阳光，同时可以防止水分和真菌、昆虫等进入叶鞘内。在叶舌的两旁，另有一对从叶片基部边缘延伸出来的突出物，称为叶耳。叶耳、叶舌的有无、大小及形状，常作为识别禾本科植物种的依据之一（图5－5）。

有些植物的叶不具有叶柄，叶片基部包围在茎上，称抱茎叶，如抱茎苦荬菜等多种菊科植物（图5－6）。若无叶柄的基部或对生无柄叶的基部彼此愈合，被茎所贯穿，称贯穿叶或穿茎叶，如元宝草（图5－7）。

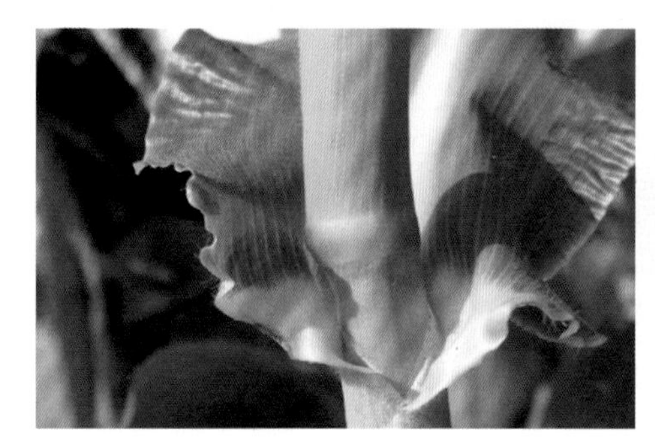

图5－5　禾本科植物叶片与叶鞘交界处的形态

图5－6　抱茎叶（抱茎苦荬菜）

图5－7　贯穿叶（元宝草）

看一看

“害羞”的含羞草

在含羞草叶柄基部，有一个小鼓状的薄壁细胞组织—叶褥，叶褥里充满了水，当叶子受到刺激后，叶褥下部细胞里的水分立即向上向两侧流去，这样叶褥下部便瘪了下去，而上部却鼓起来，从而使叶柄下垂，叶子闭合。所以叶子的开闭，是因叶褥的膨压作用所引起的。而叶褥的膨压作用与空气中的湿度密切相关，在空气湿度很小时，叶褥的膨压作用明显，叶子的闭合与张开速度快；在空气湿度很大时，叶子的开合速度便慢。所以含羞草叶子开合速度的快慢，间接地反映了空气中湿度的大小，可以作为天气预报的参考。

（三）托叶

托叶是叶柄基部的附属物，常成对着生于叶柄基部的两侧，托叶的形状多种多样（图5－8），有的托叶很大，呈叶片状，如豌豆、贴梗海棠等；有的托叶与叶柄愈合呈翅状，如金樱子、月季；有的托叶细小呈线状，如桑、梨；有的托叶变成卷须，如菝葜；有的托叶呈刺状，如玫瑰；有的托叶联合成鞘状，并包围于茎节的基部，称托叶鞘，为何首乌、虎杖等蓼科植物的主要特征。

a.叶片状托叶　b.翅状托叶　c.线状托叶

d.卷须状托叶　e.刺状托叶　f.托叶鞘状托叶

图 5－8　托叶的形状

二、叶的各种形态

叶片的形态通常是指叶片的形状。若要比较准确地描述叶的形状应该首先描述叶片的全形，然后分别描述叶的尖端、叶的基部、叶缘的形状和叶脉的分布等各部分的形态特征。

（一）叶片的全形

叶片的大小和形状变化很大，随植物种类而异，甚至在同一植株上，其形状也有不一样的，但一般同一种植物叶的形状是比较稳定的，在分类学上常作为鉴别植物的依据。叶片的形状主要是根据叶片的长度和宽度的比例，以及最宽部位的位置来确定（图 5－9）。

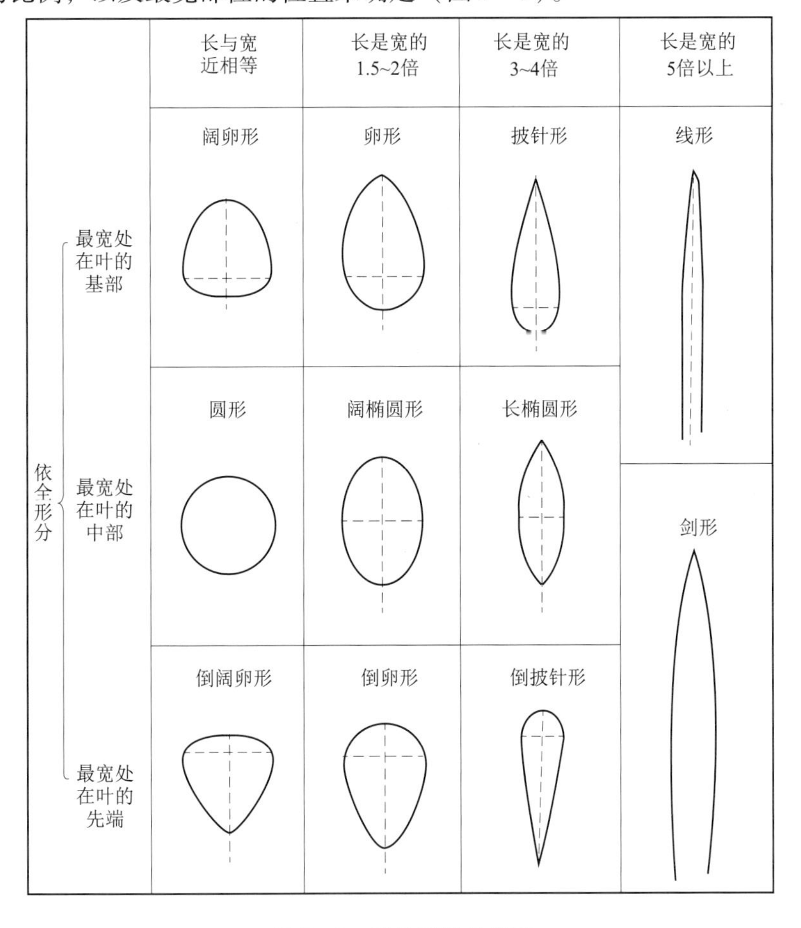

图 5－9　叶片形状示意图

常见的叶形有二十多种，如针形、披针形、卵形、椭圆形等（图5－10）。但植物的叶片千差万别，故在描述时也常使用“广”“长”“倒”等字样放在前面，如广卵形（宽卵形）、长椭圆形、倒披针形等。有许多植物的叶并不属于上述的其中一种类型，而是两种形状综合，这样就必须用不同的术语予以描述，如卵状椭圆形、椭圆状披针形等。

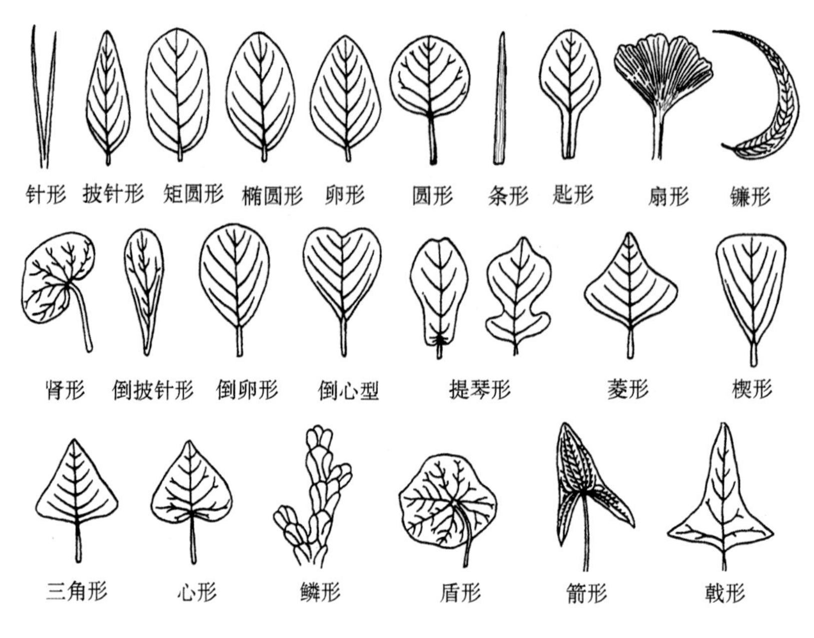

图5－10　叶片的形状

（二）叶端的形状

叶片的尖端，简称叶端或叶尖，常见的有：极尖，如尖叶番泻；渐尖，如何首乌叶；钝形，如厚朴叶；还有微凹、微缺、倒心形、芒尖等（图5－11）。

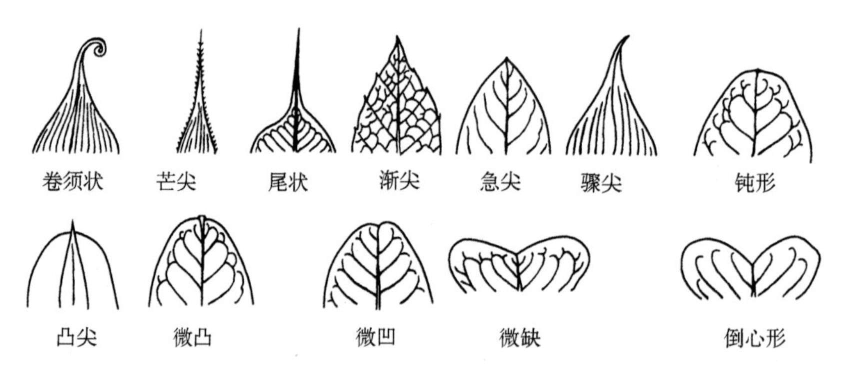

图5－11　叶端的形状

（三）叶基的形状

叶片的基部，简称叶基。常见的形状有楔形，如一叶萩叶；心形，如紫荆叶；渐狭，如车前叶；此外还有偏斜、耳形、抱茎、穿茎等（图5－12）。

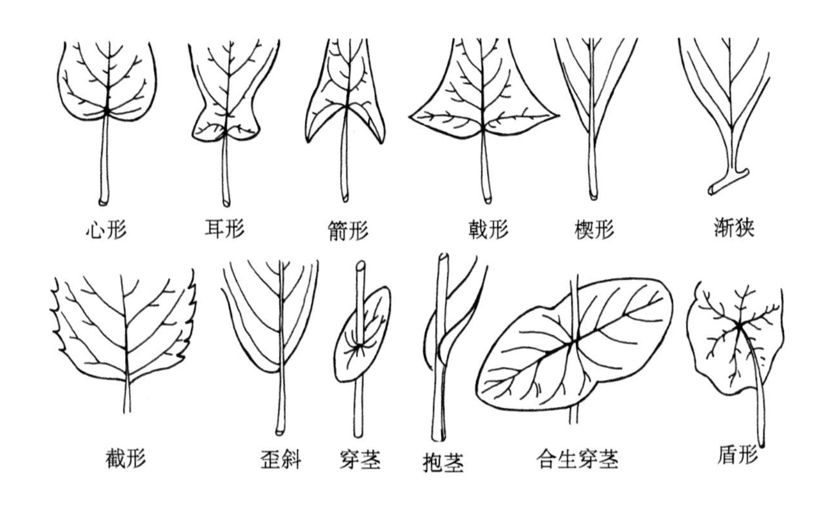

图 5-12　叶基的形状

（四）叶缘的形状

即叶片的边缘。当叶片生长时，叶的边缘生长若以均一的速度进行，结果叶缘平整，就会出现全缘叶。如果边缘生长速度不均，有的部位生长较快，而有的部位生长较缓慢或很早停止生长，从而使叶缘不平整，出现各种不同的状态（图 5-13）。常见的有全缘、波状、牙齿状、锯齿状、圆齿状、钝齿状等。

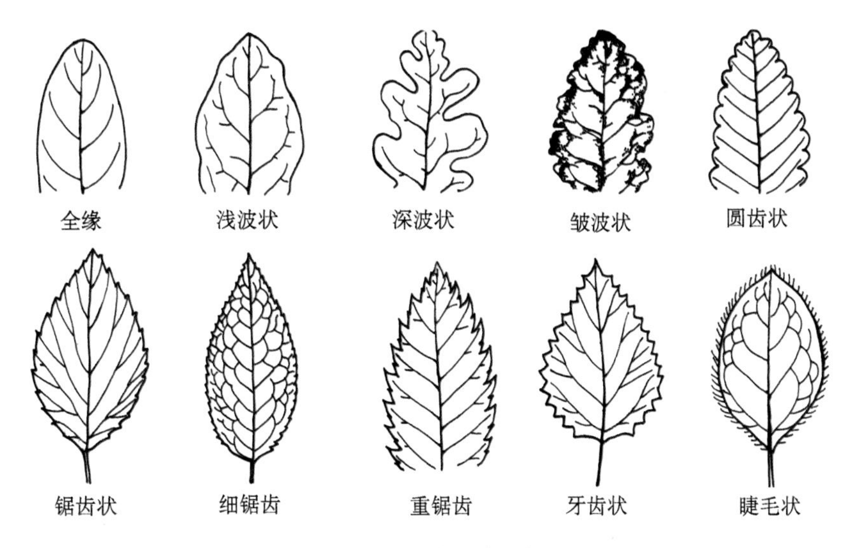

图 5-13　叶缘的形状

（五）叶片的分裂

植物的叶片常是全缘或仅叶缘具齿或细小缺刻，但有些植物的叶片叶缘缺刻深而大，形成分裂状态，常见的叶片分裂有三出分裂、掌状分裂和羽状分裂三种；依据叶片裂隙的深浅不同，又可分浅裂、深裂和全裂三种（图 5-14）。

1. 浅裂　叶裂深度不超过或接近叶片宽度的四分之一，如药用大黄、南瓜等。

2. 深裂　叶裂的深度一般超过叶片宽度的四分之一，但不超过叶片宽度的二分之一，如唐古特大黄（鸡爪大黄）、荆芥等。

3. 全裂　叶裂几乎达到叶的主脉基部或两侧，形成数个全裂片，如大麻、白头翁等。

图 5－14　叶片的分裂

（六）叶脉及脉序

叶片上分布有许多粗细不等的脉纹，即是叶脉。叶脉是叶片中的维管束，有输导和支持作用。其中最大的叶脉称中脉或主脉。主脉的分枝称侧脉，侧脉的分枝称细脉。叶脉在叶片中的分布及排列形式称脉序，可分为网状脉序、平行脉序和分叉脉序三种主要类型（图 5－15）。

1. 网状脉序　具有明显的主脉，经多级分枝后，最小细脉互相连接形成网状，是双子叶植物的脉序类型。其中有一条明显的主脉，两侧分出许多侧脉，侧脉间又多次分出细脉交织成网状，称羽状网脉，如榆、桂花等。有的由叶基分出多条较粗大的叶脉，呈辐射状伸向叶缘，再多级分枝形成网状，称掌状网脉，如南瓜、蓖麻等。主脉只有 3 条，且均从叶基发出，则称掌状三出脉，如巴豆等；若主脉仅有 3 条，其中两侧的 2 条主脉由叶基之上发出，则称离基三出脉，如肉桂、樟等。

少数单子叶植物也具有网状脉序，如薯蓣、天南星，但其叶脉末梢大多数是连接的，没有游离的脉梢。此点有别于双子叶植物的网状脉序。

2. 平行脉序　各条叶脉近似于平行分布，是单子叶植物的脉序类型。

（1）直出平行脉主脉和侧脉从叶片基部平行伸出直到尖端者，如淡竹叶、芦苇叶等。

（2）横出平行脉主脉明显，其两侧有许多平行排列的侧脉与主脉垂直，如芭蕉、美人蕉等。

（3）射出平行脉各条叶脉均自基部以辐射状态伸出，如棕榈、蒲葵等。

（4）弧形脉叶脉从叶片基部直达叶尖，中部弯曲形成弧形，如百合、玉竹、玉簪等。

3. 叉状脉序　每条叶脉均呈多级二叉状分枝，是比较原始的一种脉序，在蕨类植物中普遍存在，而在种子植物中少见，如银杏等。

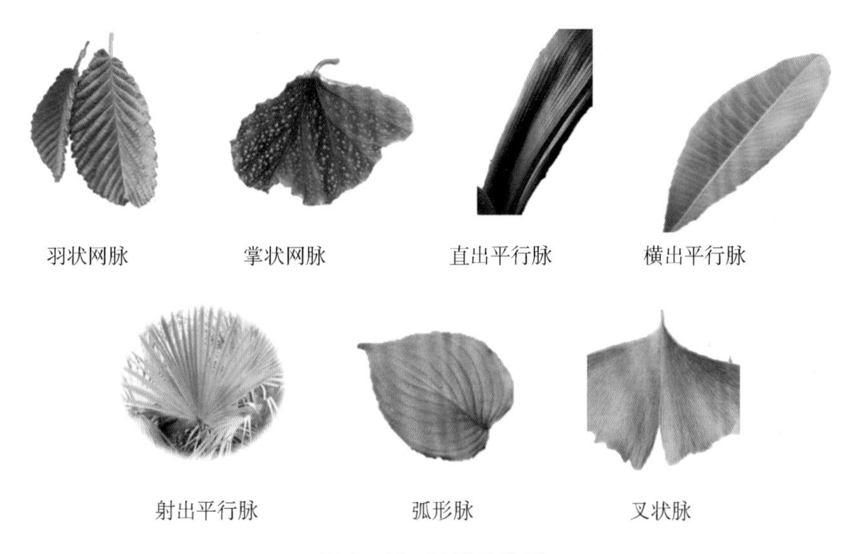

图 5－15　叶脉的类型

（七）叶片的质地

1. 膜质叶片薄而半透明，如半夏叶等（图 5－16a）。
2. 草质叶片薄而柔软，如薄荷叶、藿香叶、青葙叶等（图 5－16b）。
3. 革质叶片厚而较坚韧，略似皮革，如枇杷叶、女贞叶、夹竹桃叶等（图 5－16c）。
4. 肉质叶片肥厚多汁，如芦荟叶、马齿苋叶、垂盆草叶等（图 5－16d）。

图 5－16　叶片的质地

想一想

人参和三七同为五加科植物，它们的叶片有何不同？

答案解析

（八）叶的表面附属物

叶和其他器官一样，表面常有附属物而呈各种表面形态特征。光滑的，如冬青叶、枸骨叶；被粉的，如芸香；粗糙的，如紫草、蜡梅；被毛的，如蜀葵叶、艾叶、毛地黄叶等（图5－17）。

（九）异形叶性

一般情况下，每种植物的叶具有一定形状。但有的植物，在同一植物上却有不同形状的叶，这种现象称为异形叶性。异形叶性的发生有两种情况，一种是由于植物发育年龄的不同，所形成的叶形各异，如人参一年生的叶为一片三出复叶，二年生为一片掌状复叶，三年生为两片掌状复叶，四年生为三片掌状复叶，最多可长到六片掌状复叶（图5－18）；蓝桉幼枝上的叶是对生、无柄的椭圆形叶，而老枝上的叶则是互生、有柄的镰形叶；翻白叶树、半枫荷等同一株植物也常有不同的叶形存在；半夏发育过程中，叶形呈心形→耳形→三裂→三全裂变化，老株叶三全裂，裂叶片卵状椭圆形、披针形至条形，全缘或稍具有浅波状圆齿（图5－19）。另一种是由于外界环境的影响，引起叶的形态变化，如慈姑的沉水叶是线形，漂浮在水面的叶呈椭圆形，露出水面的叶则呈箭形。

图5－17　叶片表面附属物（北美车前叶面毛绒）

a.一年生人参　b.二年生人参　c.三年生人参　d.四年生人参

图5－18　不同年份的人参叶形态

图5－19　半夏的异形叶

三、单叶与复叶

根据叶柄上叶片的数量，可将植物的叶分为单叶和复叶两大类。

（一）单叶

一个叶柄上只着生一个叶片或单独一叶片直接着生于茎上，叶腋处有芽，称单叶，如桑、女贞、枇杷等（图5－20）。

图5－20　单叶（猕猴桃）

（二）复叶

一个叶柄上着生有两个或两个以上叶片的，称复叶，如五加、野葛等。复叶的叶柄称总叶柄，总叶柄以上着生小叶的部分称叶轴，复叶上的每片叶片称小叶，其叶柄称小叶柄。从来源来看，复叶是由单叶的叶片分裂成多个独立的小叶而成的。根据小叶的数目和在叶轴上排列的方式不同，复叶又可分为以下几种。

1. 三出复叶　叶轴上着生有三片小叶的复叶。若顶生小叶具有柄的，称羽状三出复叶，如大豆叶、胡枝子叶等。若顶生小叶无柄的，称掌状三出复叶，如酢浆草叶、半夏叶、草莓叶等（图5－21）。

2. 掌状复叶　叶轴缩短，在其顶端集生三片以上小叶，呈掌状展开，如刺五加叶、白簕叶、鹅掌柴叶等（图5－22）。

图5－21　三出复叶（草莓）

图5－22　掌状复叶（刺五加）

3. 羽状复叶　叶轴长，小叶3片以上，在叶轴两侧排成羽毛状。若羽状复叶的叶轴顶端生有一片小叶，则称单（奇）数羽状复叶，如苦参叶、甘草叶、盐肤木叶等。若羽状复叶的叶轴顶端具2片小叶，则称双（偶）数羽状复叶，如决明叶、皂荚叶、落花生叶等。若羽状复叶的叶轴作一次羽状分枝，形成许多侧生小叶轴，在小叶轴上又形成羽状复叶，称二回羽状复叶，如含羞草叶、合欢叶、云实叶等。若叶轴再作二次羽状分枝，第二级分枝上又形成羽状复叶的，称三回羽状复叶，如南天竹叶、楝叶等（图5－23）。

a. 单（奇）数羽状复叶

b. 二回偶数羽状复叶

c. 二～三回奇数羽状复叶

图5－23　羽状复叶

4. 单身复叶　叶轴上只具有一个叶片，是一种特殊形态的复叶，可能是由三出复叶两侧的小叶退化成翼状形成，其顶生小叶与叶轴接连处，具一明显的关节，如柑橘、柠檬、柚等芸香科柑橘属植物的叶（图5－24）。

图5－24　单身复叶

复叶易和生有单叶的小枝相混淆。在识别时首先应弄清叶轴和小枝的区别，叶轴与小枝是绝对不同的。第一，叶轴的顶端无顶芽，而小枝的顶端具有顶芽；第二，小叶的腋内无侧芽，总叶柄的基部才有芽，而小枝的每一单叶叶腋内均有芽；第三，通常复叶上的小叶在叶轴上排列在同一平面上，而小枝上的单叶与小枝常成一定的角度；第四，复叶脱落时，整个复叶由总叶柄处脱落，或小叶先脱落，然后，叶轴连同总叶柄一起脱落，而小枝不脱落，只有叶脱落。具全裂叶片的单叶，其裂口虽可达叶柄，但不形成小叶柄，故易与单叶区分（图 5－25）。

a. 生有单叶的小枝

b. 复叶

图 5－25　生有单叶的小枝与复叶的区别

四、叶序

（一）叶序

叶在茎枝上排列的次序或方式称叶序。常见叶序有下列几种。

1. 互生　互生指在茎枝的每个节上只生一片叶子，各叶交互而生，它们常沿茎枝作螺旋状排列，如桑、桃、梅等的叶序（图 5－26）。

2. 对生　对生是指在茎枝的每一节上相对着生二片叶子，如栀子、番石榴、女贞、巴戟天等的叶序。有的对生叶排列于茎的两侧呈二列状对生，如小叶女贞、水杉等的叶序。有的与上下相邻的两叶呈十字排列交互对生，如薄荷、忍冬、龙胆等的叶序（图 5－27）。

3. 轮生　轮生指每个节上着生三或三片以上的叶，如轮叶沙参、夹竹桃、七叶一枝花等的叶序（图 5－28）。

图 5－26　互生叶序

图 5－27　对生叶序

4. 簇生　簇生指两片或两片以上的叶子着生于节间极度缩短的短枝上，形成簇状，如银杏、金钱松、枸杞等的叶序（图5－29）。

图5－28　轮生叶序

图5－29　簇生叶序

此外，有些植物的茎极为短缩，节间不明显，其叶恰如根上生出，称基生叶，基生叶常集生而成莲座状称莲座状叶丛，如车前、蒲公英等（图5－30）。

有些植物同时存在两种或两种以上的叶序，如栀子的叶序有对生和三叶轮生，桔梗的叶序有互生、对生及三叶轮生的。

（二）叶镶嵌

叶在茎枝上排列无论是哪一种方式，相邻两节的叶子都不重叠，总是从相当的角度而彼此镶嵌着生，称叶镶嵌。叶镶嵌使叶片不致相互遮盖，有利于进行光合作用。

图5－30　基生叶序

练一练

在茎枝的每一节上着生三片或三片以上的叶，此叶序为（　）

A. 基生　　B. 对生　　C. 轮生　　D. 簇生　　E. 互生

答案解析

五、叶的变态

叶容易受环境条件的影响和生理功能的改变而发生变异，形成叶的变态。叶的变态种类很多，常见的如下列几种。

（一）苞片

生于花梗或花序轴上的无柄小叶，称苞片或苞叶；位于花序基部一至多层的苞片合称为总苞。总苞中的各个苞片，称总苞片；花序中每朵小花的花柄上或花的花萼下较小的苞片称小苞片。苞片的形状多与普通叶不同，常较小，绿色，也有形大而呈各种颜色的。总苞的形状和轮数的多少，常为种属鉴别的特征，如壳斗科植物的总苞常在果期硬化成壳斗状，成为该科植物的主要特征之一；菊科植物的头状花序基部则由多数绿色总苞片组成总苞；鱼腥草花序下的总苞由四片白色的花瓣状苞片组成；天南星科植物的花序外面，常围有一片大型的总苞片，称佛焰苞，如天南星、半夏等（图5－31）。

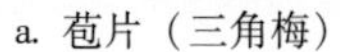

a. 苞片（三角梅）

b. 总苞片（鱼腥草）

c. 佛焰苞（花烛）

图5－31　苞片

（二）刺状叶（叶刺）

刺状叶是由叶片或托叶变态成坚硬的刺状，有保护和减少蒸腾面积的作用。如仙人掌的叶亦退化成针刺状（图5－32）；小檗的叶变成三刺，通称“三棵针”；红花、枸骨的刺是由叶尖、叶缘变成的；刺槐、酸枣的刺是由托叶变成的。根据刺的来源及生长的位置不同，可与刺状茎或皮刺相区别。

图5－32　刺状叶

（三）鳞叶（鳞片）

叶特化或退化成鳞片状，称鳞片或鳞叶。可分为肉质和膜质两种，一种肉质鳞叶肥厚，能贮藏营养物质，如百合、洋葱等鳞茎上的肥厚鳞叶。另一种是膜质鳞叶很薄，一般不呈绿色，如草麻黄的叶、姜的根状茎和荸荠球茎上的鳞叶，以及木本植物的冬芽（鳞芽）外的褐色鳞片叶，具有保护作用（图5－33）。

a. 洋葱

b. 草麻黄

图5－33　鳞叶

（四）叶卷须

叶的全部或一部分变为卷须，借以攀援他物，如豌豆、小巢菜的卷须是由羽状复叶上的小叶变成的，菝葜和土茯苓的卷须是由托叶变成的。根据卷须的来源和生长部位也可与茎卷须区别（图5－34）。

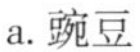
a. 豌豆

b. 菝葜

图5－34　叶卷须

（五）捕虫叶

食虫植物的叶，叶片形成囊状、盘状或瓶状等捕虫结构，当昆虫触及时，立即能自动闭合，将昆虫捕获，后被腺毛或腺体的消化液所消化。如捕蝇草、猪笼草等的叶（图5－35）。

a. 捕蝇草

b. 猪笼草

图5－35　捕虫叶

PPT

第二节　叶的内部构造

叶是由茎尖生长锥后方的叶原基发育而来的。叶的各部分在芽开放以前早已形成。叶通过叶柄与茎相连，叶柄的构造和茎的构造很相似，但叶片是一个较薄的扁平体，在构造上与茎有显著不同之处。

一、双子叶植物叶的构造

（一）叶柄的构造

叶柄的横切面一般呈半圆形、圆形、三角形等，向茎的一面平坦或者凹下，背茎的一面凸出。叶柄与茎相似，最外面为表皮，表皮内方为皮层，皮层中具厚角组织，有时也具厚壁组织。在皮层中有若干个大小不同的维管束，每个维管束的结构和幼茎中的维管束相似，木质部位于上方（腹面），韧皮部位于下方（背面），木质部与韧皮部间常具短暂活动的形成层。

植物种类不同，叶柄的构造也往往不同，因此，叶柄有时可作为叶类、全草类药材的鉴别特征之一。

（二）叶片的构造

一般双子叶植物叶片的构造可分为表皮、叶肉和叶脉三部分。

1. 表皮 包被着整个叶片的表面，在叶片上面（腹面）的表皮称上表皮，在叶片下面（背面）的表皮称下表皮，表皮通常由一层排列紧密的生活细胞组成，也有由多层细胞构成的，称复表皮。叶片的表皮细胞中一般不含叶绿体。顶面观表皮细胞一般呈不规则形，侧壁（垂周壁）多呈波浪状，彼此相互嵌合，紧密相连，无间隙；横切面观表皮细胞近方形，外壁常较厚，常具角质层，有的还具蜡被、毛茸等附属物。大多数种类上、下表皮都有气孔分布，但一般下表皮的气孔较上表皮为多，气孔的数目、形状因植物种类不同而异。

2. 叶肉 在上、下表皮之间，由含有叶绿体的薄壁细胞组成，是绿色植物进行光合作用的主要部位。叶肉通常分为栅栏组织和海绵组织两部分。

（1）栅栏组织　位于上表皮之下，细胞呈圆柱形，排列整齐紧密，其细胞的长轴与上表皮垂直，形如栅栏。细胞内含有大量叶绿体，叶的腹面呈现深绿色，所以光合作用效能较强。栅栏组织在叶片内通常排成一层，也有排列成2层或2层以上的，如薄荷叶、枇杷叶。各种植物叶肉的栅栏组织排列的层数不一样，可作为叶类药材鉴别的特征。

（2）海绵组织　位于栅栏组织下方，与下表皮相接，由一些近圆形或不规则形状的薄壁细胞构成，细胞间隙大，排列疏松如海绵状，细胞中所含的叶绿体一般较少，叶的背面呈现浅绿色，光合作用的效能较弱。

多数植物叶片的内部构造中，栅栏组织与海绵组织分化明显。栅栏组织紧接上表皮下方，而海绵组织位于栅栏组织与下表皮之间，这种叶称两面叶或异面叶。有些植物的叶在上下表皮内侧均有栅栏组织，称等面叶，如番泻叶、桉叶等；有的植物没有栅栏组织和海绵组织的分化，亦为等面叶，如禾本科植物的叶。在叶肉组织中，有的植物含有油室，如桉叶、橘叶等；有的植物含有草酸钙簇晶、方晶、砂晶等，如桑叶、枇杷叶等；有的还含有石细胞，如茶叶。

叶肉组织在上下表皮的气孔内侧形成一个较大的腔隙，称孔下室（气室）。这些腔隙与栅栏组织和海绵组织的胞间隙相通，有利于内外气体的交换。

3. 叶脉 是叶片中的维管束，分布于叶肉组织之间。主脉和各级侧脉的构造不完全相同。主脉和较大侧脉是有维管束和机械组织组成。维管束的构造和茎大致相同，维管束多为无限外韧型，由木质部和韧皮部组成，木质部位于向茎面，韧皮部位于背茎面。在木质部和韧皮部之间常具形成层，但分生能力很弱，活动时间很短，只产生少量的次生组织。在维管束的上下方常有厚壁或厚角组织包围，这些机械组织在叶的背面最为发达，因此主脉和大的侧脉在叶片背面常呈显著的突起。侧脉越分越细，构造也越趋简化，最初消失的是形成层和机械组织，其次是韧皮部组成分子，木质部的构造也逐渐简单，组成它们的分子数目也减少。叶脉末端木质部中仅有1~2个短的螺纹管胞，韧皮部中则只有短而狭小的筛管分子和增大的伴胞。

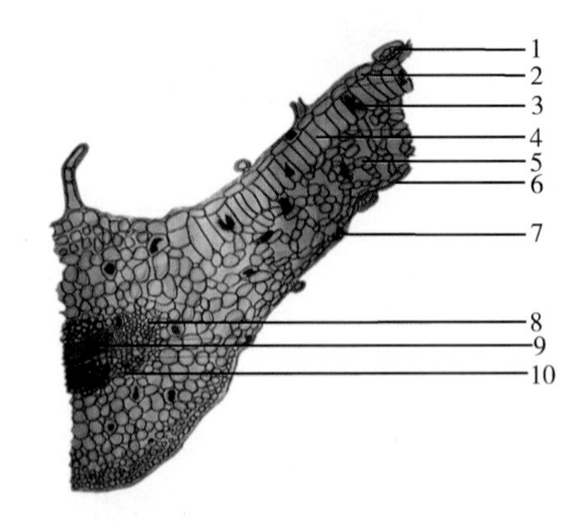

图5-36　薄荷叶横切面详图

1. 腺毛　2. 上表皮　3. 橙皮苷结晶　4. 栏组织　5. 海绵组织　6. 下表皮　7. 气孔　8. 厚角组织　9. 木质部　10. 韧皮部

另外，在许多植物的小叶脉末端的韧皮部内常有特化的细胞——具有内突生长的细胞壁，由于壁的向内生长形成许多不规则的指状突起，因而大大增加了壁的内表面与质膜表面积，使质膜与原生质体的接触更为密切，此种细胞称为传递细胞。传递细胞能够更有效地从叶肉组织输送光合作用产物到达筛管分子。叶片主叶脉部位的上下表皮内方一般为厚角组织和薄壁组织，无叶肉组织。但有些植物在主脉的上方有一层或几层栅栏组织，与叶肉中的栅栏组织相连接，如番泻叶、薄荷叶是叶类药材的鉴别特征（图5－36）。

二、单子叶植物叶的构造

单子叶植物的叶变异较大，外形多种多样，有条形（稻、普通小麦）、管形（葱）、剑形（鸢尾）、卵形（玉簪）、披针形（鸭跖草）等。叶可以有叶柄和叶片，但大部分分化成叶片和叶鞘。叶片较窄，内部结构常不相同，但仍和一般双子叶植物一样具有表皮、叶肉和叶脉三种基本结构（图5－37）。

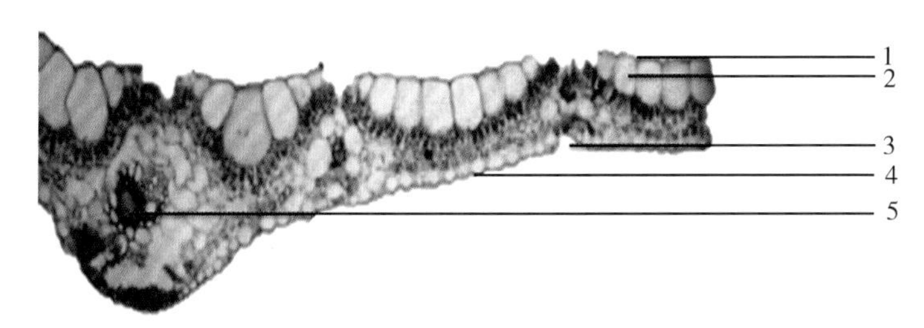

图5－37　禾本科植物叶横切面显微图

1. 上表皮　2. 运动细胞　3. 气孔　4. 叶脉　5. 下表皮

（一）表皮

表皮细胞的排列比双子叶植物规则，排列成行，有长细胞和短细胞两种类型，长细胞为长方柱形，长径与叶的纵轴平行，外壁角质化，并含有硅质。短细胞又分为硅质细胞和栓质细胞两种类型，硅质细胞的胞腔内充满硅质体，故禾本科植物叶坚硬而表面粗糙；栓质细胞则胞壁木栓化。此外，在上表皮中有一些特殊大型的薄壁细胞，称泡状细胞，细胞具有大型液泡，在横切面上排列略呈扇形，干旱时由于这些细胞失水收缩，使叶片卷曲成筒，可减少水分蒸发，故又称运动细胞。表皮上下两面都分布有气孔，气孔由2个狭长或哑铃状的保卫细胞构成，两端头状部分的细胞壁较薄，中部柄状部分细胞壁较厚，每个保卫细胞外侧各有1个略呈三角形的副保卫细胞。

（二）叶肉

禾本科植物的叶片多呈直立状态，叶片两面受光近似，因此一般叶肉没有栅栏组织和海绵组织的明显分化，属于等面叶类型，但也有个别植物叶的叶肉组织分化成栅栏组织和海绵组织，属于两面叶类型。如淡竹叶的叶肉组织中栅栏组织由一列圆柱形薄壁细胞组成，海绵组织由一至三列（多两列）排成较疏松的不规则圆形细胞组成。

（三）叶脉

叶脉内的维管束近平行排列，主脉粗大，维管束为有限外韧型。主脉维管束的上下两方常有厚壁组织分布，并与表皮层相连，增强了机械支持作用。在维管束外围常有1～2列或多列纤维包围，构成维管束鞘。如玉米、甘蔗由一层较大的薄壁细胞组成，水稻、小麦则由一层薄壁细胞和一层厚壁细胞组成。

药爱生命

青团是用艾草的汁液拌进糯米粉里，再包进豆沙馅儿或者莲蓉，带着艾草清淡又悠长的香气。艾草为菊科蒿属植物，全草入药，有温经去湿，散寒止血等功效。现代药理学研究发现，艾叶含有丰富的挥发油、1，8－桉叶素等，具有抗菌及抗病毒等作用。青团作为江南人家在清明节吃的一道传统点心，距今已有1000多年的历史。

目标检测

一、单项选择题

1. 柚子的叶属于（　）

A. 单叶　　B. 掌状复叶　　C. 单身复叶

D. 羽状复叶　　E. 奇数复叶

2. 叶片深裂是指缺刻超过叶片宽度的（　）

A. 1/4　　B. 1/3　　C. 1/2

D. 1/5　　E. 1/6

3. 银杏叶的脉序为（　）

A. 平行脉　　B. 网状脉　　C. 叉状脉

D. 掌状脉　　E. 射出脉

4. 以下为异面叶的是（　）

A. 叶上、下表皮色泽不同

B. 叶上、下表皮气孔分布不同

C. 叶上、下表皮分别为单层和多层细胞

D. 叶肉分化为栅栏组织和海绵组织

E. 叶肉上、下两面都同样具有栅栏组织

5. 叶片横切面上许多细胞排列疏松，间隙较多，细胞内含叶绿体，这些细胞属（　）

A. 皮层　　B. 叶肉　　C. 海绵组织

D. 栅栏组织　　E. 分生组织

6. 叶中的维管束形成叶脉，最大的称（　）

A. 细脉　　B. 侧脉　　C. 主脉

D. 小脉　　E. 纤维根

7. 有些植物的叶柄基部或全部扩大成鞘状称（　）

A. 叶鞘　　B. 叶柄　　C. 托叶

D. 腋芽　　E. 托叶鞘

8. 在同一植物上却有不同形状的叶，称为（　）

A. 叶序　　B. 叶交叉　　C. 叶镶嵌

D. 异型叶形　　E. 异型叶性

9. 完全叶是由三部分组成，分别是（　）

A. 叶舌、叶耳、叶鞘　　B. 叶片、叶柄、托叶　　C. 叶基、叶缘、叶脉

D. 叶肉、叶柄、叶脉　　E. 苞叶、叶柄、叶间

10. 叶的细胞中含有大量叶绿体的是（　）

A. 上表皮　　B. 栅栏组织　　C. 海绵组织

D. 下表皮　　E. 中脉

二、多项选择题

1. 叶序的类型有（　）

A. 对生　　B. 互生　　C. 轮生
D. 簇生　　E. 螺旋生

2. 变态叶包括（　）
A. 苞片　　B. 鳞片　　C. 叶刺
D. 叶卷须　　E. 捕虫叶

3. 单子叶植物常见的脉序有（　）
A. 网状脉序　　B. 掌状脉序　　C. 直出平行脉
D. 横出平行脉　　E. 二叉脉序

4. 叶片的质地通常分为（　）
A. 皮质　　B. 草质　　C. 革质
D. 肉质　　E. 木质

书网融合……

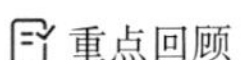
重点回顾

微课

习题

第六章　花

学习目标

知识目标：

1. 掌握　花的组成及形态；花的类型；花序的类型。

2. 熟悉　雄蕊群、雌蕊群的形态及分类。

3. 了解　花程式的书写方法。

技能目标：

1. 能够识别并分清植物花组成，每个组成部分的形态特征。

2. 能够对植物花和花序的类型进行判定。

3. 学会解剖花并能书写花程式。

素质目标：

培养对事物细致地观察能力、分析判断及归纳总结能力。

导学情景

情景描述：“结庐在人境，而无车马喧。问君何能尔？心远地自偏。采菊东篱下，悠然见南山。山气日夕佳，飞鸟相与还。此中有真意，欲辨已忘言。”这是东晋田园诗人陶渊明所作的《饮酒·其五》。此诗中“采菊东篱下，悠然见南山”最为后世熟悉。而菊花的采摘通常在9～11月进行。

情景分析：在日常生活中，我们经常看到有不少人泡枸杞菊花茶喝。枸杞菊花茶是用菊花和枸杞同泡而成，具有散风清热、平肝明目之功效，用于治疗风热感冒、头痛眩晕、目赤肿痛、眼目昏花。

讨论：枸杞菊花茶中用到的菊花与我们经常见到的野菊花有什么不同呢？

学前导语：菊花和野菊花均来自菊科植物。其中菊花为菊 *Chrysanthemum morifolium* Ramat. 的干燥头状花序，根据产地和加工方法不同而分为亳菊、滁菊、贡菊、杭菊等几种规格，花序直径范围为1.5～4cm，总苞片3～4层，舌状花数层，管状花位于中间，气清香，味甘，微苦；而野菊花为野菊的干燥头状花序，花序直径0.3～1cm，总苞片4～5层，舌状花1轮，中央多数管状花，气芳香，味苦。

花是种子植物特有的繁殖器官，通过开花、传粉、受精过程形成果实和种子，从而繁衍后代。种子植物包括裸子植物和被子植物，其中裸子植物的花较原始简单，而被子植物的花高度进化，结构复杂，常有美丽的形态、鲜艳的颜色和芳香的气味。通常所述的花即是被子植物的花。花的形态特征变化较小，具有相对的保守性和稳定性。因此，掌握花的形态特征，对研究植物分类、中药材的原植物鉴别及花类药材的鉴定等具有重要意义。

许多植物花可供药用，如菊花、旋覆花、鸡冠花等是以花序入药；洋金花、闹羊花等是以开放的花朵入药；丁香、金银花、辛夷等则是以花蕾入药；有的花类中药是以花的某部分入药，如西红花以柱头入药、莲须以雄蕊入药、玉米须以花柱入药、蒲黄和松花以花粉入药等。

一、花的组成及形态 微课

花由花芽发育而成，其本质上是一种节间极度短缩、适应生殖的变态短枝。一朵完整的被子植物花通常由花梗、花托、花萼、花冠、雄蕊群和雌蕊群构成（图6－1）。花梗是连接茎的小枝，花托是节间缩短的枝端，两者主要起支撑作用；花萼、花冠、雄蕊群和雌蕊群着生于花托上，都是变态的叶。其中雄蕊群和雌蕊群是花中最重要的部分，执行生殖功能；而花萼和花冠又合称为花被，具有保护和引诱昆虫传粉的作用。

（一）花梗

花梗又称为花柄，是着生花的小枝，使花与茎连接起来，具有支撑花朵和运输营养的作用，在结果后发育成果梗。花梗常为绿色柱状，有的则是紫色或其他颜色，花梗的长短、粗细因植物种类而异，有的很长，如莲等；有的很短，如贴梗海棠等；有的甚至无花梗，如地肤、车前等。

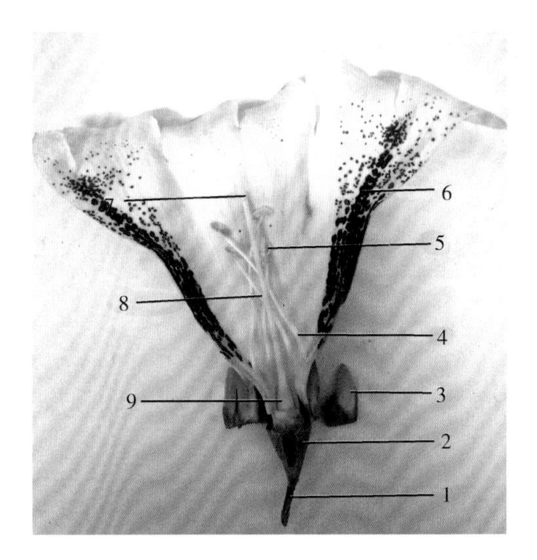

图6－1　花的组成

1. 花梗　2. 花托　3. 花萼　4. 花丝　5. 花药（4、5合称雄蕊）
6. 花冠（3、6合称花被）　7. 柱头　8. 花柱　9. 子房（7、8、9合称雌蕊）

（二）花托

花托是花梗顶端稍膨大的部分，花的其他部分按一定方式着生于花托上。花托的形状随植物种类而异。一般成平坦或稍凸起的圆顶状，但也有呈其他形状的，如厚朴、含笑的花托呈圆柱状；草莓的花托膨大成圆锥状；金樱子、玫瑰的花托凹陷呈瓶状或杯状；莲的花托膨大呈倒圆锥状；枣、柑橘、卫矛等的花托顶部则形成扁平状或垫状的盘状体，能分泌蜜汁，称花盘。

（三）花被

花被是花萼和花冠的总称，当花萼和花冠形态相似不容易区分时多称为花被，如百合、黄精等。

1. 花萼　花萼是花中所有萼片的总称，位于花的最外层，常呈绿色，叶片状。不同的植物萼片数目不同，一般以3~5片多见。常见的花萼类型见图6－2。

（1）离生萼　如果一朵花的萼片彼此完全分离称离生萼，如毛茛、菘蓝的花萼等。

（2）合生萼　如果花中萼片相互连合则称合生萼，如曼陀罗、地黄、丹参等。其中下部连合部分称萼筒或萼管，上部分离部分称萼齿或萼裂片。

（3）距　有的合生萼的萼筒向外一侧延长成一个管状或囊状的突起称为距，如凤仙花、旱金莲等。

（4）早落萼与宿存萼　一般花凋谢后，花萼也随之枯萎或脱落。但有的花萼在花开放之前即脱落称早落萼，如白屈菜、虞美人等；也有的花萼在结果后仍存在并随果实一起发育称宿存萼，如柿、茄、莨菪等。

（5）副萼　花萼通常排列成一轮，若花萼有两轮，则外轮叫副萼（亦叫苞片），内轮称萼片，如木槿、草莓等。

（6）瓣状萼　若花萼大而鲜艳似花冠状，称瓣状萼，如乌头、铁线莲等。

（7）冠毛　菊科植物的花萼细裂成毛状，称冠毛，如蒲公英、苦苣菜等。此外，还有的花萼变成膜质半透明，如牛膝、青葙等。

图6－2　花萼的类型

1. 离生萼（野老鹳草）2. 合生萼（曼陀罗）　3. 距（风仙花）
4. 宿存萼（柿）　5. 副萼（木槿）　6. 瓣状萼（乌头）　7. 冠毛（蒲公英）

2. 花冠　位于花萼内侧，是一朵花中所有花瓣的总称。花冠常常具有鲜艳的颜色，成为花中最显眼的部分。

根据花瓣的层数分为单瓣花和重瓣花。单瓣花的花瓣常呈一轮排列，其数目一般与同一朵花的萼片数相等；重瓣花的花瓣呈二至数轮排列。根据花瓣彼此接合情况分为离瓣花与合瓣花。离瓣花花瓣彼此分离，如桃、萝卜等；合瓣花花瓣全部或部分连合，如牵牛、桔梗等。合瓣花的连合部分称花冠筒或花冠管，分离部分称花冠裂片。有的花冠筒或花冠管在其基部延长成囊状或管状也称为距，如紫花地丁、延胡索等。由于花冠的离合、花冠筒的长短、花冠裂片的深浅和形状等的不同，形成各种类型的花冠，常见的有如下几种（图6－3）。

（1）十字形花冠　离瓣花冠，花瓣4枚，上部外展呈十字形，如萝卜、菘蓝等十字花科植物。

（2）蝶形花冠　离瓣花冠，花瓣5枚，形似蝴蝶，上面位于花的最外方且最大的花瓣称旗瓣，侧面位于花的两翼且较小的两枚花瓣称翼瓣；最下面最小且顶部靠合，并向上弯曲成龙骨状的两枚花瓣，称龙骨瓣。具有蝶形花冠的植物如甘草、膜荚黄芪、野葛等豆科蝶形花亚科植物。若旗瓣最小，位于翼瓣内侧，龙骨瓣位于下侧的最外方，则称为假蝶形花冠，如云实亚科的决明、皂荚等。

（3）蔷薇形花冠　离瓣花冠，花瓣5出数，雄蕊多数，形成辐射对称的花，如桃花、蔷薇花等。

（4）唇形花冠　合瓣花冠，下部合生成筒状，上部呈二唇形，通常上唇二裂，下唇三裂，如益母草、丹参等唇形科植物的花。

（5）管状花冠　合瓣花冠，花瓣大部分合生成管状，花冠裂片沿花冠管方向伸出，花冠管细长，如红花、白术、刺儿菜等菊科植物头状花序中的花。

（6）舌状花冠　合瓣花冠，花冠基部连合成一短筒，上部向一侧延伸成扁平舌状，如蒲公英、菊苣等菊科植物头状花序中的花。

（7）钟状花冠　合瓣花冠，花冠筒稍短而宽，上部扩大成钟状，如桔梗、党参等桔梗科植物的花。

（8）漏斗状花冠　合瓣花冠，花冠筒较长，自基部向上逐渐扩大，形似漏斗，如牵牛、打碗花等旋花科植物和曼陀罗等部分茄科植物的花。

（9）辐状或轮状花冠 合瓣花冠，花冠筒甚短，花冠裂片向四周辐射状扩展，形似车轮，如枸杞、龙葵等茄科植物的花。

（10）高脚碟状花冠 合瓣花冠，花冠下部合生成细长管状，上部裂片呈水平状扩展，形如高脚碟子，如栀子花、长春花、水仙花等。

（11）坛状花冠 合瓣花冠，花冠筒靠下部膨大成圆形或椭圆形，上部收缩成一短颈，顶部裂片向外展，如小叶南烛、君迁子的花等。

图6-3 花冠的类型

1. 十字形花冠（油菜） 2. 蝶形花冠（车轴草）3. 蔷薇形花冠（桃） 4. 唇形花冠（丹参） 5-6. 管状与舌状花冠（大吴风草）7. 钟状花冠（桔梗） 8. 漏斗状花冠（打碗花） 9. 辐状花冠（龙葵） 10. 高脚碟状花冠（长春花）

3. 花被卷叠式 花被卷叠式是指花被各片的排列方式，其在花蕾即将绽放时尤为明显。植物种类不同，其花被卷叠式也不一样，常见的有下列几种类型（图6-4）。

（1）镊合状 花被各片的边缘彼此接触排成一圈，如葡萄、桔梗等。若各片的边缘微向内弯称内向镊合，如沙参；若各片的边缘微向外弯称外向镊合，如蜀葵等。

（2）旋转状 花被各片彼此以一边重叠呈回旋状，如夹竹桃、栀子等。

（3）覆瓦状 花被各片边缘彼此覆盖，但其中有一片两边完全在外面，一片两边完全在内面，如山茶、紫草等。

（4）重覆瓦状 在覆瓦状排列的花被片中，有两片完全在内，两片完全在外，如桃、杏等。

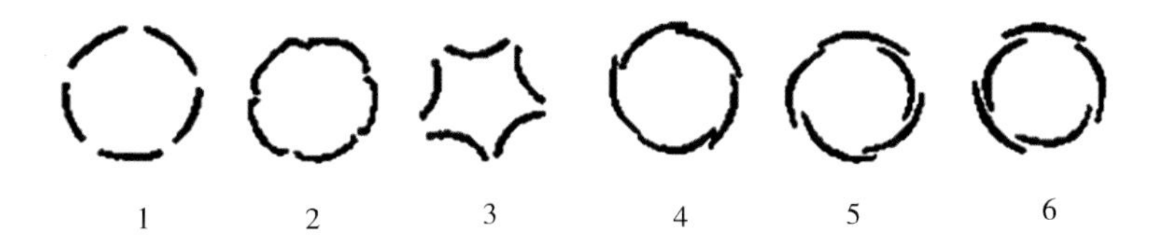

图6-4 花被卷叠方式

1. 镊合状 2. 内向镊合状 3. 外向镊合状 4. 旋转状 5. 覆瓦状 6. 重覆瓦状

（四）雄蕊群

雄蕊群是一朵花中所有雄蕊的总称。雄蕊常位于花被内侧，生于花托上，也有基部着生于花冠或花被上的，生于花冠上的称贴生。各类植物的雄蕊数目和形态不同，一般雄蕊数目与花瓣或花冠裂片同数或是其倍数，数目超过10枚的称为雄蕊多数。有的植物1朵花仅有1枚雄蕊，如白及、姜花等。

雄蕊的数目及形态是鉴定植物的重要标志之一。

1. 雄蕊的组成 典型的雄蕊由花丝和花药两部分组成。

（1）花丝 雄蕊下部细长呈丝状的部分，下部着生于花托或花被基部，上部支持花药。花丝的长短、粗细随植物种类不同而不同。如细辛的花丝特别短小，合欢的花丝特别长。

（2）花药 花丝顶端膨大呈囊状的部分，是雄蕊的主要组成部分。通常由 4 个或 2 个花粉囊组成，分为左右两半，中间由药隔相连。花粉囊内可产生许多花粉，当花粉成熟时，花粉囊以各种方式自行裂开，散出花粉粒。

花粉囊裂开的方式各不相同，常见的有下列几种类型（图6－5）。

①纵裂：花粉囊沿纵轴裂 1 缝，花粉粒从缝中散出，如水稻、百合等。

②瓣裂：花粉囊上形成 1～4 个向外展开的小瓣，成熟时，小瓣盖向上掀起，花粉粒散出，如香樟、淫羊藿等。

③孔裂：花粉囊顶部开一小孔，花粉由小孔散出，如茄、杜鹃等。

④横裂：花粉囊沿中部横裂 1 缝，花粉粒从缝中散出，如蜀葵、木槿等。

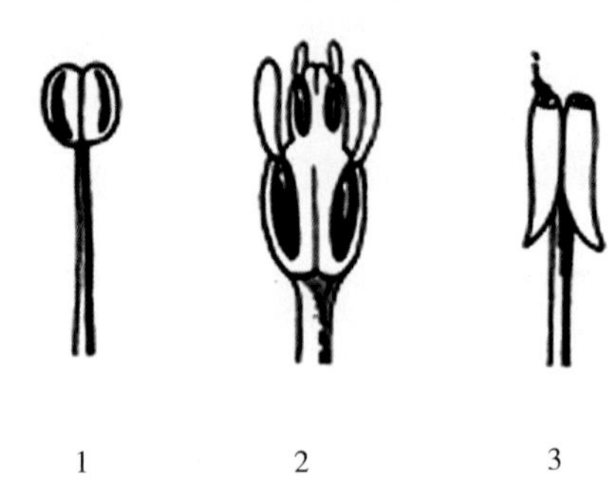

图 6－5 花粉囊裂开方式

1. 纵裂 2. 瓣裂 3. 孔裂

此外，不同的植物花药在花丝上的着生方式也不相同，常见的有下列几种类型（图 6－6）。

①丁字着药：花药横向着生于花丝顶端，与花丝成丁字状，如百合、卷丹等。

②个字着药：花药上部联合，着生在花丝上，下部分离，略成个字状，如泡桐、地黄等。

③广歧着药：花药左右两半完全分离平展成近一直线，着生于花丝顶端，如益母草、薄荷等。

④全着药：花药全部附着在花丝上，如紫玉兰。

⑤基着药：花药基部着生于花丝的顶端，如樟、茄等。

⑥背着药：花药背部着生于花丝上，如杜鹃、马鞭草等。

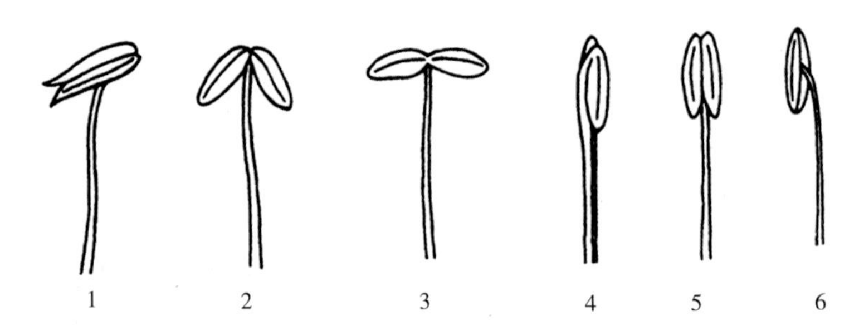

图 6－6 花药着生方式

1. 丁字着药 2. 个字着药 3. 广歧着药 4. 全着药 5. 基着药 6. 背着药

2. 雄蕊群的类型 雄蕊在花中呈螺旋状或轮状排列，而一朵花中雄蕊数目、长短、分离、连合及排列等状况，随植物种类不同而异，常见的有以下几种类型（图 6－7）。

（1）离生雄蕊 雄蕊多数或定数，花丝和花药均分离，如桃、杏等植物雄蕊。

（2）四强雄蕊 花中雄蕊 6 枚，其中 2 枚花丝较短、4 枚花丝较长，如菘蓝、萝卜等十字花科植物。

（3）二强雄蕊 花中雄蕊 4 枚，彼此分离，2 枚长 2 枚短，如紫苏、益母草等唇形科植物和地黄、毛泡桐等玄参科植物。

（4）冠生雄蕊 雄蕊花丝与花冠结合，而花药与花冠分离，如钩藤、紫丁香等植物的雄蕊。

（5）聚药雄蕊　雄蕊的花药连合成筒状，而花丝彼此分离，如红花、蒲公英等菊科植物。

（6）单体雄蕊　雄蕊的花丝连合成一束，呈圆筒状，花药分离，如木槿等锦葵科和楝等楝科植物雄蕊。

（7）二体雄蕊　雄蕊的花丝连合成二束，花药分离。如甘草、黄芪等豆科植物，雄蕊十枚，九枚花丝连合成一束，一枚分离。也有的植物如延胡索、紫堇等，有六枚雄蕊，每三枚花丝连合成一束。

（8）多体雄蕊　雄蕊的花丝连合成三束或三束以上，花药分离，如酸橙、金丝桃、蓖麻等。

还有少数植物花中，一部分雄蕊不具花药，或花药发育不全，或虽有花药形状但不含花粉粒，称不育雄蕊或退化雄蕊，如鸭跖草；还有少数植物的雄蕊发生变态，无花丝与花药的区别，成花瓣状，如美人蕉和姜科的一些植物。

图6－7　雄蕊的类型

1. 离生雄蕊（桃）　2. 四强雄蕊（油菜）　3－4. 二强雄蕊/冠生雄蕊（泡桐）　5. 聚药雄蕊（大吴风草）
6. 单体雄蕊（木槿）　7. 二体雄蕊（鸡冠刺桐）　8. 多体雄蕊（金丝桃）

看一看

花粉粒

不同植物的花粉粒其形态、颜色、大小、表面纹饰、萌发孔或萌发沟是不一样的，因此可通过花粉粒的特征鉴别花类中药材。

花粉粒的形状有圆球形、椭圆形、三角形、多角形等。成熟的花粉粒具有内、外两层壁。内壁较薄，主要由果胶质和纤维素构成。外壁较厚，含脂类和色素；外壁表面光滑或具各种雕纹，雕纹有刺状、颗粒状、瘤状、网状等；外壁上具有萌发孔或萌发沟，在萌发孔或萌发沟处没有外壁，当花粉萌发时，花粉管由此伸出。

花粉粒统称为花粉，花粉中含有大量人体所必需的氨基酸、维生素、脂类及多种矿物质和微量元素，还含有激素、黄酮类等成分，对人体有保健作用。有的花粉有毒，如钩吻、博落回等；有些花粉还易引起人体的变态反应，产生花粉病，如哮喘等。

（五）雌蕊群

雌蕊群位于花的中央，是一朵花中所有雌蕊的总称，具有生殖功能。

1. 雌蕊的形成　雌蕊由心皮构成，心皮是具有生殖功能的变态叶。裸子植物的一个雌蕊就是一个敞开的心皮，所以胚珠裸露于心皮上。被子植物的雌蕊则由一个至多个心皮构成。心皮的边缘相当于叶缘部分，当心皮卷合形成雌蕊时，其边缘向内卷合形成的合缝线称腹缝线，心皮背部相当于叶的中脉部分称背缝线，胚珠着生于腹缝线上。

2. 雌蕊的组成 雌蕊由子房、花柱和柱头三部分组成。

（1）子房 雌蕊基部膨大成囊状的部分，通常其底部着生于花托上，呈椭圆形、卵形或其他形状，有时表面有棱沟或被毛，子房外壁为子房壁，子房壁内的腔室为子房室，子房室内着生胚珠。

（2）花柱 位于子房上方，顶端为柱头，是花粉管进入子房的通道。花柱的粗细长短随植物种类不同而有差异，有条形、花瓣状等，如玉米的细长如丝，莲的很短，罂粟则无花柱，柱头直接着生在子房的顶端。花柱一般直接着生于子房顶端，而唇形科植物花柱着生于纵向分裂的子房基部，称花柱基生；也有的植物其雄蕊与花柱合生成一柱状体称合蕊柱，如白及。

（3）柱头 位于花柱顶端，表面不平滑，常有乳头状突起和黏液，有利于花粉的固着与萌发。当花粉粒落在柱头上，柱头识别后促使花粉粒萌发花粉管。柱头形态变化较大，有盘状、羽毛状、头状、星状等。

3. 雌蕊的类型 根据组成雌蕊的心皮数目不同可分为以下几种类型（图6－8）。

（1）单雌蕊 由一个心皮构成的雌蕊，子房室是一室，胚珠一至多数，如杏、桃、野葛等。

（2）复雌蕊（合生心皮雌蕊） 由两个或两个以上的心皮彼此连合构成的雌蕊，又称合生心皮雌蕊。子房室可以是一室，也可以是多室。如桑、连翘等的雌蕊是由两枚心皮构成；葫芦科植物、百合、蓖麻、石斛等的雌蕊是由三枚心皮构成；梨、山楂等的雌蕊是由5枚心皮构成；柑橘、马兜铃的雌蕊是由多心皮构成。

根据复雌蕊各部分的连合情况可分为下列三种情形：①子房合生，但花柱、柱头分离；②子房、花柱合生，柱头分离；③子房、花柱、柱头全部合生，柱头呈斗状。

组成复雌蕊的心皮数可根据柱头和花柱的数目、子房上背缝线及腹缝线数目、子房室数来判断。但是主要判断依据是腹缝线或背缝线的条数，因为构成复雌蕊的心皮数与腹缝线或背缝线的条数是相同的，而柱头数、花柱数、子房室数则因心皮在构成雌蕊时愈合程度的不同不能严格反映心皮数。

（3）离生心皮雌蕊 一朵花中有多个心皮，每个心皮构成一个雌蕊，从而集合成雌蕊群。如芍药、八角茴香、五味子等。

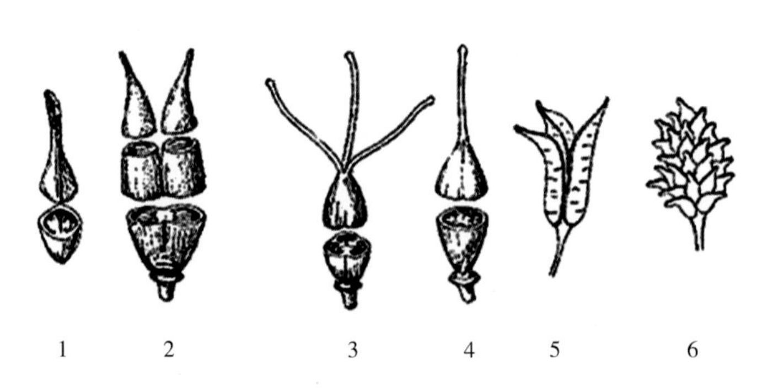

图6－8 雌蕊的类型

1. 单雌蕊 2. 二心皮复雌蕊 3. 三心皮复雌蕊 4. 复雌蕊
5. 离生心皮雌蕊（三心皮） 6. 离生心皮雌蕊（多心皮）

4. 子房位置与花位 子房着生于花托上，根据子房与花托的愈合情况及其与花各部分的关系，可将其位置及花位分为以下三种情况（图6－9）。

（1）子房上位 花托扁平或突起，子房仅在底部与花托相连，花萼、花冠和雄蕊均着生在子房下方的花托上，称子房上位（下位花），如百合等；若花托凹陷，子房位置下陷，但子房侧壁不与花托愈合，花的其他部分着生在花托上端的边缘上，位于子房周围，称子房上位（周位花），如桃、杏等。

（2）子房半下位　子房仅下半部与凹陷的花托愈合，上半部外露，花萼、花冠、雄蕊着生在子房周围，称子房半下位（周位花），如桔梗、党参等。

（3）子房下位　子房全部生于凹陷的花托内，并与花托完全愈合。花萼、花冠和雄蕊着生于子房的上方，称子房下位（上位花），如丝瓜雌花、梨等。

子房上位是比较原始的花，子房半下位、下位的花由它发展而来。

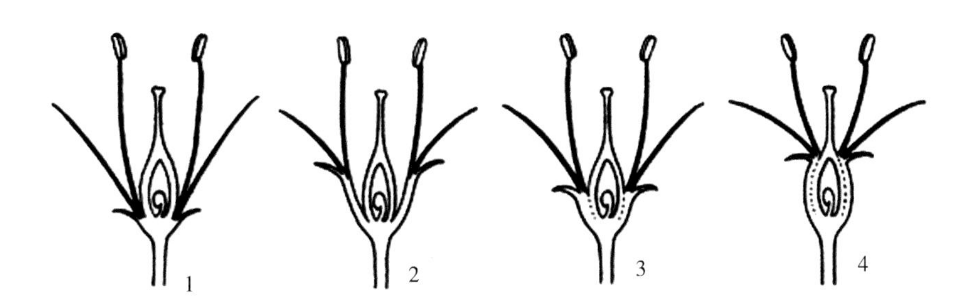

图6－9　子房位置与花位

1. 子房上位（下位花）　2. 子房上位（周位花）　3. 子房半下位（周位花）　4. 子房下位（上位花）

5. 子房室数　子房室的数目由心皮数和心皮的结合状态决定。单雌蕊的子房只有1室。合生雌蕊的子房可以是1室（各个心皮彼此在边缘连合而不向子房室内卷入），也可以是多室（各心皮向内卷入，在子房中心彼此相互靠合，心皮的一部分形成子房壁，其余部分形成子房内的隔膜，将子房分成与心皮数目相等的子房室）。也有的子房室可能被假隔膜分隔而使得子房室数多于心皮数，因此，复雌蕊子房室数有的与心皮数相等，有的多于心皮数。子房室内着生有胚珠，故子房是雌蕊的重要组成部分。

6. 胎座　胚珠在子房内着生的部位，称胎座。常见的胎座类型有以下六种类型（图6－10）。

（1）边缘胎座　由单心皮雌蕊构成，子房一室，胚珠着生于子房内的腹缝线上。如大豆、甘草等豆科植物。

（2）侧膜胎座　由合生心皮雌蕊构成，子房一室，胚珠着生于心皮相连的各条腹缝线上。如南瓜、栝楼等葫芦科植物。

（3）中轴胎座　由合生心皮雌蕊构成，子房二至多室，各心皮边缘向内伸入，在子房的中央构成一个中轴，胚珠着生于中轴上，如柑橘、百合、桔梗等。

（4）特立中央胎座　由合生心皮雌蕊构成，子房一室，各心皮边缘向内伸入到子房的中央构成中轴，但中轴上部和隔膜消失，胚珠着生在残留的中轴周围。如石竹、马齿苋、报春花等。

（5）基生胎座（底生胎座）　由一个至或多个心皮合生而成，子房一室，胚珠直接着生于子房室底部，如大黄、葱等。

（6）顶生胎座（悬垂胎座）　由一个或多个心皮合生而成，子房一室，胚珠直接着生（悬挂）于子房室顶部，如桑、杜仲等。

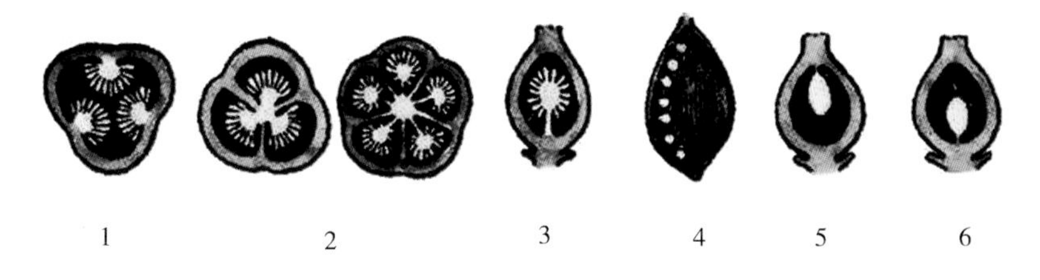

图6－10　胎座类型

1. 侧膜胎座　2. 中轴胎座　3. 特立中央胎座　4. 边缘胎座　5. 顶生胎座　6. 基生胎座

7. 胚珠 胚珠着生于子房的胎座上，其数目随植物种类不同而异，在受精之后发育成种子。

（1）胚珠的构造 胚珠由珠柄、珠被、珠孔、珠心、合点组成。常呈椭圆形或近球形。

①珠柄：连接胚珠和胎座的部分，珠柄中有维管束连接母体与胚珠。

②珠被：胚珠最外面的部分为珠被，多数被子植物的珠被由外珠被和两层内珠被组成；也有一层珠被或无珠被的植物，如禾本科植物的胚珠。

③珠孔：珠被在胚珠的顶端不完全连合而留下的小孔，称珠孔。

④珠心：珠被内侧的部分，由薄壁细胞组成，是胚珠的重要组成部分。珠心中央发育形成胚囊，被子植物的成熟胚囊内一般有8个细胞，近珠孔一端有1个卵细胞和2个助细胞，与珠孔相对的另一端有3个反足细胞，中央有2个极核细胞。卵细胞与从花粉管中释放到胚囊内的1个精细胞结合，发育形成种子的胚，极核细胞与1个精细胞结合发育形成种子的胚乳，这种现象称为双受精。

⑤合点：珠心基部、珠被和珠柄三者的汇合处称合点，是维管束进入胚囊的通道。

（2）胚珠的类型 由于珠柄、珠被、珠心各部的生长速度不同，常形成以下四种类型（图6－11）。

①直生胚珠：胚珠各部生长速度一致，胚珠直立，珠孔在上，珠柄在下，珠柄、合点、珠心和珠孔在一条直线上，如蓼科和胡椒科等的一些植物。

②横生胚珠：胚珠因一侧生长较快，另一侧生长较慢，胚珠全部横向弯曲，合点、珠心的中点、珠孔成一直线并与珠柄垂直，如玄参科、茄科、锦葵科等的一些植物。

③弯生胚珠：胚珠下半部的生长较一致，但上半部一侧生长较快，另一侧生长较慢，生长快的一侧向慢的一侧弯曲，因此珠孔朝下方靠近珠柄，整个胚珠弯曲似肾形，珠柄、珠心和珠孔不在一条直线上，如十字花科、豆科中的一些植物。

④倒生胚珠：胚珠一侧生长较快，另一侧生长较慢，使胚珠向生长慢的一侧弯转180度，胚珠倒置，合点在上，珠孔向下靠近珠柄基部，珠柄与珠被愈合形成一条明显的纵脊称珠脊，如蓖麻、百合、杏等多数被子植物。

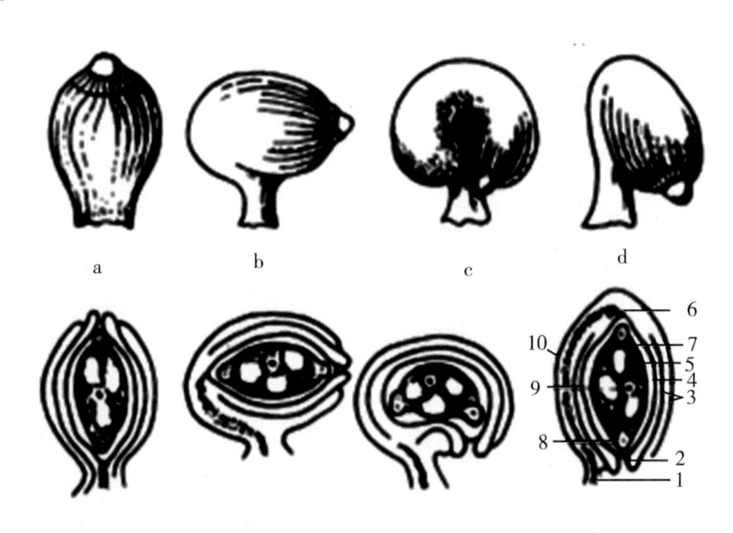

图6－11 胚珠类型

a. 直生胚珠 b. 横生胚珠 c. 弯生胚珠 d. 倒生胚珠

1. 珠柄 2. 珠孔 3. 珠被 4. 珠心 5. 胚囊 6. 合点 7. 反足细胞 8. 卵细胞和助细胞 9. 极核细胞 10. 珠脊

二、花的类型

被子植物的花在长期演化过程中，其各部发生了不同程度的变化，形成不同的类型，一般有以下几种分类方法。

（一）根据花的完整程度分类

1. 完全花 花萼、花冠、雄蕊群和雌蕊群四部分同时具备的花，如玫瑰、槐、丁香、忍冬的花等。

2. 不完全花 花萼、花冠、雄蕊群、雌蕊群四部分中缺少其中一部分或几部分的花，如玉兰花、西红花等。

（二）根据花中花被情况分类

1. 重被花 一朵花中同时具有花萼、花冠的称重被花，如栝楼、党参、桃的花等。在重被花中，根据花瓣排列的轮数又可分为单瓣花和重瓣花。

2. 单被花 一朵花中只有花萼而无花冠或花萼和花冠不易区分的花，称单被花。此时的花萼应叫花被，每一片称花被片。单被花的花被可为1轮也可为多轮，但各轮在颜色和形态上常无区别，一般具有鲜艳的色泽，似花瓣状，如白头翁、贝母、百合的花等。

3. 无被花 既无花萼也无花冠的花称无被花，也叫裸花。无被花常具有苞片，如半夏、蕺菜、杜仲的花等。

（三）根据花中雌蕊与雄蕊情况分类

1. 两性花 一朵花中同时具有雄蕊和雌蕊的花称两性花，如牡丹、芍药、桔梗的花等。

2. 单性花 一朵花中仅具有雄蕊或仅具有雌蕊的花称单性花。其中只有雄蕊而没有雌蕊的花称雄花，只有雌蕊而没有雄蕊的花称雌花。

（1）雌雄同株 若同一植株上既有雄花又有雌花称雌雄同株，如南瓜、玉米的花等。

（2）雌雄异株 若雄花和雌花分别生于不同植株上称雌雄异株，如桑、栝楼、银杏的花等。

有些物种中，有两性花与单性花同时存在的现象，称花杂性。在具有花杂性现象的植物中也有以下两种情况。①杂性同株单性花和两性花存在于同株植物上，如厚朴、朴树的花等；②杂性异株单性花和两性花存在于同种异株上，如臭椿、葡萄的花等。

3. 无性花 雄蕊和雌蕊均退化或发育不全称无性花，如绣球花序边缘的花。

（四）根据花的对称方式分类

1. 辐射对称花 花被形状一致、大小相似，通过花的中心能做两个或两个以上对称面的花，如油菜、白花曼陀罗、桔梗的花等。

2. 两侧对称花 通过花的中心只能做一个对称面的花，如益母草等唇形科植物的唇形花、豆科植物的蝶形花等。

3. 不对称花 无对称面的花称不对称花，如败酱、美人蕉、缬草的花等。

想一想

如果一朵花中，每个花瓣形态一致，大小相似，但花瓣数量为单数，如果按花的对称方式来划分，此花属于辐射对称花还是两侧对称花呢？

答案解析

（五）根据传播花粉的媒介分类

1. 风媒花 借风传粉的花称风媒花。风媒花多为单性花、单被花或无被花，花粉量大，柱头面大，有黏质。如玉米、杨、柳的花等。

2. 虫媒花 借昆虫传粉的花称虫媒花，传粉的昆虫有蜜蜂、蝴蝶、蛾子、蚂蚁、甲虫等。虫媒花多为两性花，内有蜜腺、具香味，花冠颜色鲜艳，花粉量少，但是花粉粒大而黏，能粘在昆虫身上。如兰科植物、桃、苹果的花等。

3. 鸟媒花 借助小鸟传粉的花称鸟媒花。如某些凌霄属植物的花。

4. 水媒花 借助水传粉的花称水媒花。如金鱼藻、黑藻等一些水生植物的花。

其中风媒花和虫媒花是植物长期自然选择的结果，也是自然界最普遍适应传粉的花的类型。

练一练

花瓣在花托上呈一轮排列的称（　）

A. 单被花　　B. 单瓣花　　C. 重被花　　D. 重瓣花

答案解析

三、花程式

花程式是花的组成的一种表示方法，可以更直观地说明不同植物花的结构。我们用字母、数字、符号写成固定的程式来表示花的性别、对称性及花被、雄蕊群和雌蕊群的情况称花程式。

（一）以字母表示花的各组成部分

一般采用花的各组成部分的拉丁名词的第一个字母大写表示，其简写如下。

P—表示花被，K—表示花萼（kelch，德文），C—表示花冠，A—表示雄蕊群，G—表示雌蕊群。

（二）用数字表示花各部的数目

以“1、2、3、4…10”数字表示花各组成部分或每轮的数目；以“∞”表示数目在10个以上或数目不定；以“0”表示该组成部分不具备或退化；在雌蕊群“G”的右下方由左至右第1个数字表示一朵花中雌蕊群所包含的心皮数，第2个数字表示雌蕊群中每个雌蕊的子房室数，第3个数字表示每个子房室中的胚珠，各数字之间以“:”隔开，上述各个数字均写在字母的右下方，字号比字母要小。

（三）以符号表示花的各部分情况

如以括号“(　)”表示合生；短横线“—”表示子房的位置。如“$\underline{G}$”表示子房上位，“$\overline{G}$”表示子房下位，“$\underline{\overline{G}}$”表示子房半下位；“↑”表示两侧对称花；“*”表示辐射对称花；“+”表示排列轮数的关系；“♂”表示雄花；“♀”表示雌花；“⚥”表示两性花。

（四）书写顺序

花程式的书写顺序是：花的性别，对称情况，花各组成部分从外部到内部依次记录P（K、C）、A、G等的情况。

（五）花程式举例

1. 桃花⚥ $*\mathbf{K}_{(5)}\mathbf{C}_5\mathbf{A}_{\infty}\underline{\mathbf{G}}_{(1:1:1)}$　表示桃花为两性花；辐射对称；花萼由5个合生的萼片组成；花冠由5片离生的花瓣组成；雄蕊群由多数离生的雄蕊组成；雌蕊由1个心皮组成，子房上位，有1个子房室，1个胚珠。

2. 桔梗花⚥ $*\mathbf{K}_{(5)}\mathbf{C}_5\mathbf{A}_5\underline{\overline{\mathbf{G}}}_{(5:5:\infty)}$　表示桔梗花为两性花；辐射对称；花萼由5个萼片合生而成；花冠由5个花瓣合生而成；雄蕊群由5枚离生的雄蕊组成；雌蕊群为5心皮结合而成的复雌蕊，子房为半下位，有5个子房室，每个室有多数胚珠。

3. 百合花⚥ $*\mathbf{P}_{3+3}\mathbf{A}_{3+3}\underline{\mathbf{G}}_{(3:3:\infty)}$　表示百合花为两性花；辐射对称；花被由6片离生的花被片组成，

成两轮排列，每轮 3 片；雄蕊群由 6 枚离生的雄蕊组成，成两轮排列，每轮 3 枚；雌蕊群由 1 个 3 心皮合生的雌蕊组成，子房上位，有 3 个子房室，每室有多数胚珠。

4. 豌豆花⚥↑$\mathbf{K}_{(5)}\mathbf{C}_5\mathbf{A}_{(9)+1}\underline{\mathbf{G}}_{(1:1:\infty)}$　表示豌豆花为两性花；两侧对称；花萼由 5 片合生的萼片组成；花冠由 5 片离生的花瓣组成；雄蕊群由 10 枚雄蕊组成，其中 9 枚联合，1 枚分离；雌蕊群由 1 心皮合成的雌蕊组成，子房上位，有 1 个子房室，每室有多数胚珠。

5. 桑花♂ $*\mathbf{P}_4\mathbf{A}_4$；♀ $*\mathbf{P}_4\underline{\mathbf{G}}_{(2:1:1)}$　表示桑花为单性花。雄花：辐射对称；花被片由 4 片离生的花被组成；雄蕊群由 4 枚离生的雄蕊组成。雌花：辐射对称；花被片由 4 片离生的花被组成；雌蕊群具有 1 个 2 心皮结合而成的复雌蕊，子房上位，有 1 个子房室，1 个胚珠。

四、花序

有些花单生于枝的顶端或叶腋，称为单生花，如桃、牡丹等；有些花则是按照一定顺序排列在花轴上，并按照一定顺序开放，称为花序。花序的总花梗或主轴称为花轴（花序轴），花轴可以分枝或不分枝。组成花序的每一朵花叫小花，小花的梗叫小花梗，有的植物花轴缩短膨大，这时支持整个花序的茎轴称为总花梗（柄），无叶的总花梗称花葶。

根据花在花轴上排列的方式和开放的先后顺序以及在开花期花轴能否不断生长等，花序可分为无限花序、有限花序和混合花序三大类。

（一）无限花序（总状花序类）

在开花期内，花序轴顶端继续向上生长，产生新的花蕾，开放顺序是花序轴基部的花先开，然后向顶端依次开放，或由边缘向中心开放，这种花序称为无限花序。根据花序轴及小花的特点，无限花序又分为两类。

1. 单花序　无限花序中花序轴不分枝的称单花序，单花序根据花序及小花的特点又可分为如下几种（图 6 – 12）。

（1）总状花序　花序轴细长，其上着生许多花柄近等长的小花，如油菜、商陆的花序等。

（2）穗状花序　似总状花序，但小花具短柄或无柄，如知母、车前花序等。

（3）葇荑花序　似穗状花序，但花序轴下垂，其上着生许多无柄的单性小花，花开后整个花序脱落，如构树、杨、柳的花序等。

（4）肉穗花序　似穗状花序，但花序轴肉质肥大呈棒状，其上密生许多无柄的单性小花，在花序外面常具一大型苞片，称佛焰苞，是半夏、天南星等天南星科植物的主要特征之一。

（5）伞房花序　似总状花序，花梗长短不等，花轴下部的花柄较长，上部花柄依次渐短，整个花序的花几乎排列在一个平面上，如梨、山楂的花序等。

（6）伞形花序　花序轴缩短，顶端集生许多花柄近等长的花，并向四周放射排列，整个形状像张开的伞，如三七、人参等五加科植物。

（7）头状花序　花序轴极度缩短，呈盘状或头状的花序托（总花托），其上着生许多无柄或近于无柄的小花，下面有由苞片组成的总苞，如红花、菊花、蒲儿根等菊科植物花序。

（8）隐头花序　花序轴肉质膨大而下凹成束状，束状体的内壁上着生许多无柄的单性小花，仅留一小孔与外方相通。如薜荔、无花果等桑科植物的花序。

2. 复花序　无限花序中花序轴有分枝的称复花序，常见的如下。

（1）复总状花序　又称圆锥花序，在长的花序轴上分生许多小枝，每小枝各成一总状花序，如女贞、南天竹的花序等。

（2）复穗状花序　花序轴有 1 ~2 次分枝，每小枝各成一个穗状花序，如小麦、香附的花序及玉蜀黍雌花花序等。

（3）复伞形花序　花序轴顶端丛生若干长短相等的分枝，各分枝各成为1个伞形花序，如白芷、野胡萝卜、小茴香的花序等。

（4）复伞房花序　花序轴上的分枝成伞房状排列，每1分枝各成1个伞房花序，如花楸属植物的花序。

（5）复头状花序　由许多小头状花序组成的头状花序，如蓝刺头的花序。

图6－12　无限花序类型

1. 总状花序（商陆）　2. 穗状花序（车前）　3. 葇荑花序（构树）　4. 肉穗花序（天南星）　5. 伞房花序（山楂）　6. 伞形花序（韭）　7. 头状花序（蒲儿根）　8. 隐头花序（无花果）　9. 复伞形花序（野胡萝卜）

（二）有限花序（聚伞花序类）

与无限花序相反，有限花序是位于花序轴顶端或中心的花先开放，因此花序轴不能继续向上生长，各花由内向外或由上而下陆续开放，这样的花序称有限花序。根据在花序轴上的分枝情况，有限花序可分为如下四种类型（图6－1）。

1. 单歧聚伞花序　主轴顶端生一花，先开放，而后在其下方产生1侧轴，其长度超过主轴，侧轴同样顶端生一花，下方只有一个侧芽发育，这样连续分枝便形成了单歧聚伞花序。由于侧轴产生的方向不同又分为如下两种类型。

（1）螺旋状聚伞花序　单歧聚伞花序中，若花序轴下分枝均向同一侧生出而呈螺旋状，称螺旋状聚伞花序，如紫草、附地菜、香雪兰的花序等。

（2）蝎尾状聚伞花序　单歧聚伞花序中，若分枝成左右交替生出，且分枝与花不在同一平面上，称蝎尾状聚伞花序，如菖蒲、姜、蝎尾蕉的花序等。

2. 二歧聚伞花序　主轴顶端生一花，在其下两侧各生一等长的侧轴，每一侧轴以同样方式产生侧枝和开花，称二歧聚伞花序，如石竹、麦蓝菜等植物的花序。

3. 多歧聚伞花序　主轴顶端生一花，顶花下同时产生数个侧轴，侧轴常比主轴长，各侧轴又形成小的聚伞花序，称多歧聚伞花序。如蓖麻花序等。若花轴下生有杯状花苞，则称杯状聚伞花序（大戟花序），是大戟科大戟属特有的花序类型，如泽漆、甘遂花序等。

4. 轮伞花序　小花无梗，生于对生叶的叶腋成轮状排列，称轮伞花序。如薄荷、益母草等唇形科植物花序。

图 6－13　有限花序类型

1－1. 螺旋状聚伞花序（香雪兰）　1－2. 蝎尾状聚伞花序（蝎尾蕉）
3. 二歧聚伞花序（球序卷耳）　4. 多歧聚伞花序（泽漆）　5. 轮伞花序（益母草）

（三）混合花序

有些植物在花序轴上生有两种不同类型的花序（有限花序、无限花序）称混合花序，如丁香是聚伞圆锥花序，楤木是圆锥状伞形花序。

药爱生命

华佗，字元化，沛国谯（今安徽省亳州市）人，著名医学家。少时曾在外游学，钻研医术而不求仕途，行医足迹遍及安徽、山东、河南等地。华佗一生行医各地，声誉颇著，在医学上有多方面的成就。他发明了麻沸散，开创了世界麻醉药物的先例。

华佗首创用全身麻醉法施行外科手术，被后世尊为“外科鼻祖”。他不但精通方药，在针术和灸法上的造诣也十分令人钦佩。华佗还收集了一些有麻醉作用的药物，经过多次不同配方的炮制，终于把麻醉药试制成功，他又把麻醉药和热酒配制，使患者服下、失去知觉，再剖开腹腔、割除溃疡，洗涤腐秽，用桑皮线缝合，涂上神膏，四五日除痛，一月间康复。因此，华佗给它起了个名字——麻沸散。

据日本外科学家华冈青州的考证，麻沸散的组成之一就有曼陀罗花。曼陀罗花不仅可用于麻醉，而且还可用于治疗疾病。其花入药，味辛性温，有大毒，能祛风湿，止喘定痛，可治惊痫和寒哮，煎汤洗治诸风顽痹及寒湿脚气。花瓣的镇痛作用尤佳，可治神经痛等。

答案解析

一、单项选择题

1. 有些植物的花在花萼的外方另有一轮类似萼片的结构，称为（　）
   A. 冠毛　B. 花被　C. 副萼
   D. 副花冠　E. 花冠
2. 蝶形花冠中最大的花瓣是（　）
   A. 旗瓣　B. 翼瓣　C. 龙骨瓣
   D. 都是　E. 都不是
3. 花中雄蕊多枚，其花丝连合成一束，花药分离，这种雄蕊称为（　）
   A. 聚药雄蕊　B. 单体雄蕊　C. 多体雄蕊
   D. 二体雄蕊　E. 雄蕊多数
4. 豌豆具10枚雄蕊，其中9枚的花丝连合，1枚分离，其雄蕊属于（　）
   A. 二体雄蕊　B. 二强雄蕊　C. 单体雄蕊
   D. 四强雄蕊　E. 雄蕊多数
5. 十字花科植物具四强雄蕊，即雄蕊是（　）
   A. 8枚，4长4短　B. 6枚，4长2短　C. 4枚，2长2短
   D. 4枚，等长　E. 4枚合生
6. 构成雌蕊的单位是（　）
   A. 心皮　B. 子房　C. 胎座
   D. 子房室　E. 花药
7. 复雌蕊是指一朵花（　）
   A. 具有多个离生雌蕊　B. 由多个心皮合生而成的一个雌蕊
   C. 由一个心皮合生而成　D. 都是
   E. 都不是
8. 多室子房具有的胎座是（　）
   A. 边缘胎座　B. 侧膜胎座　C. 中轴胎座
   D. 特立中央胎座　E. 基生胎座
9. 南瓜的胎座属（　）
   A. 中轴胎座　B. 侧膜胎座　C. 基生胎座
   D. 特立中央胎座　E. 边缘胎座
10. 花中雌蕊由1枚心皮组成，子房1室，胎座着生于腹缝线上，这种胎座为（　）
    A. 侧膜胎座　B. 边缘胎座　C. 基生胎座
    D. 中轴胎座　E. 基生胎座

11. 珠柄、珠孔、合点在一条直线上的胚珠是（ ）

A. 直生胚珠　　B. 弯生胚珠　　C. 横生胚珠

D. 倒生胚珠　　E. 侧生胚珠

12. 双受精是哪类植物特有的现象（ ）

A. 低等植物　　B. 孢子植物　　C. 被子植物

D. 裸子植物　　E. 隐花植物

13. 子房基部着生在花托上，花的其他部分都低于子房着生，这种花叫做（ ）

A. 子房上位（下位花）　　B. 子房上位（周位花）　　C. 子房下位（上位花）

D. 子房半下位（周位花）　　E. 都不是

14. 下面为整齐花的是（ ）

A. 舌状花冠　　B. 唇形花冠　　C. 蝶形花冠

D. 十字花冠　　E. 假蝶形花冠

15. 构树的雄花是（ ）

A. 无被花　　B. 单性花　　C. 不完全花

D. 都是　　E. 都不是

16. 花程式中⚥ $* P_{3+3}A_{3+3}\underline{G}_{(3:3:\infty)}$ 可表示（ ）

A. 单性花　　B. 单瓣花　　C. 单被花

D. 单雌蕊　　E. 单心皮

17. 以下属无限花序中的简单花序的是（ ）

A. 单歧聚伞花序　　B. 肉穗花序　　C. 复伞房花序

D. 圆锥花序　　E. 都不是

18. 下列花序中，花的开放次序由上向下的是（ ）

A. 轮伞花序　　B. 蝎尾状花序　　C. 穗状花序

D. 伞房花序　　E. A 和 B

19. 以下属无限花序中的复合花序的是（ ）

A. 穗状花序　　B. 多歧聚伞花序　　C. 头状花序

D. 圆锥花序　　E. 总状花序

20. 花序轴中下部的花柄较长，越向上部花柄越短，各花几乎排在一个平面上，这种花序称为（ ）

A. 头状花序　　B. 复伞形花序　　C. 伞形花序

D. 总状花序　　E. 伞房花序

二、多项选择题

1. 下列为无限花序的植物有（ ）

A. 商陆　　B. 牛膝　　C. 半夏

D. 胡萝卜　　E. 菊花

2. 完全花包括（ ）

A. 花萼　　B. 花芽　　C. 花冠

D. 雄蕊群　　E. 雌蕊群

3. 常见胚珠着生类型有（ ）

A. 直生胚珠　　B. 弯生胚珠　　C. 横生胚珠

D. 倒生胚珠　　E. 对生胚珠

4. 雌蕊的组成包括（　）

A. 柱头　　B. 花药　　C. 花丝

D. 子房　　E. 花柱

5. 雄蕊组成包括（　）

A. 花托　　B. 花被　　C. 花冠

D. 花药　　E. 花丝

6. 下列属于合瓣花冠的类型有（　）

A. 辐状花冠　　B. 钟状花冠　　C. 唇形花冠

D. 十字形花冠　　E. 管状花冠

7. 判断组成子房的心皮数的依据有（　）

A. 柱头分裂数　　B. 花柱分裂数　　C. 子房室数

D. 胚珠数　　E. 腹缝线数

8. 属于辐射对称花的花冠类型是（　）

A. 十字形花冠　　B. 蝶形花冠　　C. 唇形花冠

D. 钟形花冠　　E. 管状花冠

9. 属于两侧对称花的花冠类型是（　）

A. 辐状花冠　　B. 蝶形花冠　　C. 唇形花冠

D. 钟形花冠　　E. 舌状花冠

10. 花被是哪两种组成部分的统称（　）

A. 花冠　　B. 花萼　　C. 雄蕊群

D. 雌蕊群　　E. 花托

书网融合……

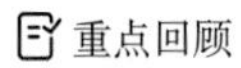

微课　　习题

第七章　果实与种子

学习目标

知识目标：

1. **掌握**　果实的组成及果实的类型。
2. **熟悉**　种子的形态及组成。
3. **了解**　种子的类型。

技能目标：

1. 能找出果实和种子的各组成部分，能描述果实和种子的形态特征。
2. 能依据果实的特征，判断果实所属的类型。

素质目标：

培养细致入微的观察能力，养成严谨认真的学习和工作态度。

导学情景

情景描述：某药材生产企业的某位员工，在包装苦杏仁与桃仁时，由于分不清二者的性状特征，将苦杏仁与桃仁混装成一袋，幸好被上级操作工发现，及时将这袋混装的药材销毁。掌握好苦杏仁和桃仁的形态特征才能准确分辨二者，保证用药的安全有效。

情景分析：苦杏仁和桃仁两味中药用药部位均为种子，都来源于蔷薇科蔷薇属植物，亲缘关系较近，两味中药的外形比较相似。

讨论：两位中药来源、形态特征相似，我们如何将二者正确区分呢？

学前导语：中药材苦杏仁为蔷薇科植物山杏、西伯利亚杏、东北杏或杏的干燥成熟种子；桃仁为蔷薇科植物桃或山桃的干燥成熟种子。可从两个种子的形状、大小、色泽、表面特征等进行区分，本章将为你带来果实和种子的形态特征及构造等内容，为果实和种子类中药的鉴定奠定基础。

果实和种子为种子植物特有的繁殖器官，果实是在种子植物开花、受精后，由子房或连同花托、花萼等其他部位发育成的特殊结构。广义的果实包括果皮和种子，种子由胚珠受精后发育而成。而狭义的果实只是果皮部分。

许多植物的果实和种子可入药，果实类中药大多数是果实和种子一起入药，如五味子、枸杞子、小茴香等；有的以果皮入药，如陈皮、大腹皮；山茱萸以果肉入药；橘络以中果皮的维管束入药；也有的以果实的宿萼入药，如柿蒂。种子类中药大多采用完整的干燥成熟种子，如决明子、槟榔等；也有一些是种子的一部分入药，如薏苡仁以种仁入药；莲子心用莲子的幼叶及胚根入药；绿豆衣用绿豆的种皮入药；还有以发芽的果实入药的，如麦芽、谷芽。

第一节　果　实

PPT

一、果实的发育

在种子植物的果实发育过程中，花的各部分均发生了显著变化，开花、受精后，花被一般脱落，雌蕊的柱头、花柱和雄蕊枯萎，子房逐渐膨大发育成果实，其内的胚珠发育成种子。完全由子房发育而成的果实称为真果，如枸杞、杏等；有些植物除子房外，其他部分如花被、花托或花序轴等也参与发育而形成的果实，称为假果，如山楂、桑椹、瓜蒌等果实。

二、果实的组成

果实由果皮和种子组成。果皮可分为外果皮、中果皮和内果皮三层。有的果实的三层果皮区分明显，如核果类；有的区分不明显，如瓠果类；还有的果皮与种皮相互愈合，难以区分，如颖果类。因植物种类不同，果皮的构造、色泽以及各层果皮发达程度不一样。

1. 外果皮 为果实的最外层，通常为一层表皮细胞，有时在表皮细胞层内部还会有一层或几层厚角组织的细胞，外果皮一般较薄而坚韧，如火麻仁、杏等。外果皮表面常有各种形态特征，如山楂的外果皮有灰白色的小斑点，砂仁的果皮表面密生刺状突起，金樱子的果皮外有突起的棕色小点，洋金花的蒴果表面疏生短刺。

2. 中果皮 为外果皮与内果皮之间的部分，为果皮的中层，多由薄壁细胞组成。在肉果类中果皮较发达，肥厚多汁，为可食用部分，如桃、梅等。有的中果皮维管束较多，成熟后成复杂的网络，如柚、丝瓜等。有的中果皮中有油管，如小茴香。

3. 内果皮 为果皮的最内层，多由一层薄壁细胞组成。内果皮在不同的果实中变化较大，有的当果实成熟时，内果皮细胞成为浓汁液状态，如葡萄等浆果；有的由多层石细胞组成，从而形成坚硬的壳，如李、杏等核果；有的其内有肉质多汁的囊状毛，如香橙、柚等柑果类；有的由木质化的厚壁组织构成，如山楂、木瓜等梨果。

三、果实的类型

依据果实的来源、结构和三层果皮性质的不同，可分为单果、聚合果和聚花果。

（一）单果

由一朵花中的单雌蕊或合生心皮雌蕊发育形成的果实，称为单果。单果根据果皮的质地不同又可分为干果和肉果。

1. 干果 果实成熟后果皮干燥。依据果实成熟后，果皮是否开裂分为裂果和不裂果。

（1）裂果 果实成熟后，果皮自行开裂，果皮与种皮分离。依据果皮开裂方式又可分为 4 种类型（图 7－1）。

①蓇葖果：由单雌蕊发育而成，成熟时仅沿背缝线或腹缝线一侧开裂。如飞燕草等。

②荚果：由单雌蕊发育而成，成熟时沿腹缝线和背缝线两侧开裂，荚果是豆科植物所特有的果实类型。如苦参、决明、扁豆等。但也有特殊情况，槐花、皂荚的荚果不开裂。含羞草、小槐花等荚果由于种子间具有节，成熟后，果皮一节一节开裂。

③角果：由两个心皮合生雌蕊发育而成，在形成过程中，因两个心皮边缘合生处生出隔膜，将子房隔成两室，称为假隔膜，种子着生于假隔膜两侧。果实成熟后果皮沿两侧腹缝线开裂且成两片脱落，假隔膜仍留在果柄上。角果是十字花科所特有的果实类型，分为短角果（如荠菜、菘蓝）和长角果（如油菜、萝卜）。

想一想7－1

怎么区分荚果和角果？

答案解析

④蒴果：由两个或两个心皮以上合生的复雌蕊发育而成，子房 1 至多室。

每室含种子多数，是裂果中数量最多的一类，成熟时的开裂方式有四种。①孔裂：果实顶端呈小孔开裂，种子从小孔散出。如桔梗、罂粟和虞美人等。②纵裂（瓣裂）：果实成熟时果皮沿长轴方向纵裂成数个果瓣，若沿背缝线开裂的称为室背开裂，如百合、鸢尾等，若沿腹缝线开裂的称为室间开裂，如蓖麻、马兜铃等，若沿腹缝线和背缝线两缝线开裂，但隔膜仍与中轴相连的称为室轴开裂，如牵牛和曼陀罗等。③盖裂：果实中部或中上部呈环状开裂，中部或中上部果皮呈帽状脱落，如车前和莨菪等。④齿裂：果实顶端呈齿状开裂，如瞿麦、王不留行等。

1　2　3

4　5　6

7　8

9

10

图 7-1　裂果

1. 蓇葖果　2. 荚果　3. 短角果　4. 长角果　5. 孔裂蒴果　6. 纵裂蒴果（室背开裂）
7. 纵裂蒴果（室间开裂）　8. 纵裂蒴果（室轴开裂）　9. 盖裂蒴果　10. 齿裂蒴果

（2）不裂果（闭果）　果实成熟后，果皮不开裂，常见的有以下几种（图 7-2）。

①颖果：内含 1 粒种子，成熟时果皮薄且与种皮愈合，不易分离，农业生产中常将颖果称为“种子”，是禾本科植物特有的果实类型，如水稻、玉米、薏苡等。

想一想7-2

农业上播种的青菜、白菜、萝卜、大麦、小麦种子，哪些是果实？哪些是种子？

答案解析

②瘦果：果皮稍硬或坚韧，内含 1 粒种子，成熟时果皮与种子易分离，是闭果中最普遍的一种。如牛蒡子、苍耳子、火麻仁等。

③坚果：内含 1 粒种子，成熟时外果皮坚硬，常有由花序总苞发育成的壳斗包围于基部，如栎、板栗等壳斗科植物的果实。有的坚果外无壳斗包围，体积较小，质地较硬，称小坚果，如益母草、薄荷等。

④翅果：内含 1 粒种子，果皮一侧或周边向外延伸呈翅膀状，如杜仲、榆等。

⑤胞果：内含 1 粒种子的果实，由 2~3 合生心皮、上位子房发育形成，果皮薄而膨胀疏松地包围种子，极易与种子分离，如地肤子、藜等。

⑥双悬果：由 2 心皮合生雌蕊发育而成，果实成熟后心皮分离成 2 个分果，两个分果的顶部分别和二裂的心皮柄的顶端相连，双悬果挂在中央果柄上端，每个分果内含有 1 粒种子，是小茴香、蛇床子等伞形科植物所特有的果实。

图7－2　不裂果

1. 颖果（薏米）　2. 瘦果（火麻仁）　3. 坚果（板栗）　4. 小坚果（益母草）
5. 翅果（杜仲）　6. 胞果（地肤子）　7. 双悬果

2. 肉果　成熟时果皮肉质多汁，成熟时不开裂，又分为以下几种（图7－3）。

（1）浆果　由单雌蕊或复雌蕊的上位或下位子房发育而成的果实。外果皮薄，膜质，中果皮和内果皮肉质多汁，内有1至多粒种子。如枸杞、石榴等。

（2）核果　由单雌蕊或复雌蕊的上位子房发育而成的果实。外果皮薄，中果皮肉质肥厚，内果皮木质化形成坚硬的果核，内含1粒种子。如核桃、桃、梅、杏等。

（3）柑果　由多心皮合生雌蕊，且具中轴胎座的上位子房发育形成。外果皮革质，较厚，有油室；中果皮与外果皮结合，界限不清，白色，疏松呈海绵状，其间具有多数分枝的维管束（称橘络）；内果皮膜质，分隔成多室，其内壁生有许多肉质多汁的囊状毛。如酸橙、柚、柠檬等芸香科柑橘属植物。

（4）瓠果　由3心皮、下位子房连同花托一起发育而成的假果，其胎座为侧膜胎座。外果皮坚韧，中果皮、内果皮及胎座肉质，内含多数种子。为瓜蒌、丝瓜、罗汉果等葫芦科植物特有的果实类型。

（5）梨果　由5个心皮、下位子房和花托一起发育而成的假果，外果皮薄，中果皮肉质。外、中果皮为假果皮，因由花托发育而成，内果皮由心皮发育而来，为真正的果皮，坚韧，常分隔为5室，每室有2粒种子。如山楂、木瓜、梨等。

练一练

以下果实类型属于假果的是（　）

A. 梨果　　B. 荚果　　C. 瓠果　　D. 柑果

答案解析

图7－3　肉果

1. 浆果（石榴）　2. 核果（核桃）　3. 柑果（甜橙）　4. 瓠果（瓜蒌）　5. 梨果（山楂）

（二）聚合果 微课

由一朵花中的离生心皮雌蕊发育而成，每个心皮形成一个单果，许多单果聚生在同一花托上，称为聚合果。根据组成聚合果的小果类型不同，可分为以下几类（图7－4）。

1. 聚合蓇葖果　由多个蓇葖果聚生在花托上形成的果实，如八角茴香、牡丹等。

2. 聚合瘦果　由多个瘦果聚生在花托上形成的果实，如毛茛、白头翁等。另外，如金樱子、月季等植物的果实，由许多小瘦果聚集在杯状花托内，形成聚合瘦果，又称蔷薇果，为蔷薇科蔷薇属特有。

3. 聚合坚果　由多个坚果嵌生在膨大的海绵状花托内而形成的果实，如莲等。

4. 聚合浆果　由许多浆果聚生在延长的轴状花托上，如五味子、天南星等。

5. 聚合核果　由许多小核果聚生在突起的花托上，如悬钩子等悬钩子属植物的果实。

图7-4　聚合果

1. 聚合蓇葖果　2. 聚合瘦果（蔷薇果）　3. 聚合坚果　4. 聚合浆果　5. 聚合核果

（三）聚花果

聚花果又称复果、花序果，是由整个花序发育而成，花序上的每一朵小花形成一个小果，许多小果聚生在同一花序轴上，成熟后整个花序果自母株脱落。如凤梨是由许多小花与肉质花轴一起发育而成，花不孕，凤梨上的每个眼为一朵小花形成。可食部分是肉质花序轴；如桑椹，其葇荑花序上的每朵小花的子房各发育成一个小瘦果，包于肥厚多汁的花被中，成熟后从花轴基部整体一串脱落；无花果由隐头花序发育而来，许多小瘦果包藏于内陷的囊状肉质花轴内，肉质可食部分是花序轴（图7-5）。

图7-5　聚花果

1. 凤梨　2. 桑椹　3. 无花果

看一看

无籽果实的培育

无籽果实因食用方便、口感好备受人们喜爱。那无籽果实是怎样形成的呢？一般情况，果实的形成需要经过传粉和受精的作用，但有些植物不经过传粉受精作用，也能发育成可食用的无籽果实，因这类植物开花后期子房会产生生长素，促进子房发育，如香蕉、无籽葡萄、菠萝等；也有的可通过人工诱导形成无籽果实，如在未受粉的子房上涂抹一定浓度的生长激素、赤霉素等，可刺激子房发育，形成无籽果实，如丝瓜、番茄等。以上两种属于单性结实。也有些植物在受精后，胚珠发育受阻也会形成无籽果实。还有一些以四倍体和二倍体杂交形成不孕性的三倍体植物，形成无籽果实，如无籽西瓜等。

PPT

第二节　种　子

一、种子的形态特征

种子的形态特征主要包括种子的形状、色泽、大小、表面特征等，因植物种类不同，其形态特征也有差异。种子的形状多种多样，常见的有圆形、椭圆形等，也有的为特殊的马蹄形（决明子）、纽扣状（马钱子）、肾形（五味子）、扁心脏形（苦杏仁）。种子的颜色多样，荚果类的种子就有红、绿、白、黑等多种颜色。种子的大小也各不相同，较大的种子如槟榔、椰子等；较小的种子如菟丝子、列当种子等。种子的表面特征各有差异，有的种子表面有纹理，如蓖麻；有的种子表面有毛，如马钱子；有的种子表面平滑，具有光泽，如决明子、五味子；有的种子表面具褶皱，如乌头、车前等；有的种子表面有附属物，如木蝴蝶种子有翅。种子的形态特征是种子类中药性状鉴定的重要依据。

二、种子的组成

种子是由种皮、胚、胚乳三部分组成的。

（一）种皮

种皮位于种子的外层，由胚珠的珠被发育而成，对其内各部分起到保护作用。单珠被发育成的种皮只有一层，而双珠被发育而成的种皮分为外种皮和内种皮两层。有的种子在种皮外有假种皮，如银杏、红豆杉等，假种皮由珠柄或胎座部位的组织发育而成，有的假种皮呈肉质，如龙眼、银杏、红豆杉等，有的呈薄膜状的，如豆蔻、益智、砂仁等。

1. 种脐　为种子成熟后，从种柄或胎座上脱落后留下的疤痕，通常呈圆形或椭圆形，豆类种子的种脐较易观察。

2. 种孔　胚珠发育成种子后，珠孔称为种孔，极细小。种子萌发时多从种孔吸收水分，且胚根常从种孔伸出，故又称萌发孔。

3. 种脊　为种脐到合点间隆起的脊线，由胚珠的珠脊发育而成，内有维管束。由倒生胚珠发育成的种子，珠柄延长和珠被愈合成一条较长的珠脊，种脊较明显，如蓖麻、桃；由横生胚珠或弯生胚珠发育成的种子，种脊较短，如石竹；由直立胚珠发育形成的种子，因种脐和合点位于同一位置，则无种脊，如大黄。

4. 合点　即胚珠的合点，为种皮上维管束汇集的点。

5. 种阜　有些种子的外种皮，在珠孔处由珠被扩展成海绵状的突起物，将种孔遮盖，叫种阜，能吸水而利于种子萌发，如蓖麻。

（二）胚乳

由受精极核发育而成，通常位于种皮以内、胚的周围，呈白色，储藏着丰富的营养物质，如蛋白质、淀粉和脂肪，为种子萌发时的养料。有些成熟种子中无胚乳，因在胚形成发育时，胚乳被胚完全吸收，并将营养物质全部转移储藏在子叶中，成为无胚乳种子，如豆类种子。有的种子成熟时仍有发达的胚乳，称为有胚乳种子，如水稻、玉米、小麦等。一般植物的种子在发育过程中，胚囊外面的珠心细胞完全被胚乳吸收，而有的种子，珠心未被完全吸收且形成营养组织包围在胚乳的外部，称外胚乳，如槟榔等。

（三）胚

胚是种子中尚未发育的幼小植物体，包藏于种皮和胚乳内。大多数种子在成熟时，胚已分化成胚根、胚轴、胚芽和子叶四部分。

1. 胚根　将来发育成植物的主根，胚根顶端为生长点和覆盖其外的幼嫩根冠，位置正对着种孔。当种子萌发时，胚根从种孔伸出。

2. 胚轴（胚茎）　为连接胚根、子叶和胚芽的短轴部分，向上生长成为根与茎相连接部分。

3. 胚芽　是胚的顶端未发育的地上枝，种子萌发后，发育成为植物的茎和叶。

4. 子叶　为暂时性的叶性器官，子叶的数目在被子植物中相当稳定，双子叶植物有 2 枚子叶，单子叶植物的子叶 1 枚。裸子植物的子叶数目不稳定，多为 2 枚及以上，如银杏有 2～3 枚子叶，松仁有多枚子叶。无胚乳种子中，子叶代替胚乳有吸收和贮藏营养物质的作用。

三、种子的类型

被子植物的种子依据胚乳的有无，可以将种子分为以下两种类型。

（一）有胚乳的种子

胚乳较发达的种子，称为有胚乳种子，胚相对较小，子叶薄，由种皮、胚和胚乳三部分组成。如蓖麻、水稻、玉米、大麦等（图 7－6）。

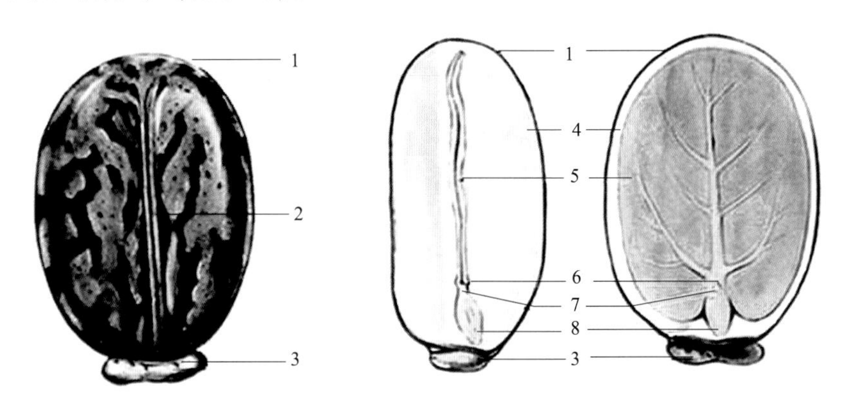

图 7－6　有胚乳种子结构示意图（蓖麻）

1. 种皮　2. 种脊　3. 种阜　4. 胚乳　5. 子叶　6. 胚芽　7. 胚轴　8. 胚根

（二）无胚乳种子

不具有胚乳的种子，称为无胚乳种子，由种皮和胚两部分组成。这类种子在发育过程中，胚乳被胚完全吸收，并将营养物质贮藏在子叶中，因此该类种子发育成熟后没有胚乳或仅残留一薄层，而子叶肥厚。如大豆、杏仁、向日葵、泽泻、南瓜子等（图7－7）。

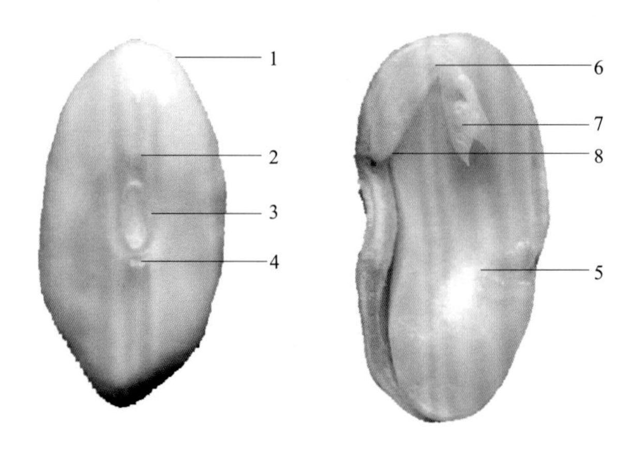

图7－7 无胚乳种子结构示意图（菜豆）

1. 种皮 2. 种孔 3. 种脐 4. 合点 5. 子叶 6. 胚茎 7. 胚芽 8. 胚根

药爱生命

王某因患风湿性疾病，到当地乡镇卫生院就医，医生处方中开了过量马钱子，但是中药房的调剂人员在调剂时没有审核出马钱子已过量。病人回家服用后，当天傍晚出现中毒症状，幸好及时入院抢救，方才脱离生命危险。

中药马钱子为马钱科植物马钱的干燥成熟种子，种子中主要含番木鳖碱（士的宁）和马钱子碱，两者均有大毒，该成分成人用5～10mg即可发生中毒现象，30mg可致死亡，医师必须注意用量。《中国药典》（2020年版）一部规定其用量为0.3～0.6g，炮制后入丸散用因此调剂员在审核处方时，必须特别复核马钱子用量。另外，对于部分有毒性的中药品种，中药调剂人员在调剂时，必须遵循生命安全第一、珍爱生命的原则，严格进行处方审核。

目标检测

答案解析

一、单项选择题

1. 由单雌蕊或复雌蕊发育而成的果实，一朵花结成一个果实，为（ ）

A. 核果　　B. 聚合果　　C. 假果
D. 聚花果　　E. 单果

2. 由整个花序发育而成的果实称为（ ）

A. 真果　　B. 聚合果　　C. 假果
D. 聚花果　　E. 单果

3. 由一朵花中的离生心皮雌蕊发育而成的果实是（ ）

A. 单果　　B. 聚合果　　C. 聚花果
D. 复果　　E. 果序

4. 芸香科柑橘属植物的果实类型为（ ）

A. 柑果　　B. 核果　　C. 瓠果
D. 梨果　　E. 浆果

5. 外果皮薄，中果皮肉质，内果皮木质，形成坚硬的果核，为（　）
A. 双悬果　　B. 核果　　C. 浆果
D. 蒴果　　E. 坚果

6. 葫芦科植物特有的果实类型为（　）
A. 瓠果　　B. 核果　　C. 浆果
D. 颖果　　E. 坚果

7. 由5心皮合生、下位子房与花托和萼筒一起发育而成的假果，为（　）
A. 核果　　B. 瓠果　　C. 梨果
D. 荚果　　E. 蒴果

8. 豆类植物的果实类型为（　）
A. 角果　　B. 核果　　C. 梨果
D. 荚果　　E. 坚果

9. 青菜、白菜、萝卜的果实类型为（　）
A. 角果　　B. 核果　　C. 浆果
D. 荚果　　E. 颖果

10. 果实内含1枚种子，成熟时，果皮与种皮愈合，不易分开，农业上常被称为种子，为（　）
A. 瘦果　　B. 颖果　　C. 角果
D. 浆果　　E. 荚果

11. 果实由合生心皮雌蕊发育而成，子房1至多室，每室含种子多数。成熟后开裂方式多样，有瓣裂、孔裂、盖裂、齿裂，为（　）
A. 核果　　B. 角果　　C. 坚果
D. 荚果　　E. 蒴果

12. 伞形科植物特有的果实类型为（　）
A. 瘦果　　B. 坚果　　C. 角果
D. 翅果　　E. 双悬果

13. 菠萝的食用部位为（　）
A. 果皮　　B. 种子　　C. 花托
D. 花序轴　　E. 萼筒

14. 真果的果皮是由花的（　）发育成
A. 子房壁　　B. 外珠被　　C. 内珠被
D. 花托　　E. 萼筒

15. 种皮是由（　）发育而来的
A. 子房壁　　B. 珠被　　C. 极核
D. 胚囊　　E. 胎座

16. 无胚乳种子的营养物质贮存在于（　）
A. 种皮　　B. 胚轴　　C. 胚芽
D. 胚根　　E. 子叶

17. 种子萌发时，最先长出的是（　）

A. 胚根　　B. 胚轴　　C. 胚芽
D. 子叶　　E. 胚

二、多项选择题

1. 下列属于肉果的是（　）
A. 梨果　　B. 瓠果　　C. 荚果
D. 蓇葖果　　E. 角果
2. 下列属于不裂果的是（　）
A. 瘦果　　B. 荚果　　C. 颖果
D. 蓇葖果　　E. 双悬果
3. 禾本科植物和伞形科植物所特有的是（　）
A. 颖果　　B. 瓠果　　C. 荚果
D. 双悬果　　E. 连萼瘦果
4. 下列属于聚合果的是（　）
A. 茴香　　B. 八角茴香　　C. 蔷薇果
D. 莲子　　E. 菠萝
5. 下列属于聚花果的是（　）
A. 八角茴香　　B. 牡丹　　C. 桑葚
D. 莲子　　E. 无花果
6. 胚的基本结构包括（　）
A. 胚根　　B. 胚轴　　C. 胚芽
D. 子叶　　E. 胚乳

书网融合……

重点回顾

微课

习题

第八章　植物分类概述

学习目标

知识目标：

1. **掌握**　植物分类等级、命名原则以及被子植物分类检索表的使用方法。
2. **熟悉**　植物分类学的概念和分类系统。
3. **了解**　植物分类学的目的、任务。

技能目标：

学会运用植物分类检索表检索常见药用植物。

素质目标：

逐步培养学生自主学习的能力和实事求是的品质。

导学情景

情景描述：江苏盐城滨海地区老百姓有吃“何首乌”的习惯，蒸着吃作为保健食品，磨成粉作为保健茶、保健饮料等。其实当地人口中的“何首乌”并非人们熟知的何首乌，而是“白首乌”，那么这两个“首乌”究竟该如何加以区分呢？

情景分析：实际上“首乌”有赤白两种，赤首乌才是真正的何首乌，来源于蓼科。而萝藦科的白首乌则是滨海老百姓口中的“何首乌”。中药有很多“同名异物”的现象，不管是食用还是临床上，若不加以区分会造成很严重的后果。

讨论：鉴于以上案例，我们了解到对植物的基源鉴定十分必要。那我们该从何入手进行植物基源鉴定呢？

学前导语：白首乌主要来源于萝藦科鹅绒藤属植物耳叶牛皮消 *Cynanchum auriculatum* Royle ex Wight、隔山牛皮消 *C. wilfordii*（Maxim.）Hemsl. 及戟叶牛皮消 *C. bungei* Decne. 这 3 种植物的干燥块根。从中我们可以发现，不论植物的名称有多少种，它的学名只有一种，即属名、种加词和命名人。之后我们可以根据分类检索表来对该植物进行更详细的特征鉴别。

PPT

第一节　植物分类学的目的和任务

一、植物分类学的目的

微课 1

植物分类学是研究植物界中各类群的起源、彼此间的亲缘关系及其演化发展规律的一门生命基础学科，即对自然界中繁杂多样的植物进行鉴定、命名、归类并按照亲缘关系进行系统排列的一门学科。

二、植物分类学的任务

1. 鉴定植物的种并命名 运用植物学基础知识，观察、分析、比较植物个体间的异同，将类似的个体归为“种”级分类群，并进行特征描述，确定拉丁学名。

2. 探索植物“种”的起源与进化 借助古植物学、植物生理生态学、生物化学、分子生物学等学科的研究方法及知识，探索植物“种”的起源与发展，为推定种以上的分类单位提供依据。

3. 建立植物自然分类系统 通过研究植物类群间的亲缘关系，确定不同的分类等级，并加以规律排列，建立反映植物界演化发展规律的自然分类系统。

4. 编写植物志 运用分类学知识，对某地域、某用途或某类群植物经采集、鉴定、描述后，按照分类系统编排，形成不同用途的植物志，利于植物资源的合理开发及保护。

学习植物分类学，主要目的是应用其中的原理和方法对药用植物进行相关研究。比如药用植物资源调查、中药品种和基源的鉴定、药用植物种质资源保护等，为更合理地开发、利用并保护药用植物资源，保证中医临床用药奠定基础。

第二节　植物分类的单位

PPT

一、分类单位

植物分类上设立各种分类单位，用来表示植物类群间的类似程度和亲缘关系的远近。每个分类单位即一个分类等级。植物分类单位，按照等级高低和从属关系，分别为界、门、纲、目、科、属、种等。

种是分类的基本单位。分类学上，把一定的自然分布区内，具有一定的生理形态特征，并相当稳定的植物群归为种，相似的种归为属；再把相似的属归为科。以此类推，相继归为目、纲、门、界。各分类单位之间，如果因范围过大，无法完全概括其特征，则可增设亚级单位，如亚门、亚纲等。

二、种及种以下分类单位 微课2

1. 种 种是具有一定的自然分布区、一定的生理特征与形态，并具有相当稳定性质的植物群。同种植物的个体具有相同的遗传性状，彼此之间可以授粉产生能育的后代。不同种的个体之间一般不能杂交，或是杂交之后不能产生能育的后代。种以下有亚种、变种、变型、品种（栽培品）等分类等级。

2. 亚种 是一个种内的类群在形态上出现变异，并具有地理分布、生态或季节隔离。

3. 变种 是一个种内的类群在形态上出现稳定的变异，与种内其他类群有共同分布区，分布范围小于亚种。

4. 变型 是种内形态出现了细小变异且无一定的分布区的个体群或个体，是植物分类的最小单位。

5. 品种 是人工栽培过程中出现的种内变异类群，通常具有形态、化学成分、经济价值的差异。日常生活中的药材“品种”，多指分类学上的种，有时也指中药栽培的品种。

看一看

物种与品种的区别

物种（species）是一个自然概念，其下的亚种、变种与变型都是自然选择的结果，而品种

(cultivarieties) 是人为的概念，对于植物来说，是经过人工选择而形成遗传性状比较稳定、种性大致相同、具有人类需要的性状的栽培植物群体。品种是一种生产资料，是人类进行长期选育的劳动成果，也是种质基因库的重要保存单位。品种更偏向于人们的需求，比如观赏性、营养价值、药用价值等方面，另外品种不是永存的，会衰老退化，因此要不断培育新品种替代老品种。

PPT

第三节　植物的命名

一、学名的组成

为了充分利用植物资源，方便科学交流，国际植物学会议制定了《国际植物命名法规》，统一采用1753年瑞典著名植物学家林奈（C. Linnaeus）倡导的双名法，作为统一的植物命名法，又称植物的拉丁学名。双名法规定，每种植物的学名由两个拉丁词组成，第一词为该种植物所隶属的属名；第二词为种加词，通常具有一定含义，起着标志该“种”植物特征的作用，之后附上命名人的姓名或姓氏缩写。例如：

玫瑰 *Rosa rugosa* Thunb. 其中 *Rosa* 蔷薇属，*rugosa* 为种加词意为有褶皱的，Thunb. 为命名人，是Carl Peter Thunberg 姓名缩写。

其中，属名是双名法的主体，为名词，首字母要大写；种加词一般为形容词，或为名词所有格，首字母不需大写；命名人常采用姓名或姓氏缩写，加缩写标记“.”，首字母大写。书写时，属名和种加词用斜体，命名人部分用正体。如有两个以上命名人，则用“et”连接，如铁皮石斛 *Dendrobiumofficinale* Kimura et Migo. 。有的植物的学名是经重新组合的，在重新组合时保留原种加词和原命名人，并将原命名人放入括号内以示区别，如郁李 *Cerasusjaponica*（Thunb.）Lois. 。

想一想

植物学名的双名法是什么含义？请举例说明。

答案解析

二、种以下等级的命名

种以下分类群的命名，通常采取“三名法”，即属名 + 种加词 + 种定名人 + 亚种（变种、亚型）加词 + 亚种（变种、亚型）定名人。如：

蒙古黄芪 *Astragalus membranaceus* var. *mongholicus*（Bunge）P. K. Hsiao.

其中 var. 为变种缩写，*mongholicus* 为变种加词，P. K. Hsiao 为该种重新命名人，Bunge 为原命名人。

栽培品种的命名，是在种加词后加品种加词，首字母大写，外加单引号。如：

亳菊 *Dendranthema morifolium*‘Boju’；滁菊 *Dendranthema morifolium*‘Chuju’；杭菊 *Dendranthema morifolium*‘Hangju’。

练一练

根据灵芝 *Ganoderma lucidum*（Leyss. ex Fr.）Karst. 的学名，判断最早研究灵芝的人是（　）

A. Leyss　　B. Fr.　　C. Karst　　D. lucidum

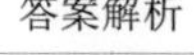

第四节　植物的分类方法及系统

一、两大学说

植物经典的分类方法是以植物的形态特征，特别是花的特征为主要分类依据，但由于缺乏花的化石，使了解被子植物的演化和亲缘关系非常困难，基于对被子植物起源的不同认识，形成了假花学派和真花学派。其主要区别如下见表8－1。

表8－1　真花学派和假花学派的主要区别

真花学派	假花学派
被子植物的花由原始裸子植物门内苏铁目的拟苏铁的两性孢子叶球演化形成	被子植物的花由原始裸子植物的弯柄麻黄的单性花演化形成
现代被子植物的原始类群为单性花、无被花、风媒花、木本的柔荑花序类	现代被子植物的原始类群为多心皮类植物类群
现代被子植物的原始类群为木麻黄目、胡椒目、杨柳目	现代被子植物的原始类群为木兰目

二、主要分类系统

早期的植物分类学多根据植物的用途、习性或生态环境等进行分类，即人为分类系统。中世纪逐渐应用植物的外部形态差异来区分植物并进行分门别类，建立了各分类等级。近代，随着对植物种、属、科等之间亲缘关系的认识逐步加深，建立了自然分类系统。目前国际普遍采纳的植物界自然分类系统为修订后的恩格勒系统，具体如下。

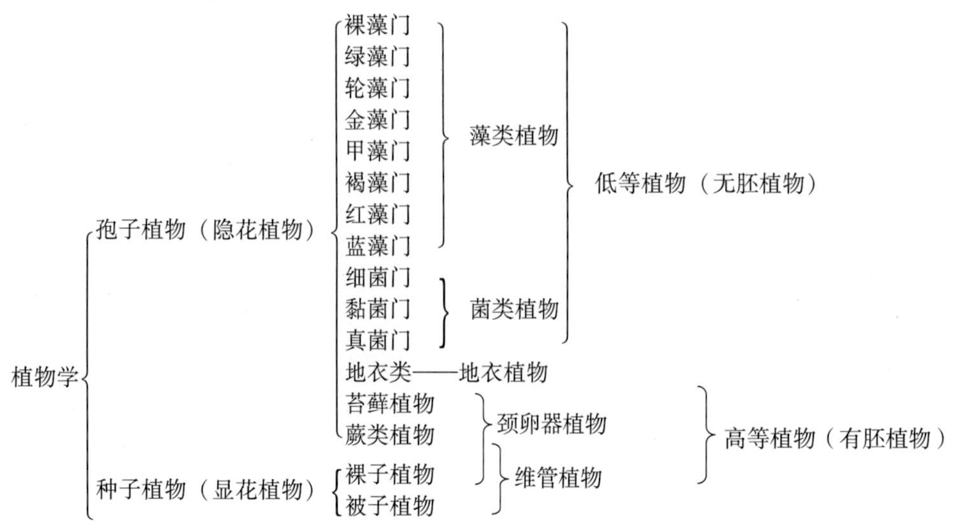

PPT

第五节　植物分类检索表的编制和应用

植物分类检索表采用法国植物学家拉马克的二歧分类原则编制而成，是鉴定植物类群的重要工具资料。在充分了解植物种及各类群特征的基础上，找出互相对立的主要特征，列成两个相对应的分支项，编列成相对项号，再在每分支中找出互相显著对立的性状依法分列、编排，以此类推，直至一定的分类等级。

使用检索表时，以要鉴定的植物特征与检索表某项所载特征进行比较，若特征相符则查其下一项，不相符则查该项的对立分支项，如此逐项检索，直至查出该植物的某分类单位。植物分类检索表根据排列方式不同，有定距、平行、连续平行检索表三种式样，现以植物界分门检索表为例分别作以介绍。

一、定距式检索表

将一对互相区别的特征标以相同的项号，分开编排在一定距离处，每低一项号退后一格排列。如：

1. 植物体无根、茎、叶的分化，无胚。（低等植物）
  2. 植物体不为藻类和菌类所组成的共生体。
    3. 植物体内含叶绿素或其他光合色素，为自养生活方式……………………………………藻类植物
    3. 植物体内无叶绿素或其他光合色素，为异养生活方式……………………………………菌类植物
  2. 植物体为藻类和菌类所组成的共生体…………………………………………………………地衣植物
1. 植物体有根、茎、叶的分化，有胚。（高等植物）
    4. 植物体有茎、叶，而无真根…………………………………………………………………苔藓植物
    4. 植物体有茎、叶，也有真根。
      5. 不产生种子，用孢子繁殖…………………………………………………………………蕨类植物
      5. 产生种子，用种子繁殖……………………………………………………………………种子植物

二、平行式检索表

将每一对互相区分的特征编以同样的项号，并紧接并列，项号虽变但不退格，项末注明应查的下一项号或查到的分类等级。如：

1. 植物体无根、茎、叶的分化，无胚（低等植物）……………………………………………………2.
1. 植物体有根、茎、叶的分化，有胚（高等植物）……………………………………………………4.
2. 植物体为菌类和藻类所组成的共生体……………………………………………………………地衣植物
2. 植物体不为菌类和藻类所组成的共生体……………………………………………………………3.
3. 植物体内含有叶绿素或其他光合色素，为自养生活方式…………………………………………藻类植物
3. 植物体内不含叶绿素或其他光合色素，为异养生活方式…………………………………………菌类植物
4. 植物体有茎、叶，而无真根……………………………………………………………………苔藓植物
4. 植物体有茎、叶，也有真根……………………………………………………………………………5.
5. 不产生种子，用孢子繁殖………………………………………………………………………蕨类植物
5. 产生种子，用种子繁殖…………………………………………………………………………种子植物

三、连续平行式检索表

将一对互相区别的特征用两个不同的项号表示，其中后一项号加括弧，以表示它们是相对比的项目，如下列中的1.（6）和6.（1），排列按1. 2. 3……的顺序。查阅时，若其性状符合1时，就向下查2。若不符合1时就查相对比的项号6，如此类推，直到查明其分类等级。如：

1.（6）植物体无根、茎、叶的分化，无胚。（低等植物）

2. (5) 植物体不为藻类和菌类所组成的共生体。
3. (4) 植物体内有叶绿素或其他光合色素，为自养生活方式……………………………………藻类植物
4. (3) 植物体内不含叶绿素或其他光合色素，为异养生活方式………………………………菌类植物
5. (2) 植物体为藻类和菌类的共生体……………………………………………………………地衣植物
6. (1) 植物体有根、茎和叶的分化，有胚。(高等植物)
7. (8) 植物体有茎、叶，而无真根………………………………………………………………苔藓植物
8. (7) 植物体有茎、叶，也有真根
9. (10) 不产生种子，用孢子繁殖………………………………………………………………蕨类植物
10. (9) 产生种子，用种子繁殖…………………………………………………………………种子植物

在应用检索表鉴定某一植物时，以定距式检索表为例，将植物标本的特征与检索表中所列的特征进行比较，如与所比较的项号特征相符时，就继续查找下一级项号；如与所比较的项号特征不符时，则查看其对立的另一项。按照以上方法逐项比较、查实，直至准确地鉴定该植物。

第六节　植物分类学的主要研究方法

PPT

20 世纪以来，现代科学技术的融入，使得植物分类学迅速发展，产生了许多新的分类方法。

1. 形态分类学　是植物分类学的基本方法，以植物的外部形态特征，特别是花和果实的形态为主要的分类依据。

2. 实验分类学　利用异地栽培或观察环境因子对植物形态的影响，解释植物“种”的起源、形成与演化。

3. 细胞分类学　利用细胞染色体资料来探讨植物分类学。

4. 化学分类学　利用植物中化学成分的特征来探索各类群间的亲缘关系和演化规律。

5. 数量分类学　利用计算机技术和数量法来确定有机体类群间的相似性，进而分类群。

6. 微形态分类学　利用植物的超微结构特征对植物类群的修订和划分等方面内容进行研究，目前植物孢粉和表皮的微形态比较多的用于植物分类研究中。

7. 分子系统学　分子系统学是指通过对生物大分子（蛋白质、核酸等）的结构、功能等的进化研究，来阐明生物各类群（包括已绝灭的生物类群）间的谱系发生关系。

药爱生命

金庸小说《神雕侠侣》中有一段描写杨过中了情花毒，遍寻解药，最终找到断肠草，才解开了情花剧毒。实际上“断肠草”不仅不是解药，还是一味毒药，是各地民间用来称呼某些植物的俗名，而不是特指某一种植物的正式名称。断肠草家族里最“声名显赫”的应该就是钩吻了，它又名大茶药，广泛分布于南方的山区，全株有毒，其花与金银花长得极为相似，同为黄色，且花开的时间都在夏、秋两季。所以，误食断肠草的事情时有发生。而且断肠草的根茎形状与“五指毛桃”“金锁匙”等一些常用药材十分相似，两广地区素有用中药材泡酒或煲汤的习惯，因误挖或误用断肠草而引起中毒的事件时有发生。所以我们务必要提高食品安全意识，珍惜生命，切勿采食不明野生植物。

答案解析

目标检测

一、单项选择题

1. 植物分类的基本单位是（ ）

A. 种　　B. 属　　C. 科

D. 目　　E. 界

2. 一种植物的学名由（ ）部分组成

A. 2　　B. 3　　C. 4

D. 5　　E. 6

3. 修订后的恩格勒系统中，植物界分为（ ）门

A. 14　　B. 15　　C. 18

D. 16　　E. 17

二、多项选择题

1. 低等植物包括（ ）

A. 苔藓植物　　B. 藻类植物　　C. 蕨类植物

D. 地衣植物　　E. 菌类植物

2. 植物分类的单位有（ ）

A. 种　　B. 属　　C. 科

D. 目　　E. 界

书网融合……

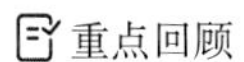

微课 1

微课 2

习题

第九章　藻类植物

学习目标

知识目标：

1. **掌握**　常用药用藻类植物的形态特征、药用部位及功效。
2. **熟悉**　藻类植物的主要特征。
3. **了解**　藻类植物的分类。

技能目标：

会识别常见常用药用植物甘紫菜、昆布等。

素质目标：

培养学生爱护海洋植物，树立环保意识。

导学情景

情景描述：据记载，在某些山区、高原和内陆地区，常会看到这样的人，他们脖子肿大，呼吸困难，劳动时心跳加快，气喘吁吁。这种病属于地方性甲状腺肿，俗称大脖子病。这种病是由于这些地区土壤、饮水和食物中缺碘而引起的。

情景分析：我国中医提倡食用海藻等海生植物，这对防治这种病有很好效果。

讨论：鱼缸长时间不换水，缸内壁上长绿膜，水变绿，这是什么原因？

学前导语：褐藻中含有大量碘，是提取碘的工业原料。许多海洋藻类不仅资源丰富，生长繁殖快，而且含有丰富的蛋白质、脂肪、碳水化合物、氨基酸、维生素、抗生素、高级不饱和脂肪酸以及其他结构新颖的活性物质。

藻类植物是植物界中一类最原始的低等植物。通常含有能进行光合作用的色素和其他色素，是能独立生活的一类自养原植体植物，植物体构造简单，没有真正的根、茎、叶分化。

PPT

第一节　藻类植物概述

有的藻体植物是单细胞体，如小球藻、衣藻等；有的呈多细胞丝状，如水绵、刚毛藻等；有的呈多细胞叶状，如海带、昆布等；有的呈多细胞树枝状，如海蒿子、石花菜、马尾藻等。藻体形状和类型多样，差异很大，小的只有几微米，须在显微镜下才能看到，大的可达数十米，如在太平洋中的巨藻。

想一想

答案解析

为什么藻类植物是空气中氧气的重要来源？

藻类植物的繁殖方式有营养繁殖、无性生殖和有性生殖三种。营养繁殖是指藻体的一部分由母体分离出去而长成一个新的藻体，如从多细胞藻体上脱落下来的营养体可发育成一个新个体。藻类产生孢子囊和孢子，由孢子发育成新个体为无性生殖。

练一练

藻类植物的繁殖方式包括（　）

A. 营养繁殖　　B. 无性生殖　　C. 有性生殖　　D. 以上都是

答案解析

已知现存的藻类植物大约有3万种，广布世界各地。我国已知的药用藻类植物约有115种。多数生长在淡水或海水中，但在潮湿的土壤、岩石、树皮上，也有它们的分布。某些藻类适应力极强，有些海藻可在100米深的海底生活，有的在南北极的冰雪中以及85℃的温泉中也能生长。

看一看

藻类的开发与利用

我国利用藻类作为食品，有悠久的历史，食用的种类和方法之多，也是世界闻名的。我国云南景洪地区傣族同胞食用和出口缅甸等国的“岛”和“解”就是用淡水藻类中的水绵和刚毛藻加工制成的。由于单细胞藻类中含有丰富的营养物质，又有繁殖快，产量高的特点，大面积培养单细胞藻类作为人类食用或家畜的精饲料，也早已引起人们的重视，而且有的（如小球藻、栅藻）已在国内外推广利用。

PPT

第二节　常用藻类药用植物

微课

藻类植物根据形态构造、所含色素种类、贮藏物质类别以及生殖方式和生活史类型等不同，分为八个门，即蓝藻门、裸藻门、绿藻门、轮藻门、金藻门、甲藻门、红藻门、褐藻门。现将药用价值最大的门及其主要药用种类简介如下。

一、蓝藻门

植物体为单细胞、多细胞的丝状体或多细胞非丝状体，其细胞壁内的原生质体不分化成细胞质和细胞核，而分化为周质，体呈蓝绿色，故又名蓝绿藻，但也有些种类的细胞壁外层的胶质鞘中含红、紫、棕等非光合色素，使藻体呈现不同颜色。蓝藻细胞壁的主要成分是黏肽、果胶酸和黏多糖。蓝藻贮藏的营养物质主要是蓝藻淀粉、蛋白质等。

本门约150属，1500种以上，多数种类生于淡水中，在海水、土壤表层、岩石、树皮或温泉中都有存在。

【药用植物】

葛仙米 *Nostoc commune* Vauch.（图9－1）念珠藻科念珠藻属。藻体细胞圆球形，连成弯曲不分支的念珠状丝状体，外被胶质鞘，许多丝状体再集合成群，被总胶质鞘所包围。总胶质群体呈球状，状似木耳，故俗称地木耳，蓝绿色或橄榄绿色。多生于湿地或雨后的草地中，可供食用，藻体入药能清热收敛，益气明目。

图9－1　葛仙米

螺旋藻 *Spirulina platensis*（Nordst.）Geitl. 颤藻科螺旋藻

属。藻体丝状，螺旋状弯曲，单生或集群聚生。原产于北非，淡水和海水均可生长，我国现有人工养殖。藻体富含蛋白质、维生素等多种营养物质，制成保健食品，能防治营养不良症，增强免疫力。

二、绿藻门

植物有单细胞体、球状群体、多细胞丝状体和片状体等类型，部分单细胞和群体类型，能借鞭毛游动。细胞内有细胞核和叶绿体，叶绿体中含有叶绿素 a、叶绿素 b、类胡萝卜素和叶黄素等光合色素。绿藻细胞壁分两层，内层主要成分为纤维素，外层主要是果胶质，常黏液化。绿藻贮藏的营养物质主要有淀粉、蛋白质和油类。

绿藻门是藻类植物中种类最多的一个类群，约有 350 属 6000～8000 种，多数分布于淡水中，部分分布于海洋。

【药用植物】

蛋白核小球藻 *Chlorella pyrenoidosa* Chick.（图 9－2）小球藻科小球藻属。生于淡水中，单细胞绿藻，呈圆球形或椭圆形。细胞内有细胞核、一个杯状的载色体和一个蛋白核。孢子生殖。我国分布很广，有机质丰富的小河、池塘及潮湿的土壤上均有分布。藻体含丰富的蛋白质、维生素 C、维生素 B 和抗生素（小球藻素），医疗上可用作营养剂，防治贫血、肝炎等。

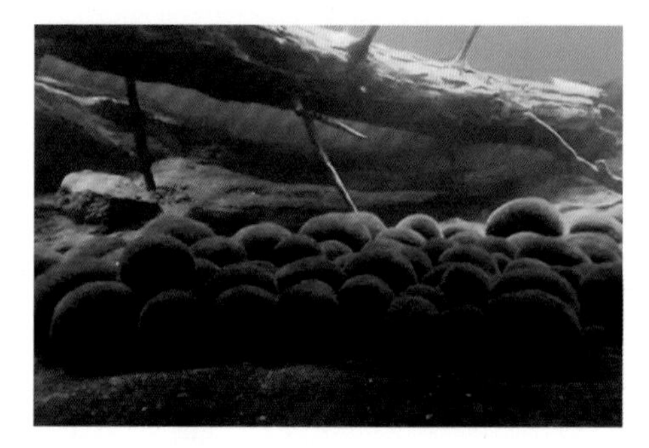

图 9－2　蛋白核小球藻

石莼 *Ulva lactuca* L. 石莼科石莼属。膜状绿藻，淡黄色藻体，高 10～40cm，膜状体基部有固着器。固着器是多年生的，每年春季长出新的藻体。石莼在我国各海湾均有分布，以南方较多。生于中、低潮带的岩石或石沼中。可供食用，俗称“海白菜”或“海青菜”，药用能软坚散结，清热利水。

三、红藻门

大多数是多细胞丝状、枝状或叶状体，少数为单细胞。藻体一般较小，少数种类可达 1cm 以上。载色体除含叶绿素 a、叶绿素 b、胡萝卜素和叶黄素外，还含藻红素和藻蓝素。因藻红素含量较多，故藻体多呈红色。细胞壁分两层，外层为果胶质层由红藻所特有的果胶类化合物（如琼胶、海藻胶等）组成；内层坚韧，由纤维素组成。贮藏的营养物质为红藻淀粉。

本门约 560 属近 4000 种。绝大多数分布于海洋中，且多数是固着生活，能在深水中生长。仅有少数种类生长在淡水中。

【药用植物】

琼枝 *Eucheuma gelatinae*（Esp.）J. Ag.（图 9－3）红翎菜科琼枝藻属。藻体平卧，表面紫红色或黄绿色，软骨质，具不规则叉状分枝，一面常有锥状突起。生于大干潮线附近的碎珊瑚上或石缝中。产于我国南部沿海。全藻含琼胶、多糖及黏液质。琼胶（琼脂）可作微生物培养基，也可食用，入药有缓泻和降血脂作用。同属多种植物的功用相似。

甘紫菜 *Porphyra tenera* Kjellm.（图 9－4）红毛菜科紫菜属。深紫色藻体，薄叶片状，广披针形，卵形或椭圆形。生于海湾中潮带岩石上，分布于渤海至东海，有大量栽培，主要供食用。叶状体能软坚散结，化痰利尿和降血脂。

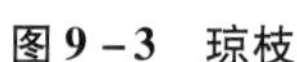

图9-3　琼枝

图9-4　甘紫菜

四、褐藻门

均为多细胞群体，呈丝、片或枝状，有些已具有表皮、皮层、髓部等组织的分化。载色体中含叶绿素、胡萝卜素和6种叶黄素，以墨角藻黄素含量最大，因此，藻体显褐色。贮藏营养物主要为褐藻淀粉、甘露醇、油类。

本门约250属，1500种，多生活于海水中。

【药用植物】

海带 *Laminaria japonica* Aresch.（图9-5）属海带科。植物体分为固着器、柄、带片三部分。固着器呈叉状分枝，固着在岩石或其他物体上；柄呈短粗圆柱形；柄上方为带片，呈叶状，革质，中部较厚，边缘皱波状，深橄榄绿色，干后呈黑色。带片和柄部连接处的细胞具有分裂能力，能产生新的细胞使带片不断延长。干燥叶状体药用（昆布），能消痰软坚散结，利水消肿。

昆布 *Ecklonia kurome* Okam.（图9-6）属翅藻科。藻体分为固着器、柄和带片三部分。带片扁平、深褐色，呈不规则羽状分裂，边缘有粗锯齿。同作昆布入药，功能与主治同海带。

图9-5　海带

图9-6　昆布

海蒿子 *Sargassum pallidum*（Turn.）C. Ag.（图9-7）属马尾藻科。植物体高30~60cm，褐色。固着器盘状，主干圆柱形，单生，两侧有羽状分枝，小枝上的藻“叶”形态有较大的差异。主要分布于我国黄海、渤海沿岸地区。干燥藻体（海藻）（习称大叶海藻），能消痰软坚散结，利水消肿。

图9－7　海蒿子

羊栖菜 *S. fusiforme*（Harv.）Setch.（图9－8）属马尾藻科。藻体固着器假须根状；主轴周围有短的分枝及叶状突起，叶状突起棒状；其腋部有球形或纺锤形气囊和圆柱形的生殖托。分布于辽宁至海南，长江口以南较多。干燥藻体（海藻）（习称小叶海藻），功能与主治同海蒿子。

图9－8　羊栖菜

药爱生命

藻类资源被人类广泛应用。其中褐藻胶——在医学上作代血浆、抗凝血剂、乳化剂；甘露醇糖——糖尿病病人的食糖代用品或细菌培养基。近年来通过从海藻中寻找抗肿瘤、抗病毒、降血压、抗菌类药物的研究发现，鼠尾藻中的水提物对S－180实验菌有抑瘤作用。另外，藻类植物营养非常丰富，尤其是螺旋藻属植物，对人体有明显营养和保健作用。

答案解析

一、单项选择题

1. 海带属于（　）

A. 藻类植物　　B. 菌类植物　　C. 蕨类植物
D. 被子植物　　E. 裸子植物

2. 大气中的氧气最重要的来源是（　）
A. 藻类的光合作用　　B. 苔藓类的光合作用　　C. 蕨类的光合作用
D. 森林的光合作用　　E. 植物的光合作用

3. 鱼缸长时间不换水，缸的内壁上会长出绿膜，水变成绿色，这是由下列哪种生物引起的（　）
A. 被子植物　　B. 蕨类植物　　C. 藻类植物
D. 苔藓植物　　E. 地衣植物

4. 无根、茎、叶的分化，无胚胎，又无叶绿素的植物是（　）
A. 藻类植物　　B. 菌类植物　　C. 苔藓植物
D. 蕨类植物　　E. 裸子植物

5. 下列对藻类植物的特征描述，错误的是（　）
A. 无根、茎、叶的分化　　B. 有光合作用色素　　C. 营养方式是异养
D. 能兼行有性和无性生殖　　E. 营养方式是自养

书网融合……

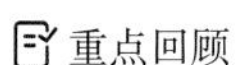
重点回顾

微课

习题

第十章　菌类植物

学习目标

知识目标：

1. **掌握**　常用药用菌类植物的形态特点、药用部位及功效。
2. **熟悉**　菌类植物的主要特征。
3. **了解**　菌类植物的分类。

技能目标：

学会识别常见真菌类药用植物如冬虫夏草、茯苓、猪苓、灵芝等。

素质目标：

培养学生探知微观世界奥秘以及发现和思考问题的能力。

导学情景

情景描述：相传成吉思汗在中原作战时，遇到阴雨数月，大部分将士染上了风湿病，眼看兵败丢城，十分着急。后来，有几个士兵偶然食茯苓而风湿病得以痊愈，消息传开，成吉思汗大喜，急派人到盛产茯苓的罗田县弄来一批茯苓，将士吃完后风湿病都好了，成吉思汗有幸赢得这场战争胜利。明清时，罗田茯苓以其优异的医疗保健效果，曾被钦定为朝廷贡品。

情景分析：茯苓，在《神农本草经》中被列为上品，“久服安魂养神，不饥延年”，即是一种常用中药在药房出售，也是一种走入平常百姓家的常见食物。

讨论：药用菌类植物的作用都有哪些？

学前导语：茯苓属菌类植物，菌核为常用入药部位，其能行气而和缓，利水而不伤正，故通补皆宜，古今方中用的很多，如著名方剂茯苓半夏汤、茯苓四逆汤、四苓散、茯苓甘草汤、茯苓补心汤等。此外，茯苓还可以煲汤、熬粥、做茶，是一种常用保健食品。

菌类植物是营异养的有机体，由于其细胞或其孢子具有细胞壁，故在两界生物分类系统中被列入植物界。菌类包括细菌门、黏菌门和真菌门。

PPT

第一节　菌类植物概述

一、菌类植物的特点

菌是微小的单细胞有机体，有明显细胞壁，没有细胞核，与蓝藻相似，均属于原核生物。绝大多数细菌不含叶绿素，营寄生或腐生生活。

黏菌属于真核生物，其在生长期或营养期为无细胞壁多核的原生质团，称为变形体。但在繁殖期产生具纤维素细胞壁的孢子。大多数黏菌为腐生菌，如肉灵芝又称太岁，是一种大型黏菌复合体。

真菌是一类典型的真核异养性植物，有细胞壁、细胞核，但不含叶绿素，也没有质体。异养方式有寄生（从活的动物、植物吸取养分）、腐生（从动物、植物尸体或无生命的有机物质吸取养料），也有以寄生为主兼腐生的。除少数种类是单细胞（如酵母）外，绝大多数真菌是由纤细管状的多细胞菌丝构成。组成一个菌体的全部菌丝称菌丝体。菌丝分无隔菌丝和有隔菌丝两种。无隔菌丝是一个长管形细胞，无隔膜，分枝或不分枝，大多数是多核的；有隔菌丝由许多隔膜把菌丝分隔成许多细胞，每个细胞内有 1 ~2 个核。真菌的细胞壁主要由纤维素和几丁质组成。真菌细胞壁成分可随其生长年龄和环境条件不同而变化，使菌体呈现褐色、黑色、红色、黄色或黄白色等多种颜色。真菌贮存的营养物质主要有肝糖、蛋白质、油脂以及微量的维生素，而不含淀粉。

真菌的菌丝在通常情况下，十分疏松，散布于基质中，但在繁殖期或环境条件不良时，菌丝相互紧密地交织在一起，形成各种形态的菌丝组织体。常见的有菌核、子实体和子座。

菌核：某些真菌贮有营养的一团紧密交织的菌丝体。

子实体：某些高等真菌在繁殖时期形成能产生孢子的菌丝体，叫子实体。

子座：容纳子实体的菌丝褥座称子座。

想一想

真菌的常见形态有哪些？

答案解析

二、真菌的繁殖方式

真菌的繁殖方式有营养繁殖、无性繁殖和有性繁殖三种。营养繁殖中多细胞真菌常见菌丝断裂繁殖，单细胞种类常见细胞分裂繁殖、芽生孢子繁殖；无性生殖能产生多种孢子，如游动孢子（水生真菌产生的具鞭毛能游动的孢子）、孢囊孢子（在孢子囊内形成的不动孢子）和分生孢子（由分生孢子囊梗顶端产生的孢子）；有性生殖的方式复杂多样，低等真菌有同配生殖、异配生殖、接合生殖、卵式生殖；高等真菌通过不同性细胞的结合（卵式生殖）产生各种类型的孢子，如子囊孢子、担孢子等。

三、真菌的分布与生境

真菌在自然界分布十分广泛，从大气到水中、陆地，甚至人体，几乎地球上所有地方均有真菌踪迹。已知可供药用真菌近 300 种，其中许多种类有增强免疫功能、抗癌、抗菌、抗消化道溃疡等作用。但也有一些真菌含有剧毒或致癌成分，如毒蘑菇和黄曲霉菌等。

第二节　常见药用真菌

微课

PPT

真菌是植物界较大的一个类群，我国约有 4 万种。真菌分为 5 个亚门，即子囊菌亚门、担子菌亚门、半知菌亚门、鞭毛菌亚门和接合菌亚门。与药用关系较密切是子囊菌亚门和担子菌亚门。

一、子囊菌亚门

子囊菌亚门是真菌门中种类最多的一个亚门，约 2000 属，1 万余种。其最主要特征是有性生殖过程中产生子囊和子囊孢子。

【药用植物】

冬虫夏草 *Cordyceps sinensis*（Brek.）Sacc. 麦角菌科虫草属。是一种寄生于蝙蝠蛾科昆虫幼体上的子囊菌。夏秋季子囊孢子从子囊中释放出来，断裂成许多小段即节孢子，然后萌发产生芽管，侵入幼虫体内。幼虫染菌后钻入土中越冬，菌丝从虫体吸收营养物质不断生长，而虫体则变成充满菌丝的僵虫，菌丝体也在虫体内变为菌核。翌年夏季，自幼虫头部长出棒状子座，伸出土表，故称之为“冬虫夏草”。子座顶端膨大，近表层生有一层子囊壳，壳内生有众多长形的子囊，每一子囊内生有2~8个子囊孢子，子囊孢子线形、有横隔，通常只有2个成熟，成熟后从子囊壳散射出去，继续侵染幼虫。主产于我国甘肃、青海、西藏、四川、云南等地。分布在海拔3500~5000m的高山草甸上。子座和幼虫尸体的干燥复合体（冬虫夏草）能补肾益肺，止血化痰（图10-1）。

图10-1　冬虫夏草

看一看

冬虫夏草真伪鉴别

冬虫夏草富含粗蛋白、虫草酸、虫草素等，是我国民间惯用的滋补佳品，亦为名贵中药材，如何鉴别其真伪呢？真品冬虫夏草由虫体与从虫头部长出的真菌子座相连而成。虫体似蚕，长3~5cm，直径0.3~0.8cm；表面深黄色至黄棕色，有环纹20~30个，近头部的环纹较细；头部红棕色；足8对，中部4对较明显；质脆，易折断，断面略平坦，淡黄白色。子座细长圆柱形，长4~7cm，直径约0.3cm；表面深棕色至棕褐色，有细纵皱纹，上部稍膨大；质柔韧，断面类白色。气微腥，味微苦。

现在市场上有众多的冬虫夏草仿冒品。如亚香棒虫草、蛹虫草、凉山虫草等虫草属植物；唇形科植物地蚕、草石蚕的块茎；还有用面粉、玉米粉、石膏粉等经模压制成的；另外，还发现掺伪加重的虫草（用泥掺和金属粉涂抹在虫草的子座和虫体上，或在虫体内插入金属以增加重量）。

子囊菌亚门中主要供药用的菌类还有啤酒酵母菌，属酵母菌科。常用作滋补剂和助消化剂，亦可用来提取核酸衍生物、辅酶A、细胞色素C和多种氨基酸等。

二、担子菌亚门

担子菌亚门是真菌中最高等的亚门，无单细胞种类，均为有隔菌丝形成的发达的菌丝体。

【药用植物】

茯苓 *Poria cocos*（Schw.）Wolf. 属多孔菌科茯苓属。菌核多为不规则的块状，近球形、椭圆形或不规则块状，大小不一；小者如拳，大者可达数千克；表面粗糙，灰棕色或黑褐色，呈瘤状皱缩；内部白色略带粉红色，由无数菌丝组成。子实体无柄，平伏于菌核表面，伞形，呈蜂窝状，通常附菌核外皮而生，幼时白色，成熟后变为淡棕色。全国大部分地区均有分布，现多栽培。寄生于赤松、马尾松、黄山松等的根上。干燥菌核入药（茯苓），能利水渗湿、益脾和胃、宁心安神；菌核的干燥外皮（茯苓皮）能利水消肿（图10-2）。

图 10－2　茯苓

练一练

茯苓的入药部位有（　）

A. 子座　　B. 子实体　　C. 菌丝　　D. 菌核

答案解析

猪苓 *Polyporus umbellatus*（*Pers*.）Fr. 多孔菌科树花属。菌核呈不规则瘤块状或球状，棕黑色至灰黑色，内面白色或淡黄色。子实体从菌核上长出，伸出地面，多数丛生，上部呈分枝状。菌盖肉质，圆形，白色至浅褐色，表面有细小鳞片，中部凹陷，无菌环。担孢子卵圆形主要产于陕西、河南、山西、云南、河北等地，常寄生于桦、柳及壳斗科树木的根际。干燥菌核（猪苓）能利尿渗湿。

赤芝 *Ganoderma lucidum*（*Leyss ex Fr.*）Karst. 多孔菌科灵芝属。外形呈伞状，为腐生真菌。子实体有柄，木栓质，由菌盖和菌柄组成。菌盖半圆形或肾形，具环状棱纹和辐射状皱纹。菌盖下面有无数小孔，管口呈白色或淡褐色，菌盖初生黄色后渐变成红褐色，外表有漆样光泽。菌柄生于菌盖的侧方。孢子卵形，褐色，内壁有无数小疣。我国许多省区有分布，生于栎树及其他阔叶树的腐木上。商品药材多系人工栽培。干燥子实体（灵芝）能补气安神、止咳平喘（图 10－3）。

图 10－3　赤芝

紫芝 *G. sinense* Zhao，Xu et Zhang 属多孔菌科灵芝属。菌盖及菌柄黑色，表面光泽如漆。孢子内壁有显著的小疣。分布于浙江、江西、福建、广东、广西等省区。药用部位和功能与主治同灵芝。

脱皮马勃 *Lasiosphaera fenzlii* Reich. 属灰包科马勃属。子实体近球形至长圆形，直径 15～30cm，幼时白色，成熟时渐变浅褐色，外包被薄，成熟时成碎片状剥落；内包被纸质，浅烟色，成熟后全部破碎消失，仅留一团孢体。其中孢丝长，有分枝，多数结合成紧密团块。孢子球形，外具小刺，褐色。

分布于西北、华北、华中、西南等地区。生于山地腐殖质丰富的草地上。大马勃 *Calvatia gigantea* (Batsch ex Pers.) Lloyd. 子实体近球形或长圆形，几乎无柄。由膜状外包被和较厚内包被所组成，初有绒毛，渐变光滑，成熟后成块状脱落，露出青褐色孢体。紫色马勃 *C. lilacina* (Mont. et Berk.) Lloyd. 子实体陀螺形，具长圆柱状不育柄，包被两层，薄而平滑，成熟后片状破裂，露出内部紫褐色的孢体。以上三种植物的干燥子实体（马勃），能清肺利咽、止血；外用可消炎止血。

菌类其他药用植物见表 10－1。

表 10－1　菌类其他药用植物

植物名	入药部位	药材名	功能
雷丸 *Polyporus mylittae* Cook. et Mass.	干燥菌核	雷丸	杀虫消积
彩绒革盖菌 *Coriolus versicolor* (L. ex Fr.) Quel.	干燥子实体	云芝	健脾利湿，清热解毒
银耳 *Tremella fuciformis* Berk.	干燥子实体	银耳	滋阴，养胃，润肺，生津，益气和血，补脑强心
木耳 *Auricularia auricula* (L. ex Hook.) Underw.	干燥子实体	木耳	补气益血，润肺止血
猴头菌 *Hericium erinaceus* (Bull.) Pers.	干燥子实体	猴头菌	利五脏，助消化，滋补，抗癌

药爱生命

香菇不仅是人们理想的美味佳肴，而且它的保健药用功能越来越受到人们重视。古代医药学家对香菇的性及功用曾有著述，《本草纲目》认为香菇“甘、平、无毒”，《医林纂要探源》认为香菇“甘、寒”“可托痘毒”。

现代医药学研究成果表明，香菇具有许多重要的医药保健功能。香菇含有多种有效药用组分，尤其是香菇多糖具有一定的抗肿瘤作用。香菇多糖对慢性粒细胞白血病、胃癌、鼻咽癌、直肠癌和乳腺癌等有抑制和防止术后微转移的效果，适用于病后肌体康复。与其他抗肿瘤药物相比，香菇多糖几乎无任何毒副作用，是已知最强免疫增强剂之一；香菇多糖还具有重要的免疫药理作用，可改善肌体代谢，增强免疫能力；香菇腺嘌呤及香菇多糖均可促进胆固醇代谢而降低其在血清中的含量；香菇含有丰富的维生素，而维生素具有增加冠状动脉血流量的作用，对高血压和心脑血管病具有良好预防和治疗功能；香菇含钙、铁量较高，并且含有麦角甾醇，因此现代中医认为香菇为补偿维生素 D 的药剂，可预防佝偻病，并治贫血；另外，香菇多糖及其衍生物对细菌、霉菌、病毒及艾滋病的感染均有治疗作用。

答案解析

单项选择题

1. 下列对菌类植物的特征描述，错误的是（　）

A. 无根、茎、叶的分化　B. 绝大多数含叶绿素　C. 营养方式是异养
D. 能进行有性和无性生殖　E. 有细胞壁、细胞核

2. 下列菌类中，不属于担子菌纲的是（　）

A. 灵芝　B. 木耳　C. 猴头
D. 冬虫夏草　E. 茯苓

3. 虫体外表呈深黄色，粗糙，背部有多数横皱纹，腹面有足 8 对，菌座自虫体头部生出，呈棒状，弯曲，上部略膨大。表面灰褐色或黑褐色为哪种菌类植物形态特征（　）

A. 茯苓　　B. 灵芝　　C. 马勃

D. 冬虫夏草　　E. 麦角菌

书网融合……

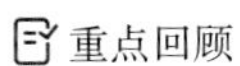

微课

习题

第十一章　地衣植物门

学习目标

知识目标：

1. **掌握**　地衣类代表药用植物。
2. **熟悉**　地衣植物的分类。
3. **了解**　地衣植物的繁殖方式。

技能目标：

能认识地衣类药用植物如松萝和长松萝等。

素质目标：

培养分析问题、解决问题以及归纳总结的能力。

导学情景

情景描述： 在冰川退缩之后，地衣是首先登陆岩石表面肉眼可见的生物。它们在岩石表面形成五彩斑斓的地衣世界，为什么会这样呢？因为藻菌共生以后会产生独特的、地衣特有的缩酚酸类化合物。这些化合物具有色素作用，能够抵御紫外线强辐射。

情景分析： 地衣是地球上较原始的植物，虽不起眼，却能在其他植物所不能生长的岩石、峭壁及冻土上生长，并成为其他植物生长的拓荒先锋。地衣共有400多种。它们长得很慢，经过10年艰苦生长的地衣，往往还小得令人难以察觉。

讨论： 地衣植物生长需要什么样条件？

学前导语： 在干旱和极端高温环境里，比如沙漠中心，同样也能看到一些地衣。这些地衣在沙漠表面形成结皮，就是我们俗称的“地衣地毯”。

第一节　地衣植物概述　微课

PPT

地衣植物是植物界特殊的类群，由真菌和藻类组合的共生复合体。地衣共生复合体的大部分由菌丝交织而成，中间疏松，表层紧密，真菌是其地衣体的主导部分；与其共生的藻类大多为绿藻，少数为蓝藻。藻类细胞可进行光合作用为植物体制造有机养分；菌类则吸收水分和无机盐，为藻类植物所进行的光合作用提供原料，并使植物体保持一定湿度。地衣的形态几乎完全由真菌决定。

看一看

地衣植物的特点

地衣是检测环境污染程度的指示性植物。全世界地衣植物分布很广泛，能耐寒和耐旱，非常坚强，能在岩石、沙漠或树皮上生长，在高山带、冻土带甚至南北极地衣也能生长繁殖，并形成地衣群落。地衣是喜光植物，不耐大气污染，大城市及工业区很少有地衣生长。地衣含有地衣淀粉、地衣酸及其他多种独特的化学成分，部分具有药用价值。

练一练

地衣是（　）

A. 菌类　　B. 藻类　　C. 藻菌复合体

D. 蕨类　　E. 苔藓类

答案解析

PPT

第二节　地衣的分类及常见药用植物

全世界约有地衣植物500余属26000余种。已知可作药用的地衣植物约56种。根据生长形态的不同，地衣可分为三大类，即壳状地衣、叶状地衣和枝状地衣。

1. 壳状地衣　植物体为多种多样颜色深浅的壳状物，菌丝与基质（岩石、树干等）紧密相连，有的生假根嵌入基质中，难剥离，占全部地衣总样量的80%，如茶渍衣、文字衣等（图11－1）。

2. 叶状地衣　植物体扁平或呈叶片状，有背腹性，四周有瓣状裂片，以假根或脐固着在基质上，易从基质上剥离，如石耳、梅衣（图11－2）。

图11－1　壳状地衣

图11－2　叶状地衣

3. 枝状地衣　植物体呈树枝状或丝状，直立或悬垂，仅基部附着在基质上，如直立地上的石蕊、松萝（图11－3）。

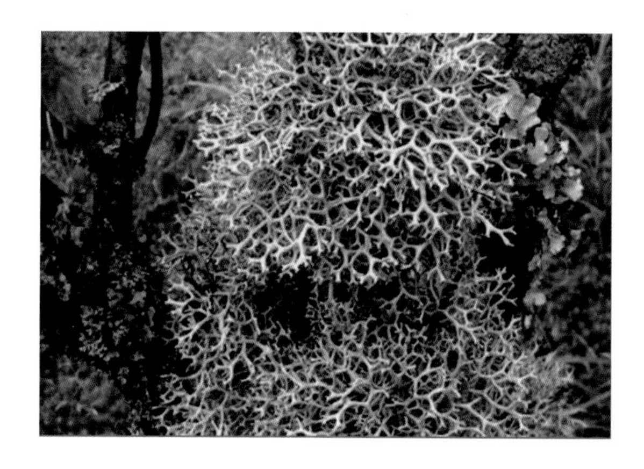

图11－3　枝状地衣

想一想

答案解析

三大类地衣植物的形态有何不同？并举例。

【药用植物】

松萝 *Usnea diffracta* Vain.（图 11－4）属松萝科。植物体丝状，长 15～30cm，灰黄绿色，具光泽。二叉状分枝，基部较粗，先端分枝较多。体表面有明显的环状裂沟，中央有韧性丝状的中轴，易于皮部剥离。菌层产生少数子囊果，内生 8 个椭圆形子囊孢子。分布遍及全国，悬生于深山老林树干上或沟谷岩壁上。含松萝酸、地衣酸及地衣多糖等。干燥地衣体（习称“节松萝”）入药，能清肝，化痰，止血，解毒。

图 11－4　松萝

长松萝 *U. longissima* Ach. 同属松萝科植物，全株细长不分枝，体长可达 1.2m，两侧密生细而短的侧枝，形似蜈蚣。分布全国大部分地区。干燥地衣体入药习称“蜈蚣松萝”，功能与主治同松萝。

此外还有石蕊 *Lichen Cladoniae* Rangiferinae. 属石蕊科。干燥全草入药，祛风镇痛，凉血止血。

药爱生命

药用地衣具有清热降火功效，有助于治疗烧伤、烫伤，对于疮疡肿毒患者具有很好治疗作用；还具有降脂明目功效，可以很好地分解脂肪。另对于目赤、夜盲、脱肛患者也具有很大治疗作用，并可以提高人体免疫能力。另外，地衣含有丰富的蛋白质、钙离子，可以补虚益气，这对于肝肾亏损患者具有很好治疗作用。

目标检测

答案解析

单项选择题

1. 地衣是（　）
   A. 菌类植物　　B. 藻类植物　　C. 藻菌复合体
   D. 蕨类植物　　E. 苔藓类植物
2. 松萝属于（　）
   A. 地衣植物　　B. 蕨类植物　　C. 苔藓植物
   D. 菌类植物　　E. 藻类植物
3. 下列不属于地衣的分类的是（　）
   A. 叶状地衣　　B. 网状地衣　　C. 壳状地衣
   D. 枝状地衣　　E. 以上都不是

4. 下列属于地衣类植物的是（　）

A. 灵芝　　B. 小球藻　　C. 茯苓

D. 石蕊　　E. 木耳

书网融合……

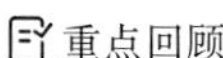

微课

习题

第十二章　苔藓植物门

PPT

学习目标

知识目标：

1. **掌握**　常用药用苔藓植物的主要特征、科名及入药部位。
2. **熟悉**　苔藓植物门的主要特征。
3. **了解**　苔藓植物门的分类概况。

技能目标：

认识常用的药用苔藓植物。

素质目标：

培养细致入微的观察能力。

导学情景

情景描述：苔藓植物种类多样，分布较广。泥炭藓类多生于我国北方的落叶松和冷杉林中，金发藓多生于红松和云杉林中，而塔藓多生于冷杉和落叶松的半沼泽林中。在我国南方，一些叶附生苔类，如细鳞苔科、扁萼苔科植物多生于热带雨林内。

情景分析：苔藓植物对自然条件较为敏感，在不同的生态条件下，常出现不同种类的苔藓植物。

讨论：苔藓植物是高等植物还是低等植物？为什么？

学前导语：苔藓植物的叶只有一层细胞，二氧化硫等有毒气体可以从背腹两面侵入叶细胞，使苔藓植物无法生存。苔藓植物可以作为某一个生活条件下综合性的指示植物。当某个地方环境很好、空气质量高时，石头缝中一般会出现苔藓。所以有苔藓出现的地方，多为环境好的地方。

一、苔藓植物的主要特征

苔藓植物是绿色自养性的陆生植物，也是结构最简单的高等植物。一般生长在潮湿和阴暗的环境中，它是从水生到陆生过渡形式的代表。

通常所看到的植物体（配子体）一般很小，苔类保持叶状体的形状，藓类开始有类似茎、叶的分化。苔藓植物没有真根，只有假根，没有维管束，叶多数是由一层细胞组成，既能进行光合作用，也能直接吸收水分和养料。

在苔藓植物的生活史中，由孢子萌发成为原丝体，再由原丝体发育成配子体，配子体产生雌雄配子，这一阶段为有性世代；而从受精卵发育成胚，由胚发育成孢子体的阶段称为无性世代。苔藓植物具有世代交替现象，有性生殖器官是多细胞构成的精子器和颈卵器。苔藓植物的受精需借助于水，精卵结合后形成合子，合子在颈卵器内发育为胚，胚发育为孢子体。孢子体由孢蒴、蒴柄和基足三部分组成，孢蒴内产生孢子，孢子成熟后散落在适宜的环境中萌发成原丝体，进一步发育成新的配子体。在苔藓植物的生活史中，从孢子萌发到形成配子体，配子体产生雌雄配子，这一阶段为有性世代，从受精卵（合子）发育成胚，由胚发育成孢子体的阶段为无性世代。有性世代和无性世代互相交替形成了世代交替。苔藓植物的配子体在生活史中占优势，且能独立生活，而孢子体不能独立生活，只能寄生在配子体上，这是苔藓植物与其他高等植物明显不同的特征之一（图 12－1）。

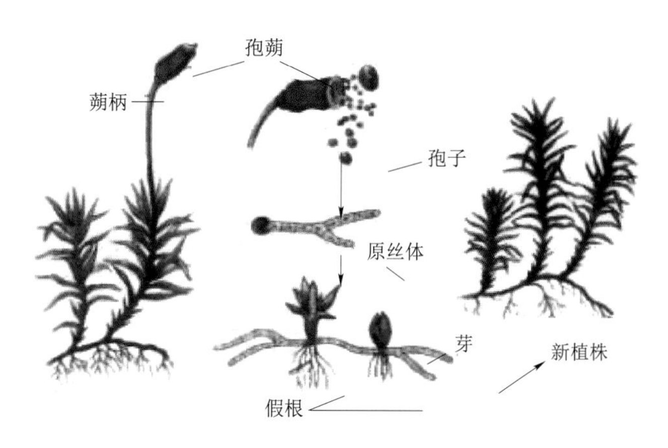

图 12－1　苔藓植物的无性繁殖

看一看

苔藓植物的特点

苔藓植物长不高是因为不能在体内形成维管束。苔藓植物是一群小型的高等植物，结构简单，只有茎叶两个部分，没有真正的根，不会形成维管束，不能长距离的运输养分、水分，所以是不能长高的。具体是通过茎叶从空气，雨水等外界环境中吸收水分养分生长的，因此多生于阴湿环境中，一般生长在石壁、树干和土面上。

二、苔藓植物的分类概述及药用植物 微课

苔藓植物在全世界约有 23000 种，我国约有 3100 种，药用的有 20 余科，50 余种。根据其营养体的形态结构，苔藓植物现包括三大类，即苔纲、角苔纲和藓纲。

【药用植物】

地钱 *Marchantia polymorpha* L.（图 12－2）属地钱科。植物体为绿色扁平二分叉的叶状体（即配子体），贴地生长，所以有背腹之分，在背面（上面）可见表皮上有许多菱形或六角形的网纹，网纹中央有一白点，即气孔。腹面（下面）具有紫色鳞片和假根。地钱有营养繁殖，在叶状体背面有杯状结构叫做胞芽杯，其内产生很多胞芽。胞芽脱落后就可在湿地上萌发，产生叶状体。地钱具有性生殖，雌雄异株，雄器托圆盘状，波状浅裂，上面生许多小孔，孔腔内生精子器，托柄较短；雌器托指状或片状深裂，下面生颈卵器，托柄较长；卵细胞受精后发育成孢子体。孢子体分孢蒴、蒴柄和基足三部分。分布于全国各地，生于阴湿土地和岩石上。干燥全草入药，能清热解毒，祛瘀生肌。

蛇苔 *Conocephalum conicum*（L.）Dumort. 属蛇苔科。干燥叶状体入药，能清热解毒，消肿止痛。

1 2 3 4

图 12－2 地钱

1. 地钱雌株 2. 地钱植株 3. 胞芽杯 4. 雄器托

想一想

答案解析

地钱与蛇苔的入药部位分别是什么。

【药用植物】

金发藓 *Polytrichum commune* Hedw.（图 12－3）属金发藓科。植物体高 10～30cm，常丛集成大片群落。幼时深绿色，老时呈黄棕色。有茎、叶分化，茎直立，单一，下部有多数假根。叶密生于茎中上部，向下渐稀稀而小，鳞片状，长披针形，边缘有齿，中肋突出，叶基鞘状。雌雄异株，颈卵器和精子器分别生于两种植物体（配子体）。孢子体生于雌株顶端，蒴柄长，棕红色；蒴帽被棕红色毛，复罩孢蒴，孢蒴四棱柱形，棕红色。分布于全国各地，生于山野阴湿土坡及森林沼泽。干燥全草入药称土马鬃，能清热解毒、凉血止血。

图 12-3　金发藓

练一练

金发藓入药部位是（　）

A. 地上部分　　B. 孢子体　　C. 全草入药

D. 子实体　　E. 茎叶体

答案解析

暖地大叶藓 *Rhodobryum giganteum* Paris. 属真藓科。茎直立，具横生根状茎。叶丛生茎顶，呈伞状，绿色。茎下部叶片小，鳞片状，紫红色，紧密贴茎；顶生叶大，簇生如花苞状，绿色。雌雄异株。蒴柄紫红色，孢蒴长筒形，下垂，褐色。孢子球形。分布于长江以南的各省山区，生于溪边岩石上或潮湿林地。全草入药称回心草，能清心明目，安神。

葫芦藓 *Funaria hygrometrica* Hedw. 属葫芦藓科。全草入药，能除湿止血。

药爱生命

苔藓植物应用于医药的历史较久，我国11世纪中期，《嘉祐本草》已记载大金发藓（土马鬃）能清热解毒。明代李时珍的《本草纲目》也记载了少数苔藓植物可以供药用。

苔藓植物四季常青，除药用外也可以作为观赏性植物用于园林设计，可以和其他木本、草本植物组成景观。苔藓植物有很好的保水性，如在运输、保存新鲜人参时，特别是野山参时，需用苔藓植物包裹以防止人参水分丢失。

目标检测

答案解析

一、单项选择题

1. 苔藓植物的孢子萌发成为（　）

A. 原丝体　　B. 孢子体　　C. 原叶体

D. 茎叶体　　E. 合子

2. 苔藓植物有配子体和孢子体两种植物，其中孢子体（　）于配子体上

A. 腐生　　B. 共生　　C. 寄生

D. 借生　　E. 单生

3. 地钱植物体为（　）

A. 雌雄异株　　B. 雌雄同株　　C. 无性植物

D. 子实体　　E. 茎叶体

4. 暖地大叶藓入药部位是（　）

A. 地上部分　　B. 孢子体　　C. 全草入药

D. 子实体　　E. 茎叶体

5. 葫芦藓（　）

A. 全草入药，除湿止血　　B. 全草入药，回阳救逆

C. 全草入药，有剧毒　　D. 全草入药，宣肺通窍

二、多项选择题

1. 苔藓植物的主要特征有（　）

A. 自养型植物　　B. 喜欢生活在潮湿地区　　C. 孢子体寄生在配子体上

D. 生活史中配子体占优势　E. 具有真正的根、茎、叶

2. 苔纲植物孢子体的组成部分包括（　）

A. 茎　　B. 叶　　C. 孢蒴

D. 蒴柄　　E. 基足

书网融合……

重点回顾

微课

习题

第十三章　蕨类植物门

PPT

学习目标

知识目标：

1. 掌握　常用蕨类药用植物的名称、科名及入药部位。

2. 熟悉　蕨类植物门的主要特征。

3. 了解　蕨类植物门的分类概况。

技能目标：

认识常用的药用蕨类植物。

素质目标：

培养学生认真观察、热爱自然，保护环境的能力。

导学情景

情景描述：蕨类植物根状茎多埋于地下或贴生近地面，又分为根状茎直立、根状茎斜生、根状茎横卧叶丛生、根状茎横卧叶簇生、根状茎横卧叶近生、根状茎横走叶远生等类型。

情景分析：蕨类植物的树状茎挺立于地上，如桫椤的树状茎和苏铁蕨的树状茎等；蕨类植物的鞭状茎是横走的根状茎，细长呈鞭状如肾蕨的鞭状茎，鞭状茎上生有块茎，如肾蕨的块茎，块茎能长出新的植株；蕨类植物的藤状茎是少数附生或攀附蕨类植物的形态特征，如网藤蕨的藤状茎。

讨论：蕨类植物是高等植物还是低等植物？为什么？

学前导语：植物界包括藻类、菌类、地衣、苔藓、蕨类和种子植物。蕨类、苔藓和种子植物已有胚胎构造，属于高等植物；蕨类和种子植物已有维管束构造，又属于维管植物；蕨类、苔藓、藻类、菌类和地衣植物靠孢子繁殖后代，还属于孢子植物。

一、蕨类植物的主要特征

蕨类植物是介于苔藓与种子植物之间的一类植物。从蕨类植物开始内部已出现了维管束，因而又把蕨类和种子植物称为维管植物。蕨类植物适于在林下、山野、溪旁、沼泽等较为潮湿的环境下生长。

蕨类植物常见的植物体（孢子体）发达，一般为多年生草本，有根、茎、叶的分化。

蕨类植物具有明显的世代交替。孢子成熟后从孢子囊中散落出来，在适宜的环境里萌发成一片细小的呈各种形状的绿色叶状体，称原叶体，这就是蕨类植物的配子体，具背腹性，能独立生活。当配子体成熟时在腹面产生颈卵器和精子器，分别生有卵和精子，精卵成熟后，精子借水为媒介进入颈卵器内与卵结合，受精卵发育成胚，由胚胎发育成孢子体。从受精卵萌发开始，到孢子母细胞进行减数分裂前为止，这一阶段称孢子体世代（无性世代），其染色体是二倍的（2n）；从孢子萌发到精子和卵结合前的阶段，称配子体世代（有性世代），其染色体是单倍的（n）。这两个世代有规律地交替完成其生活史。蕨类植物的生活史中孢子体和配子体都能独立生活，但孢子体世代占优势（图 13－1）。

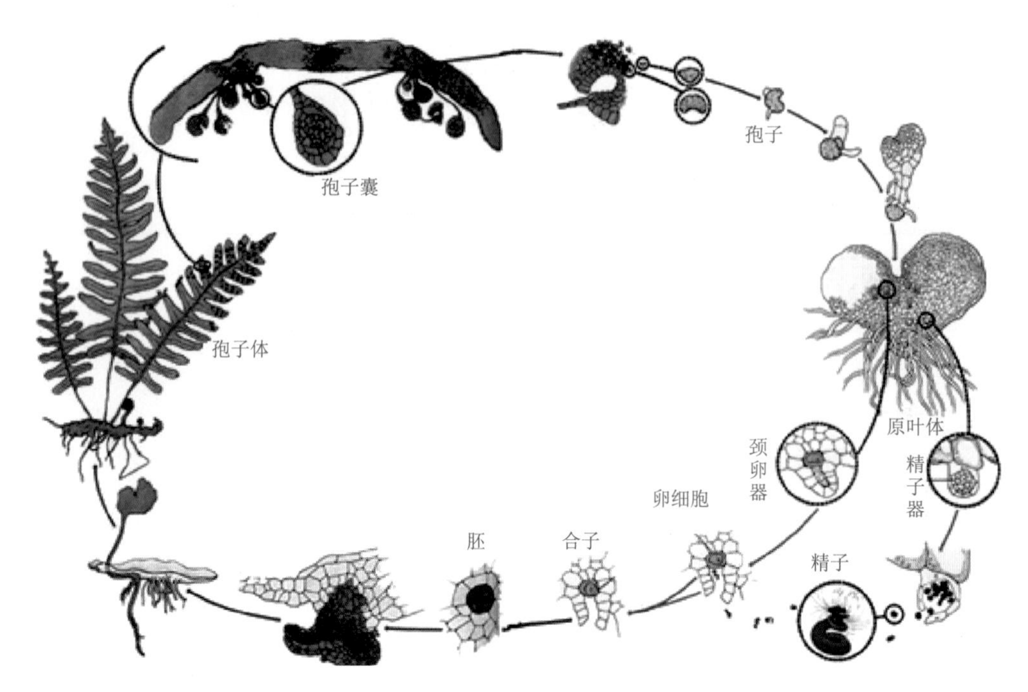

图 13-1 蕨类植物的生活史

二、蕨类植物的分类概述及药用植物

看一看

蕨类专家——秦仁昌

秦仁昌（1898—1986 年），字子农，江苏省武进县（今常州市）人，我国现代著名植物学家，中国蕨类植物学的奠基人，中国植物学的一位拓荒者，著名的蕨类学家、植物分类学家，中国科学院院士。他完成了一部中国蕨类（真蕨类）专著 *The Monograph of Chinese Ferns*。1954 年以秦仁昌命名的蕨类植物秦仁昌分类系统问世。

现存的蕨类植物约有 12000 种，广泛分布于世界各地，以热带、亚热带和温带为多。我国有 61 科，223 属，约 2600 种，主要分布在华南及西南地区。已知药用植物有 39 科，300 余种。蕨类植物分为松叶蕨亚门、石松亚门、楔叶亚门、水韭亚门、真蕨亚门 5 个亚门。其中药用植物较多的是石松亚门、楔叶亚门和真蕨亚门，现将这三个亚门中的主要科及其重要的药用植物介绍如下。

1. 石松科 Lycopodiaceae 属石松亚门。陆生或附生草本。主茎伸长呈匍匐状或攀援状，或短而直立，具原生中柱或星芒状中柱；侧枝二叉分枝或近合轴分枝，极少为单轴分枝状。叶为小型叶，钻形、线形至披针形，仅具中脉，螺旋状排列。孢子囊穗圆柱形，通常生于枝顶形成穗状囊穗或生于孢子叶腋。孢子叶的形状与大小不同于营养叶，膜质，一型，边缘有锯齿；孢子囊无柄，肾形，二瓣开裂。孢子球状四面形。

本科 9 属，约 60 种，广布于世界各地。我国有 6 属 14 种，已知 9 种入药。

【药用植物】

石松 *Lycopodium japonicum* Thunb.（图 13－2）多年生常绿草本，具匍匐茎和直立茎，二叉分枝。叶小，线状钻形。孢子枝生于直立茎的顶端。孢子叶穗长 2～5cm，单生或 2～6 个着生于孢子枝顶端。孢子囊肾形，孢子黄色，为三棱状锥形。分布于除东北、华北以外的全国各省区。生于林下、灌丛下、草坡、路边或岩石上。干燥全草（伸筋草），能祛风除湿，舒筋活络。

图 13－2　石松

2. 卷柏科 Selaginellaceae　多年生草本。常有根托，茎有背腹面之分，原生中柱或管状中柱。单叶鳞形，4 行排列，或钻形，螺旋状排列，有叶舌。孢子囊穗生于枝顶，孢子叶 4 行排列；孢子异型，即分为大孢子和小孢子；配子体分雌雄。

本科仅 1 属，700 余种，分布于全世界。我国约 60 种，已知 25 种入药。

【药用植物】

卷柏 *Selaginella tamariscina*（Beauv.）Spring.（图 13－3）主茎直立，常单一，下生多数须根，上部分枝多而丛生，莲座状，高 5～15cm，干旱时分枝向内卷缩成球状，遇雨复原。叶鳞片状，中叶（腹叶）先端具芒，基部平截（具簇毛），边缘撕裂状，并外卷；侧叶（背叶）斜展，长卵圆形。孢子叶穗紧密，四棱柱形，单生于小枝末端，孢子囊圆肾形，孢子二型。全国均有分布，生于向阳山坡或岩石上。干燥全草（卷柏），能活血通经。（卷柏炭）能化瘀止血。

图 13－3　卷柏

垫状卷柏 *Selaginella pulvinata*（Hook. et Grev.）Maxim. 形态似卷柏，但呈垫状；中叶不对称，边缘

有细齿，不外卷，不内卷。分布于全国各地。药用部位和功能同卷柏。

3. 木贼科 Equisetaceae 属楔叶亚门。陆生多年生草本。根状茎长而横走，黑色，分枝，有节，节上生根，披绒毛。地上茎直立，圆柱形，绿色，有节，节间多中空。叶片退化，轮生，呈鳞片状；孢子叶盾形，在小枝顶端集成孢子叶球；孢子同型，具弹丝4条。

本科2属，约25种，分布于热、温、寒三带各地。我国有2属，10余种，已知8种入药。

【药用植物】

木贼 *Equisetum hyemale* L.（图13-4）多年生草本。地上茎直立，单一不分枝，中空，有棱脊20~30条，棱脊上有2行疣状突起，极粗糙。叶鞘基部和鞘齿成黑色两圈。孢子叶穗生于茎顶，长圆形具小尖头，孢子同型。分布于东北、华北、西北、四川等省区。生于山坡湿地或疏林下。干燥地上部分（木贼），能疏散风热，明目退翳。

图13-4 木贼

4. 紫萁科 Osmundaceae 属真蕨亚门。陆生草本。根状茎直立或斜升，或有直立树状茎。叶柄基部膨大，两侧有狭长翅，无鳞片。一至二回羽状复叶，二型叶，或二型羽片，叶脉分离。孢子囊着生于强度收缩变形的能育叶或能育叶羽片边缘，其顶端具有几个增厚的细胞（盾状环带），能纵裂为两瓣，孢子为网球状，四面型。

本科3属，22余种，分布于温、热带。我国产1属，8种，已知6种入药。 微课1

【药用植物】

紫萁 *Osmunda japonica* Thunb.（图13-5）多年生草本。根状茎短块状，斜生，集有残存叶柄，无鳞片。叶丛生，二型，幼时密被绒毛，营养叶三角状阔卵形，顶部以下二回羽状，小羽片披针形至三角状披针形，叶脉叉状分离；孢子叶小羽片狭窄，蜷缩成线形，沿主脉两侧密生孢子囊，成熟后枯死。分布于秦岭以南温带及亚热带地区，生于林下或溪边酸性土上。干燥根茎和叶柄残基（紫萁贯众），能清热解毒，止血，杀虫。有小毒。

图 13－5　紫萁

5. 海金沙科 Lygodiaceae　属真蕨亚门。陆生藤状植物。根状茎长而横走，有毛，无鳞片，具原生中柱。叶轴无限生长，藤状缠绕攀援，沿叶轴有短枝，枝顶两侧生出一对羽片，羽片为一至二回二叉掌状或为一至二回羽状复叶，近二型，不育羽片生于叶轴下部，可育羽片生于叶轴上部，孢子囊生于能育羽片边缘的小脉顶端，两行并行组成孢子囊穗。孢子囊梨形，环带顶生。孢子四面型。

本科 1 属，约 45 种，分布于热带，亚热带及温带。我国 1 属，10 种，已知 5 种入药。  微课 2

【药用植物】

海金沙 *Lygodium japonicum*（Thunb.）Sw.（图 13－6）缠绕草质藤本。根状茎横走，羽片近二型，能育羽片卵状三角形，不育羽片三角形，二至三回羽状，小羽片 2～3 对。孢子囊穗生于能育羽片边缘的小脉顶端，排成流苏状，暗褐色，孢子表面有瘤状突起。分布于长江流域及南方各省区，多生于山坡林边、灌丛、草地。干燥成熟孢子（海金沙），能清利湿热，通淋止痛。涩痛。

图 13－6　海金沙

想一想

在中药中常用于清利湿热、利尿通淋的海金沙，其入药部位是什么？

答案解析

6. 蚌壳蕨科 Dicksoniaceae 属真蕨亚门。陆生，植物体小树状，主干粗大，直立或平卧，具复杂的网状中柱，密被金黄色长柔毛，无鳞片。叶片粗大，三至四回羽状，革质，叶柄长而粗。孢子囊群生于叶背边缘，囊群盖两瓣形如蚌壳，内凹，革质。孢子囊梨形，环带稍斜生。孢子四面型。

本科 5 属，40 种，分布于热带地区及南半球。我国产 1 属，1 种，已知 1 种入药。

【药用植物】

金毛狗脊 *Cibotium barometz*（L.）J. Sm.（图 13－7）植物树状，高 2～3m，根状茎粗壮，木质，密被金黄色长柔毛，形如金毛狗。叶大，具长柄，叶片三回羽状分裂，末回小羽片狭披针形，革质，孢子囊群生于下部小脉顶端，每裂片 1～5 对，囊群盖二瓣，形如蚌壳。分布于我国南部及西南部各省区，生于山脚沟边及林下阴湿处，喜酸性土壤。干燥根茎（狗脊），能祛风湿，补肝肾，强腰膝。

图 13－7 金毛狗脊

7. 凤尾蕨科 Pteridaceae 属真蕨亚门。陆生草本。根状茎直立、斜生、横卧或横走，被鳞片，网状中柱。叶簇生，叶一型或近二型，有柄，与茎之间无关节相连，一至二回羽状分裂，少有掌状分裂。孢子囊群线形，生于叶背边缘或缘内。囊群盖膜质，由变形的叶缘反卷而成，孢子囊有长柄。孢子四面型或两面型。

本科 10 属，300 余种，分布于全世界。我国有 3 属，100 种，已知 21 种入药。

【药用植物】

井栏边草 *Pteris multifida* Poir. in Lam. Encycl. Meth.（图 13－8）植株高 30～45cm。根状茎短而直立，先端被黑褐色鳞片。叶多数，密而簇生，明显二型；不育叶柄长 15～25cm；叶片卵状长圆形，一回羽状，羽片通常 3 对，下部 1～2 对通常分叉，有时近羽状，顶生三叉羽片及上部羽片的基部显著下延；能育叶有较长的柄，羽片 4～6 对，狭线形，仅不育部分具锯齿，余均全缘。主脉两面均隆起，孢子囊群线形，沿叶边连续分布。干燥全草入药，味淡，性凉，能清热利湿、解毒凉血、收敛止血、止痢。

图 13－8　井栏边草

8. 鳞毛蕨科 Dryopteridaceae　属真蕨亚门。陆生草本。根状茎直立、短而斜生或长而横走，具网状中柱，连同叶柄多被鳞片。叶柄基部横切有 4～7 个或更多维管束，叶轴上面有纵沟，叶片一至多回羽状或羽裂，孢子囊群圆形，背生或顶生于小脉上，囊群盖盾形或圆形，有时无盖。孢子两面型，表面有疣状突起或有翅。

本科约 14 属，1200 余种，主要分布于温带、亚热带地区。我国产 13 属 472 余种。分布全国各地。已知 60 种入药。

【药用植物】

粗茎鳞毛蕨 *Dryopteris crassirhizoma* Nakai（图 13－9）又名东北贯众，绵马鳞毛蕨。多年生草本。根茎直立，粗大，连同叶柄密生棕色大鳞片。叶簇生，二回羽裂，叶轴上被黄褐色鳞片。孢子囊群生于叶中部以上的羽片下面，每裂片 1～4 对；囊群盖肾圆形，棕色。分布于东北、华北，生于山地林下。干燥根茎和叶柄残基（绵马贯众），能清热解毒，止血，杀虫。有小毒。其炮制加工品（绵马贯众炭），能收涩止血。有小毒。

图 13－9　粗茎鳞毛蕨

9. 水龙骨科 Polypodiaceae 属真蕨亚门。附生或土生植物。根状茎横走至横卧，具网状中柱，被阔鳞片。叶一型或二型，叶柄基部具关节，单叶，全缘或羽状半裂至一回羽状分裂；全缘或多少深裂，或羽状分裂，叶脉网状。孢子囊群圆形或线形，或有时布满叶背，无囊群盖。孢子囊梨形或球状梨形。孢子两面型。

本科 40 余属，600 余种，分布于热带和亚热带。我国产 25 属，270 余种，已知 86 种入药。

【药用植物】

石韦 *Pyrrosia lingua*（Thunb.）Farwell.（图 13－10）多年生草本。高 10～30cm。根状茎细长，横走，密生褐色披针形鳞片。叶片长达 20cm，或更长，宽 1～1.5（～4）cm，平展，光滑无毛，叶柄短于叶片，侧脉明显。叶远生，革质；叶片披针形，背面密被灰棕色星状毛；叶柄基部有关节。孢子囊群无盖，紧密而整齐地排列于侧脉间，初为星状毛包被，成熟时露出。分布于长江以南各省区，附生于岩石或树干上。干燥叶（石韦），能利尿通淋，清肺止咳，凉血止血。

有柄石韦 *P. petiolosa*（Christ.）Ching.（图 13－11）多年生草本。根状茎横走。叶片通常长 3～6cm，具长柄；叶二型，不育叶长为能育叶的 2/3 至 1/2，叶脉不明显，孢子囊群成熟时布满叶背。分布于东北、华北、西南、长江中下游地区。

庐山石韦 *P. sheareri*（Bak.）Ching. 多年生草本。植株高大，高 30～60cm。根状茎粗短，横走，密被鳞片。叶片阔披针形，长 20～40cm，宽 3～5cm，革质，叶基不对称，背面密生黄色星状毛及孢子囊群。分布于长江以南。以上两种药用部位和功能同石韦。

图 13－10 石韦

图 13－11 有柄石韦

练一练

中药石韦来自于（　）

A. 海金沙科　　B. 卷柏科　　C. 鳞毛蕨科　　D. 水龙骨科　　E. 槲蕨科

答案解析

10. 槲蕨科 Drynariaceae　属真蕨亚门。附生草本。根状茎横走，肉质，粗壮；密被鳞片，鳞片通常大而狭长，基部盾状着生，边缘有睫毛状锯齿。叶常二型，叶片深羽裂或羽状；叶脉粗而明显，一至三回形成大小四方形的网眼。孢子囊群圆形，无盖。孢子囊梨形。孢子两面型。

本科 8 属，32 种，分布于亚热带、马来西亚、菲律宾至澳大利亚。我国 4 属，约 12 种，分布于长江以南，已知 7 种入药。

【药用植物】

槲蕨 *Drynaria fortunei*（Kunze.）J. Sm（图 13－12）多年生常绿附生草本。根状茎肉质，粗壮，长而横走，密被钻状披针形的鳞片。叶二型，营养叶厚，革质，枯黄色，卵圆形，边缘羽状浅裂，无柄，覆瓦状叠生在孢子叶柄的基部；孢子叶绿色，叶柄短，叶片长椭圆形，羽状深裂，基部裂片耳状，裂片 7～13 对，叶脉明显，细脉连成 4～5 行长方形网眼。孢子囊群圆形，生于叶背主脉两侧，各 2～3 行，无盖。分布于长江以南各省区及台湾省。附生于岩石上或树上。干燥根茎（骨碎补）能疗伤止痛，补肾强骨；外用消风祛斑。

图 13－12　槲蕨

药爱生命

蕨类植物在地球泥盆纪早期出现，当时地球气候温暖潮湿，适合蕨类植物生长。到了泥盆纪晚期至石炭纪，蕨类成为地球植被的主角，种类多，分布广，生长茂盛，此时期称为蕨类时代。地球到了二叠纪晚期，气候急剧变化，寒冷而干燥，蕨类因为不能适应气候环境的改变和大规模的地壳运动而淘汰。很多大型蕨类乔木经过地壳运动被深埋于地下，在地下压力和高温的作用下逐渐演变为煤。

目标检测

答案解析

单项选择题

1. 粗茎鳞毛蕨的干燥根茎和叶柄残基入药称为（　）
   A. 紫萁贯众　B. 骨碎补　C. 绵马贯众　D. 石松　E. 木贼
2. 下列蕨类植物中，入药称为伸筋草的是（　）
   A. 卷柏　B. 石松　C. 海金沙　D. 槲蕨　E. 紫萁
3. 具有真正的根茎叶的植物是（　）
   A. 藻类植物　B. 苔藓植物　C. 菌类植物　D. 蕨类植物　E. 地衣植物
4. 中药骨碎补来自于（　）
   A. 海金沙科　B. 卷柏科　C. 鳞毛蕨科　D. 槲蕨科　E. 水龙骨科
5. 以干燥成熟孢子入药的植物是（　）
   A. 石松　B. 卷柏　C. 海金沙　D. 石韦　E. 金毛狗脊

书网融合……

重点回顾

微课 1

微课 2

习题

第十四章　裸子植物门

PPT

学习目标

知识目标：

1. 掌握　常用药用裸子植物特征及入药部位。
2. 熟悉　裸子植物门的主要特征。
3. 了解　裸子植物门的分类概况。

技能目标：

认识常用的药用裸子植物。

素质目标：

培养学生细致入微的观察能力，辨析植物异同点的判断能力。

导学情景

情景描述：裸子植物出现在3亿年以前的泥盆纪晚期，用种子繁殖的生存优势明显。以后裸子植物发展并繁盛，持续到白垩纪晚期，是中生代植物界的统治者。

情景分析：随着地质气候的变迁，大多数裸子植物灭绝，少数幸存于新生代第三纪。银杏、银杉、水杉、水松等都是这个时期的刁遗植物。

讨论：哪些植物堪称植物界的“活化石”、中国的“国宝”，为什么这样称呼它？

学前导语：银杏最早出现于3.45亿年前的石炭纪，曾广泛分布于北半球的欧、亚、美洲，与动物界的恐龙一样称王称霸于世。至50万年前，发生了第四纪冰川运动，地球突然变冷，绝大多数银杏类植物濒于绝种，唯有我国自然条件优越，才奇迹般地保存下来。所以科学家称它为“活化石”“植物界的熊猫”。目前，国外的银杏都是直接或间接从我国传入的。我国是银杏的故乡，是世界银杏的分布中心。银杏叶形常被作为中国植物的标志图案。

一、裸子植物的主要特征

植物体（孢子体）发达，多为乔木、灌木，稀为亚灌木或藤本，大多数是常绿植物；茎内维管束环状排列，具形成层，能进行次生生长，但木质部仅有管胞，稀具导管，韧皮部有筛胞而无筛管及伴胞。叶为针形、条形、鳞片形，极少为扁平形的阔叶。

胚珠裸露，产生种子。雄蕊（小孢子叶）聚生成小孢子叶球（雄球花）；雌蕊的心皮（大孢子叶或珠鳞）呈叶状而不包卷形成子房，丛生或聚生成大孢子叶球（雌球花）；胚珠裸生于心皮的边缘上，经过传粉、受精后发育成种子，所以称裸子植物，这是与被子植物的主要区别点。

裸子植物的配子体非常退化，完全寄生在孢子体上。雄配子体为萌发后的花粉粒；雌配子体是由胚囊及胚乳部分组成，近珠孔端产生颈卵器，且颈卵器的结构比蕨类植物更为简化，甚至消失具多胚现象，大多数的裸子植物具有多胚现象。生活史中具有明显的世代交替现象；在世代交替中孢子体占优势。

二、裸子植物的分类概述及药用植物

裸子植物和被子植物均产生种子，故合称为种子植物。裸子植物广泛分布世界各地，特别是北半球亚热带高山地区及温带至寒带地区，常形成大面积的森林。我国是裸子植物种类最多、资源最丰富的国家，其中有许多种类是中国特产种或称第三纪孑遗植物，或称为“活化石”，如银杏、水杉、银杉等。

现代裸子植物分为5纲、9目、12科、71属，约800种。我国有5纲、8目、11科、41属，约240种。药用的有10科，25属，100余种。

1. 银杏科 Ginkgoaceae 落叶乔木。枝有顶生营养性长枝和侧生的生殖性短枝之分。单叶，扇形，具柄，长枝上的叶螺旋状散生，2裂，短枝上的叶簇生，常具缺刻。球花单性异株，生于短枝上。雄球花呈葇荑花序状，雄蕊多数，各具2药室；雌球花极为简化，有长柄，柄端生两个杯状心皮，裸生2个直立胚珠，常只1个发育。种子核果状；外种皮肉质，成熟时橙黄色，中种皮白色，骨质，内种皮棕红色，膜质；胚乳丰富，子叶2枚。

本科仅1属，1种，我国特产。

练一练

裸子植物中有“活化石”之称的植物是（ ）

A. 银杏　　B. 侧柏　　C. 草麻黄　　D. 马尾松　　E. 苏铁

答案解析

【药用植物】 微课

银杏 *Ginkgo biloba* L.（图14－1）形态特征与科相同。全国各地有栽培。干燥成熟种子（白果），能敛肺定喘，止带缩尿。有毒。用于痰多喘咳，带下白浊，遗尿尿频。干燥叶（银杏叶），能活血化瘀，通络止痛，敛肺平喘，化浊降脂。用于瘀血阻络，胸痹心痛，中风偏瘫，肺虚咳喘，高脂血症。

图14－1　银杏

1. 银杏植株　2. 银杏雌株　3. 银杏雄株　4. 银杏种子　5. 白果（去掉外种皮）

看一看

银杏之乡

中国有六处“银杏之乡”最具盛名，主要分布在江苏邳州市、山东郯城县、江苏泰兴市、湖北省安陆市、广东省南雄市、浙江省长兴县。其中邳州和郯城银杏面积最大。江苏省邳州市铁富镇姚庄村有一条特色乡村公路，因两边银杏相互交织自然形成了“隧道”奇观而被冠名为“时光隧道”。“时光隧道”全长3000余米，一年四季皆可观赏，特别是每年秋冬季，被誉为披了“金”的“时光隧道”。

2. 松科 Pinaceae 常绿乔木，稀落叶性。常有长短枝之分。叶针形或条形，在长枝上螺旋状排列，在短枝上簇生。雌雄同株；雄球花穗状，雄蕊多数，各具2药室；花粉粒外壁两侧突出成翼状的气囊；雌球花由多数螺旋状排列的珠鳞（心皮）组成，珠鳞在结果时称种鳞。每个珠鳞的腹面有2个胚珠，背面有1枚苞鳞，苞鳞与珠鳞分离。多数种鳞和种子聚成木质球果。种子通常具单翅。具胚乳。常有树脂道，含有树脂和挥发油

本科10属，230多种，广布于全世界。我国有10属，约113种，全国各地均有分布。已知药用的有8属，48种。

【药用植物】

马尾松 *Pinus massoniana* Lamb.（图14－2）常绿乔木。小枝轮生。叶在长枝上为鳞片状，在短枝上为针形，2针1束，细长而软，长12～20cm。雄球花生于新枝下部，淡红褐色；雌球花常2个生于新枝顶端。种鳞的鳞盾（种鳞顶端加厚膨大呈盾状的露出部分）菱形，鳞脐（鳞盾的中心凸出部分）微凹，无刺头。球果卵圆形或圆锥状卵形，成熟后栗褐色。种子长卵圆形，具单翅，子叶5～8枚。分布于我国淮河和汉水流域以南各地，西至四川、贵州、云南。

图14－2 马尾松

油松 *P. tabulaeformis* Carr.（图14－3）叶2针1束，粗硬。鳞盾肥厚突起，鳞脐有刺尖。为我国特有树种，分布于我国北部和西部。以上两种植物的干燥瘤状节或分枝节（油松节）能祛风除湿，通络止痛；马尾松、油松或同属数种植物干燥花粉（松花粉）能收敛止血，燥湿敛疮；松属植物树干中取得的油树脂，经蒸馏除去松节油后制得（松香）能燥湿祛风，生肌止痛。

图 14－3　油松

金钱松 *Pseudolarix amabilis*（Nelson）Rehd. 落叶乔木。有长短枝之分，叶片条形，在长枝上螺旋状散生；在短枝上常 15～30 枚簇生，辐射平展，秋后呈金黄色，状似铜钱。雌雄同株。种子具翅。分布于我国长江流域以南各省区。喜生于温暖、多雨、土层深厚、肥沃、排水良好的酸性土山区。干燥根皮或近根树皮（土荆皮），能杀虫，疗癣，止痒。有毒。用于疥癣瘙痒。

3. 柏科 Cupressaceae　常绿植物，乔木或灌木。叶交互对生或轮生，常为鳞片状或针状，或具异型叶。雌雄同株或异株，单生枝顶或叶腋；雄球花具 3～8 对交叉对生的雄蕊，每雄蕊具 2～6 花药，花粉无气囊；雌球花有数对交互对生的珠鳞，珠鳞与苞鳞合生，各具 1 至多数胚珠。珠鳞镊合状或覆瓦状排列。球果木质或近革质，有时浆果状。种子具胚乳，子叶 2 枚。常含有树脂、挥发油。

本科 22 属，约 150 种，分布于南北两半球。我国 8 属，29 种，全国各地均有分布。已知药用的有 6 属，20 种。

【药用植物】

侧柏 *Platycladus orientalis*（L.）Franco.（图 14－4）常绿乔木。小枝扁平，排成一平面，直展。叶全为鳞片状，交互对生，贴生于小枝上。球花单性同株。球果单生枝顶；种鳞 4 对，覆瓦状排列，熟时木质，开裂，中部种鳞各具 1～2 枚种子。种子卵形，无翅。分布几乎遍及全国。各地常有栽培，为我国特产树种。干燥枝梢和叶（侧柏叶），能凉血止血，化痰止咳，生发乌发。干燥成熟种仁（柏子仁），能养心安神，润肠通便，止汗。

图 14－4　侧柏

4. 红豆杉科（紫杉科）Taxaceae　常绿植物，乔木或灌木。叶条形或披针形，螺旋状排列或交叉对生，基部扭转成2列，下面沿中脉两侧各有1条气孔带。球花单性异株，稀同株；雄球花常单生或集成穗状花序，雄蕊多数，具3～9个花药，花粉粒无气囊；雌球花单生或成对，胚珠1枚，生于苞腋基部具盘状或漏斗状的珠托内。种子浆果状或核果状，包被于肉质的假种皮中。

本科5属，约23种，主要分布于北半球。我国有4属，12种。已知药用的有3属，10种。

【药用植物】

榧 *Torreya grandis* Fort.（图14－5）常绿乔木。树皮条状纵裂。小枝近对生或轮生。叶条形，螺旋状着生，扭曲成2列，坚硬革质，先端有刺状短尖，上面深绿色，无明显中脉，下面淡绿色，有2条粉白色的气孔带。雌雄异株；雄球花单生于叶腋，雄蕊多数，各有4个药室；雌球花成对生于叶腋。种子椭圆形或卵形，成熟时核果状，由珠托发育的假种皮所包被，淡紫红色，肉质。分布于江苏、浙江、安徽南部、福建西北部、江西及湖南等省，为我国特有树种，常见栽培。干燥成熟种子（榧子），能杀虫消积，润肺止咳，润燥通便。

图14－5　榧

红豆杉 *Taxus chinensis*（Pilger）Rehd.　乔木。树皮灰褐色、红褐色，条片状开裂；大枝开展，小枝不规则互生。叶螺旋状着生，基部扭转排成2列，微弯曲或直，下面有2条淡黄绿色的气孔带，中脉上密生均匀而微小的圆形角质乳头状凸起。种子卵圆形，成熟时淡黄绿色，着生于杯状肉质的假种皮中。分布于甘肃南部、陕西南部、四川、云南、贵州、湖北西部、湖南东南部、广西北部及安徽南部。生于海拔1000～1200m以上的山地。种子称血榧，能驱蛔虫，消食积。茎皮中含有紫杉醇有抗癌作用。

5. 麻黄科 Ephedraceae　小灌木或亚灌木。小枝对生或轮生，节明显，节间有细纵槽。茎的木质部有导管。叶小，鳞片状，基部鞘状，对生或轮生于节上。球花单性异株。雄球花由数对苞片组成，每苞中有雄花1朵，每花有2～8枚雄蕊，花丝合成1束；雄花外包有假花被；雌球花由多数苞片组成，仅顶端的1～3苞片内生有雌花，每一雌花生胚珠1枚，具一层珠被，珠被上部延长成珠被管，自假花被开口处伸出。种子浆果状，假花被发育成革质假种皮，包围种子，最外面为红色肉质苞片，多汁可食，俗称“麻黄果”。本科植物含有麻黄类生物碱。

本科1属，约40种，分布于亚洲、美洲、欧洲东南部及非洲北部等干燥荒漠地区。我国有12种，分布于东北、西北、西南等地区。已知药用12种，

【药用植物】

草麻黄 *Ephedra sinica* Stapf.（图14－6）草本状亚灌木，高30～40cm。木质茎短而横卧，常似根状茎；草质茎绿色，丛生，小枝对生或轮生，节明显，节间长2～6cm，直径约2cm。叶鳞片状，膜质，基部鞘状，下部合生，上部2裂，裂片锐三角形，常向外反曲。雄球花聚集成复穗状，生于枝顶，具

苞片4对；雌球花单生枝顶，有苞片4~5对，最上1对各有1枚雌花，珠被管直立，成熟时苞片增厚成肉质，红色，浆果状，内有种子2枚。分布于东北、内蒙古、河北、山西、陕西等省区。生于砂质干燥地带，常见于山坡、河床和干草原，有固沙作用。

图14-6 草麻黄

中麻黄 *E. intermedia* Schr. et Mey. 与上种主要区别为节间长3~6cm，叶裂片通常3片。种子常3枚。其麻碱含量较低前两种低，为我国分布最广的麻黄。分布于东北、华北、西北大部分地区。

木贼麻黄 *E. equisetina* Bge. 与上种主要区别为直立小灌木，高达1m以上，节间细而较短，长1~2.5cm。种子常1枚。其麻黄碱含量最高，分布于西北、华北各省。

上述三种植物的干燥草质茎（麻黄）入药，能发汗散寒，宣肺平喘，利水消肿。用于风寒感冒，胸闷喘咳，风水浮肿。其中草麻黄和中麻黄的干燥根和根茎（麻黄根）能固表止汗。用于自汗，盗汗。

想一想

发汗散寒，宣肺平喘，利水消肿是麻黄哪个部位入药的功能？三种麻黄其入药部位不同功效有何区别？

答案解析

6. 买麻藤科 Gnetaceae 常绿木质大藤本，稀为直立灌木或乔木。单叶对生，有叶柄，无托叶；叶片革质或半革质，平展具羽状叶脉，小脉极细密呈纤维状，极似双子叶植物。花单性，雌雄异株，稀同株；球花伸长成细长穗状，具多轮合生环状总苞（由多数轮生苞片愈合而成）；雄球花穗单生或数穗组成顶生及腋生聚伞花序，着生在小枝上，雄花具杯状肉质假花被，雄蕊通常2，稀1，伸出假花被之外；雌球花穗单生或数穗组成聚伞圆锥花序。种子核果状，包于红色或橘红色肉质假种皮中。

本科1属约30多种，产于亚洲、非洲、南美洲热带及亚热带地区，以亚洲大陆南部，经马来半岛至菲律宾群岛为分布中心。我国有1属9种，主产于华南及西南暖热地带。

【药用植物】

买麻藤 *Gnetum montanum* Markgr.（图14-7）大藤本，长10m以上。小枝光滑，稀具细纵皱纹。叶长圆形，稀长圆状披针形或椭圆形，长10~25cm，宽4~11cm，先端具短钝尖头，基部圆或宽楔形，侧脉8~13对；叶柄长8~15mm。雄球花穗有13~17轮环状总苞。种子长圆状卵圆形或长圆形，熟时黄褐色或红褐色，光滑，有时被银白色鳞斑。花期6~7月，种子8~10月成熟。

图 14－7　买麻藤

小叶买麻黄 *Gnetum parvifolium*（Warb.）C. Y Cheng ex Chun. 与买麻藤的区别为：叶较小，长 4～10cm；雄球花穗短小，总苞 5～10 轮；成熟种子窄长椭圆形，长 2cm 以下。以上两种植物干燥藤茎入药能祛风除湿，散瘀性血，化痰止咳。

药爱生命

"麻烦"之麻黄

麻黄和麻黄根是两种药材，其用法不同，功效亦不同。《本草纲目》云："麻黄发汗之气，驶不能御，而根节止汗，效如影响。物理之妙，不可测度如此。"

从前，有位年轻人向一位老人学习挖药、认药和治病的本领，才学会一点皮毛，就轻狂起来，甚至私吞卖药的钱。久而久之，师傅伤透了心，就让徒弟另立门户。但临行前仍不忘嘱咐徒弟："无叶草的根和茎用处不同，发汗用茎，止汗用根，一旦弄错，就会死人。"

离开师傅，徒弟自认医术高明，什么病都敢治。没过多久，就乱用"无叶草"治死了人。病人浑身出虚汗，确用"无叶草"的茎，被判三年大狱。

狱中三年，年轻人吸取教训，洗心革面。出狱后，找到师傅，痛改前非，潜心专研医道。从此以后，徒弟再用"无叶草"时就十分谨慎。因为此草给他闯过大祸，惹过麻烦，就起名叫作"麻烦草"，后来又因为这草的根是黄色的，才又改叫"麻黄"。

答案解析

一、单项选择题

1. 既属于颈卵器植物又属于种子植物的是（　）

A. 苔藓植物　　B. 蕨类植物　　C. 裸子植物

D. 被子植物　　E. 藻类植物

2. 裸子植物没有（　）

A. 胚珠　　B. 颈卵器　　C. 孢子叶

D. 雌蕊　　E. 心皮

3. 松的叶在短枝上的着生方式为（　）

A. 螺旋状的排列　B. 簇生　C. 轮生

D. 对生　E. 互生

4. 裸子植物的小孢子叶相当于（　）

A. 心皮　B. 雄蕊　C. 花药

D. 花粉囊　E. 花粉管

5. 裸子植物的大孢子叶丛成或聚生成大孢子叶球相对于（　）

A. 雌球花　B. 胚囊　C. 胎座

D. 心皮　E. 胚珠

6. 药材土荆皮的原植物为（　）

A. 马尾松　B. 金钱松　C. 红松

D. 云南松　E. 油松

7. 以花粉入药的植物是（　）

A. 马尾松　B. 侧柏　C. 银杏

D. 红豆杉　E. 三尖杉

8. 以枝叶入药的植物是（　）

A. 马尾松　B. 侧柏　C. 银杏

D. 苏铁　E. 红豆杉

9. 以草质茎入药的植物是（　）

A. 苏铁　B. 侧柏　C. 银杏

D. 红豆杉　E. 草麻黄

10. 金钱松的根皮或近根树皮入药称为（　）

A. 土荆皮　B. 侧柏　C. 草麻黄

D. 马尾松　E. 苏铁

11. 具有明显抗癌作用的紫杉醇来源于（　）

A. 松属植物　B. 银杏属植物　C. 三尖杉属植物

D. 红豆杉属植物　E. 麻黄属植物

二、多项选择题

1. 中国特产种，被称“活化石”的裸子植物有（　）

A. 银杏　B. 银杉　C. 金钱松

D. 雪松　E. 玫瑰

2. 属于落叶性的裸子植物有（　）

A. 银杏　B. 金钱松　C. 雪松

D. 侧柏　E. 东北红豆杉

3. 裸子植物属于（　）

A. 低等植物　B. 维管植物　C. 颈卵器植物

D. 孢子植物　E. 种子植物

4. 裸子植物体的共同特征有（　）

A. 多为木本　B. 木质部具管胞　C. 叶多针形、线形

D. 花单性　　　　　　E. 具多胚现象

书网融合……

重点回顾

微课

习题

第十五章　被子植物门

学习目标

知识目标：

1. 掌握　双子叶植物纲与单子叶植物纲的区别特征；重点科的主要特征；重点药用植物的主要特征。

2. 熟悉　被子植物门的主要特征。

3. 了解　被子植物的分类概况。

技能目标：

1. 能识别常用常见药用被子植物。
2. 能初步利用检索表来鉴定药用植物；学会制作蜡叶标本。

素质目标：

培养保护植物资源，热爱大自然的意识。

导学情景

情景描述： 某药材生产公司从药材市场上采购一批西红花，采购员发现其色泽与以往有差异，后经植物学专家鉴定，发现此批西红花掺杂大量红花，于是将该批西红花退回。

情景分析： 西红花与红花仅一字之差，它们颜色及性状相似，但价格却相差千倍。西红花与红花是来自两种完全不同科属的植物类药材，如在鉴定时不能够区分，会遭受巨大的经济损失。

讨论： 如何区分不同科属的植物呢？主要从哪些方面来加以区分呢？

学前导语： 本章我们将带领同学们学习被子植物的主要特征和分类。

被子植物是现今植物界中最进化、种类最多、分布最广和生长最茂盛的类群。已知全世界被子植物共有 25 万种，占植物界总数的一半以上。我国已知的被子植物约 2700 多属，3 万余种。根据国家中药资源普查，药用被子植物有 213 科，1957 属，10027 种（含种下分类等级），占我国药用植物总数的 90%，中药资源总数的 78.5%，可见药用种类非常丰富。

第一节　被子植物概述

一、被子植物的主要特征

被子植物能有如此众多的种类和极其广泛的适应性，与其结构复杂化、完善化是分不开的，特别是繁殖器官的结构和生理过程的特点，为其提供了适应各种环境的内在重要条件，使其在生存竞争和自然选择的矛盾中不断产生新的变异，产生新的物种。和裸子植物相比，被子植物的进化特征主要表现在以下几个方面。

（一）有真正的花

被子植物最显著的特征是具有真正的花。花被的出现既加强了保护作用，又增强传粉的效率，提供了实现异花传粉的条件。被子植物花的各部分位置相对固定，在数量、形态上却有着极其多样的变化，这些变化是进化过程中适应虫媒、鸟媒、风媒或水媒等传粉条件，被自然界选择而得到保留，并不断加强而形成的。

（二）胚珠包藏在子房内

胚珠由心皮所包裹，形成子房，最后发育成为果实，避免昆虫咬噬和水分丧失，因而有别于裸子植物。受精后的子房发育成为果实，果实具有不同的色、香、味；多种开裂方式或不开裂；果皮上常具有各种钩、刺、翅、毛等附属物，这些特征对于种子成熟，帮助种子散布起着重要保护作用，有利于物种的繁衍和进化。

（三）具有独特的双受精现象

被子植物在受精过程中，1 个精子与卵细胞结合，形成合子（受精卵）；另 1 个精子与 2 个极核结合，发育成三倍体的胚乳，此种胚乳不是单纯的雌配子体，而具有双亲的特性，使胚更富于生命力和更强的适应外界环境的能力，更利于种族的繁茂。

（四）孢子体高度发达和多样化

被子植物孢子体高度发达和进一步分化，在形态、结构和生活方式等方面更完善和多样化。被子植物具有多种多样习性和类型，如水生或陆生，自养或异养，木本或草本，直立或藤本，常绿或落叶，一年生、二年生及多年生等。在解剖构造上，被子植物木质部中有导管和木纤维等，韧皮部有筛管和韧皮纤维等，使得输导组织结构和生理功能更为完善，体内物质运输更为畅通，机械支持和适应能力大为加强。

（五）配子体进一步简化

雌、雄配子体极简化，寄生在孢子体上，无独立生活能力，结构比裸子植物更简化。雄配子体为 2 核或 3 核成熟花粉粒；雌配子体为成熟的胚囊，颈卵器退化为卵器，仅由 1 个卵细胞和 2 个助细胞组成。

二、被子植物的演化规律

植物的演化不能孤立地只根据某一条规律来判断一个植物进化是原始的，因为同一植物形态特征演化不是同步的，同一性状在不同植物进化意义也非绝对的，而应该综合分析。植物演变趋向是植物分类顺序的依据，通常所说的植物传统分类法或经典分类法，是以植物形态特征，尤其是“花”的形态特征为主要依据进行分类。被子植物系统演化有两大学派，其争论焦点在于被子植物“花”的来源上，意见分歧较大，即“假花学派”与“真花学派”两大学派。“假花学派”设想原始被子植物是具单性花，裸子植物中麻黄、买麻藤等单性花为主；“真花学派”设想被子植物花是原始裸子植物中苏铁等两性孢子叶球演化而来，其孢于叶球上的苞片演变为花被，小孢子叶演变为雄蕊，大孢子叶演变为雌蕊（心皮），再由孢子叶球轴演变为花轴。

看一看

被子植物与人类的关系

被子植物在覆盖陆地植物组成中起着主要作用，形成了作为自然环境景观的大部分植被，并且提供大多数陆生动物生存所需的环境。人类的大部分食物和营养来源于被子植物，有些是直接地通过农作物或园艺作物如谷类、豆类、薯类、瓜果和蔬菜等，有些间接地为牧场提供牲畜所需的饲料。被子植物还为建筑、造纸、纺织、塑料制品、油料、纤维、食糖、香料、虫蜡、医药、树脂、鞣酸、麻醉剂及饮料等提供多得不可计数的原材料。

第二节　被子植物分类和药用植物

按照植物亲缘关系对被子植物进行分类，建立一个分类系统，说明被子植物之间的演化关系，是植物分类学的重要任务。被子植物的分类系统不少，目前，应用最广泛的有恩格勒系统、哈钦松系统、塔赫他间系统和克朗奎斯特系统。恩格勒（A. Engler）系统将被子植物共分有 2 纲 62 目 344 科，其中双子叶植物 48 目 290 科，单子叶植物 14 目 54 科。哈钦松（J. Hutchinson）系统将被子植物共分有 111 目 411 科，其中双子叶植物 82 目 342 科，单子叶植物 29 目 69 科。

恩格勒系统在世界各国沿用历史已久，为许多植物学工作者所熟悉，在世界范围内使用广泛。我国的《中国植物志》基本按恩格勒系统排列，本教材也采用了恩格勒系统。

被子植物按照恩格勒系统，根据其特征将植物分为两个纲，即双子叶植物纲与单子叶植物纲。其主要区别（少数例外）见表 15 - 1。

表 15 - 1　双子叶植物纲和单子叶植物纲的主要区别特征

	双子叶植物纲	单子叶植物纲
根	直根系	须根系
茎	维管束呈环状排列，有形成层	维管束呈星散状排列，无形成层
叶	具网状脉序	具平行脉序
花	各部基数通常为 5 或 4 花粉粒具 3 个萌发孔	各部基数通常为 3 花粉粒具单个萌发孔
子叶	2 枚	1 枚

? 想一想15-1

双子叶植物纲与单子叶植物纲的主要区别点有哪些？请举例说明。

答案解析

一、双子叶植物纲

PPT

双子叶植物纲分为离瓣花亚纲（原始花被亚纲）和合瓣花亚纲（后生花被亚纲）。

（一）离瓣花亚纲

离瓣花亚纲（Choripetalae）又称原始花被亚纲（Archichlamydeae），多为无花被、单被花或重被花，花瓣（或花被）通常分离，胚珠具一层珠被。

1. 三白草科 Saururaceae　$⚥ * P_0 A_{3\sim8} \underline{G}_{3\sim4:1:2\sim4,(3\sim4:1:\infty)}$

多年生草本。根状茎直立或匍匐；单叶互生，具托叶，常与叶柄基部合生；花两性，无花被；穗状或总状花序，花序基部具白色总苞片；雄蕊 3 ~ 8 枚，花丝分离，花药 2 室，子房上位，3 ~ 4 心皮，离生或合生，为离生心皮时每心皮具 2 ~ 4 胚珠，为合生心皮时为 1 室的侧膜胎座，胚珠多数，花柱分离。蓇葖果、浆果或蒴果。

本科 5 属 7 种，分布于东亚和北美。我国约有 4 属 5 种，分布于我国东南至西南部，全部均可供药用。

【药用植物】

三白草 *Saururus chinensis* Baill.（图 15 - 1）多年生草本。根状茎白色，具节。叶互生，长卵形或长卵状披针形。总状花序顶生，雄蕊6，雌蕊由4枚心皮合生。蒴果，3～4瓣裂。分布于长江以南各省区，生于沟边湿地。含槲皮素、金丝桃苷等有效成分，干燥地上部分做三白草用，具有利尿消肿，清热解毒的功效。

蕺菜 *Houttuynia cordata* Thunb.（图15－2）多年生草本，植物体具有鱼腥味。根状茎白色。茎直立，常带紫红色。单叶互生，心形或宽卵形，叶片具腺点，上面绿色，背面常呈紫色，被短毛；托叶贴生于叶柄上。穗状花序，总苞片4，白色花瓣状；雄蕊3枚，雌蕊3心皮合生，花柱3，柱头侧生，侧膜胎座，胚珠多数。蒴果，种子多数。分布于我国西南部、中部、南部与东部各地。生于山坡潮湿林下、路旁或沟边。含挥发油、蕺菜碱与钾盐等成分，新鲜全草或干燥地上部分入药（鱼腥草），具有清热解毒，消痈排脓，利尿通淋的功效。

图15－1　三白草

1. 三白草植株　2. 三白草药材

图15－2　蕺菜

1. 蕺菜植株　2. 蕺菜药材

2. 胡椒科 Piperaceae　♂ $P_0A_{1\sim10}\underline{G}_{(2\sim5:1:1)}$；♂ $P_0A_{1\sim10}$；♀ $P_0\underline{G}_{(2\sim5:1:1)}$

灌木、藤本或肉质草本，常有香气或辛辣气。藤本者节常膨大。单叶互生，稀对生或轮生，掌状脉或羽状脉，全缘；托叶常与叶柄合生或无托叶。穗状或总状花序，基部常有总苞片；花极小，两性或单性异株，无花被；雄蕊1～10；心皮2～5，合生，子房上位，1室，直生胚珠1。浆果，球形或卵形。种子1枚，具丰富的外胚乳。本科9属，3100余种。

分布于热带和亚热带地区。我国4属，70余种；分布于东南至西南部。已知药用约25种。

【药用植物】

胡椒 *Piper nigrum* Linn.（图15－3）常绿藤本。节膨大，常有不定根。叶卵状椭圆形，基出脉5～7条；花单性，雌雄异株，有时杂性同株；穗状花序与叶对生，下垂；雄蕊2，子房1室，1胚珠。浆果球形。未成熟果实晒干后果皮皱缩、黑色，称“黑胡椒”；成熟果实红色，脱去果皮后呈白色，呈“白胡椒”。原产东南亚。我国海南、云南、广东、广西、台湾等地均有栽培。干燥近成熟或成熟果实作胡椒入药，能温中散寒、下气、消痰。

荜茇 *Piper longum* Linn.（图15－4）攀援藤本。根茎直立，多分枝。茎有粗纵棱和沟槽。叶纸质，互生，有密细腺点，下部叶卵圆形或几为肾形，向上渐次为卵形至卵状长圆形。花单性，雌雄异株，无花被，穗状花序，与叶对生。浆果。分布于云南、广西、广东和福建等地。生于疏荫杂木林中。干燥近成熟或成熟果穗作荜茇入药，能温中散寒、下气、止痛。

图 15－3　胡椒

1. 胡椒植株　2. 胡椒果实　3. 胡椒药材

图 15－4　荜茇

1. 荜茇植株　2. 荜茇果实　3. 荜茇药材

风藤 *Piper kadsura*（Choisy）Ohwi. 木质藤本；茎有纵棱，节上生根。叶片近革质，叶脉不甚显著，叶柄有时被毛；叶鞘仅限于基部具有。花单性，雌雄异株，穗状花序，与叶对生。浆果。分布于广东、福建、浙江、台湾等地。生于低海拔林中。干燥藤茎作海风藤入药，能祛风湿、通经络、理气、止痛。

本科常见药用植物见表 15－2。

表 15－2　胡椒科其他药用植物

植物名	入药部位	药材名	功能
石南藤 *Piper wallichii*（Miq.）Hand.	干燥带叶茎枝	南藤	祛风湿，强腰膝，补肾壮阳，止咳平喘
毛蒟 *Piper puberulum*（Benth.）Maxim.	干燥带叶茎枝	毛蒟	祛风散寒，行气活血，除湿止痛
假蒟 *Piper sarmentosum* Roxb.	干燥地上部分	假蒟	温中散寒，祛风利湿，消肿止痛
山蒟 *Piper hancei* Maxim.	干燥茎叶或根	山蒟	祛风除湿，活血消肿，行气止痛，化痰止咳

3. 桑科 Moraceae　$♂P_{4\sim6}A_{4\sim6}$；$♀P_{4\sim6}\underline{G}_{(2:1:1)}$

多为木本，稀草本，常具乳汁。叶多互生，稀对生，托叶早落。花小，常集成头状、穗状、葇荑花序或隐头花序，单性，雌雄同株或异株；单被花，花被片通常 4～6，雄蕊与花被片同数且对生；子房上位，2 心皮，合生，通常 1 室，每室有 1 胚珠。常为聚花果，由瘦果、坚果组成。本科 60 属 3000 余种，分布于热带与亚热带地区。

我国有 12 属 160 余种，主产于长江以南各省区。已知药用的有 15 属，约 80 种。

【药用植物】

桑 *Morus alba* Linn.（图 15－5）落叶乔木，具乳汁。单叶互生，卵形或宽卵形，有时分裂，托叶早落。花单性，雌雄异株，葇荑花序腋生；雄花花被片 4，雄蕊 4，与花被片对生，中间具退化雌蕊，雌蕊 2 心皮组成，子房上位，1 室 1 胚珠。瘦果包于肉质花被片中，形成聚花果，成熟紫黑色。分布全国各地。干燥根皮（桑白皮）能泻肺平喘，利水消肿。干燥嫩枝（桑枝）能祛风湿，利关节。干燥叶（桑叶）能疏散风热，清肺润燥，清肝明目。干燥果穗（桑椹）能滋阴补血，生津润燥。

图 15－5　桑

1. 桑植株　2. 桑果实　3. 桑白皮　4. 桑叶

大麻 *Cannabis sativa* Linn.（图 15－6）一年生高大草本。叶互生或下部对生，掌状全裂，裂片 3～9，披针形。花单性，雌雄异株；雄花集成圆锥花序，花被片 5，雄蕊 5；雌花丛生叶腋，每花有 1 苞片，卵形，花被片 1，小形，膜质；子房上位，花柱 2。瘦果扁卵形，为宿存苞片所包被，有细网纹。各地常有栽培。干燥成熟果实（火麻仁）能润肠通便。雌株的幼果含多种大麻酚类为毒品。

图 15－6　大麻

1. 大麻植株　2. 大麻花序　3. 大麻药材

薜荔 *Ficus pumila* Linn. 常绿攀缘灌木。具白色乳汁。叶二型：生隐头花序的枝上的叶较大近革质，背面网状脉凸起成蜂窝状；不生隐头花序的枝上的叶小且较薄。隐头花序单生叶腋，雄花序较小，雌花序较大；雄花序中生有雄花和瘿花，雄花有雄蕊2。分布于华东、华南和西南。生于丘陵地区。干燥茎、叶（薜荔）能祛风除湿，活血通络，解毒消肿。干燥隐头果（鬼馒头）能补肾固精，清热利湿，活血通经。

本科常见药用植物见表15－3。

表15－3　桑科其他药用植物

植物名	入药部位	药材名	功能
构树 *B. papyrifera*（L.）Vent.	干燥果实	楮实子	滋阴益肾，清肝明目，健脾利水。
小构树 *Broussonetia kazinoki* Sied. et Zucc.	干燥地上部分	小构树叶	清热解毒，消积化瘀。
啤酒花 *Humulus lupulus* Linn.	干燥未成熟的带花果穗	啤酒花	健胃消食、安神利尿。
无花果 *Ficus carica* Linn.	干燥果实	无花果	润肺止咳，清热润肠。
葎草 Humulus. *scandens*（Lour.）Merr.	干燥全草	葎草	清热解毒，利尿通淋。
柘树 *Cudrania tricuspidata*（Carr.）Bur.	除去栓皮的干燥树皮或根皮	柘木白皮	补肾固精，利湿解毒，止血，化瘀。
柘树 *Cudrania tricuspidata*（Carr.）Bur. 构棘 *Maclura cochinchinensis*（Loureiro）Corner.	干燥根	穿破石	止咳化痰，祛风利湿，散瘀止痛。
裂掌榕 *Ficus simplicissima* Lour.	干燥全草	五指毛桃	健脾补肺，行气利湿，舒筋活络。
红枫荷 *Artocarpus styracifolius* Pierre	干燥根	红枫荷	祛风化湿，活血通络。

4. 马兜铃科 Aristolochiaceae　⚥＊（或↑）$P_{(3)}A_{6\sim12}\overline{G}_{(4\sim6:4\sim6:\infty)}\overline{\underline{G}}_{(4\sim6:4\sim6:\infty)}$

多年生草本或藤本。单叶互生，叶基部常心形，全缘。花两性，辐射对称或两侧对称，花单被，常为花瓣状，多合生成管状，顶端3裂或向一方扩大，雄蕊6～12，花丝短，分离或与花柱合生；雌蕊心皮4～6，合生；子房下位或半下位，4～6室；胚珠多数。蒴果。

本科8属600余种，分布于热带与亚热带地区。我国4属70种左右，分布于全国。其中药用约65种，分布全国，以西南及东南较盛。

【药用植物】

北细辛 *Asarum heterotropoides* Fr. Schmidt var. *mandshuricum*（Maxim.）Kitag.（图15－7）又名辽细辛，多年生草本。根状茎横走，下部具多数须根，有浓烈香味。叶基生，常2片，叶片卵状心形或近肾形，全缘，上面脉上被短柔毛，下面被密毛，叶柄较长。花单生于叶腋，花梗在近花被管处弯曲，花被管壶形或半球形，紫棕色，先端3裂，裂片反卷；雄蕊12，着生于子房中下部，花丝与花药近等长；子房半下位，花柱6。蒴果浆果状，半球形。种子椭圆形，细小。分布东北三省。生于林下阴湿处。

同属华细辛 *A. sieboldii* Miq. 与北细辛区别主要为花被裂片直立或平展，不反折；叶端渐尖，背面仅脉上有毛。主要分布在安徽、山东、浙江、江西、河南、陕西、湖北、四川等地。汉城细辛 *A. sieboldii* Miq. *var. seoulense* Nakai 叶片背面有密生短毛，叶柄被疏毛。分布于辽宁东南部。生于林下及山沟湿地。以上三种植物的干燥根和根茎（细辛）能解表散寒，祛风止痛，通窍，温肺化饮。

马兜铃 *Aristolochia debilis* Sieb. et Zucc.（图15－8）多年生缠绕性草质藤本。叶互生，三角状狭卵形，基部心形。花单生叶腋，花被管弯曲呈喇叭状，暗紫色，基部膨大成球状，上部逐渐扩大成一偏斜的舌片；雄蕊6，贴生于花柱顶端，子房下位，6室。蒴果近球形，成熟时自基部向上开裂，细长果柄裂成6条。种子三角形，有宽翅。分布于黄河以南至广西。生于阴湿处及山坡灌丛。干燥根（青木香）能平肝止痛，行气消肿。干燥地上部分（天仙藤）能行气活血，利水消肿。根和茎用量过大易中毒而引起肾功能衰竭。干燥果实（马兜铃）能清肺降气，止咳平喘，清肠消痔。

图 15－7　北细辛

1. 北细辛植株　2. 北细辛药材

图 15－8　马兜铃

1. 马兜铃植株　2. 马兜铃果实　3. 马兜铃药材

同属北马兜铃 *A. contorta* Bunge. 与上种主要区别为花 3～10 朵簇生于叶腋，花被侧片顶端有线状尾尖，叶片宽卵状心形。分布于我国北方。生活环境、药用部位、功效均同马兜铃。

药爱生命

马兜铃酸安全性问题

马兜铃酸具有明显肾毒性，可造成肾小管功能受损，甚至存在引发肾癌的风险。关木通、广防己、青木香、天仙藤、马兜铃、细辛等中草药均含有马兜铃酸成分。2002 年，世界卫生组织（WHO）国际癌症研究机构将马兜铃酸列为一种潜在的致癌物质，2012 年将其列入 1 类致癌物质。

随着对马兜铃酸毒性认识的不断深入，我国药品监督管理部门对这些药物的限制也在不断加强。2008 年，国家食品药品监督管理总局（现国家药品监督管理局）制定《含毒性药材及其他安全性问题中药品种的处理原则》，要求加强对相关药物的研究和管理。目前，马兜铃酸含量高的关木通、广防己、青木香等药材已被禁用，含马兜铃、寻骨风、天仙藤和朱砂莲 4 个药材的中成药品种按处方药管理。

5. 蓼科 Polygonaceae　$⚥ * P_{3\sim6,(3\sim6)} A_{3\sim9} \underline{G}_{(2\sim4:1:1)}$

多年生草本。茎节膨大。具有膜质托叶鞘。单叶互生。花整齐，多两性，排列成穗状、圆锥状或头状花序。花单被，花被片分离或基部合生，常花瓣状，宿存；雄蕊常 6～9。子房上位，基生胎座，1 室 1 胚珠。瘦果具三棱，常包于宿存花被中，多有翅。

本科 30 属 800 多种，分布北温带。我国产 14 属 200 余种，全国各地均有分布。已知 8 属 120 多种入药。

【药用植物】 微课1

掌叶大黄 *Rheum palmatum* Linn.（图 15－9）多年生高大草本。基生叶有长柄，叶片掌状深裂；茎生叶较小，柄短；托叶鞘膜质、长筒状。圆锥花序大型顶生；花小；紫红色；花被片 6，2 轮；雄蕊 9；花柱 3。瘦果具 3 棱翅，暗紫色。根和根状茎粗壮，肉质，断面黄色。分布于甘肃、四川西部、陕西、青海和西藏等地。生于海拔 1500～4400 米的山地林缘半阴湿地区，多有栽培。干燥根和根茎（大黄）能泻下攻积，清热泻火，凉血解毒，逐瘀通经，利湿退黄。

同属植物唐古特大黄 *R. tanguticum* Maxim. ex Balf. 叶片深裂，裂片通常窄长，呈三角状披针形或窄线形。分布于青海、甘肃、四川西部和西藏等地。同属植物药用大黄 *R. officinale* Baill. 叶片浅裂，浅裂片呈大齿形或宽三角形。花较大，黄白色。分布于陕西、湖北、四川、云南等地。唐古特大黄和药用大黄的根和根状茎均为正品大黄，功效同掌叶大黄。

何首乌 *Polygonum multiflorum* Thunb.（图 15－10）多年生缠绕性草本。叶片卵状心形，有长柄，托叶鞘短筒状。大型圆锥花序，花小，白色；花被 5 裂，外侧 3 片，背部有翅。瘦果具三棱。块根长圆形或纺锤形，暗褐色，断面有异形维管束形成的“云锦花纹”。各地均有分布。生于荒坡、灌丛中阴湿处。干燥块根（何首乌）能解毒，消痈，截疟，润肠通便；其炮制加工品（制何首乌）能补肝肾，益精血，乌须发，强筋骨，化浊降脂。干燥藤茎（首乌藤）能养血安神，祛风通络。

图 15－9　掌叶大黄

1. 掌叶大黄植株　2. 大黄药材

图 15－10　何首乌

1. 何首乌植株　2. 何首乌花序　3. 何首乌药材

虎杖 *Polygonum cuspidatum* Sieb. et Zucc.（图 15－11）多年生粗壮草本。地上茎中空，散生紫红色斑点。叶片阔卵形，托叶鞘短筒状。花单性异株，圆锥花序；花被片 5，白色或绿白色，2 轮，外轮 3 片，果期增大，背部呈翅状。雄蕊 8，花柱 3。瘦果卵圆形，有三棱，包于宿存花被内。根状茎横生粗大，黄色或棕黄色。分布于河北、陕西、甘肃及长江流域及以南的各地。生于山谷、溪边。干燥根茎和根（虎杖）能利湿退黄，清热解毒，散瘀止痛，止咳化痰。

拳参 *Polygonum bistorta* Linn. 多年生草本。茎直立，不分枝，无毛。基生叶宽披针形或狭卵形，纸质，叶柄长；茎生叶披针形或线形，无柄。总状花序呈穗状，顶生，苞片卵形，花被5深裂，白色或淡红色，花被片椭圆形，雄蕊8，花柱3，柱头头状。瘦果。根状茎肥厚，直径1～3cm，弯曲，黑褐色。分布于东北、华北、华东、华中等地，干燥根茎（拳参）能清热解毒，消肿，止血。

图15－11　虎杖

1. 虎杖植株　2. 虎杖药材

金荞麦 *Fagopyrum dibotrys*（*D. Don*）Hara. 茎直立，具纵棱，无毛。叶三角形，全缘，托叶鞘筒状，膜质。伞房花序，顶生或腋生，苞片卵状披针形，花梗中部具关节，花被5深裂，白色，花被片长椭圆形，雄蕊8。瘦果。根状茎木质化，黑褐色。分布于中国陕西、华东、华中、华南及西南。生山谷湿地、山坡灌丛。干燥根茎（金荞麦）能清热解毒；活血消痈；祛风除湿。

萹蓄 *Polygonum aviculare* Linn. 一年生草本。茎平卧、上升或直立，具纵棱。叶椭圆形，狭椭圆形或披针形，全缘，叶柄短或近无柄，基部具关节，托叶鞘膜质。花单生或数朵簇生于叶腋，花被5深裂，雄蕊8，花柱3，柱头头状。瘦果卵形，密被由小点组成的细条纹。干燥地上部分（萹蓄）能利尿通淋，杀虫，止痒。广泛分布于北温带；在中国各地都有分布。

蓼蓝 *Polygonum tinctorium* Ait. 一年生草本。茎直立。叶卵形或宽椭圆形，全缘，托叶鞘膜质。总状花序呈穗状，顶生或腋生，苞片漏斗状，花被5深裂，淡红色，雄蕊6－8，花柱3。瘦果。干燥叶（蓼大青叶）能清热解毒，凉血消斑。

杠板归 *Polygonum perfoliatum* Linn. 一年生草本。茎攀援，多分枝，具纵棱，沿棱具稀疏的倒生皮刺。叶三角形，上面无毛，下面沿叶脉疏生皮刺；叶柄具倒生皮刺，盾状，托叶鞘叶状，草质。总状花序呈短穗状，顶生或腋生，花被5深裂，雄蕊8，花柱3，柱头头状。瘦果。干燥地上部分（杠板归）能清热解毒，利尿消肿。

本科其他药用植物见表15－4。

表15－4　蓼科其他药用植物

植物名	入药部位	药材名	功能
羊蹄 *Rumex japonicus* Houtt.	干燥根	羊蹄	清热解毒，止血，通便
牛耳大黄 *Rumen nepelensis* Spreng.	干燥根	牛耳大黄	清热解毒，凉血，止血，通便
红蓼 *Polygonum orientale* Linn.	干燥果实	水红花子	散血消癥，消积止痛

6. 苋科 Amaranthaceae　$⚥ * P_{3\sim5}A_{3\sim5}\underline{G}_{(2\sim3:1:1\sim\infty)}$

草本。叶对生或互生，无托叶。花小，整齐，两性，少单性，聚伞花序排成穗状、头状或圆锥状，单被，花被片3～5，每花下具有干膜质苞片1枚，小苞片2枚；雄蕊3～5与花被片同数而对生，花丝分离或基部合生成杯状；子房上位，由2～3心皮组成，1室，1胚珠，稀多胚珠；胞果，少浆果或坚果。

本科65属，约900种，分布很广。我国产13属39种，分布于全国各地。已知9属28种入药。

【药用植物】

牛膝 *Achyranthes bidentata* Blume. （图15－12）多年生草本。根长圆柱形，淡黄色。茎四棱形，节膨大。叶对生，椭圆形或椭圆状披针形，全缘，具柄。穗状花序顶生或腋生，花密，开放后花向下折而贴近于花序轴，苞片1枚，膜质，小苞片硬刺状；花被片5；雄蕊5，花丝下部合生，退化雄蕊先端圆形，有时齿状。胞果包于宿存萼内。全国各地均产，主要栽培于河南，习称怀牛膝。干燥根（牛膝）能逐瘀通经，补肝肾，强筋骨，利尿通淋，引血下行。

川牛膝 *Cyathula officinalis* Kuan. （图15－13）多年生草本。根圆柱形，近白色。茎多分枝，被糙毛。叶对生，叶片椭圆形或长椭圆形，两面被毛。花小，绿白色，密集成圆头状；苞腋有花数朵，两性花居中，花被5，雄蕊5，退化雄蕊先端齿裂，花丝基部合生成杯状；不育花居两侧，花被片多退化成钩状芒刺；子房1室，胚珠1。胞果长椭圆形。分布于四川、贵州及云南等省。生于林缘或山坡草丛中，多为栽培。干燥根（川牛膝）能逐瘀通经，通利关节，利尿通淋。

图15－12　牛膝

1. 牛膝植株　2. 牛膝药材

图15－13　川牛膝

1. 川牛膝植株　2. 川牛膝药材

本科其他药用植物见表15－5。

表15－5　苋科其他药用植物

植物名	入药部位	药材名	功能
青葙 *Celosia argentea* Linn.	干燥成熟种子	青葙子	清肝泻火，明目退翳
鸡冠花 *Celosia cristata* Linn.	干燥花序	鸡冠花	收敛止血，止带
土牛膝 *Achyranthes aspera* Linn.	干燥根	土牛膝	清热解毒，利尿
柳叶牛膝 *Achyranthes longifolia*（Makino） Makino.	干燥根	红牛膝	活血通经，解毒

7. 石竹科 Caryophyllaceae　⚥ $* K_{4\sim5,(4\sim5)} C_{4\sim5,0} A_{8\sim10} \underline{G}_{(2\sim5:1:1\sim\infty)}$

多年生草本。茎节膨大。单叶对生，全缘，常于基部连合。聚伞花序或单生，花两性，辐射对称；萼片5，有时为4，分离或连合；花瓣4～5，常具爪，稀缺；雄蕊8～10，2轮排列；子房上位，雌蕊由2～5，1室，特立中央胎座，胚珠多数，稀少数。蒴果，齿裂或瓣裂，稀浆果。

本科88属2000余种，广布于世界各地，我国产32属400余种，全国各地均产。已知21属106种入药。

【药用植物】

瞿麦 *Dianthus superbus* Linn.（图15－14）多年生草本。茎下部多分枝，直立，无毛。叶互生，线形或线状披针形，全缘，基部多少连合成鞘状。花单生或聚合成圆锥花序；小苞片4～6，宽卵形；花萼筒状，先端5裂，有细毛；花瓣5，淡红色、白色或淡紫红色，先端深裂成细线形，基部有须毛；雄蕊10枚；子房上位，花柱2，特立中央胎座，1室，多胚珠。蒴果圆筒状，先端齿裂，包在宿存的萼内。全国大部分地区均有分布。生于山坡、草丛中或岩石缝中。干燥地上部分（瞿麦）能利水通淋，活血通经。

同属石竹 *D. chinensis* Linn.（图15－15）苞片卵形，叶状，开张，长为萼筒的1/2，先端尾状渐尖；裂片宽披针形；花瓣通常紫红色，先端浅裂成锯齿状。全国大部分地区均有分布，也有栽培。生于山地、荒坡、路旁草丛中。干燥地上部分作瞿麦用。

图15－14 瞿麦

1. 瞿麦植株 2. 瞿麦药材

图15－15 石竹

1. 石竹植株 2. 石竹药材

孩儿参 *Pseudostellaria heterophylla*（Miq.）Pax. 多年生草本。叶对生，下部叶匙形，上部叶长卵形或菱状卵形，茎顶端两对叶片较大，排成十字形。花二型：茎下部腋生小形闭锁花（即闭花受精花），萼片4，紫色，闭合，无花瓣，雄蕊2；茎上端的普通花较大1～3朵，腋生，萼片5，花瓣5，白色，雄蕊10，花柱3。蒴果近球形。块根纺锤形，淡黄色。分布长江流域和西南等地区。生于山坡林下阴湿处。多栽培于贵州、福建等地。干燥块根（太子参）能益气健脾，生津润肺。

本科其他药用植物见表15－6。

表15－6 石竹科其他药用植物

植物名	入药部位	药材名	功能
麦蓝菜 *Vaccaria segetalis*（Neck.）Garcke.	干燥种子	王不留行	活血通经，下乳消肿，利尿通淋
银柴胡 *Stellaria dichotoma* L. var. *lanceolata* Bge.	干燥根	银柴胡	清热凉血
金铁锁 *Psamrnosilene tunicoides* W. C. Wu et C. Y. Wu.	干燥根	金铁锁	祛风活血，散瘀止痛

练一练15-1

答案解析

下列植物属于石竹科的是（ ）

1. 药用大黄　　B. 何首乌　　C. 马兜铃　　D. 瞿麦

8. 睡莲科 Nymphaeaceae ⚥ $* K_{3\sim\infty} C_{3\sim\infty} A_{\infty} \underline{G}_{3\sim\infty,(3\sim\infty)} \overline{G}_{3\sim\infty,(3\sim\infty)}$

水生或沼生草本。根状茎横走，粗大。叶常两型：出水叶心形至盾状圆形；沉水叶细弱，有时细裂。花单生，两性，辐射对称；萼片3至多数；花瓣3至多数；雄蕊多数；雌蕊由3至多数离生或合生心皮组成，子房上位至下位，胚珠多数。坚果埋于膨大的海绵质花托内或为浆果状。

本科有8属，100余种；广布于全球各地。我国有5属，13种；全国广布。已知药用5属，8种。

【药用植物】

莲 *Nelumbo nucifera* Gaertn.（图15－16）多年生水生草本，根状茎粗壮。叶圆形，盾状着生，具长柄，具刺。花单生；萼片5；花瓣多数为红色，粉红色或白色；雄蕊多数；多心皮，离生。坚果椭圆形或卵形。我国南北各省均有栽培；生于湖塘池沼中。干燥根茎节部（藕节）入药，能收敛止血、化瘀；干燥叶（荷叶），能清暑化湿、升发清阳、凉血止血；干燥花托（莲房），能化瘀止血；干燥雄蕊（莲须），能固肾涩精；干燥成熟种子（莲子），能补脾止泻、益肾安神；成熟种子中的干燥幼叶及胚根（莲子心），能清心安神、涩精止血。此外，根茎（莲藕）可作蔬菜食用或提取淀粉（藕粉）。

芡实 *Euryale ferox* Salisb.（图15－17）一年生水生草本。沉水叶箭形或椭圆肾形，浮水叶革质，椭圆肾形至圆形，全缘，叶柄及花梗粗，皆有硬刺。花瓣矩圆披针形或披针形，呈数轮排列，向内渐变成雄蕊；无花柱，柱头红色，成凹入的柱头盘。萼片披针形。浆果球形，外面密生硬刺。种子球形，黑色。分布于我国南北各地，生于湖塘池沼中。干燥成熟种仁（芡实），能益肾固精、补脾止泻、除湿止带。

图15－16　莲

1. 莲植株　2. 莲须　3. 莲子心　4. 莲子

图15－17　芡

1. 芡植株　2. 芡实

9. 毛茛科 Ranunculaceae　⚥ *（或↑）$K_{3\sim\infty}C_{3\sim\infty,0}A_{\infty}\underline{G}_{1\sim\infty:1:1\sim\infty}$

多为草本，少灌木或木质藤本。叶为单叶或复叶，通常掌状分裂，无托叶，互生或基生，少数对生。花常两性，单生或组成聚伞状、总状或圆锥状花序。雌雄同株或雌雄异株。萼片常呈花瓣状，有颜色。花瓣3至多数或缺。雄蕊多数，离生心皮雌蕊，螺旋状排列于凸起的花托上。子房上位，1室，胚珠1至多数。聚合蓇葖果或聚合瘦果，少蒴果或浆果。

大约60属和2500种；分布于全世界，但是多数在北温带地区，特别是在亚洲东部；在中国的38属和921种，全国广布，主要分布于西南部山地。

PPT

【药用植物】

乌头 *Aconitum carmichaeli* Debx.（图15－18、图15－19）多年生草本。块根倒圆锥形，母根似乌鸦头，周围常有数个附子。叶互生，通常3全裂。顶生总状花序；萼片5枚，蓝紫色，上萼片高盔形，侧萼片和下萼片成对存在，长椭圆形；花瓣2，具长爪；雄蕊多数；心皮3～5。聚合蓇葖果。分布于长江中、下游各地区，北到秦岭与山东东部地区，南到广西境内。生于山地、林缘草丛中。各地有大量栽培，栽培后干燥母根（川乌）。根辛，热，有毒，能祛风除湿，温经止痛。子根的加工品（附子）能回阳救逆，补火助阳，散寒止痛。

图15－18　乌头

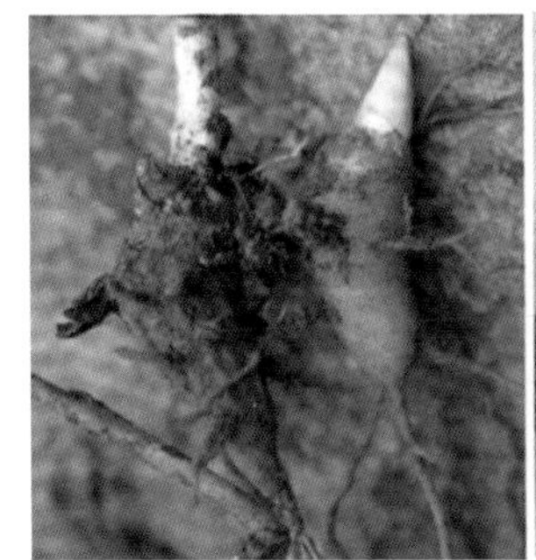

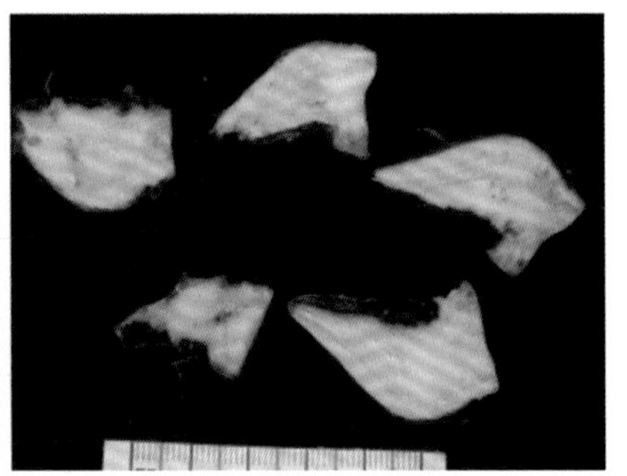

图15－19　乌头和附子

北乌头 *Aconitum kusnezoffii* Reichb. 其形态与乌头相近，但叶裂片细，茎、花序轴和花梗均无毛，种子扁椭圆球形，沿棱具狭翅，只在一面生横膜翅。在我国分布于山西、河北、内蒙古、辽宁、吉林和黑龙江。生海拔200～450米山坡或草甸上。干燥块根（草乌）辛、苦，热，有大毒。能祛风除湿，温经止痛。干燥叶（草乌叶）辛、涩，平；有小毒。能清热，解毒，止痛。

黄连 *Coptis chinensis* Franch.（图15－20）多年生草本。根茎黄色，常分枝成簇。叶片卵状三角形，3全裂，各裂片羽状深裂，边缘具锐锯齿。聚伞花序有花3～8朵，花小，黄绿色，萼片5，狭卵形，花瓣线形；雄蕊多数；心皮8～12，离生。蓇葖果具柄。主产于四川，云南、湖北及陕西等省亦有分布。生于海拔 500～2000 米高山林下阴湿处，多栽培。干燥根茎（黄连，习称“味连”）能清热燥湿，泻火解毒。

同属三角叶黄连 *C. deltoidea* C. Y. Cheng et Hsiao 习称雅连，根茎不分枝或少分枝，具匍匐茎，叶 3 全裂，中裂片卵状三角形。羽状裂片彼此邻近。特产四川峨眉山、洪雅一带。生于山地林下，常见栽培。干燥根茎（黄连，习称“雅连”），功能同黄连。云连 *C. teeta* Wall. 根茎分枝少而细，叶 3 全裂，中裂片长卵状菱形，羽状深裂片彼此疏生。分布于云南西北部及西藏东南部。生于高山寒湿的林荫下，野生或有时栽培。干燥根茎（黄连，习称“云连”），功能与主治同黄连。

图 15－20　黄连

芍药 *Paeonia lactiflora* Pall.（图 15－21）多年生草本。根粗壮，圆柱形。二回三出复叶，小叶狭卵形，叶缘具骨质细齿。花顶生或腋生；苞片 4～5 枚，萼片 4，花瓣 9～13 枚，白色、粉红色或红色，雄蕊多数，4～5 个离生雌蕊。聚合蓇葖果，顶端具喙。分布我国北方各地；生于山坡草丛；各地有栽培。去栓皮的干燥根（白芍）苦、酸，微寒，能养血调经，敛阴止汗，柔肝止痛，平抑肝阳；不刮去栓皮煮熟的干燥根（赤芍）能清热凉血、散瘀止痛。

图 15－21　芍药

同属川赤芍 *P. veitchii* Lynch. 小叶成羽状分裂，裂片窄披针形或披针形；心皮密被黄色绒毛。分布于西藏东部、四川西部、青海东部、甘肃及陕西南部。生于山坡疏林中。入药部位和功能同芍药根（赤芍）。

牡丹 *Paeonia suffruticosa* Andr.（图 15－22）落叶灌木。根皮厚。茎多分枝。叶二回三出复叶，顶生小叶 3 裂至中裂，侧生小叶不等 2 裂至 3 浅裂或不裂。花单生枝顶，苞片 5，长椭圆形；花瓣 5 或重瓣，红色，粉红色至白色；雄蕊多数，心皮5，密生柔毛。蓇葖果长圆形，密被黄褐色硬毛。栽培。干燥根皮（牡丹皮）苦、辛，微寒，能清热凉血，活血化瘀。

图15-22　牡丹

威灵仙 *Clematis chinensis* Osbeck. 藤本，干后变黑色。叶对生，羽状复叶，小叶5，狭卵形。花序圆锥状；萼片4，白色，长圆形或长圆状倒卵形，外面边缘密生短柔毛；无花瓣；雄蕊与心皮均多数。聚合瘦果，宿存花柱羽毛状。分布于长江中、下游及以南地区。生山坡、山谷灌丛中或沟边、路旁草丛中。干燥根和根茎（威灵仙）辛、咸，温，能祛风湿，通经络。

同属棉团铁线莲 *C. hexapetala* Pall.（图15-23）直立草本。叶对生，羽状复叶，小叶条状披针形；萼片背面密被绵绒毛。分布于东北、华北。生于林缘草丛中。东北铁线莲（辣蓼铁线莲）*C. manshurica* Rupr. 藤本。羽状复叶，小叶卵状披针形；萼片外面除边缘有绒毛外，其余无毛或稍有短柔毛。分布于东北。入药部位和功能同威灵仙。

图15-23　棉团铁线莲

兴安升麻 *Cimicifuga dahurica*（*Turcz.*）*Maxim.*（图15-24）雌雄异株。根茎粗壮，表面黑色，有许多下陷圆洞状的老茎残基。下部茎生叶为二回或三回三出复叶；小叶片三角形，边缘有锯齿，茎上部叶似下部叶，但较小。花序复总状，雄株花序大，雌株花序稍小；雄蕊多数，退化雄蕊叉状二深裂，先端有二个乳白色的空花药；心皮4~7。聚合蓇葖果，蓇葖顶端近截形被贴伏的白色柔毛；种子褐色，四周生膜质鳞翅，中央生横鳞翅。分布于山西、河北、内蒙古、辽宁、吉林、黑龙江等地。生于林缘或山坡、草地。干燥根茎（升麻）辛、微甘，微寒。能清热解毒，发表透疹，升举阳气。

同属升麻 *C. foetida* L. 花序不分枝，花两性，退化雄蕊先端微2裂，白色，子房无毛，小叶较大，倒卵形。大三叶升麻 *C. heracleifolia* Kom. 花序不分枝，花两性，退化雄蕊近全缘，膜质，子房密被柔毛，小叶长圆形或卵形。入药部位和功能同兴安升麻。

图15－24　兴安升麻

白头翁 *Pulsatilla chinensis*（Bge.）Regel（图15－25）多年生草本。基生叶4～5，有长柄；叶片宽卵形，三全裂，背面有长柔毛；叶柄有密长柔毛。花葶1（～2），有柔毛；苞片3，花直立；萼片蓝紫色，背面有密柔毛；雄蕊长约为萼片之半。聚合果；瘦果扁纺锤形，有长柔毛，宿存花柱有向上斜展的长柔毛。4月至5月开花。分布于东北、华北、华东与河南、陕西、四川等地。生于平原或山坡草丛中。干燥根（白头翁）苦，寒。能清热解毒，凉血止痢。

图15－25　白头翁

本科其他药用植物见表15－7。

表15－7　毛茛科其他药用植物

植物名	入药部位	药材名	功能
小木通 *Clematis armandii* Franch.	干燥藤茎	川木通	利尿通淋，清心除烦，通经下乳
绣球藤 *Clematis montana* Buch. et Ham.	干燥藤茎	川木通	利尿通淋，清心除烦，通经下乳
猫爪草（小毛茛）*Ranunculus ternatus* Thunb.	干燥块根	猫爪草	散结，消肿
天葵 *Semiaquilegia adoxoides*（DC.）*Makino*	干燥块根	天葵子	清热解毒，消肿散结
多被银莲花 *Anemone raddeana* Regel.	干燥根茎	两头尖	祛风湿，消痈肿
腺毛黑种草 *Nigella glandulifera* Freyn et Sint.	干燥成熟种子	黑种草子	补肾健脑，通经，通乳，利尿

10. 小檗科 Berberidaceae　$\mathrm{⚥} * K_{3+3,\infty} C_{3+3,\infty} A_{3\sim9} \underline{G}_{(1:1:1\sim\infty)}$

多为草本或灌木。叶互生，单叶或复叶。花辐射对称，两性，单生、簇生或组成总状、穗状花序；萼片与花瓣相似，各2至数轮，每轮常3，花瓣通常具蜜腺；雄蕊与花瓣同数而对生，花药瓣裂或纵裂；子房上位，由1心皮组成1室，胚珠1至多数，花柱极短或缺。浆果、蒴果、蓇葖果或瘦果。

本科17属650余种，分布于北温带与热带高山区。我国产11属约320种，全国均有分布。

【药用植物】

淫羊藿 *Epimedium brevicornum* Maxim.（图15－26）多年生草本。根状茎粗短。二回三出复叶基生和茎生，具9枚小叶；基生叶1~3枚丛生，茎生叶2枚，对生；小叶纸质或厚纸质，卵形或阔卵形，基部深心形，顶生小叶基部裂片圆形，侧生小叶基部裂片稍偏斜，网脉显著。花茎具2枚对生叶，圆锥花序，花白色或淡黄色；萼片8，2轮，花瓣4，远较内萼片短，距呈圆锥状，瓣片很小；雄蕊4，伸出，花药长约2毫米，瓣裂。蒴果长约1厘米，宿存花柱喙状。分布于陕西、甘肃、山西、河南、青海、湖北、四川。生于林下、沟边灌丛中或山坡阴湿处。干燥叶（淫羊藿）辛、甘，温，能补肾阳，强筋骨，祛风湿。

同属箭叶淫羊藿 *E. sagittatum*（Sieb. et Zucc.）Maxim. 小叶箭形，先端急尖。分布于我国南方各省。生于山坡草丛中、林下、灌丛中、水沟边或岩边石缝中。柔毛淫羊藿 *E. pubescens* Maxim. 多年生草本。三出复叶，叶背及叶柄密被柔毛。分布于四川、陕西、甘肃等地。朝鲜淫羊藿 *E. koreanum* Nakai 多年生草本。二回三出复叶，小叶9，叶片大而薄，先端长尖。花茎仅1枚二回三出复叶。分布于东北。入药部位和功能同淫羊藿。

图15－26　淫羊藿

阔叶十大功劳 *Mahonia bealei*（Fort）Carr.（图15－27）常绿灌木。羽状复叶，互生，小叶卵形或长圆状卵形，厚革质，边缘具刺状锯齿。总状花序直立，簇生茎顶；花黄色或黄褐色；萼片9，3轮；花瓣6；雄蕊6；子房长圆形，柱头头状。浆果，深蓝色，被白粉。分布于长江流域与陕西、河南、福建等地。生于林下，路旁或灌丛中。干燥茎（功劳木）苦，寒，能清热燥湿，泻火解毒。

图 15－27　阔叶十大功劳

同属细叶十大功劳 *M. fortunei*（Lindl.）Fedde（图 15－28）常绿灌木。丛生状，具分枝。羽状复叶，小叶片条状形或条状披针形，边缘具刺状锯齿。总状花序，花黄色。分布于广西、四川、贵州、湖北、江西、浙江。生于山坡沟谷林中、灌丛中、路边或河边。入药部位和功能同阔叶十大功劳。

图 15－28　细叶十大功劳

小檗科其他药用植物见表 15－8。

表 15－8　小檗科其他药用植物

植物名	入药部位	药材名	功能
巫山淫羊藿 *Epimedium wushanense* T. S. Ying.	干燥叶	巫山淫羊藿	补肾阳，强筋骨，祛风湿
拟豪猪刺 *Berberis soulieana* Schneid.	干燥根	三棵针	清热燥湿，泻火解毒
细叶小檗 *B. poiretii* Schneid.	干燥根	三棵针	同拟豪猪刺
匙叶小檗 *B. vernae* Schneid.	干燥根	三棵针	同拟豪猪刺
桃儿七 *Sinopodophyllum hexandrum*（Royle）Ying.	干燥成熟果实	小叶莲	调经活血

11. 木通科 Lardizabalaceae　♂ $*K_{3+3}C_{3+3}A_6$；♀ $*K_{3+3}C_{3+3}\underline{G}_{3\sim\infty:1}$

木质藤本，很少为直立灌木。茎缠绕或攀缘，木质部有宽大的髓射线；叶互生，掌状或三出复叶，很少为羽状复叶，无托叶；花辐射对称，单性，雌雄同株或异株，很少杂性，通常组成总状花序或伞房状的总状花序，萼片花瓣状，6 片，排成两轮，很少仅有 3 片；花瓣 6，蜜腺状，远较萼片小，有时无花瓣；雄蕊6枚，退化心皮3枚；在雌花中有6枚退化雄蕊；心皮3，很少6~9，果为肉质的蓇葖果或浆果。

本科9属50余种，大部分产于亚洲东部。我国产7属37余种，多数分布于长江以南各省区。

【药用植物】

大血藤 *Sargentodoxa cuneata*（Oliv.）Rehd. et Wils. 落叶木质藤本，三出复叶，或兼具单叶，稀全部为单叶；小叶革质，上面绿色，下面淡绿色，干时常变为红褐色。雄花与雌花同序或异序，同序时，雄花生于基部；萼片6，花瓣状；花瓣6，圆形；花丝长仅为花药一半或更短，退化雄蕊长约2毫米；雌蕊多数，螺旋状生于卵状突起的花托上，退化雌蕊线形。浆果近球形，成熟时黑蓝色。分布我国东南及南部，常见于山坡灌丛、疏林和林缘等。藤茎（大血藤）苦，平，能清热解毒，活血，祛风止痛。

木通 *Akebia quinata*（*Thunb.*）*Decne.*（图15－29）落叶木质藤本。茎缠绕，掌状复叶互生或在短枝上的簇生，通常有小叶5片，小叶倒卵形或倒卵状椭圆形，伞房花序式的总状花序腋生，基部有雌花1~2朵，以上4~10朵为雄花；雄花：萼片通常3有时4片或5片，雄蕊6（7）；退化心皮3~6枚。雌花：萼片暗紫色，心皮3~6（9）枚，离生，圆柱形，柱头盾状，顶生；退化雄蕊6~9枚。果成熟时腹缝开裂；种子多数着生于白色、多汁的果肉中。分布于长江流域各省区。生于海拔300~1500米的山地灌木丛、林缘和沟谷中。干燥藤茎（木通）苦，平，能利尿通淋，清心除烦，通经下乳。干燥近成熟果实（预知子）苦，寒，能疏肝理气，活血止痛，散结，利尿。

图15－29　木通

同属三叶木通 *A. trifoliate*（Thunb.）Koidz.（图15－30）小叶三枚，纸质或薄革质，边缘具波状齿或浅裂。产于河北、山西、山东、河南、陕西南部、甘肃东南部至长江流域各省区。生于海拔250~2000米的山地沟谷边疏林或丘陵灌丛中。白木通 *A. trifoliata*（Thunb.）Koidz. var. *australis*（Diels）Rehd. 小叶三枚，革质，全缘。入药部位及功能同木通。

图15－30　三叶木通

木通科其他药用植物见表 15－9。

表 15－9　木通科其他药用植物

植物名	入药部位	药材名	功能
野木瓜 *Stauntonia chinensis* DC.	带叶茎枝	野木瓜	祛风止痛，舒筋活络

12. 防己科 Menispermaceae　♂ $*K_{3+3}C_{3+3}A_{3,6,\infty}$；♀ $K_{3+3}C_{3+3}\underline{G}_{3\sim6:1}$

藤本。木质部常有车辐状髓线。单叶互生，具柄。花通常小而不鲜艳，单性，雌雄异株，聚伞花序或圆锥花序常腋生。萼片 6；花瓣 6；2 轮，每轮 3，萼片常较花瓣稍大；雄蕊通常 6～8，稀 2 或多数，合生或分离；子房上位，心皮 3～6，分离，1 室，每室 2 胚珠，1 枚退化。核果，内果皮骨质，表面纹饰多样，核多为马蹄形或肾形。

本科 65 属 350 余种，分布于热带与亚热带地区。我国产 19 属 78 余种，主要分布在长江流域以南。

【药用植物】

粉防己 *Stephania tetrandra* S. Moore 多年生草质藤本。主根肉质，圆柱形。叶片三角状阔卵形，叶柄盾状着生。花序集成头状；雄花的萼片通常 4，花瓣 5，肉质，花丝愈合成柱状；雌花的萼片和花瓣均 4，心皮 1，花柱 3；核果球形，红色，果核马蹄形，背部鸡冠状隆起。分布我国东南及南部；生于山坡、林缘、草丛等处。干燥根（防己）苦，寒，能祛风止痛，利水消肿。

蝙蝠葛 *Menispermum dauricum* DC.（图 15－31）多年生草质藤本。根茎细长，黄褐色。叶互生，心状扁圆形，边缘全缘或 5～7 浅裂，掌状脉 5～7 条，叶柄长，盾状着生。花腋生，雌雄异株，花小，组成圆锥花序，萼片 4～8，花瓣 6～9（12）；雄花具雄蕊 10～20；雌花具 3 心皮，分离，具退化雄蕊 6～12。核果成熟时黑紫色，核马蹄形。分布于我国东北部、北部和东部。生于路边灌丛或疏林中。干燥根茎（北豆根）苦，寒，有小毒。能清热解毒，祛风止痛。

图 15－31　蝙蝠葛

防己科其他药用植物见表 15－10。

表 15－10　防己科其他药用植物

植物名	入药部位	药材名	功能
青牛胆 *Tinospora sagittata*（Oliv.）Gagnep.	干燥块根	金果榄	清热解毒，利咽，止痛
金果榄 *T. capillipes* Gagnep.	干燥块根	金果榄	同青牛胆
青藤 *Sinomenium acutum*（Thunb.）Rehd. et Wils.	干燥藤茎	青风藤	祛风湿，通经络，利小便
毛青藤 *S. acutum*（Thunb.）Rehd. et Wils. var *cinereum* Rehd. et Wils.	干燥藤茎	青风藤	同青藤
黄藤 *Fibraurea recisa* Pierre.	干燥藤茎	黄藤	清热解毒，泻火通便
锡生藤 *Cissampelos pareira* L. var. *hirsute*（Buch. ex DC.）Forman	干燥全株	亚乎奴（锡生藤）	消肿止痛，止血，生肌

13. 木兰科 Magnoliaceae ⚥ $* P_{6\sim12}A_{\infty}\underline{G}_{\infty:1:1\sim2}$

乔木和灌木。单叶互生、簇生或近轮生；托叶大，脱落后在小枝上留下环状托叶痕。花两性，顶生或腋生，花被不分花萼与花瓣，花被片6至多数。雄蕊多数离生，螺旋状排列于柱状花托的下部。花药长于花丝。子房上位，心皮多数离生，排列于柱状花托上部。聚合蓇葖果或聚合浆果，花托于果时延长。

本科18属330余种，分布于亚洲和美洲地区。我国有14属160多种，主要分布于东南部和西南部。

【药用植物】

厚朴 *Houpoea officinalis* (Rehder *et E. H.* Wilson) *N. H. Xia et C. Y. Wu.* （图15－32）落叶乔木。树皮棕褐色，具椭圆形皮孔。叶大，近革质，7～9片聚生于枝端，长圆状倒卵形。花大型，白色，花被片9～12或更多，雄蕊约72枚，花药红色。聚合蓇葖果长圆状卵圆形，蓇葖具短喙；种子三角状倒卵形。分布于长江流域和陕西、甘肃东南部，生于土壤肥沃及温暖的坡地。干燥干皮、根皮及枝皮（药材名：厚朴）苦、辛，微温，能燥湿消痰，下气除满。干燥花蕾（药材名：厚朴花）苦，微温，能芳香化湿，理气宽中。

同属凹叶厚朴 *M. officinalis* Rehd. et Wils. var. *biloba* Rehd. et Wils. 叶先端凹缺，成2钝圆的浅裂片。入药部位及功能同厚朴。

图15－32　厚朴

望春花 *Magnolia biondii Pampan.* （图15－33）落叶乔木。树皮灰色或暗绿色。小枝无毛或近梢处有毛；单叶互生；叶片长圆状披针形，无毛。苞片密被淡黄色展开长柔毛，花先叶开放，单生枝顶；花被外轮3片短小，狭卵状，长约1厘米；中内2轮，匙形，白色或淡粉色，外面基部常带紫红色；雄蕊多数，离生雌蕊多数。聚合果圆柱形，稍扭曲；种子心形，深红色。分布于河南、安徽、甘肃、四川、陕西等省，生长在向阳山坡或路旁。干燥花蕾（药材名：辛夷）辛，温，能散风寒，通鼻窍。

图 15－33　望春花

同属玉兰 *M. denudata* Desr. 幼枝与芽密被淡黄色柔毛。叶片多倒卵形或倒卵状长圆形。花蕾基部花梗较粗壮，皮孔浅棕色。苞片外面密被灰白色或灰绿色茸毛。花被片 9，白色。全国各地栽培。武当玉兰 *M. sprengeri* Pamp. 花蕾粗大，长达 4cm，直径达 2cm，枝梗粗壮，皮孔红棕色。苞片外面密被淡黄色或浅黄绿色茸毛。花被片 10～15。主产于华中及四川等地。栽培。入药部位及功能同望春花。

五味子 *Schisandra chinensis*（Turcz.）Baill.（图 15－34）落叶木质藤本，无毛。幼枝红褐色，老枝灰褐色。叶纸质或近膜质，阔椭圆形或倒卵形，上部边缘疏生胼胝质的疏浅锯齿。雌雄同株或异株；花被片 6～9，乳白色或粉红色；雄蕊 5（6）；离生雌蕊 17～40。聚合浆果排成长穗状，小浆果红色，种子肾形。分布于东北、华北、华中及四川等地。生于山林中。干燥成熟果实（药材名：五味子）酸、甘，温，能收敛固涩、益气生津、补肾宁心。

图 15－34　五味子

本科其他药用植物见表 15－11。

表 15－11　木兰科其他药用植物

植物名	入药部位	药材名	功能
华中五味子 *S. sphenanthera* Rehd. et Wils.	干燥成熟果实	南五味子	收敛固涩，益气生津，补肾宁心
地枫皮 *Illicium difengpi* B. N. Chang et al.	干燥树皮	地枫皮	祛风除湿，行气止痛
八角茴香 *Illicium verum* Hook. f.	干燥成熟果实	八角茴香	温阳散寒，理气止痛
内南五味子 *Kadsura interior* A. C. Smith	干燥藤茎	滇鸡血藤	活血补血，调经止痛，舒筋通络

14. 樟科 Lauraceae $⚥ * P_{(6\sim9)} A_{3\sim12} \underline{G}_{(3:1:1)}$

木本，极少数寄生藤本，具油细胞，有香气。单叶，互生，全缘，羽状脉或三出脉，无托叶。花整齐，两性，少单性，总状花序或圆锥花序，也有丛生成束的，顶生或腋生；花单被，辐射对称，通常3基数，亦有2基数。花药2~4室，瓣裂，外面两轮内向，第三轮外向，有时全部或部分具顶向或侧向药室，花丝基部具腺体，第四轮常退化；子房上位，1室，1顶生胚珠。果为浆果或核果，有时宿存花被形成果托包围果基部。种子1枚。

本科45属2000余种，分布于热带、亚热带地区。我国产25属440余种，主产于长江以南各省区。

【药用植物】

肉桂 *Cinnamomum cassia* Presl.（图15－35）常绿乔木，具香气。树皮灰褐色，当年生幼枝略呈四棱形，密被灰黄色短绒毛。叶互生或近对生，长椭圆形，革质，全缘，具离基三出脉。圆锥花序腋生或顶生；花小，白色，花被6；能育雄蕊9，3轮。子房上位，1室，1胚珠。核果浆果状，紫黑色，宿存的花被管（果托）浅杯状。分布于广东、广西、福建、台湾、和云南等地。多为栽培。干燥树皮（肉桂）辛、甘，大热。能补火助阳，引火归元，散寒止痛，温通经脉；干燥嫩枝（药材名：桂枝）辛、甘，温，能发汗解肌，温通经脉，助阳化气，平冲降气。

图15－35　肉桂

樟 *Cinnamomum camphora*（L.）Presl.（图15－36）常绿乔木，全株具樟脑气味。叶互生，近革质，卵状椭圆形，离基三出脉，脉腋有腺体，上面呈泡状突起。圆锥花序腋生；花绿白或带黄色，花被片6；能育雄蕊9，退化雄蕊3。果球形，紫黑色，果托杯状。分布于长江以南及西南部地区。新鲜枝、叶经提取加工制成（药材名：樟脑），辛、苦，凉。能开窍醒神，清热止痛。

图 15－36　樟

乌药 *Lindera aggregata*（Sims）Kosterm. 常绿灌木或小乔木。根纺锤状或结节状膨胀的块根，有香味和刺激性清凉感。叶互生，革质或近革质，椭圆形，上面光滑，背面密被灰白色柔毛。雌雄异株，花单性，花被片 6，黄绿色，组成伞形花序，腋生。雄花花被片长约 4mm，宽约 2mm，雌花花被片长约 2.5mm，宽约 2mm。核果球形，先红色，后变黑色。分布于长江以南与西南各地。生于山坡灌丛中。干燥块根辛，温，能行气止痛，温肾散寒。

本科其他药用植物见表 15－12。

表 15－12　樟科其他药用植物

植物名	入药部位	药材名	功能
山鸡椒 *Litsea cubeba*（Lour）Pers.	干燥成熟果实	荜澄茄	温中止痛，行气活血，利尿平喘

15. 罂粟科 Papareraceae ⚥ $* \uparrow K_{2\sim3}C_{4\sim6}A_{\infty,4\sim6}\underline{G}_{(2\sim\infty:1)}$

常为草本，常具乳汁和有色汁液。叶基生或互生，无托叶。花两性，单生或排列成总状花序、聚伞花序或圆锥花序；萼片 2，早落；花瓣 4～8，排列成 2 轮；雄蕊离生，多数，或 6 枚合生成 2 束，稀 4 枚分离，花药纵裂；子房上位，由 2 至多心皮合生，1 室，侧膜胎座，胚珠多数。蒴果孔裂或瓣裂，种子多数，细小。

本科约 42 属，700 种，主要分布于北温带。我国 19 属，440 余种，南北均有分布。

【药用植物】

罂粟 *Papaver somniferum* L.（图 15－37）一年生草本。具白色乳汁，茎直立。叶互生，茎下部叶具短柄，上部叶无柄；先端急尖，基部抱茎，边缘有不规则粗齿或缺刻。花单生，具长梗；萼片 2，早落；花瓣 4，近圆形，白色、红色或淡紫色；雄蕊多数，离生；子房上位，柱头（5～）8～12（18），辐射状，连合成扁平的盘状体。蒴果近球形，孔裂。种子多数，黑色或深灰色，表面蜂窝状。原产于南欧，我国多地栽培。干燥成熟果壳（药材名：罂粟壳）酸、涩，平，有毒，能敛肺，涩肠，止痛。

图 15－37　罂粟

延胡索 *Corydalis yanhusuo* W. T. Wang. 多年生草本。块茎圆球形。叶二回三出全裂，末回裂片披针形。总状花序疏生 5～15 花；苞片全缘或有少数牙齿；花萼 2，极小，早落；花瓣 4，紫红色，外花瓣 2，宽展而具齿，顶端微凹，具短尖。上花瓣具距；蜜腺体约贯穿距长的 1/2，末端钝。下花瓣具短爪，向前渐增大成宽展的瓣片。内花瓣 2，爪长于瓣片。蒴果线形。分布于安徽、浙江、江苏等地。生于丘陵林荫下，各地有栽培。干燥块茎［延胡索（元胡）］辛、苦，温，能行气止痛，活血散瘀。

同属齿瓣延胡索 *C. turtschaninovii* Bess.（图 15－38）与延胡索形态相近，但苞片分裂，分布于黑龙江、吉林、辽宁、内蒙古东北部、河北东北部和山东等地，生于林缘和林间空地。部分地区作延胡索的代用品。

图 15－38　齿瓣延胡索

本科其他药用植物见表 15－13。

表 15－13　罂粟科其他药用植物

植物名	入药部位	药材名	功能
地丁草 Corydalis bungeana Turcz.	干燥全草	苦地丁	清热解毒
伏生紫堇 *Corydalis decumbens*（Thunb）Pers.	干燥块茎	夏天无	行气活血，通络止痛
白屈菜 *Chelidonium majus* L.	干燥全草	白屈菜	解痉止痛，止咳平喘
博落回 *Macleaya cordata*（Willd.） R. Br.	干燥根或全草	博落回	散瘀，祛风，解毒，止痛，杀虫

16. 十字花科 Cruciferae $⚥ * K_{2-2}C_{4,0}A_{2-4}, \underline{G}_{(2:1-2)}$

草本。单叶互生，无托叶。花两性，辐射对称，多为总状花序；萼片4，分离，2轮；花瓣4，分离，排成十字形；雄蕊常6枚，排成2轮，4长2短，即四强雄蕊，雄蕊基部常有4个蜜腺；子房上位，由2心皮合生，侧膜胎座，中央由心皮边缘延伸的隔膜（假隔膜）分成2室。长角果或短角果。

本科约330属，约3500种，广布于全球，以北温带为多。我国约102属，400余种，分布于我国各省区。

练一练15-2

以下属于十字花科植物特征的是（　）

A. 四强雄蕊　　B. 十字花冠　　C. 二心皮复雌蕊　　D. 蒴果

答案解析

【药用植物】

菘蓝 *Isatis tinctoria* L.（图15-39）二年生草本。全株灰绿色。主根长，圆柱形，灰黄色。叶全缘或有不明显锯齿，基生叶莲座状，有柄，圆状椭圆形；茎生叶较小，圆状披针形，基部垂耳圆形，半抱茎。圆锥花序；花黄色，花梗细，下垂。短角果扁平，顶端钝圆或截形，成熟时深褐色，边缘有翅，内含1粒种子。各地均有栽培。干燥根（药材名：板蓝根）苦，寒，能清热解毒，凉血利咽。干燥叶（药材名：大青叶）苦，寒，能清热解毒，凉血消斑；叶或茎叶经加工制得的干燥粉末、团块或颗粒（药材名：青黛），咸，寒，能清热解毒，凉血消斑，泻火定惊。

图15-39　菘蓝

想一想15-2

"青出于蓝而胜于蓝"是出自于荀子《劝学》的名句，思考一下这句话与菘蓝有什么关联？

答案解析

萝卜 *Raphanus sativus* L.（图15-40）二年或一年生草本；直根肉质，外皮绿色、白色或红色；茎有分枝，无毛，稍具粉霜。基生叶和下部茎生叶大头羽状半裂，疏生粗毛。总状花序；花白色或粉红色，萼片长圆形，花瓣倒卵形，具紫纹。长角果圆柱形，在相当种子间处缢缩，并形成海绵质横隔；顶端具喙。种子红棕色，有细网纹。全国各地普遍栽培。干燥成熟种子（药材名：莱菔子）辛、甘，平，能消食除胀，降气化痰。

图 15－40　萝卜

播娘蒿 *Descurainia sophia*（L.）Webb ex Prantl.（图 15－41）一年生草本。茎直立，有毛或无毛，毛为分叉毛。叶狭卵形，三回羽状深裂，末端裂片条形或长圆形。总状花序顶生，花黄色，雌蕊 1，子房圆柱形，花柱短，柱头呈扁压的头状；雄蕊 6 枚，比花瓣长三分之一。长角果细圆柱形。分布全国各地。生于山坡、田野及农田。干燥成熟种子（葶苈子，习称“南葶苈子”）辛、苦，大寒，能泻肺平喘，行水消肿。

图 15－41　播娘蒿

独行菜 *Lepidium apetalum* Willd.（图 15－42）一年或二年生草本；茎直立，有分枝，无毛或具微小头状毛。基生叶窄匙形，一回羽状浅裂或深裂，茎上部叶线形，有疏齿或全缘。总状花序，萼片卵形，早落，花瓣不存或退化成丝状，比萼片短；雄蕊 2 或 4。短角果扁平，近圆形或宽椭圆形，顶端微缺，上部有短翅。种子椭圆形，棕红色。干燥成熟种子（习称“北葶苈子”）功能与主治同播娘蒿。

图 15－42　独行菜

本科其他药用植物见表 15－14。

表 15－14　十字花科其他药用植物

植物名	入药部位	药材名	功能
白芥 *Sinapis alba* L.	干燥成熟种子	芥子（习称“白芥子”）	温肺豁痰利气，散结通络止痛，消肿
芥菜 *Brassica juncea*（L.）Czern. et Coss.	干燥成熟种子	芥子（习称“黄芥子”）	温肺豁痰利气，散结通络止痛，消肿
菥蓂 *Thlaspi arvense* L.	干燥地上部分	菥蓂	清热解毒，凉血消肿
无茅 *Pegaeophyton scapiflorum*（Hook. f. et Thoms.）Marq. et Shaw.	干燥根和根茎	高山辣根菜	清热解毒，清肺止咳，止血，消肿

17. 景天科 Crassulaceae　$⚥ * K_{4\sim5,(4\sim5)}C_{4\sim5,(4\sim5)}A_{4\sim5,8\sim10}\underline{G}_{4\sim5:1:\infty}$

肉质草本或亚灌木。单叶互生、对生或轮生，无托叶。花两性，少单性异株，辐射对称；花萼与花瓣 4～5，分离或合生；雄蕊与花瓣同数或 2 倍；子房上位，心皮 4～5，分离或基部合生，基部各具 1 鳞片状腺体，胚珠多数。聚合蓇葖果。

本科 34 属，1500 余种，分布于非洲、亚洲、欧洲、美洲。以我国西南部、非洲南部及墨西哥种类较多。我国有 10 属 242 种；已知 8 属 68 种药用。

PPT

【药用植物】

大花红景天 *Rhodiola crenulata*（Hook. f. et Thoms.）H. Ohba.（图 15－43）多年生草本。根粗壮，直立，根茎短，先端被鳞片。花茎高 20～30cm。叶疏生，长圆形至椭圆状倒披针形或长圆状宽卵形，全缘或上部有少数牙齿。花序伞房状，密集多花；雌雄异株；萼片 4；花瓣 4，红色，线状倒披针形或长圆形；雄花中雄蕊 8；雌花中心皮 4；蓇葖果 5，直立；种子披针形，一侧有狭翅。花期 4～6 月，果期 7～9 月。分布于新疆、山西、河北、吉林。生于海拔 1800～2700 米的山坡林下或草坡上。干燥根和根茎（红景天）有益气活血，通脉平喘之功。

图 15－43　大花红景天

瓦松 *Orostachys fimbriatus*（Turcz.）Berger（图 15－44）多年生肉质草本，密生紫红色斑点。不结实茎矮小，倾斜。基生叶莲座状，阔线形至倒披针形，先端具 1 半圆形软骨质的附属物，其边缘流苏状，中央有 1 长刺；茎生叶互生，线形至倒卵形，先端长尖。开花时基生叶枯落，自茎顶抽出尖塔形的圆锥花序；萼片 5；花瓣 5，淡红色；雄蕊 10，花药紫色；心皮 5。蓇葖果矩圆形。花期 10～11 月。分布于长江中下游及北方。生于屋顶瓦缝中或岩石上。干燥地上部分（瓦松）能凉血止血，解毒，敛疮。

图 15－44　瓦松

垂盆草 *Sedum sarmentosum* Bunge.（图 15－45）多年生肉质草本。不育枝匍匐生根，结实枝直立。全株无毛。茎匍匐生长。叶片肉质，3 枚轮生。聚伞花序顶生；花瓣 5，黄色；雄蕊 10，2 轮；心皮 5。聚合蓇葖果，种子细小，卵圆形。我国南北地区都有分布，生于山坡岩石上。全草有利湿退黄，清热解毒之功效。

图 15－45　垂盆草

18. 杜仲科 Eucommiaceae　♂ $P_0A_{4\sim10}$；♀ $P_0\underline{G}_{(2:1:2)}$

落叶乔木，树皮、枝、叶折断后有银白色胶丝。叶互生，单叶，具羽状脉，边缘有锯齿，具柄，无托叶。花雌雄异株，无花被。雄花簇生，有短柄，具小苞片；雄蕊 5～10 个，花药 4 室。雌花单生于小枝下部，有苞片，具短花梗，子房 1 室，由合生心皮组成，胚珠 2 个。翅果先端 2 裂，果皮薄革质；种子 1 枚，垂生于顶端。

本科仅1属1种，中国特有，分布于华中、华西、西南及西北各地，现广泛栽培。

【药用植物】

杜仲 *Eucommia ulmoides* Oliv.（图15－46）形态特征与科相同。树皮（杜仲），能补肝肾、强筋骨、安胎。叶入药能补肝肾，强筋骨。杜仲雄花能镇静安神、保肝护肝、滋阴补肾、通肠润便。

图15－46　杜仲

19. 蔷薇科 Rosaceae　$⚥ * K_5 C_5 A_{4\sim\infty} \underline{G}_{1\sim\infty:1:1\sim\infty}$

草本、灌木或乔木，落叶或常绿，有刺或无刺。叶互生，稀对生，单叶或复叶，有显明托叶，稀无托叶。花两性，稀单性。通常整齐，周位花或上位花；花轴上端发育成碟状、钟状、杯状、坛状或圆筒状的花托（也称萼筒），在花托边缘着生萼片、花瓣和雄蕊；萼片和花瓣同数，通常4～5，覆瓦状排列，稀无花瓣，萼片有时具副萼；雄蕊5至多数，稀1或2，花丝离生，稀合生；心皮1至多数，离生或合生，有时与花托连合，每心皮有1至数个直立的或悬垂的倒生胚珠；花柱与心皮同数，有时连合，顶生、侧生或基生。果实为蓇葖果、瘦果、梨果或核果，稀蒴果。

本科约有124属3300余种，分布于全世界，北温带较多。我国约有51属1000余种，产于全国各地。

蔷薇科分为四个亚科，为蔷薇亚科 Rosoideae，梅亚科 Prunoideae，梨亚科 Maloideae，绣线菊亚科 Spiraeoideae。含有药用植物的亚科为：蔷薇亚科、梅亚科和梨亚科。

蔷薇科四亚科检索表如下。

1. 果实为开裂的蓇葖果；多无托叶……………………绣线菊亚科 Spiraeoideae
1. 果实不开裂；有托叶。
　2. 子房上位，稀下位。
　　3. 心皮常多数，瘦果或小核果；萼宿存…………蔷薇亚科 Rosoideae
　　3. 心皮常为1；核果；萼常脱落…………………………李亚科 Prunoideae
　2. 子房下位，心皮2～5，多少连合并与萼筒结合；梨果…苹果亚科 Maloideae

【药用植物】

（1）蔷薇亚科　金樱子 *Rosa laevigata* Michx.（图15－47）常绿攀援灌木，高可达5米；小枝粗壮，散生扁弯皮刺。小叶革质，椭圆状卵形、倒卵形或披针状卵形，边缘有锐锯齿；托叶离生或基部与叶柄合生。花单生于叶腋，花梗和萼筒密被腺毛，随果实成长变为针刺；萼片卵状披针形，先端呈叶状，边缘羽状浅裂或全缘，常有刺毛和腺毛，内面密被柔毛；花瓣白色，宽倒卵形；雄蕊多数；花柱离生，有毛，比雄蕊短很多。果梨形、倒卵形，稀近球形，紫褐色，外面密被刺毛，萼片宿存。花期4~6月，果期7~11月。喜生于向阳的山野、田边、溪畔灌木丛中，海拔200~1600m。干燥成熟果实（金樱子）具有固精缩尿，固崩止带，涩肠止泻之功效。

图15-47　金樱子

华东覆盆子（掌叶覆盆子）*Rubus chingii* Hu.（图15-48）藤状灌木，高1.5~3m；枝细，具皮刺，无毛。单叶，近圆形，直径4~9cm，边缘掌状，深裂，具重锯齿，有掌状5脉；托叶线状披针形。单花腋生；花梗长2~3.5（4）cm，无毛；萼片卵形或卵状长圆形，顶端具凸尖头，外面密被短柔毛；花瓣椭圆形或卵状长圆形，白色；雄蕊多数，花丝宽扁；雌蕊多数，具柔毛。果实近球形，红色，直径1.5~2cm，密被灰白色柔毛；核有皱纹。花期3~4月，果期5~6月。干燥果实（覆盆子）入药，有益肾固精缩尿，养肝明目作用。

图15-48　华东覆盆子

龙芽草 *Agrimonia pilosa* Ledeb.（图15－49）多年生草本；根茎短，基部常有1至数个地下芽；茎高达1.2m，被疏柔毛及短柔毛，稀下部被长硬毛；叶为间断奇数羽状复叶，常有3～4对小叶，杂有小型小叶；小叶倒卵形至倒卵状披针形，具锯齿；穗状总状花序，花瓣黄色，长圆形；雄蕊5至多枚，花柱2；瘦果倒卵状圆锥形，顶端有数层钩刺。干燥地上部分（仙鹤草），能收敛止血，截疟，止痢，解毒，补虚。

图15－49　龙芽草

（2）梅亚科　杏 *Prunus armeniaca* L.（图15－50）落叶小乔木。叶柄近顶端有2腺体。花单生于枝顶，先于叶开放；萼片及花瓣均为5，白色或带红色；雄蕊多数；心皮1，核果，球形，黄红色，果核表面平滑；种子1枚，扁心形。分布于我国北方地区，均为栽培。干燥成熟种子（药材名：苦杏仁），能降气化痰，止咳平喘，润肠通便。

图15－50　杏

同属植物山杏 *P. armeniaca* L. var. *ansu* Maxim. 与杏的主要区别点是枝幼时疏生柔毛，花萼紫红色，核果扁球形，熟时黄色或橘红色，果肉较薄。西伯利亚杏 *P. sibirica* L. 花瓣白色或粉红色。核果近球形，两侧稍扁，黄而带红晕，被短柔毛，果柄极短，果肉较薄而干燥，离核。东北杏 *P. mandshurica*（Maxim.）Koehne. 高大乔木，花萼带红褐色，常无毛，萼筒钟形。核果近球形，熟时黄色，有时向阳处具红晕或红点，被柔毛；果肉稍肉质或干燥，有香味。三种植物干燥成熟种子入药亦为苦杏仁。

桃 *Prunus persica*（L.）Batsch.（图15－51）乔木，高达8m；小枝无毛；冬芽被柔毛；叶披针形，先端渐尖，基部宽楔形，具锯齿；花单生，先叶开放，粉红色，稀白色；核果卵圆形；果肉多色，多汁有香味，甜或酸甜；产于全国，各省区均有栽培。干燥成熟种子（桃仁）能活血祛瘀，润肠通便，止咳平喘。

图15－51　桃

同属植物山桃 *P. davidiana*（Carr.）Franch. 种子入药亦为桃仁。山桃与桃的主要区别是树皮暗紫色，花萼无毛，紫色，核果近球形，熟时淡黄色，果肉薄而干，不可食用。

梅 *Armeniaca mume* Sieb. 小乔木。小枝绿色。叶卵形，先端尾状长渐尖。核果密生短绒毛，果核表面有凹点。分布于全国各地，多为栽培。干燥近成熟果实（乌梅）能敛肺、涩肠、生津、安蛔。

（3）梨亚科　贴梗海棠 *Chaenomeles speciosa*（Sweet）Nakai.（图15－52）落叶灌木，枝条有刺。叶卵形或长椭圆形；托叶较大。花先于叶开放，猩红色或淡红色，花簇生；萼筒钟形；花瓣红色，少数淡红色或白色；下位子房。梨果卵形或近球形，木质，黄绿色，芳香。分布于华东、华中、西南等地，现多栽培。干燥近成熟果实（木瓜），能舒经活络，和胃化湿。

图 15－52　贴梗海棠

山里红 *Crataegus pinnatifida var. Major* N. E. Br.（图 15－53）落叶小乔木。分枝多，无刺或少数短刺。叶羽状深裂，边缘有重锯齿；托叶镰形。伞房花序；萼齿裂；花瓣 5，白色或带红色。梨果近球形，直径可达 2.5cm，熟时深亮红色，密布灰白色小点。分布于华北、东北，普遍栽培。

图 15－53　山里红

同属植物山楂 *Crataegus pinnatifida* Bge. 落叶乔木；茎刺长 1～2cm，有时无刺；叶宽卵形或三角状卵形，托叶草质，镰形，边缘有锯齿；伞形花序；花梗和花序被柔毛；萼片三角状卵形或披针形，被毛；花瓣白色；雄蕊 20；花柱 3～5，基部被柔毛；果近球形或梨形，深红色，小核 3～5。以上两种干燥成熟果实（山楂）能消食健胃，行气散瘀，化浊降脂。

本科其他药用植物见表15－15。

表 15－15　蔷薇科其他药用植物

植物名	入药部位	药材名	功能
玫瑰 *Rosa rugosa* Thunb.	干燥花蕾	玫瑰花	行气解郁，活血，止痛
月季 *Rosa chinensis* Jacq.	干燥花	月季花	行气，活血，止痛
地榆 *Sanguisorba officinalis* L.	干燥根	地榆	凉血止血，解毒敛疮
长叶地榆 *Sanguisorba officinalis* L. var. *longifolia*（Bert.）Yü et Li.			
枇杷 *Eriobotrya japonica*（Thunb.）Lindl.	干燥叶	枇杷叶	清肺止咳，降逆止呕
郁李 *Prunus japonica* Thunb.	干燥成熟种子	郁李仁	润肠通便，下气利水
欧李 *Prunus humilis* Bge.			
长柄扁桃 *Prunus pedunculata* Maxim.			
委陵菜 *Potentilla chinensis* Ser.	干燥全草	委陵菜	清热解毒，止血，止痢
翻白草 *Potentilla discolor* Bge.	干燥全草	翻白草	解热，消肿，止痢，止血
路边青 *Geum aleppicum* Jacq.	干燥全草	蓝布正	益气健脾，补血养阴，润肺化痰
蕤核 *Prinsepia uniflora* Batal.	干燥果核	蕤仁	养肝明目，疏风散热

20. 豆科 Leguminosae（Fabaceae）　⚥ $* \uparrow K_{5,(5)} C_5 A_{(9)+1,10,\infty} \underline{G}_{(1:1:1\sim\infty)}$

草本、藤本、灌木、乔木。茎直立或蔓生。叶互生，多为羽状或掌状复叶，少单叶，有托叶。花两性，萼片5，辐射对称或两侧对称；多少连合；花瓣5，多为蝶形花冠，少数假蝶形或辐射对称；雄蕊一般为10，常连合成二体，少数下部合生或分离，稀多数；子房上位，1心皮，1室，胚珠1至多数。边缘胎座，荚果。

本科为被子植物第三大科，仅次于菊科和兰科。分布极为广泛，生长环境各式各样，无论平原、高山、荒漠、森林、草原直至水域，几乎都可见到豆科植物的踪迹，广布全球，约650属，18000种。我国有172属，约1485种，全国各地均有分布。已知药用的有109属，600余种。

根据花的特征，本科分为含羞草亚科 Mimosoideae、云实亚科（苏木亚科）Caesalpinoideae、蝶形花亚科 Papilionoideae 三个亚科。

豆科植物亚科检索表如下。

1. 花辐射对称；花瓣镊合状排列；雄蕊多数或定数（4～10）…含羞草亚科 Mimosoideae

1. 花两侧对称；花瓣覆瓦状排列；雄蕊一般10枚。

2. 花冠假蝶形，旗瓣位于最内方，雄蕊分离不为二体…云实亚科（苏木亚科）Caesalpinoideae

2. 花冠蝶形，旗瓣位于最外方，雄蕊10，通常二体……蝶形花亚科 Papilionoideae

【药用植物】

（1）含羞草亚科　木本或草本，叶多为二回羽状复叶。花辐射对称，萼片下部多少合生；花冠与萼片同数，雄蕊多数，稀与花瓣同数。荚果，有的有次生横隔膜。

合欢 *Albizia julibrissin* Durazz.（图15－54）落叶乔木，有密生椭圆形横向皮孔。二回偶数羽状复叶。头状花序呈伞房排列，花淡红色，辐射对称，花萼钟状，花冠漏斗状，均5裂；雄蕊多数，花丝细长，淡红色。荚果扁平。分布于南北各地，多栽培。干燥树皮入药（药材名：合欢皮）能解郁安神，活血消肿。干燥花入药（药材名：合欢花）能解郁安神。

图 15－54　合欢

（2）云实亚科　决明（小决明）*Cassia tora* L.（图 15－55）一年生亚灌木状草本。偶数羽状复叶，叶柄上无腺体，叶轴上每对小叶间有 1 棒状腺体；小叶 3 对，小叶片倒卵形或倒卵状长椭圆形，基部渐窄，偏斜。花腋生，通常 2 朵聚生；萼片 5，分离；花瓣黄色，最下面的两片较长；发育雄蕊 7。荚果细长，近四棱形。种子多数，菱状方形，淡褐色或绿棕色，光亮。分布于长江以南地区，多栽培。干燥成熟种子入药（药材名：决明子）能清热明目，润肠通便。

图 15－55　决明

同属植物钝叶决明 *C. obtusifolia* L 与决明区别在于托叶早脱；小叶片 2～4 对，基部楔形，全缘。种子菱柱形，浅棕色，有光泽，两侧各有一条斜向浅棕色线形凹纹。其成熟种子亦作决明子入药。

皂荚 *Gleditsia sinensis* Lam.（图 15－56）落叶乔木，有分枝的棘刺。羽状复叶。总状花序；花杂性，萼片4，花瓣4，黄白色。荚果扁条形，成熟后呈红棕色至黑棕色，被白色粉霜。产于中国多省区。生长于山坡林中或谷地、路旁，海拔自平地至2500m。常栽培于庭院或宅旁。木材坚硬，为车辆、家具用材；干燥成熟果实（药材名：皂角）能润燥，通便，消肿。干燥棘刺（药材名：皂角刺）能消肿托毒，排脓，杀虫。干燥不育果实（药材名：猪牙皂）能开窍，祛痰，解毒。

图15－56　皂荚

（3）蝶形花亚科　膜荚黄芪 *Astragalus membranaceus*（Fisch.）Bge.（图15－57）多年生草本。主根长圆柱形，外皮土黄色。奇数羽状复叶，小叶6～13对，椭圆形或长卵形，两面有白色长柔毛。总状花序腋生；花萼5裂齿；花冠蝶形，黄白色；二体雄蕊；子房被柔毛。荚果膜质，膨胀，卵状长圆形，有长柄，被黑色短柔毛。分布于东北、华北、西北及西南等省区。生于向阳山坡、草丛或灌丛中。干燥根（药材名：黄芪）补气升阳，固表止汗，利水消肿，生津养血。

图15－57　膜荚黄芪

同属植物蒙古黄芪 *A. membranaceus* (Fisch.) Bge. var. *mongolicus* (Bge.) Hsiao. 小叶 12～18 对，花黄色，子房及荚果无毛。分布于内蒙古、吉林、河北、山西。根同作黄芪入药。

甘草 *Glycyrrhiza uralensis* Fisch.（图 15－58）多年生草本。根和根茎粗壮，味甜。全体密生短毛和刺毛状腺体。奇数羽状复叶，小叶 7～17。卵形或宽卵形。总状花序腋生，花冠蝶形，蓝紫色；二体雄蕊。荚果线性呈镰刀状弯曲，密被瘤状突起、刺状腺毛及短毛。分布于我国华北、东北、西北等地区，多生长在干旱、半干旱的荒漠草原、沙漠边缘和黄土丘陵地带。干燥根及根茎（甘草）补脾益气，清热解毒，祛痰止咳，缓急止痛，调和诸药。

同属植物光果甘草 *G. glabra* L. 与甘草的区别是荚果长圆形，扁，微作镰形弯曲，无毛或疏被毛。胀果甘草 *G. inflata* Bat. 与甘草的区别是荚果椭圆形，直，膨胀，被褐色腺毛。这两种植物根和根茎也作甘草药用。

图 15－58　甘草

苦参 *Sophora flavescens* Ait.（图 15－59）落叶半灌木。根圆柱形，外皮黄色。奇数羽状复叶；小叶 11～25 片，披针形至线状披针形；托叶线形。总状花序顶生；花冠淡黄白色；雄蕊 10，分离。荚果条形，先端有长喙，呈不明显的串珠状，疏生短柔毛。干燥根（药材名：苦参）能清热燥湿、杀虫、利尿。

图 15－59　苦参

密花豆 *Spatholobus suberectus* Dunn.（图 15－60）木质藤本，老茎砍断后有鲜红色汁液流出；小叶纸质或近革质；圆锥花序腋生或生于小枝顶端；荚果刀状，长 8～11cm，密被棕色短绒毛；种子 1 枚。分布于云南及华南等地。干燥藤茎（药材名：鸡血藤）药用，能活血补血，调经止痛，舒筋活络。

图 15－60　密花豆

野葛 *Pueraria lobata*（Willd.）Ohwi.（图 15－61）藤本，全体被黄色长硬毛。块根肥厚，三出复叶，花冠蓝紫色。全国大部分地区有分布。干燥根（药材名：葛根）能解肌退热，生津止渴，透疹，升阳止泻。 微课 2

图 15－61　野葛

本科其他药用植物见表 15－16。

表 15-16　豆科其他药用植物

植物名	入药部位	药材名	功能
槐 *Sophora japonica* L.	干燥花及花蕾	槐花	凉血止血，清肝泻火
	干燥成熟果实	槐角	清热泻火，凉血止血
苏木 *Caesalpinia sappan* L.	干燥心材	苏木	活血化瘀、消肿止痛
补骨脂 *Psoralea corylifolia* L.	干燥成熟果实	补骨脂	温肾助阳，纳气平喘，温脾止泻
扁茎黄芪 *Astragalus complanatus* R. Br.	干燥成熟种子	沙苑子	温肾助阳，固精缩尿，养肝明目
降香檀 *Dalbergia odorifera* T. Chen.	干燥心材	降香	化瘀止血，理气止痛
榼藤子 *Entada phaseoloides*（Linn.）Merr.	干燥成熟种子	榼藤子	补气补血，健胃消食，除风止痛，强筋硬骨
扁豆 *Dolichos lablab* L.	干燥成熟种子	白扁豆	益气健脾，补血养阴，润肺化痰
越南槐 *Sophora tonkinensis* Gagnep.	干燥根及根茎	山豆根	清热解毒，消肿利咽
葫芦巴 *Trigonella foenum-graecuml.*	干燥成熟种子	葫芦巴	温肾，祛寒，止痛
狭叶番泻 *Cassia angustifolia* Vahl.	干燥小叶	番泻叶	泻热行滞，通便，利水
尖叶番泻 *Cassia acutifolia* Delile.			

21. 芸香科 Rutaceae　$⚥ * K_{3\sim5}C_{3\sim5}A_{3\sim\infty}\underline{G}_{(2\sim\infty:2\sim\infty:1\sim2)}$

多为木本，稀草本，有时具刺。叶、花、果常有透明的油腺点，多含挥发油。叶常互生或对生，多为复叶或单身复叶，无托叶。花辐射对称，两性，稀单性，单生或簇生，排成聚伞、圆锥花序；萼片3~5，合生；花瓣3~5；雄蕊常与花瓣同数或为其倍数，着生在花盘基部；子房上位，心皮2至多数，合生或离生。每室胚珠1~2。柑果、蒴果、核果、蓇葖果，少数翅果。

本科约150属1600种，分布于热带、亚热带和温带。我国有28属约150种，分布于全国，主产于南方。已知药用的有23属100余种。

【药用植物】

橘 *Citrus reticulat* Blanco.（图15-62）常绿小乔木或灌木，常具枝刺。单身复叶，叶翼不明显。萼片5；花瓣5，黄白色；雄蕊15~30，花丝常3~5枚连合成组。心皮7~15。柑果扁球形，橙黄色或橙红色，果皮密布油点，囊瓣7~12，种子卵圆形。长江以南各省广泛栽培。干燥成熟果皮（药材名：陈皮）能理气健脾，燥湿化痰；干燥外层果皮（药材名：橘红）能理气宽中，燥湿化痰；干燥幼果或未成熟果皮（药材名：青皮）能疏肝破气，消积化滞；干燥种子（药材名：橘核）能理气，散结，止痛。

图15-62　橘

酸橙 *Citrus aurantium* L.（图 15－63）常绿小乔木或灌木，常具枝刺。单身复叶，与上种的主要区别为小枝三棱形，叶柄有明显叶翼，柑果近球形，橙黄色，果皮粗糙。主产于四川、江西等各省区，多为栽培。干燥未成熟果实（药材名：枳壳）能理气宽中，行滞消胀；干燥幼果（药材名：枳实）能破气消积、化痰散痞。

图 15－63　酸橙

黄檗 *Phellodendron amurense* Rupr.（图 15－64）落叶乔木，树皮淡黄褐色，木栓层发达，有纵沟裂，内皮鲜黄色。奇数羽状复叶，小叶 5～15。披针形至卵状长圆形，边缘有细钝齿，齿缝有腺点。花单性，雌雄异株；圆锥花序；萼片 5；花瓣 5，黄绿色；雄花有雄蕊 5；雌花退化。浆果状核果，球形，成熟时紫黑色，内有种子 2～5。分布于东北、华北，生于山区杂木林中。有栽培。干燥树皮（药材名：关黄柏）能清热燥湿，泻火除蒸，解毒疗疮。

同属植物黄皮树 *P. Chinense* Scheind. 与黄檗主要区别：为树皮的木栓层薄，小叶 7～15 片，下面密被长柔毛。分布于四川、贵州、云南、陕西、湖北等区。干燥树皮（黄柏，习称“川黄柏”），功效同关黄柏。

图 15－64　黄檗

吴茱萸 *Evodia rutaecarpa*（Juss.）Benth.（图 15－65）落叶灌木或小乔木。幼枝、叶轴及花序均被黄褐色长柔毛。奇数羽状复叶对生，具小叶 5～9，叶两面被白色长柔毛，有粗大透明腺点。雌雄异株，聚伞状圆锥花序顶生。花萼 5，花瓣 5，白色。蒴果扁球形，开裂时呈蓇葖果状。分布于长江流域及南方各省区。生于山区疏林或林缘，现多栽培。干燥近成熟果实（药材名：吴茱萸）能散寒止痛，降逆止呕，助阳止泻。

同属植物国产 25 种，其中疏毛吴茱萸 *E. rutaecarpa*（Juss.）Benth. var. *bodinieri*（Dode）Huang、石虎 *E. rutaecarpa*（Juss.）Benth. var. *officinalis*（Dode）Huang 的近成熟果实亦做“吴茱萸”用。

图 15－65　吴茱萸

白鲜 *Dictamnus dasycarpus* Turcz.（图 15－66）多年生草本，根肉质粗长，淡黄白色；羽状复叶。叶柄及叶轴两侧有狭翅，花淡红色，有紫色条纹，蒴果 5 裂，种子近球形。分布于我国大部分地区。干燥根皮（药材名：白鲜皮）能清热燥湿，祛风解毒。

图 15－66　白鲜

佛手 *Citrus medica* L. *var. sarco－dactylis* Swingle.（图 15－67）常绿灌木或小乔木。茎叶基有长约6cm的硬锐刺，新枝三棱形。单叶互生，长椭圆形，有透明油点。花多在叶腋间生出，常数朵成束，其中雄花较多，部分为两性花，花冠五瓣，白色微带紫晕，春分至清明第一次开花，常多雄花，结的果较小，另一次在立夏前后，9～10月成熟，果大供药用，皮鲜黄色，皱而有光泽，顶端分歧，常张开如手指状，故名佛手，肉白，无种子。中国长江以南各地有栽种。干燥果实（药材名：佛手）能疏肝理气，和胃止痛，燥湿化痰。

图 15－67　佛手

本科其他药用植物见表 15－17。

表 15－17　芸香科其他药用植物

<table>
<tr><th>植物名</th><th>入药部位</th><th>药材名</th><th>功能</th></tr>
<tr><td>两面针 Zanthoxylum nitidum（Roxb.）DC.</td><td>干燥根</td><td>两面针</td><td>活血化瘀，行气止痛，祛风通络，解毒消肿</td></tr>
<tr><td>枸橼 Citrus medica L.</td><td rowspan="2">干燥成熟果实</td><td rowspan="2">香橼</td><td rowspan="2">疏肝理气，宽中，化痰</td></tr>
<tr><td>香圆 Citrus wilsonii Tanaka.</td></tr>
<tr><td>九里香 Murraya exotica L.
千里香 Murraya paniculata（L.）Jack.</td><td>干燥叶及嫩枝</td><td>九里香</td><td>行气活血，散瘀止痛，解毒消肿</td></tr>
<tr><td>三叉苦 Melicope pteleifolia（Champ. ex Benth.）T. G. Hartlry.</td><td>干燥茎及带叶嫩枝</td><td>三叉苦</td><td>清热解毒，祛风除湿，散瘀止痛。</td></tr>
</table>

22. 苦木科 Simaroubaceae　$♂ * K_{3\sim5}C_{3\sim5}A_{3\sim5:6\sim10}\underline{G}_{(2\sim\infty:2\sim\infty:1\sim2)}$

乔木或灌木，树皮有苦味。羽状复叶互生。花单性或杂性，整齐，花小，组成圆锥或穗状花序；萼片3～5；花瓣3～5；雄蕊与花瓣同数或其2倍；子房上位。核果、蒴果或翅果。

本科约20属120种，主产热带和亚热带地区；我国有5属，11种，3变种。

【药用植物】

苦树 *Picrasma quassioides*（D. Don）Benn.（图 15－68）落叶乔木，高可达10余米；树皮紫褐色，全株有苦味。叶互生，卵状披针形或广卵形，叶面无毛，托叶披针形，花雌雄异株，组成腋生复聚伞花序，花瓣与萼片同数，卵形或阔卵形，核果成熟后蓝绿色，种皮薄，萼宿存。干燥枝和叶（药材名：苦木）能清热解毒，祛湿。

图 15-68　苦树

鸦胆子 *Brucea javanica*（L.）Merr.（图 1-69）灌木或小乔木；小叶 3～15 对，卵形，有粗齿，两面被柔毛；花组成圆锥花序，细小，暗紫色，被黄色柔毛；核果；种子富含油脂，味极苦。干燥成熟果实（药材名：鸦胆子）能清热解毒，截疟，止痢。

图 15-69　鸦胆子

臭椿 *Ailanthus altissima*（Mill.）Swingle.（图 15-70）落叶乔木，高达 20 余米；奇数羽状复叶，纸质，卵状披针形；圆锥花序长达 30cm；翅果。干燥根皮或干皮（药材名：椿皮）能清热燥湿，收涩止带，止泻，止血。

图 15－70　臭椿

23. 橄榄科 Burseraceae　$♂ * K_{3\sim6}C_{3\sim6,\infty}A_{3\sim6}\underline{G}_{(1\sim\infty:3\sim5,1:2,1)}$

乔木或灌木，有树脂道分泌树脂或油脂。奇数羽状复叶，稀为单叶，互生；小叶全缘或具齿，托叶有或无。圆锥花序或极稀为总状或穗状花序，腋生或有时顶生，花小，花瓣 3～6，与萼片互生；雄蕊在雌花中常退化，1～2 轮；子房上位；花柱单一，柱头头状。核果；种子无胚乳。

本科 16 属，约 550 种，分布于南北半球热带地区，是热带森林主要树种之一。我国有 3 属 13 种，产于四川、云南、广西、广东、海南、福建和台湾。

【药用植物】

橄榄 *Canarium album* Raeusch.（图 15－71）大乔木，高达 20～35m；叶 3～6 对，纸质至革质，披针形；花序腋生，雄蕊 6，雄花序为聚伞圆锥花序，雌花序为总状；果序长 1.5～15cm，果卵圆形，无毛，黄绿色，外果皮厚，干时皱缩，果核渐尖；种子 1～2 粒。干燥成熟果实（青果）能清热解毒，利咽，生津。

图 15－71　橄榄

乳香树 *Boswellia carterii* Birdw.（图 15－72）小乔木。羽状复叶，小叶 15～21 枚，有圆齿。花小，白色至淡红色；总状花序。主产于红海沿岸。树皮渗出的树脂（药材名：乳香）能活血定痛，消肿生肌。

图 15－72　乳香

本科其他药用植物见表 15－18。

表 15－18　橄榄科其他药用植物

植物名	入药部位	药材名	功能
地丁树 *Commiphora myrrha* Engl.	干燥树脂	没药	散瘀定痛，消肿生肌
哈地丁树 *Commiphora molmol* Engl.			

24. 大戟科 Euphorbiaceae　$♂ * K_{0\sim5}C_{0\sim5}A_{1\sim\infty,(\infty)}$；$♀ * K_{0\sim5}C_{0\sim5}G_{(3:3:1\sim2)}$

草本、灌木或乔木，常含有乳汁。多单叶，互生，叶基部常具腺体；有托叶，常早落。花单性，花辐射对称，同株或异株，常为聚伞、总状、穗状、圆锥花序，或杯状聚伞花序；花被常为单层，萼状，有时缺，或花萼与花瓣具存；雄蕊 1 多数，或仅 1 枚，花丝分离或连合；雌蕊通常由 3 心皮合生；3 室，子房上位，中轴胎座。蒴果，少数为浆果或核果。

本科约 300 属，5000 余种，广布于全世界。我国 70 属，约 460 种，分布于全国各地。已知药用的有 39 属 160 种。

【药用植物】

大戟 *Euphorbia pekinensis* Rupr.（图 15－73）多年生草本，植物体有白色乳汁。根圆锥形。茎直立，高 80～90cm，上部分枝被短柔毛；叶互生，椭圆形，稀披针形，全缘。花序单生二歧分枝顶端，无梗，总苞杯状，腺体 4，淡褐色，雄花多数，伸出总苞，雌花 1。蒴果球形。种子卵圆形，暗褐色。分布于全国各地。干燥根（药材名：京大戟）有毒，能泻水逐饮，消肿散结。

图 15－73　大戟

续随子 *Euphorbia lathyris* L.（图 15－74）二年生草本，茎微带紫红色，高达 1 米，顶部二歧分枝；叶交互对生，线状披针形；花序单生，近钟状，雄花多数，雌花 1；蒴果。种子柱状至卵球状，褐色或灰褐色，具黑褐色斑点，富油性。干燥成熟种子（药材名：千金子）能泻水逐饮，破血消癥；外用疗疮蚀疣。

图 15－74　续随子

巴豆 *Croton tiglium* L.（图 15－75）常绿小乔木或灌木状；幼枝、叶有星状毛，后脱落；叶卵形或椭圆形，先端短尖或尾尖；花单性，总状花序顶生，雌雄同株；蒴果卵形；种子椭圆形。分布于南方及西南地区，野生或栽培。干燥成熟果实（药材名：巴豆）有大毒，外用蚀疮。用于恶疮疥癣，疣痣。

图 15-75　巴豆

本科其他药用植物见表 15-19。

表 15-19　大戟科其他药用植物

植物名	入药部位	药材名	功能
余甘子 *Phyllanthus emblica* L.	干燥成熟果实	余甘子	生津止渴，润肺化痰
甘遂 *Euphorbia kansui* T. N. Liou ex T. P. Wang.	干燥块根	甘遂	泻水逐饮，消肿散结
蓖麻 *Ricinus communis* L.	干燥成熟种子	蓖麻子	消肿拔毒，泻下通滞
月腺大戟 *Euphorbia ebracteolata* Hayata. 狼毒大戟 *Euphorbia fischeriana* Steud.	干燥根	狼毒	散结，杀虫
飞扬草 *Euphorbia hirta* L.	干燥全草	飞扬草	清热解毒，利湿止痒，通乳
龙脷叶 *Sauropus spatulifolius* Beille.	干燥叶	龙脷叶	清热解毒，止咳平喘
地锦 *Euphorbia humifusa* Willd. 斑地锦 *Euphorbia maculata* L.	干燥全草	地锦草	清热解毒，凉血止血，利湿退黄
铁苋菜 *Acalypha australis* L.	干燥地上部分	铁苋菜	清热解毒、止血、止痢

25. 漆树科 Anacardiaceae　$⚥ * K_{(3\sim5)} C_{3\sim5} A_{5\sim12} \underline{G}_{(1\sim5:1\sim5:1)}$

乔木或灌木，稀木质藤本或亚灌木状草本；韧皮部具树脂。单叶、3 小叶或羽状复叶，互生，稀对生；无托叶。圆锥花序，稀总状花序；花小，辐射对称，两性、单性或杂性；花萼 3～5 深裂，稀缺；内生花盘环状、杯状或坛状；雄蕊 5～12，花丝线形或钻形，花药内侧向纵裂；心皮 1～5，稀较多，合生，稀离生，子房上位，稀半下位或下位，通常 1 室，少有 2～5 室，每室 1 倒生胚珠。核果。种子 1，无胚乳或具少量胚乳。

本科约 60 属，600 余种，分布于热带、亚热带，少数至北温带地区。我国 16 属 59 种。

PPT

【药用植物】

漆 *Toxicodendron vernicifluum*（Stokes）F. A. Barkl.（图 15-76）落叶乔木，高达 20m。小枝粗壮，被棕黄色柔毛。奇数羽状复叶互生，叶背沿脉上被平展黄色柔毛，稀近无毛。圆锥花序，序轴及分枝纤细，疏花；花黄绿色，雄花花梗纤细，雌花花梗短粗；花萼无毛；花瓣长圆形，具细密的褐色羽状脉纹；雄蕊花丝与花药等长或近等长；子房球形，花柱 3。核果肾形或椭圆形，外果皮黄色，中果皮蜡质，具树脂道条纹，果核棕色，坚硬。树脂经加工后的干燥品（药材名：干漆），能破瘀痛经，消积杀虫。

图 15－76　漆

想一想15-3

漆树为什么在农村又被称为“咬人树”？

答案解析

盐肤木 *Rhus chinensis* Mill.（图 15－77）小乔木或灌木状，高达 10 米。小枝被锈色柔毛。复叶具 7～13 小叶，无柄，下面灰白色，被锈色柔毛，脉上毛密。圆锥花序被锈色柔毛，雄花序长，雌花序较短；花白色；苞片披针形；花萼裂片长卵形；花瓣倒卵状长圆形；雌花退化雄蕊极短。核果红色，扁球形，被柔毛及腺毛。叶上的虫瘿（药材名：五倍子），主要由五倍子蚜 *Melaphis chinensis*（Bell）Baker. 寄生而形成，能敛肺降火，涩肠止泻，敛汗，止血，收湿敛疮。

图 15－77　盐肤木

同属植物青麸杨 *R. potaninii* Maxim. 或红麸杨 *R. punjabensis* var. sinica (Diels) Rehd. et Wils. 由于蚜虫寄生也可形成虫瘿亦作五倍子药用。

南酸枣 *Choerospondias axillaris* (Roxb.) Burtt et Hill. 落叶乔木，高达30米。小枝无毛，具皮孔。奇数羽状复叶互生，下面脉腋具簇生毛。花单性或杂性异株，雄花和假两性花组成圆锥花序，雌花单生上部叶腋；萼片5，被微柔毛；花瓣5，外卷；雄蕊10，与花瓣等长；花盘10裂，无毛；子房5室，每室1胚珠，花柱离生。核果黄色，椭圆状球形，中果皮肉质浆状，果核顶端具5小孔。种子无胚乳。干燥成熟果实（药材名：广枣），能行气活血，养心，安神。

练一练15-3

五倍子的入药部位是（　）

A. 根及根茎　　B. 果实　　C. 种子　　D. 虫瘿

答案解析

26. 冬青科 Aquifoliaceae　$♂ * K_{(4\sim6)} C_{4\sim6,(4\sim6)} A_{4\sim6}$；$♀ * K_{(4\sim6)} C_{4\sim6,(4\sim6)} \underline{G}_{(2\sim5:2\sim\infty:1\sim2)}$

乔木或灌木，常绿或落叶。单叶互生，稀对生或假轮生，具叶柄，托叶早落。花小，辐射对称，单性，稀两性或杂性，雌雄异株，排列成腋生，腋外生或近顶生的聚伞花序、假伞形花序、总状花序、圆锥花序或簇生，稀单生；花萼裂片4~6；花瓣4~6，离生或基部合生；雄花具败育雌蕊，与花瓣同数，花丝短，花药2室，纵裂；雌花具败育雄蕊，子房上位，心皮2~5，合生，2至多室，每室具1，稀2枚胚珠，花柱短或无。浆果状核果。种子富含胚乳。

本科4属，400~500种，分布于热带美洲和热带至温带亚洲，有3种至欧洲。我国有1属，约204种，分布于秦岭南坡、长江流域及其以南地区，以西南地区最盛。

【药用植物】

冬青 *Ilex chinensis* Sims.（图15-78）常绿乔木，高达13米。树皮灰黑色，幼枝被微柔毛。叶片薄革质至革质，椭圆形或披针形，稀卵形。雄花：复聚伞花序，单生叶腋，淡紫色或紫红色，4~5基数；花萼裂片宽三角形；花瓣卵形；雄蕊短于花瓣，退化子房圆锥状；雌花：1~2回聚伞花序，具3~7花；花被同雄花；退化雄蕊长为花瓣1/2。核果长球形，熟时红色。干燥叶（药材名：四季青），能清热解毒，消肿祛瘀。

图15-78　冬青

铁冬青 *I. rotunda* Thunb. 常绿灌木或乔木，高可达20米，胸径达1米。树皮灰色至灰黑色；小枝红褐色，光滑无毛。叶薄革质或纸质，椭圆形、卵形或倒卵形，两面无毛，主脉在叶面凹陷，背面隆起；托叶早落。花白色，雌雄异株，通常 4～6（～13）花排成聚伞花序，着生叶腋处；雄花 4 数；雌花 5～7 数。核果球形，熟时红色，背部有 3 条纹和 2 浅槽。分布于长江流域以南和台湾。生于海拔 400～1100m 的山坡常绿阔叶林中和林缘。干燥树皮（药材名：救必应），能清热解毒，利湿止痛。

枸骨 *I. cornuta* Lindl. et Paxt.（图 15－79）常绿灌木或小乔木。幼枝具纵沟，沟内被微柔毛。叶二型，四角状长圆形，先端宽三角形、有硬刺齿，或长圆形、卵形及倒卵状长圆形，全缘，先端具尖硬刺，反曲，基部圆或平截，具 1～3 对刺齿；叶柄被微柔毛。花序簇生叶腋，花 4 基数，淡黄绿色；雄花花瓣长圆状卵形，雄蕊与花瓣几等长，退化子房近球形；雌花退化雄蕊长为花瓣 4/5。核果球形，熟时红色。干燥叶（药材名：枸骨叶），能清热养阴，益肾，平肝。

图 15－79　枸骨

本科其他药用植物见表 15－20。

表 15－20　冬青科其他药用植物

植物名	入药部位	药材名	功能
海南冬青 *I. hainanensis* Merr.	干燥叶	山绿茶	清热平肝，利咽解毒
毛冬青 *I. pubescens* Hook. et Arn.	干燥根	毛冬青	清热解毒、活血通络
秤星树（梅叶冬青）*I. asprella*（Hook. et Arn.）Champ. ex Benth.	干燥根	岗梅	清热解毒，生津止渴

27. 锦葵科 Malvaceae　$⚥ * K_{5,(5)} C_5 A_{(\infty)} \underline{G}_{(3\sim\infty:3\sim\infty:1\sim\infty)}$

草本、灌木或乔木。常被星状毛。单叶互生，常具掌状脉，具托叶。花两性，辐射对称，腋生或顶生，单生、簇生、聚伞花序至圆锥花序；花萼片 3～5，分离或合生，常有副萼，萼宿存；花瓣 5，分离；雄蕊多数，下部合生成雄蕊柱，形成单体雄蕊，花药 1 室，花粉具刺；子房上位，3 至多心皮，合生或离生，3 至多室，中轴胎座，每室具胚珠 1 至多枚。分果或蒴果。种子具胚乳。

本科约 50 属，1000 余种，广布于温带和热带。我国有 16 属，81 种和 36 变种或变型，全国均产，热带、亚热带种类较多。

【药用植物】

黄蜀葵 *Abelmoschus manihot*（L.）Medic.（图 15－80）一年生或多年生草本，全株疏被长硬毛。叶掌状 5～9 深裂，裂片长圆状披针形，具粗钝锯齿，两面疏被长硬毛。花大，淡黄色，具紫心，单生枝端叶腋；小苞片4～5，卵状披针形，宿存；花萼佛焰苞状，5裂，果时脱落；雄蕊无毛；子房被毛，5室，柱头紫黑色，匙状盘形。蒴果。干燥花冠（药材名：黄蜀葵花），能清利湿热，消肿解毒。用于湿热壅遏，淋浊水肿；外治痈疽肿毒，水火烫伤。

图15－80　黄蜀葵

冬葵 *Malva verticillata* var. *crispa* L.（图15－81）一年生草本，茎被柔毛。叶圆形，基部心形，脉上星状毛明显。花小，白色，花瓣5。蒴果。干燥成熟果实（药材名：冬葵果），能清热利尿，消肿。用于尿闭，水肿，口渴及尿路感染。

图15－81　冬葵

苘（qǐng）麻 *Abutilon theophrasti* Medicus.（图15－82）一年生草本，全株被星状毛。单叶互生，圆心形。单花腋生，黄色花瓣5；单体雄蕊，心皮15～20。蒴果。干燥成熟种子（药材名：苘麻子）能清热解毒，利湿，退翳。用于赤白痢疾，淋病涩痛，臃肿目翳，目生翳膜。

图15－82　苘麻

木芙蓉 *Hibiscus mutabilis* L. 落叶灌木，全株被星状毛。叶卵圆状心形，常5～7裂，裂片三角形。花单生于枝端叶腋；花萼钟形，5裂；花冠白色或淡红色，后变深红色。蒴果。干燥叶（药材名：木芙蓉叶），能凉血，解毒，消肿，止痛。用于痈疽瘀肿，缠身蛇丹，烫伤，目赤肿痛，跌打损伤。

本科其他药用植物见表15－21。

表15－21　锦葵科其他药用植物

植物名	入药部位	药材名	功能
地桃花 *Urena lobata* L.	干燥全草	地桃花	祛风利湿、清热解毒
木槿 *Hibiscus syriacus* L.	根皮及茎皮	木槿皮	清热燥湿、杀虫止痒
草棉 *Gossypium herbaceum* L.	种子	棉籽	补肝肾、强腰膝

28. 使君子科 Combretaceae　⚥ $* \uparrow K_{(4\sim5)} C_{4\sim5,0} A_{4\sim5,8\sim10} \bar{G}_{(5:1:1\sim\infty)}$

乔木、灌木，稀木质藤本，有些具刺。单叶对生或互生，稀轮生，无托叶。叶基、叶柄或叶下缘齿间具腺体。毛被有时分泌草酸钙而成鳞片状，草酸钙有时在角质层下形成透明点或细乳突。头状花序、穗状花序、总状花序或圆锥花序；花常两性，辐射对称，稀两侧对称；花萼裂片4～5（～8），宿存或脱落；花瓣4～5或缺；雄蕊与萼片同数，或为萼片2倍；子房下位，1室，胚珠倒生。坚果、核果或翅果，常有2～5棱。种子无胚乳。

本科约18（～19）属，450余种，分布于热带，亚热带地区。我国6属，25种7变种。分布于长江以南各省区，主产于云南及广东海南岛。

【药用植物】

使君子 *Quisqualis indica* L.（图15－83）攀援状灌木。小枝被棕黄色柔毛。叶对生或近对生，膜质，上面无毛，下面有时疏被棕色柔毛；叶柄幼时密被锈色柔毛。顶生穗状花序组成伞房状；苞片卵形或线状披针形，被毛；花瓣初白色，后淡红色；雄蕊10，子房具3胚珠。果椭圆形或卵圆形，具5条锐棱，熟时外果皮脆薄，青黑或栗色。干燥成熟果实（药材名：使君子），能杀虫消积。

图15－83　使君子

诃子 *Terminalia chebula* Retz.（图15－84）乔木，高可达30米，胸径1米。树皮灰黑色至灰色，粗裂而厚；枝无毛，皮孔细长，明显，白色或淡黄色；幼枝黄褐色，被绒毛。叶互生或近对生，两面无毛，密被细瘤点；叶柄粗，近顶端有2（4）腺体。穗状花序腋生或顶生，有时圆锥花序；花多数，两性，花萼杯状，淡绿带黄色，萼齿5，三角形，内面被黄棕色柔毛；雄蕊10；子房圆柱形，被毛，胚珠2。核果卵圆形或椭圆形，熟时黑褐色，常有5钝棱。分布于云南西部和西南部。干燥成熟果实（药材名：诃子），能涩肠止泻，敛肺止咳，降火利咽。干燥幼果（药材名：西青果），能清热生津，解毒。用于阴虚白喉。

图15－84　诃子

同属植物绒毛诃子 *T. chebula* Retz. var. *tomentella* Kurt. 幼枝、幼叶全被铜色平伏长柔毛；苞片长过于花；花萼外无毛；果卵形，长不足2.5cm。分布于云南西部。干燥成熟果实亦作诃子药用。

本科其他药用植物见表 15－22。

表 15－22　使君子科其他药用植物

植物名	入药部位	药材名	功能
毗黎勒 *T. bellirica*（Gaertn.）Roxb.	干燥成熟果实	毛诃子	清热解毒，收敛养血，调和诸药

29. 五加科 Araliaceae　$⚥ * K_5 C_{5\sim10} A_{5\sim10} \overline{G}_{(2\sim15:2\sim15:1)}$

乔木、灌木或木质藤本，稀多年生草本。茎常有刺。叶多互生，单叶、羽状或掌状复叶。花两性或杂性，稀单性异株，排成伞形、头状、总状或穗状花序，通常再组成圆锥状复花序；萼齿 5，小形，花瓣 5～10，分离；雄蕊 5～10，着生花盘边缘；子房下位，合生心皮 2～15 室，每室胚珠 1。浆果或核果。种子胚乳匀一或嚼烂状。

本科约 80 属，900 余种，分布于热带至温带地区。我国有 22 属，160 余种，除新疆外，全国各地均有分布。

【药用植物】

人参 *Panax ginseng* C. A. Mey.（图 15－85）多年生草本。根茎短，结节状；主根粗壮，圆柱形或纺锤形。茎单生，有纵纹，无毛。掌状复叶 3～6 枚，轮生茎顶，叶柄无毛，小叶片 3～5，上面疏被刚毛，下面无毛。伞形花序单个顶生，花小，淡黄绿色。浆果状核果，红色扁球形。分布于辽宁、吉林和黑龙江的东部，东北山区多栽培。生于低海拔落叶阔叶林或针叶阔叶混交林下。干燥根和根茎（药材名：人参），能大补元气，复脉固脱，补脾益肺，生津养血，安神益智。栽培品经蒸制后的干燥根和根茎（药材名：红参），能大补元气，复脉固脱，益气摄血。

图 15－85　人参

药爱生命

人参是珍贵的药用植物，被誉为“百草之王”，距今已有 1600 多年的应用历史。人参根据加工方法不同可分为红参、边条红参、白糖参、生晒参、白干参、掐皮参、大力参等。人参作为一种滋补性药物，可以增强机体非特异性抵抗力，对人体许多重要的生理活动都有双向调节作用，但使用必须适量，过量服用则往往适得其反。长期大剂量服用人参或人参制剂，可出现类似皮质醇中毒的症状，被称为“人参滥用综合征”，主要表现为高血压、神经过敏、易激动、失眠、皮疹等，严重者还可出现神经错乱。此外，大剂量服用人参还可出现抑郁、食欲减退、水肿、低血压、闭经、腹胀等复杂多样的副作用，如果儿童滥用人参还可能引起性早熟现象。因此人参虽补，也须慎用。

三七 *P. notoginseng*（Burkill）F. H. Chen ex C. H. Chow.（图 15－86）多年生草本。主根粗壮，倒圆锥形或短圆柱形，常有瘤状突起的分枝。掌状复叶，轮生茎顶，小叶片 3～7，两面脉上密生刚毛。伞形花序单个顶生；花小，花瓣 5，淡黄绿色。浆果状核果，熟时红色。主要栽培于云南、广西。多种植于海拔 400～1800m 山谷、山坡林下或人工荫棚内。干燥根和根茎（药材名：三七），能散瘀止血，消肿定痛。

图 15－86　三七

西洋参 *P. quinquefolius* L. 多年生草本。形态和人参相似，区别在于本种小叶倒卵形，先端突尖或粗渐尖，脉上疏被刚毛或无毛，边缘的锯齿不规则且较粗大而容易区别。原产北美，现我国北京、黑龙江、吉林、陕西等地有引种栽培。干燥根（药材名：西洋参），能补气养阴、清热生津。

竹节参 *P. japonicus*（T. Nees）C. A. Mey. 多年生草本。根茎竹鞭状，肉质。茎无毛。掌状复叶 3～5 轮生茎端；小叶 5，两面沿脉疏被刺毛。伞形花序单生茎顶；花瓣 5；雄蕊 5；花柱 2～5，连合至中部。干燥根茎（药材名：竹节参），能散瘀止血，消肿止痛，祛痰止咳，补虚强壮。

细柱五加 *Eleutherococcus nodiflorus*（Dunn）S. Y. Hu.（图 15－87）落叶蔓状灌木。枝无刺或在叶柄基部单生扁平的刺。掌状复叶，小叶片 3～5。伞形花序腋生；花黄绿色。浆果。干燥根皮（药材名：五加皮）能祛风除湿，补益肝肾，强筋壮骨，利水消肿。

图 15－87　细柱五加

刺五加 *E. senticosus*（Rupr. & Maxim.）Maxim.（图 15－88）灌木。茎枝直立，小枝密生针刺。掌状复叶，小叶片 3～5，上面脉被粗毛，下面脉被柔毛。伞形花序单生茎顶，或 2～6 簇生；花紫黄色；子房下位，5 室，花柱连合。分布于东北、华北及陕西、四川等地。生于海拔 2000m 以下灌丛中、林内或沟边。干燥根和根茎或茎（药材名：刺五加），能益气健脾、补肾安神。

图 15－88　刺五加

通脱木 *Tetrapanax papyrifer*（Hook.）K. Koch.（图 15－89）灌木或小乔木。茎干粗壮，无刺；茎髓大，白色，中央具纸质状横隔。叶大，集生于茎顶，掌状 5～11 裂。伞形花序聚生成顶生或近顶生大型复圆锥花序；花瓣、雄蕊多4，稀5；子房下位，2室。分布于长江以南各省区和陕西。生于土壤肥厚的向阳坡上，偶有栽培。干燥茎髓（药材名：通草）能清热利尿，通气下乳。

图15－89 通脱木

本科其他药用植物见表15－23。

表15－23 五加科其他药用植物

植物名	入药部位	药材名	功能
珠子参 *P. japonicus* var. *major*（Burk.）C. Y. Wu et K. M. Feng.	干燥根茎	珠子参	补肺养阴，祛瘀止痛，止血
白花鹅掌柴 *Heptapleurum leucanthum*（R. Vig.）Y. F. Deng.	干燥带叶茎枝	汉桃叶	祛风止痛，舒筋活络
虎刺楤木 *Aralia finlaysoniana*（Wall. ex DC.）Seem.	干燥根	鹰不扑	散瘀消肿，祛风利湿

30. 伞形科 Umbelliferae $⚥ * K_{(5),0}C_5A_5\overline{G}_{(2:2:1)}$

一年生至多年生草本，常含挥发油而具香气。根肉质而粗。茎常圆形，中空，表面有纵棱。叶互生，多为掌状分裂或1～4回羽状分裂的复叶，或1～2回三出式羽状分裂的复叶；叶柄基部膨大成鞘状。花小，两性，多为复伞形或伞形花序顶生或腋生，各级花序基部常有总苞或小总苞；花萼和子房贴生，萼齿5或不明显；花瓣5；雄蕊5；子房下位，2心皮，2室，每室1胚珠，顶端有盘状或短圆锥状的花柱基，花柱2。双悬果。胚乳软骨质，胚小。

本科200余属，2500种，主要分布于北温带。我国约95属500余种，全国各地均产。已知药用的有55属234种。

本科植物特征明显，但较多属和种的形态较为接近，鉴定比较困难。鉴别时应特别注意：叶与叶柄基部的形状；花序是伞形花序还是复伞形花序；总苞片及小苞片是否存在，其数目和形态；花的颜色和萼片的情况；花柱的长短，花柱基部的形态特征；双悬果形态，有无刺毛；分果的形态，主棱和次棱的情况，油管的分布数目等。

【药用植物】

白芷 *Angelica dahurica*（Fisch. ex Hoffm.）Benth. et Hook. f. ex Franch. et Sav.（图15－90）多年生高大草本。根圆柱形，黄褐色，有浓香。茎粗壮，中空，暗紫色。基生叶一回羽裂，有长柄，叶鞘管状，边缘膜质；茎中部叶二至三回羽状分裂，最终裂片卵形至长卵形，基部下延成翅；茎上部叶二至三回羽裂，叶鞘囊状。复伞形花序，花序梗、伞辐、花梗均有糙毛；总苞片缺或1～2片，鞘状，小苞片5～10，线状；花白色；花柱基短圆锥形。双悬果椭圆形或近圆形。分布于东北及华北地区。生于林下，林缘，溪旁、灌丛及山谷草地。干燥根（药材名：白芷），能解表散寒，祛风止痛，宣通鼻窍，燥湿止带，消肿排脓。

图15－90　白芷

同属植物变种杭白芷 *A. dahurica Hangbaizhi* Yuan et Shan. 与白芷的植物形态基本一致，但植株较矮。根长圆锥形，上部近方形。茎及叶鞘多为黄绿色。花小，黄绿色。产于福建、台湾、浙江、四川等地。多有栽培。根亦作白芷药用。

当归 *A. sinensis*（Oliv.）Diels. 多年生草本，全株具特异香气。根圆柱形，有支根数条，根头部有环纹。茎直立，光滑无毛，有纵深沟纹。叶三出式二至三回羽状分裂，叶柄基部膨大成鞘抱茎，紫色或绿色。复伞形花序，花梗密被细柔毛，苞片无或有2枚，线形，小总苞片2～4，线形；花瓣5，绿白色；雄蕊5；子房下位。双悬果椭圆至卵形，分果有5棱，侧棱延展成薄翅。分布于西北、西南地区。多为栽培，以岷县产量多，质量好。干燥根（药材名：当归）能补血活血，调经止痛，润肠通便。

柴胡 *Bupleurum chinense* DC. 多年生草本。主根较粗，少有分枝，棕褐色，质坚硬。茎直立，上部多分枝略呈"之"字形弯曲。基生叶早枯，中部叶倒披针形或披针形，全缘，具平行叶脉7～9条，叶下面具粉霜。复伞形花序；花黄色。双悬果宽椭圆形，两侧略扁，棱狭翅状。分布于东北、华北、华东、中南、西南等地。生于向阳山坡。干燥根（药材名：柴胡），能疏散退热，疏肝解郁，升举阳气。

同属植物狭叶柴胡 *B. scorzonerifolium* Willd. 叶线形或狭线形，具白色骨质边缘。分布于东北、西北、华北、华东及西南等地。干燥根亦作柴胡药用。

川芎 *Ligusticum sinense* 'Chuanxiong'. 多年生草本。根茎呈不规则的结节状拳形团块，有浓香气。地上茎丛生，茎基部的节膨大成盘状（苓子）。叶为三至四回三出式羽状分裂或全裂，小叶3～5对。

复伞形花序，总苞片3~6，小苞片线性；花白色。双悬果卵形。主产四川、云南、贵州。多为栽培。干燥根茎（药材名：川芎）能活血行气，祛风止痛。

藁本 *L. sinense* Oliv. 多年生草本，高达1米。根茎发达，具膨大的结节。茎直立，中空，有条纹，具分枝。基生叶柄长达20厘米，叶三出二回羽裂，茎上部叶一回羽裂。复伞形花序顶生或侧生；花瓣白色；花柱与果近等长，向两侧弯曲。双悬果卵状长圆形。分布于湖北、四川、陕西、河南、湖南、江西、浙江等省。生于海拔1000~2700米的林下，沟边草丛中。干燥根茎和根（药材名：藁本），能祛风，散寒，除湿，止痛。

同属植物辽藁本 *L. jeholense* Nakai et Kitag. 多年生草本，高达80厘米。根圆锥形，叉状分枝。分布于吉林东南部、辽宁、内蒙古东南部、河北、山西、山东中西部及河南。生于海拔1100~2500米山地林下、沟边、山坡或草地。干燥根茎和根亦作藁本药用。

茴香 *Foeniculum vulgare* Mill.（图15-91）多年生草本，全株有特异香气。茎无毛，多分枝，灰绿至苍白色。较下部茎生叶柄长5~15厘米，中部或上部的叶柄呈鞘状；叶宽三角形，二至三回羽状全裂，小裂片线形。复伞形花序顶生与侧生；花瓣黄色。双悬果长圆形。原产于地中海地区。我国各地栽培。干燥成熟果实（药材名：小茴香），能散寒止痛，理气和胃。

图15-91　茴香

防风 *Saposhnikovia divaricate*（Turcz.）Schischk. 多年生草本。根长圆柱形，主根圆锥形，淡黄褐色，有特异香气。茎单生，二叉分枝，基部密被纤维状叶鞘。基生叶有长柄，叶鞘宽；茎生叶较小。复伞形花序顶生和腋生；总苞片无或1~3，小总苞片4~5；花白色；花柱短，外曲。双悬果窄椭圆形或椭圆形。分布于东北、华东等地。生于海拔400~800米的草原、丘陵、石砾山坡、草地。干燥根（防风）能祛风解表，胜湿止痛，止痉。

白花前胡 *Peucedanum praeruptorum* Dunn.（图15-92）多年生草本。根茎粗壮，根圆锥状，末端细瘦，常分叉。茎圆柱形，髓部充实。叶二至三回三出式羽状分裂状；复伞形花序顶生和腋生；花白色花柱短，弯曲。双悬果椭圆形。分布于华东、华中、西南等地。生于海拔250~2000米的山坡林缘，路旁或半阴性的山坡草丛中。干燥根（药材名：前胡），能降气化痰，散风清热。

图 15－92　白花前胡

本科其他药用植物见表 15－24。

表 15－24　伞形科其他药用植物

植物名	入药部位	药材名	功能
羌活 *Notopterygium incisum* Ting ex H. T. Chang.	干燥根茎和根	羌活	解表散寒，祛风除湿，止痛
紫花前胡 *A. decursiva*（Miq.）Franch. et Sav.	干燥根	紫花前胡	降气化痰，散风清热
珊瑚菜 *Glehnia littoralis* Fr. Schmidt ex Miq.	干燥根	北沙参	养阴清肺，养胃生津
明党参 *Changium smyrnioides* Wolff.	干燥根	明党参	润肺化痰，养阴和胃，平肝，解毒
积雪草 *Centella asiatica*（L.）Urb.	干燥全草	积雪草	清热利湿，解毒消肿
蛇床 *Cnidium monnieri*（L.）Cuss.	干燥成熟果实	蛇床子	燥湿祛风，杀虫止痒，温肾壮阳
野胡萝卜 *Daucus carota* L.	干燥成熟果实	南鹤虱	杀虫消积

（二）合瓣花亚纲

合瓣花亚纲（Sympetalae），又称后生花被亚纲（Metachlamydeae）。花瓣多少连合，花冠形状多样，如漏斗状、钟状、唇形、管状、舌状等。花冠的连合及多样性有利于昆虫传粉，且能更好地保护雄蕊和雌蕊。

31. 杜鹃花科 Ericaceae　$⚥ * K_{(4\sim5)} C_{(4\sim5)} A_{(8\sim10,4\sim5)} \underline{G}_{(4\sim5:4\sim5:\infty)} \overline{G}_{(4\sim5:4\sim5:\infty)}$

乔木或灌木，常绿，稀半常绿或落叶。单叶互生，常革质，无托叶。花两性，辐射对称或略两侧对称，单生或成总状、圆锥状或伞形花序，顶生或腋生，具苞片；花萼 4～5 裂，宿存；花冠合生成钟状、坛状、漏斗状或高脚碟状，稀离生，常 5 裂；雄蕊为花冠裂片 2 倍，少同数，稀更多，花药 2 室，顶孔开裂，稀纵裂，有些属具尾状或芒状附属物；子房上位或下位，多为 4～5 心皮，合生成 4～5 室，中轴胎座，每室胚珠常多数。蒴果或浆果，稀浆果状蒴果。种子小，胚圆柱形，胚乳丰富。

本科约 103 属，3350 种，除沙漠地区外，广布于南、北半球温带及北半球亚寒带，少数属、种环北极或北极分布，也分布于热带高山，大洋洲种类极少。我国有 15 属，757 种，分布全国，尤以西南各省区为多。

【药用植物】

兴安杜鹃 *Rhododendron dauricum* L.（图 15－93）半常绿灌木，高达 0.5～2 米。分枝多，幼枝被柔毛和鳞片。单叶近革质，长圆形或椭圆形，上面深绿色，疏被灰白色鳞片，下面淡绿色，密被相互邻接或呈覆瓦状的鳞片。花序顶生或侧生于枝端，1～4花，先叶开放；花梗被柔毛；花萼很小，环状，密被鳞片；花冠淡紫红或粉红色，宽漏斗状，外面近基部被柔毛；雄蕊10。蒴果长圆形，被鳞片。分布于黑龙江、吉林、辽宁、内蒙古东部及河北中部。生于干燥石质山坡、山脊灌丛中或柞木林下。干燥叶（药材名：满山红）能止咳祛痰。用于咳嗽气喘痰多。

图15－93　兴安杜鹃

羊踯（zhí）躅（zhú）*R. molle*（Blume）G. Don.（图15－94）落叶灌木。幼枝被柔毛和刚毛。单叶互生，纸质，长圆形至长圆状披针形，下面密被灰白色柔毛，有时仅叶脉有毛。总状伞形花序顶生，花9～13，先花后叶或同放；花梗被柔毛和刚毛；花萼被柔毛、睫毛和疏生刚毛；花冠阔漏斗形，黄色或金黄色，外面被微柔毛，内面有深红色斑点，裂片5；雄蕊5；子房圆锥状，被柔毛和刚毛，花柱无毛。蒴果圆柱状，被柔毛和刚毛。干燥花（药材名：闹羊花）能祛风除湿，散瘀定痛。

图15－94　羊踯躅

本科其他药用植物见表 15－25。

表 15－25　杜鹃花科其他药用植物

植物名	入药部位	药材名	功能
滇白珠 *Gaultheria leucocarpa var. Yunnanensis* (Franch.) T. Z. Hsu et R. C. Fang.	干燥全株	透骨香	祛风除湿，解毒止痛

32. 木犀科 Oleaceae $\text{⚥} * K_{(4)} C_{(4),0} A_2 \underline{G}_{(2:2:2)}$

灌木或乔木，稀藤本。叶对生，稀轮生或互生，单叶、三出复叶或羽状复叶，稀羽状分裂；具叶柄，无托叶。花两性，稀单性异株，辐射对称，聚伞花序常组成圆锥花序；花萼、花冠多 4 裂，稀无花冠；雄蕊常 2 枚，子房上位，2 心皮 2 室，每室常具 2 胚珠。核果、浆果、蒴果、翅果。种子具直伸胚，有胚乳或无胚乳。

本科约 27 属，400 余种，分布于温带和亚热带地区。我国有 12 属，178 种，南北各地均有分布。已知药用 8 属，89 种入药。

【药用植物】

女贞 *Ligustrum lucidum* Ait.（图 15－95）常绿乔木或灌木。单叶对生，卵形或椭圆形，先端尖或渐尖，基部近圆，叶缘平，两面无毛，侧脉 4～9 对。圆锥花序顶生；花小，花萼 4 裂，花冠 4 裂，白色；雄蕊 2，长达花冠裂片顶部。核果肾形或近肾形，成熟时蓝黑或红黑色，被白粉。分布于长江以南至华南、西南各省区，向西北分布至陕西、甘肃。生于海拔 2900 米以下林中。干燥成熟果实（药材名：女贞子），能滋补肝肾，明目乌发。

图 15－95　女贞

连翘 *Forsythia suspensa*（Thunb.）Vahl.（图 15－96）落叶灌木。枝开展或下垂，小枝略呈四棱形，疏生皮孔，节间中空，节部具实心髓。单叶对生，叶片完整或 3 裂至三出复叶，卵形或椭圆状卵形，上面深绿色，下面淡黄绿色，两面无毛。花通常单生或 2 至数朵着生于叶腋，先于叶开放；花萼边缘具睫毛，与花冠管近等长；花冠黄色，4 裂。蒴果卵球形，先端喙状渐尖，表面疏生皮孔。种子具翅。干燥果实（药材名：连翘），能清热解毒，消肿散结，疏散风热。

图 15-96　连翘

白蜡树 *Fraxinus chinensis* Roxb. 落叶乔木。树皮灰褐色，纵裂。小枝无毛或疏被长柔毛，旋脱落。叶对生，单数羽状复叶，上面无毛，下面延中脉被白色长柔毛或无毛。圆锥花序顶生或腋生；花雌雄异株，雄花密集，雌花疏离，均无花冠。翅果匙形。分布于我国南北各省区。多为栽培。生于海拔 800 ~1600 米山地杂木林中。干燥枝皮或干皮（药材名：秦皮），能清热燥湿，收涩止痢，止带，明目。

同属植物苦枥白蜡树 *F. rhynchophyla* Hance. 、尖叶白蜡树 *F. szaboana* Lingelsh. 、宿柱白蜡树 *F. stylosa* Lingelsh. 的干燥枝皮或干皮也作秦皮入药用。

本科其他药用植物见表 15-26。

表 15-26　木犀科其他药用植物

植物名	入药部位	药材名	功能
暴马丁香 *Syringa reticulata* subsp. *amurensis* (Rupr.) P. S. Green et M. C. Chang	干燥干皮或枝皮	暴马子皮	清肺祛痰，止咳平喘
羽叶丁香 *S. pinnatifolia* Hemsl.	干燥根	山沉香	降气，温中，暖胃

33. 龙胆科 Gentianaceae　$⚥ * K_{(4\sim5)} C_{(4\sim5)} A_{(4\sim5)} \underline{G}_{(2:1:\infty)}$

草本，茎直立或攀援，稀灌木。单叶对生，少轮生：全缘，无托叶。花两性，辐射对称，多呈聚伞花序，稀单生：萼筒管状，常 4~5 裂；花冠漏斗状，辐状或管状，常 4~5 裂，多旋转状排列，有时有距；雄蕊与花冠裂片同数而互生，着生花冠管上；子房上位，常 2 心皮合生为 1 室，侧膜胎座，胚珠多数。蒴果 2 瓣裂。

本科约 80 属，900 余种，广布世界各地，主产于北温带。我国 19 属，350 余种，各地有分布，以西南山区种类较丰富。已知药用 15 属，109 种。

PPT

【药用植物】

龙胆 *Gentiana scabra* Bge.（图 15-97）多年生草本。根细长，簇生。单叶对生，无柄，卵形或卵状披针形，全缘，主脉 3~5 条。聚伞花序密生于茎顶或叶腋；萼 5 深裂；花冠蓝紫色，钟状，5 浅裂，裂片间有褶，短三角形；雄蕊 5，花丝基部有翅；子房上位，1 室。蒴果长圆形，种子具翅。分布于东北及华北等地。生于草地、灌丛、林缘。干燥根及根茎（药材名：龙胆），味苦，性寒。能清热燥湿，泻肝胆火。

同属植物条叶龙胆 *G. manshurica* Kiag. 、三花龙胆 *G. triflora* Pall. 、坚龙胆 *G. rigescens* Franch. 的根和根茎同等入药。与龙胆的主要区别点：条叶龙胆花 1~2 朵，顶生或腋生。三花龙胆花萼紫红色，萼筒钟形，长1～1.2cm，常一侧浅裂，裂片窄三角形。坚龙胆花枝多数，丛生，直立，坚硬，紫色或黄绿色，中空，近圆形；花萼倒锥形，裂片绿色；花冠檐具多数深蓝色斑点。

秦艽 *Gentiana macrophylla* Pall.（图15－98）多年生草本，茎基部有残叶的纤维。茎生叶对生，基生叶簇生，常为矩圆状披针形，花簇生枝顶或轮状腋生；萼筒一侧开裂；花葶1侧开展；花冠蓝紫色；雄蕊5；蒴果卵状椭圆形，无柄。分布于西北、华北、东北及四川等地。生于高山草地及林缘。干燥根（药材名：秦艽）药用能祛风湿，清湿热，止痹痛，退虚热。

同属植物粗茎秦艽 *G. crassicaulis* Duthia ex Burk.、小秦艽 *G. dahurica* Fisch.、麻花秦艽 *G. straminea* Maxim. 等的根同等入药，功效同秦艽。与秦艽的主要区别点：粗茎秦艽枝条黄绿色或带紫红色，花萼筒膜质，长4～6mm，一侧开裂呈佛焰苞状；小秦艽茎基部被枯存的纤维状叶鞘包裹，枝多数丛生，种子淡褐色；麻花秦艽主根粗大，圆锥状，上粗下细，扭曲不直。

图15－97　龙胆

图15－98　秦艽

本科其他药用植物见表15－27。

表15－27　龙胆科其他药用植物

植物名	入药部位	药材名	功能
青叶胆 *Swertia mileensis* T. N. Ho et.	干燥全草	青叶胆	清肝利胆，清热利湿
瘤毛獐牙菜 *S. pseudochinensis* Hara.	干燥全草	当药	清热利湿，健脾
红花龙胆 *Gentiana rhodantha* Franch.	干燥全草	红花龙胆	清热除湿，解毒，止咳

34. 夹竹桃科 Apocynaceae　⚥ $* K_{(5)} C_{(5)} A_5 \underline{G}_{(2:1\sim2:1\sim\infty)}$

乔木、灌木、藤本或草本，具乳汁或水液。单叶对生或轮生，全缘，常无托叶。花两性，辐射对称，单生或呈聚伞或圆锥花序；萼5裂，下部钟状或筒状，基部内面常有腺体；花冠5裂，高脚碟状、漏斗状、坛状或钟状，裂片旋转排列，花冠喉部常有鳞片状或毛状附属物，有的具副花冠；雄蕊5，着生花冠管上或其喉部；有花盘；子房上位，2心皮离生或合生，1～2室，中轴或侧膜胎座，胚珠1至多数。蓇葖果2个并生，少核果、浆果或蒴果。种子一端常被毛或膜翅。

本科250属，2000余种，主要分布于热带、亚热带地区。我国46属，176种，主要分布于南部各省区。已知药用35属，95种。

【药用植物】

罗布麻 *Apocynum venetum* L.（图15－99）半灌木，具乳汁。枝条常对生，光滑无毛，带红色。单叶对生，椭圆状披针形至卵圆状长圆形，两面无毛，叶缘有细齿。圆锥状聚伞花序一至多歧，通常顶生，有时腋生。花冠圆筒状钟形，紫红色或粉红色，筒内基部具副花冠；雄蕊5，花药箭形，基部具耳；花盘肉质环状；心皮2，离生。蓇葖果双生，下垂。分布于北方各省区及华东。生于盐碱荒地和沙漠边缘及河流两岸。干燥叶（药材名：罗布麻叶）药用，味甘、苦，性凉。能平肝安神，清热利水。

络石 *Trachelospermum jasminoides*（Lindl.）Lem.（图15-100）常绿攀援灌木，全株具白色乳汁；嫩枝被柔毛。叶对生；叶片椭圆形或卵状披针形。聚伞花序；花萼5裂，裂片覆瓦状；花冠高脚碟状，白色，顶端5裂。蓇葖果双生。种子顶端具白色绢质种毛。分布于除新疆、青海、西藏及东北地区以外的各省区。生于山野、溪边、沟谷、林下，攀援于岩石、树木及墙壁上。干燥带叶藤茎（药材名：络石藤）药用，味甘，性平。能祛风通络，凉血消肿。

图15-99　罗布麻

图15-100　络石

萝芙木 *Rauvolfia verticillata*（Lour.）Baill.（图15-101）灌木，多分枝，具乳汁，全体无毛。单叶对生或3~5叶轮生，长椭圆状披针形。聚伞花序顶生；花冠白色，高脚碟状，花冠筒中部膨大；雄蕊5；心皮2，离生。核果2，离生，卵形或椭圆形，熟时由红变黑。分布于西南、华南地区。生于潮湿的山沟、坡地的疏林下或灌丛中。全株药用，味苦，性寒。能镇静，降压，活血止痛，清热解毒。常做提取“降压灵”和“利血平”的原料。

长春花 *Catharanthus roseus*（L.）G. Don.（图15-102）多年生草本，叶对生。聚伞花序腋生或顶生，有花2~3朵，花冠红色；蓇葖果双生；种子具瘤状突起。原产于非洲，现长江以南地区有栽培。全株能抗癌、抗病毒、利尿、降血糖；为提取长春碱和长春新碱的原料。

图15-101　萝芙木

图15-102　长春花

夹竹桃科其他药用植物见表 15－28。

表 15－28　夹竹桃科其他药用植物

植物名	入药部位	药材名	功能
羊角拗 *Strophanthus divaricatus*（Lour.）Hook. et Arn.	干燥根或茎叶	羊角拗	祛风湿，通经络，解疮毒，杀虫
杜仲藤 *Parabarium micranthum*（A. DC.）Pierre.	干燥树皮	红杜仲	祛风活络，强筋壮骨
黄花夹竹桃 *Thevetia peruviana*（Pers.）K. Schum.	干燥种子	黄花夹竹桃	解毒消肿

35. 萝藦科 Ascelepiadaceae　$⚥ * K_{(5)} C_{(5)} A_5 \underline{G}_{2:1:\infty}$

多年生草本、灌木或藤本，具乳汁。单叶对生，少轮生，全缘，叶柄顶端常具丛生的腺体。花两性，辐射对称，5 基数；聚伞花序呈伞状、伞房或总状排列；花萼筒短，先端 5 裂，内面基部常有腺体；花冠辐状、坛状或稀高脚碟状，顶端 5 裂，裂片旋转状排列，常具副花冠，由 5 裂片或鳞片组成，生于花冠管上或合蕊冠上；雄蕊 5，与雌蕊贴生成合蕊柱；花丝合生为具蜜腺的筒状，并包围雌蕊成合蕊冠，或相互离生。花药合生，贴生于柱头基部膨大处，每花药具花粉块 2 或 4 个（原始类群的四合花粉粒呈颗粒状），承载于匙形的载粉器中。子房上位，离生心皮 2。蓇葖果双生或因一不育而单生。种子多数，顶端具白色丝状毛。

本科 180 属，2200 余种，广布全球，主产于热带。我国 44 属，245 种，以西南、华南种类较多。已知药用 32 属，112 种。

【药用植物】 微课 3

白薇 *Cynanchum atratum* Bge.（图 15－103）多年生草本，有乳汁；全株被绒毛。根须状，有香气。茎直立，中空。叶对生；叶片卵形或卵状长圆形。聚伞花序，无花序梗；花深紫色。蓇葖果单生。种子一端有长毛。分布于南北各省。生于林下草地或荒地草丛中。干燥根及根茎（药材名：白薇）药用，味苦、咸，性寒。能清热凉血，利尿通淋，解毒疗疮。

同属植物蔓生白薇 *C. versicolor* Bge. 的根及根茎同等入药。与白薇的主要区别是：茎上部为蔓生，被短柔毛，叶片卵形或椭圆形，花较小，直径约 1cm，初开时黄绿色，后渐变为黑紫色。

图 15－103　白薇

柳叶白前 *C. stauntonii*（Decne.）Schltr. ex Levl.（图 15－104）半灌木，无毛。根茎细长，匍匐，节上丛生须根，无香气。叶对生，狭披针形。聚伞花序；花冠紫红色，花冠裂片三角形，内面具长柔毛；副花冠裂片盾状；花粉块 2，每室 1 个，长圆形。蓇葖果单生。种子顶端具绢毛。分布于长江流域及西南各省。生于低海拔山谷、湿地、溪边。干燥根及根茎（药材名：白前）药用，味辛、苦，性微温。能降气，消痰，止咳。

同属植物芫花白前 *C. glaucescens*（Decne.）Hand. – Mazz. 的根及根茎同等入药。

图 15 – 104　柳叶白前

杠柳 *Periploca sepium* Bge.（图 15 – 105）落叶蔓生灌木，具白色乳汁，全株无毛。叶对生，披针形，革质。聚伞花序腋生；花萼 5 深裂，其内面基部有 10 个小腺体；花冠紫红色，裂片 5 枚，中间加厚；反折，内面被柔毛；副花冠环状，顶端 10 裂，其中 5 裂延伸成丝状而顶部内弯；四合花粉承载于基部有黏盘的匙形载粉器上。蓇葖果双生，圆柱状。种子顶部有白色绢毛。分布于长江以北及西南地区。生于平原及低山丘林缘、山坡。干燥根皮（药材名：香加皮）药用，味辛、苦，性温，有毒。能利水消肿，祛风湿，强筋骨。

图 15 – 105　杠柳

本科其他药用植物见表15－29。

表 15－29　萝藦科其他药用植物

植物名	入药部位	药材名	功能
徐长卿 *Cynanchum paniculatum*（Bunge）Kitag.	干燥根和根茎	徐长卿	祛风，化湿，止痛，止痒
白首乌 *C. bungei* Decne.	干燥块根	白首乌	补肝肾，益经血，强筋骨，止心痛
通关藤 *Marsdenia tenacissima*（Roxb.）Wight et Arn.	干燥藤茎	通关藤	止咳平喘，祛痰，通乳，清热解毒
耳叶牛皮消 *C. auriculatum* Royle ex Wight.	干燥块根	隔山消	健脾益气，补肝肾，益经血，强筋骨
娃儿藤 *Tylophora ovata*（Lindl.）Hook. ex Steud.	干燥全草	娃儿藤	祛风除湿，散瘀止痛，止咳定喘，解蛇毒

36. 旋花科 Convolvulaceae　$\text{⚥} * K_{(5)} C_{(5)} A_5 \underline{G}_{(2:1\sim4:1\sim2)}$

草质缠绕藤本，稀木本，有时具乳汁。单叶互生，无托叶。花两性，辐射对称，单生或成聚伞花序；萼片5，常宿存；花冠漏斗状、钟状、坛状等，全缘或微5裂，裂片在花蕾期呈旋转状；雄蕊5，着生于花冠管上；子房上位，常为花盘包围，心皮2，1～2室，每室胚珠1～2。蒴果，稀浆果。

本科约56属，1800种以上，广泛分布于热带、亚热带和温带，主产于美洲和亚洲热带、亚热带。我国有22属，大约128种，南北均有，大部分属种产于西南和华南。已知药用16属，54种。

【药用植物】

菟丝子 *Cuscuta chinensis* Lam.（图15－106）一年生寄生草本。茎缠绕，黄色，纤细，无叶。花序侧生，少花或多花簇生成小伞形或小团伞花序；苞片及小苞片小，鳞片状；花梗稍粗壮；花萼杯状，中部以下连合，裂片三角状；花冠白色，壶形；雄蕊着生花冠裂片弯缺微下处；鳞片长圆形；子房近球形，花柱2。蒴果球形，几乎全为宿存的花冠所包围。种子淡褐色，卵形，长约1mm，表面粗糙。分布于中国及伊朗、阿富汗、日本、朝鲜、斯里兰卡、马达加斯加、澳大利亚。生于海拔200～3000m的田边、山坡阳处、路边灌丛或海边沙丘，通常寄生于豆科、菊科、蒺藜科等多种植物上。干燥成熟种子（药材名：菟丝子），能补益肝肾，固精缩尿，安胎，明目，止泻。

图15－106　菟丝子

同属植物南方菟丝子 *C. australis* R. Br. 的干燥成熟种子同等入药。与菟丝子的主要区别在于：雄蕊着生于花冠裂片弯缺处；蒴果仅下半部被宿存花冠包围，成熟时不规则开裂。

裂叶牵牛 *Pharbitis nil*（L.）Choisy.（图 15－107）一年生缠绕草本，被倒向的短柔毛及杂有长硬毛。单叶互生，叶片近卵状心形，常 3 裂。花 1～3 朵腋生；花冠漏斗状，紫红色或浅蓝色；雄蕊 5；子房上位，3 室。蒴果球形，种子卵状三菱形，黑褐色或黄白色。分布于全国大部分地区，野生或栽培。干燥成熟种子（牵牛子）黑褐色者习称“黑丑”，黄白色者习称“白丑”，有毒，能泄水通便，消痰涤饮，杀虫攻积。

图 15－107　裂叶牵牛

同属植物圆叶牵牛 *P. purpurea*（L.）Voigt. 的干燥成熟种子同等入药。与裂叶牵牛的区别主要在于：叶圆心形或宽卵状心形，基部圆，心形，通常全缘，花冠漏斗状，紫红色、红色或白色。

37. 紫草科 Boraginaceae　⚥ $* K_{5,(5)} C_{(5)} A_5 \underline{G}_{(2:2\sim4:2\sim1)}$

草本或亚灌木，少为灌木或乔木，常被有粗硬毛。单叶互生，稀对生或轮生，通常全缘；无托叶。常为单歧聚伞花序或蝎尾状总状花序；花两性，辐射对称；萼片 5；花冠管状或漏斗状，5 裂，喉部常有附属物；雄蕊 5，着生于花冠管上；具花盘；子房上位，心皮 2，2 室，每室 2 胚珠，或子房常 4 深裂而成 4 室，每室 1 胚珠，花柱常单生于子房顶部或 4 分裂子房的基部。核果或 4 枚小坚果。

本科约 100 属，2000 种，分布于世界的热带和温带地区。我国有 51 属，209 种，遍布全国，以西南最为丰富。已知药用 21 属，62 种。

【药用植物】

新疆紫草 *Arnebia euchroma*（Royle）Johnst.（图 15－108）多年生草本，被白色糙毛。须根多条，肉质紫色。基生叶条形，茎生叶变小。镰状聚伞花序生茎上部腋叶；花 5 数；花冠紫色，喉部无附属物及毛；子房 4 裂，柱头顶端 2 裂。小坚果有瘤状突起。分布于西藏、新疆。生于高山多石块山坡及草坡。干燥根（药材名：紫草）能清热凉血，活血解毒，透疹消斑。

图 15-108　新疆紫草

同属植物内蒙紫草 *A. guttata* Bge. 的根入药亦为紫草。与新疆紫草的主要不同点是：花冠黄色，筒状钟形，外面有短柔毛，小坚果三角状卵形，淡黄褐色。

本科其他药用植物见表 15-30。

表 15-30　紫草科其他药用植物

植物名	入药部位	药材名	功能
滇紫草 *Onosma paniculatum* Bur. et Franch.	干燥根	滇紫草	清热解毒，凉血活血

38. 马鞭草科 Verbenaceae　$⚥ * K_{(4\sim5)}C_{(4\sim5)}A_{4,2,5,6}\underline{G}_{(2:4\sim10:1\sim2)}$

木本，稀草本，常具特殊气味。单叶或复叶，多对生。花两性，常两侧对称，呈穗状或聚伞花序，或由聚伞花序再集成头状、伞房状或圆锥状花序；花萼 4~5 裂，宿存，常果时增大；花冠 4~5 裂，常二唇形或不等 4~5 裂；雄蕊 4，或 2，5~6，常 2 强，着生于花冠管上；子房上位，2 心皮合生，常因假隔膜成 4~10 室，每室 1~2 胚珠；花柱顶生，柱头多 2 裂；核果或浆果。

本科 80 属，3000 余种，主要分布于热带和亚热带。我国 21 属，175 种，主产于长江以南各地。已知药用 15 属，100 种。

【药用植物】

马鞭草 *Verbena officinalis* L.（图 15-109）多年生草本。茎四方形。叶对生；基生叶边缘常有粗锯齿及缺刻；茎生叶常 3 深裂。花小，穗状花序细长；花萼先端 5 齿；花冠淡紫色，5 裂，略二唇形；雄蕊二强；子房 4 室，每室 1 胚珠。果包藏于萼内，熟时分裂成 4 个小坚果。分布于全国各地。生于山野或荒地。干燥地上部分（药材名：马鞭草）药用，味苦，性凉。能活血散瘀，解毒，利水，退黄，截疟。

图 15－109　马鞭草

蔓荆 *Vitex trifolia* L.（图 15－110）落叶灌木，嫩枝四方形。掌状复叶，小叶卵形或长倒卵形，圆锥花序顶生；花萼钟状，花冠淡紫色或蓝紫色，外面及喉部有毛，花冠管内有较密的长柔毛，二唇形，核果球形，成熟后黑色，果萼宿存，外被灰白色绒毛。分布于我国沿海各省及云南。生于海拔 300～1600m 的江边、河边、村庄附近灌木丛中。干燥成熟果实（药材名：蔓荆子）疏散风热，清利头目。

图 15－110　蔓荆

同属植物单叶蔓荆 *V. trifolia* L. var. *simplicifolia* Cham. 的成熟果实入药亦为蔓荆子。与蔓荆的主要区别：落叶灌木，罕为小乔木，高可达 5m，有香味；茎匍匐，节处常生不定根。单叶对生，叶片倒卵形或近圆形，顶端通常钝圆或有短尖头，基部楔形，表面绿色，两面稍隆起，圆锥花序顶生，花序梗密被灰白色绒毛；花萼钟形，花冠淡紫色或蓝紫色。

本科其他药用植物见表 15－31。

表 15-31　马鞭草科其他药用植物

植物名	入药部位	药材名	功能
牡荆 *V. negundo* L. *var. cannabifolia* (Sieb. et Zucc.) Hand. -Mazz.	干燥叶	牡荆叶	祛风解表、除湿杀虫，止痛除菌
大叶紫珠 *Callicarpa macrophylla* Vah.	干燥叶或带叶茎枝	大叶紫珠	散瘀止血，消肿止痛
杜虹花 *Callicarpa formosana* Rolfe.	干燥叶	紫珠叶	凉血收敛止血，散瘀解毒消肿
广东紫珠 *Callicarpa kuuang-tungensis* Chun.	干燥茎枝和叶	广东紫珠	收敛止血，散瘀，清热解毒
裸花紫珠 *Callicarpa nudiflora* Hook. et Arn.	干燥叶	裸花紫珠	消炎，解肿毒，化湿浊，止血

39. 唇形科 Labiatae　⚥ ↑ $K_{(5)}C_{(5)}A_{4,2}\underline{G}_{(2:4:1)}$

多草本，稀灌木，常含挥发油而具香气。茎4棱（方茎）。单叶对生或轮生，稀复叶。花两性，两侧对称，腋生聚伞花序成轮伞花序，再集成穗状、总状、圆锥状或头状花序；花萼合生，5裂，宿存；花冠5裂，多二唇形（上唇2裂，下唇3裂），稀单唇（无上唇，下唇5裂）、假单唇（上唇短，2裂，下唇3裂）形或花冠裂片近相等；雄蕊4，2强，稀2枚。花盘下位，肉质、全缘或2~4裂；子房上位，2心皮，4深裂成假4室，每室有1胚珠；花柱生于子房4裂隙的基部。果实由4小坚果组成。

本科约220属，3500余种，广布全球。我国99属，808余种。已知药用75属，436种。

【药用植物】　微课4

益母草 *heonurus japonicus* Houtt.（图15-111）一年生或二年生草本。叶二型；基生叶有长柄，叶片卵状心形或近圆形，边缘5~9浅裂；中部叶菱形，掌状3深裂，柄短；顶生叶近于无柄，线形或线状披针形。轮伞花序腋生；花冠淡红紫色；小坚果长圆状三棱形。分布全国。多生于旷野向阳处，海拔可高达3400m。新鲜或干燥地上部分（药材名：益母草）药用，味苦、辛，性微寒。能活血调经，利尿消肿；含益母草碱，其注射液作子宫收缩药，能止血调经，降压。干燥成熟果实（药材名：茺蔚子）药用，能清肝明目，活血调经。

图 15-111　益母草

丹参 *Salvia miltiorrhiza* Bge.（图15-112）多年生草本，全株密被长柔毛及腺毛。根肥壮，外皮砖红色。羽状复叶对生；小叶常 3～5，卵圆形或椭圆状卵形。轮伞花序组成假总状花序；花萼二唇形；花冠紫色。全国大部分地区有分布，也有栽培。生于向阳山坡草丛、沟边、林缘。干燥根及根茎（药材名：丹参）药用，味苦，性微寒。能活血祛瘀，通经止痛，清心除烦，凉血消痈。

图 15－112　丹参

黄芩 *Srutellaria baicalensis* Georgi.（图 15－113）多年生草本。主根肥厚，断面黄色。茎基部多分枝。叶对生，具短柄，披针形至条状披针形，下面被下陷的腺点。总状花序顶生；苞片叶状；雄蕊 4 枚，二强。小坚果卵球形。分布于北方地区。生于向阳山坡、草原。干燥根（药材名：黄芩）药用，味苦，性微寒。能清热燥湿，泻火解毒，止血，安胎。

图 15－113　黄芩

薄荷 *Mentha haplocalyx* Briq.（图 15－114）多年生草本，有清凉浓香气。茎四棱。叶对生，叶片卵形或长圆形，两面均有腺鳞及柔毛。轮伞花序腋生；花冠淡紫色或白色。小坚果椭圆形。分布于南北各省。生于潮湿地方，全国各地均有栽培。主产于江苏、江西及湖南等省。干燥地上部分（药材名：薄荷）药用，味辛，性凉。能疏散风热，清利头目，利咽，透疹。

图 15－114　薄荷

荆芥 *Schizonepeta tenuifolia* Briq.（图 15－115）一年生草本，有香气。叶近无柄，叶片 3～5 羽状深裂，裂片条形或披针形。轮伞花序多密集于枝顶，呈长穗状；花小，青紫色。小坚果长圆状三棱形。分布于全国大部分地区。生于山坡阴湿地、沟塘边与草丛中，现多为栽培。地上部分含挥发油。干燥地上部分（药材名：荆芥），能解表散风，透疹，消疮。荆芥的炮制加工品（药材名：荆芥炭），能收敛止血。干燥花穗（药材名：荆芥穗），能解表散风，透疹，消疮。荆芥穗的炮制加工品（药材名：荆芥穗炭），能收涩止血。

图 15－115　荆芥

紫苏 *Peaila fhuescens*（L.）Bit.（图 15－116）一年生草本，具香气。茎方形，绿色或紫色。叶阔卵形或圆形，边缘有粗锯齿，两面紫色或仅下面紫色，两面有毛。由轮伞花序集成总状花序状；花冠白色至紫红色。产于全国各地，多为栽培。干燥成熟果实（药材名：苏子）药用，味辛，性凉。能降气化痰，止咳平喘，润肠通便。干燥叶（或带嫩枝）（药材名：苏叶）药用，能解表散寒，行气和胃。干燥茎（药材名：紫苏梗）药用，能理气宽中，止痛，安胎。

图 15－116　紫苏

看一看

紫苏的用途

紫苏是流传千古的中药，叶、梗、籽都有神奇功效。古人常将紫苏叶同其他食物制成既可口又防病的食品。将鲜苏叶洗净，用开水烫后挤去水分，沾豆酱吃；把嫩苏叶切成丝加入冬瓜汤里，食之祛暑开胃；炖鱼或煮蟹时放些苏叶，可镇咳解毒；若与土豆丝凉拌食用，清凉去火；紫苏梗有很好的解热和镇静作用，特别是在炎热夏天，我们可以用紫苏梗来熬水喝，可以起到很好的解暑效果。当大家感觉自己的身体燥热，心情烦躁之时，也可以喝些紫苏水来起到安神，镇静作用。紫苏籽中的α－亚麻酸能够在人体内转化合成为 DHA 和 EPA。EPA 被称为“血管清道夫”，它具有疏导清理心脏血管的作用，能显著降低血液中较高的甘油三酯含量，可抑制内源性胆固醇的合成，并且能抑制血小板和血清素的游离基，从而预防动脉粥样硬化的发生，具有抗血栓及预防心脑血管疾病的效果。

广藿香 *Pogostemon cablin*（Blanco）Benth.（图 15－117）多年生芳香草本或半灌木。叶圆形或宽卵圆形，先端钝或急尖，基部楔状渐狭，边缘具不规则的齿裂，草质，上面深绿色，被绒毛，下面淡绿色，被绒毛；叶柄长 1～6cm，被绒毛。轮伞花序 10 至多花，排列成穗状花序，密被长绒毛；苞片及小苞片线状披针形，花萼筒状，花冠紫色，雄蕊外伸，具髯毛。花柱先端近相等 2 浅裂。花盘环状。花期 4 个月。干燥地上部分（药材名：广藿香）药用，味辛，性微温。能芳香化浊，和中止呕，发表解暑。

图15－117　广藿香

同科植物藿香 *Agastache rugosa*（Fisch. et Mey.）O. Ktze. 与广藿香的区别是：茎直立，四棱形，上部被极短的细毛，下部无毛，在上部具能育的分枝。叶心状卵形至长圆状披针形，边缘具粗齿，纸质，上面橄榄绿色，近无毛，下面略淡，被微柔毛及点状腺体。干燥全草入药，能止呕吐。

本科其他药用植物见表 15－32。

表 15－32　唇形科其他药用植物

植物名	入药部位	药材名	功能
夏枯草 *Prunella vulgaris* L.	干燥果穗	夏枯草	清肝火，散郁结，降压
毛叶地瓜儿苗 *Lycopus lucidus* Turcz. var. *hirtus* Regel.	干燥全草	泽兰	活血，通经，利尿
碎米桠 *Isodon rubescens*（Hemsl.）Hara.	干燥地上部分	冬凌草	清热解毒，活血止痛
活血丹 *Glechoma longituba*（Nakai）Kupr.	干燥全草	连钱草	清热解毒，利尿排石，散瘀消肿
半枝莲 *Scutellaria barbata* D. Don.	干燥全草	半枝莲	凉血解毒，散瘀消肿止痛，清热利湿
石香薷 *Mosla chinensis* Maxim. 江香薷 *Mosla chinensis* 'Jiangxiangru	干燥地上部分	香薷	温中和胃，发汗解暑
筋骨草 *Ajuga decumbens* Thunb.	干燥全草	筋骨草	清热解毒，消肿止痛
灯笼草 *Clinopodium polycephalum*（Vaniot）C. Y. Wu et Hsuan. 风轮菜 *Clinopodium chinense*（Benth.）O. Kuntze	干燥地上部分	断血流	收敛止血
独一味 *Lamiophlomis rotata*（Benth.）Kudo.	干燥地上部分	独一味	活血祛瘀，消肿止痛

40. 茄科 Solanaceae　⚥ $* K_{(5)} C_{(5)} A_5 \underline{G}_{(2:2:\infty)}$

多为草本或灌木，稀小乔木或藤本。单叶互生，茎顶部有时呈大小叶对生状，稀复叶。花两性，辐射对称，单生、簇生或呈各式的聚伞花序；萼常 5 裂或平截，宿存，花后常增大；花冠 5 裂，呈辐状、钟状、漏斗状或高脚碟状；雄蕊 5，常着生于花冠上，并与花冠裂片互生；花药纵裂或孔裂；子房上位，2 心皮合生 2 室，有时因假隔膜成不完全 4 室，中轴胎座，胚珠多数。蒴果或浆果。种子盘形或肾形。

本科约 80 属，3000 余种，广布于温带和热带。我国 26 属，115 种。已知药用 25 属，84 种。

【药用植物】

白花曼陀罗 *Datura metel* L.（图 15－118）一年生草本。叶互生；叶片卵形至宽卵形，先端渐尖或锐尖，基部楔形，不对称，全缘或具稀疏锯齿。花单生枝叉间或叶腋，直立；花萼圆筒状，无 5 棱角，先端 5 裂；花冠漏斗状，白色，裂片 5，三角状；雄蕊 5；子房不完全，4 室。蒴果，种子扁平。分布于华东和华南。多为栽培。干燥花（药材名：洋金花）药用，味辛，性温，有毒。能平喘止咳，解痉定痛。

图 15－118　白花曼陀罗

宁夏枸杞 *Lycium barbarum* L.（图 15－119）有刺灌木，分枝披散或稍斜上。单叶互生或丛生；叶片披针形至卵状长圆形。花腋生或数朵族生短枝上；花萼常 2 中裂；花冠漏斗状，粉红色或紫色，5 裂，花冠管部明显长于檐部裂片，裂片无毛；雄蕊 5，浆果倒卵形，成熟时鲜红色。分布于西北和华北。生于向阳潮湿沟岸、山坡。主产于宁夏、甘肃。现已在中国中部、南部许多省区引种栽培。干燥成熟果实（药材名：枸杞子）药用，味甘，性平。能滋补肝肾，益精明目；干燥根皮（药材名：地骨皮）药用，味甘，性寒。能凉血除蒸，清肺降火。

图 15－119　宁夏枸杞

同属植物枸杞 *L. chinense* Mill. 与宁夏枸杞的主要区别是：枝条柔弱，常下垂；花萼筒短于裂片；花冠裂片有缘毛。分布于全国大部分地区。生于路、地边、沟边及旷野。根皮也作地骨皮入药。

本科其他药用植物见表 15-33。

表 15-33　茄科其他药用植物

植物名	入药部位	药材名	功能
莨菪 *Hyoscyamus niger* L.	干燥成熟种子	天仙子	定惊止痛
漏斗泡囊草 *Physochlaina infudibularis* Kuang.	干燥根	华山参	温中，安神，补虚，定喘
颠茄 *Atropa belladonna* L.	干燥全草	颠茄草	抗胆碱药
酸浆 *Physalis alkekengi* L. var. *franchetii* (Mast.) Mokino.	干燥宿萼或带果实的宿萼	锦灯笼	清热，利咽，化痰，利尿
辣椒 *Capsicum annuum* L.	干燥成熟果实	辣椒	温中散寒，开胃消食

41. 玄参科 Scrophulariaceae　$⚥\uparrow * K_{(4\sim5)}C_{(4\sim5)}A_{4,稀2,5}\underline{G}_{(2:2:\infty)}$

常为草本，少为灌木或乔木。叶多对生，少互生或轮生，无托叶。花两性，常为两侧对称，稀辐射对称；总状或聚伞花序。花萼常 4~5 裂，宿存；花冠 4~5 裂，通常多少呈二唇形；雄蕊常 4，二强，稀 2 或 5，着生于花冠管上；雌蕊由 2 心皮合生，子房上位，基部常具花盘，2 室，花柱顶生，中轴胎座，每室胚珠多数。蒴果，少有浆果状。种子细小。

本科约 200 属 3000 种，广布全球各地。我国有 56 属，634 种。

PPT

【药用植物】

玄参 *Scrophularia ningpoensis* Hemsl. 多年生高大草本。支根数条，纺锤形或胡萝卜状膨大，灰黄褐色，干后变黑色。茎有四棱，常带暗紫色。叶对生，有时茎上部的叶互生；叶片卵形至披针形，边缘具细密锯齿。聚伞花序合成大而疏散的圆锥花序；花萼 5 裂，分裂几达基部；花冠褐紫色，5 裂，二唇形；雄蕊 4，二强，退化雄蕊近于圆形。蒴果卵圆形，先端有喙（图 15-120）。分布于华东、华中、华南、西南等地。生于林下、溪边或灌丛中，现常为栽培。干燥根（药材名：玄参）能清热凉血，滋阴降火，解毒散结。

图 15-120　玄参

地黄 *Rehmannia glutinosa* Libosch. ex Fisch. et Mey. 多年生草本，全株密被灰白色长柔毛及腺毛。根肥大，呈块状，鲜时黄色。叶基生成丛，叶片倒卵形或长椭圆形，上面绿色多皱，下面带紫色。花茎由叶丛中抽出，总状花序顶生；花冠管稍弯曲，外面紫红色，里面常有黄色带紫的条纹，先端常5浅裂，略呈二唇形；雄蕊4，二强，着生于花冠管基部；子房上位，2室。蒴果卵形（图15－121）。分布于全国大部分地区，各省多有栽培，主产于河南、浙江，以河南产量最大，质量最好，习称怀地黄。新鲜块根（地黄）（习称“鲜地黄”），能清热生津，凉血，止血。干燥块根（地黄）（习称“生地黄”），能清热凉血，养阴生津。生地黄的炮制加工品（熟地黄），能补血滋阴，益精填髓。

图15－121　地黄

本科其他药用植物见表15－34。

表15－34　玄参科其他药用植物

植物名	入药部位	药材名	功能
苦玄参 *Picria felterrae*Lour.	干燥全草	苦玄参	清热解毒，消肿止痛
胡黄连 *Picrorhiza scrophulariiflora* Pennell.	干燥根茎	胡黄连	退虚热，除疳热，清湿热
阴行草 *Siphonostegia chinensis* Benth.	干燥全草	北刘寄奴	活血祛瘀，通经止痛，凉血，止血，清热利湿
短筒兔耳草 *Lagotis brevituba* Maxim.	干燥全草	洪连	清热，解毒，利湿，平肝，行血，调经
鹿茸草 *Monochasma sheareri* Maxim. ex Franch.	干燥地上部分	鹿茸草	清热解毒，祛风止痛，凉血止血

42. 爵床科 Acanthaceae　$⚥ \uparrow K_{(4\sim5)}C_{(4\sim5)}A_{4,2}\underline{G}_{(2:2:2\sim\infty)}$

草本或灌木。茎节常膨大。单叶对生。花两性，两侧对称，每花下通常具1枚苞片和2枚小苞片；常为聚伞花序。花萼5～4裂；花冠5～4裂，常为二唇形或裂片近相等；雄蕊4或2枚，4枚则为二强；雌蕊由2心皮合生，子房上位，下部常有花盘，2室，中轴胎座，每室胚珠2至多数。蒴果室背开裂，种子通常着生于胎座的钩状物上。

本科全世界共约250属，3450种，分布广。我国有68属，311种、亚种或变种。多产长江以南各省区。

【药用植物】

穿心莲 *Andrographis paniculata*（Burm. f.）Nees. 一年生草本。茎四棱形，下部多分枝，节呈膝状膨大，茎、叶有苦味。叶对生；叶片长卵状圆形或披针形。总状花序，顶生或腋生；花萼5深裂，密被腺毛；花冠白色，二唇形，下唇常有淡紫色斑纹；雄蕊2；子房上位，2室。蒴果长椭圆形，中有1沟，熟时2瓣裂（图15－122）。原产热带地区，我国长江以南地区普遍栽培，尤以广东、广西、海南、福建为多。干燥地上部分（药材名：穿心莲），能清热解毒，凉血，消肿。

图 15－122　穿心莲

马蓝 *Baphicacanthus cusia*（Nees）Bremek. 草本。茎多分枝，节膨大。单叶对生；叶片卵形至披针形。花大，2 至数朵集生于小枝的顶端；苞片叶状，早落；花萼裂片 5；花冠淡紫色，裂片 5；雄蕊 4，二强。蒴果棒状。分布于华东、华南、西南等地。生于山坡、路旁、草丛及林边较潮湿处，有栽培。干燥根茎和根（南板蓝根），能清热解毒，凉血消斑。叶或茎叶经加工制得的干燥粉末、团块或颗粒（青黛），能清热解毒，凉血消斑，泻火定惊。另外《中国药典》（2020 年版）蓼科蓼蓝 *Polygonum tinctorium* Ait. 和菘蓝 *Isatis indigotica* Fort. 的叶或茎叶经加工制得的干燥粉末、团块或颗粒也做青黛药用。

本科其他药用植物见表 15－35。

表 15－35　爵床科其他药用植物

植物名	入药部位	药材名	功能
小驳骨 *Gendarussa vulgaris* Nees.	干燥地上部分	小驳骨	祛瘀止痛，续筋接骨
水蓑衣 *Hygrophila salicifolia*（Vahl）Nees.	干燥全草	水蓑衣	清热解毒、化瘀止痛

43. 茜草科 Rubiaceae　$⚥ * K_{(4\sim5)}C_{(4\sim5)}A_{4\sim5}\bar{G}_{(2:2:1\sim\infty)}$

木本或草本，有时为藤本。单叶，对生或轮生，常全缘，具各式托叶，位于叶柄间，较少生叶柄内。花常两性，辐射对称；二歧聚伞花序排成圆锥状或头状，有时单生。花萼或花冠常 4～5 裂；雄蕊与花冠裂片同数而互生，生于花冠管上；雌蕊常由 2 心皮合生，子房下位，常为 2 室，每室有 1 至多数胚珠。蒴果、浆果或核果。

本科 500 属 6000 种，广布全世界的热带和亚热带，少数分布至北温带。我国有 98 属，约 676 种，其中有 5 属是自国外引种的经济植物或观赏植物。主要分布在东南部、南部和西南部。

【药用植物】

茜草 *Rubia cordifolia* L. 多年生攀援草本。根丛生，红色。茎四棱形，棱上具倒生刺。叶常 4 片轮生，纸质，叶片卵形至卵状披针形，背面中脉及叶柄上有倒生刺；托叶叶状。花为聚伞花序呈疏松的圆锥状；花小，5 数，花冠黄白色，子房下位，2 室。浆果近球形，熟时黑色（图 15－123）。分布于全国大部分地区。生于山坡、林缘、灌丛及草丛阴湿处。干燥根和根茎（茜草），能凉血，祛瘀，止血，通经。

图 15－123　茜草

栀子 *Gardenia jasminoides* Ellis. 常绿灌木。叶对生或三叶轮生；叶片椭圆状倒卵形至倒阔披针形；托叶在叶柄内合成鞘状。花大，白色，芳香，单生于枝顶；花常 5～7 数，萼筒有翅状直棱，花冠呈高脚碟状，栽培者多为重瓣；子房下位，1 室，胚珠多数，生于 2～6 个侧膜胎座上。蒴果倒卵形或椭圆形，成熟后金黄色或橘红色，有翅状纵棱 5～8 条，顶端有宿存花萼（图 15－124）。分布于我国南部和中部。生于山坡杂木林中，各地有栽培。干燥成熟果实（药材名：栀子），能泻火除烦，清热利湿，凉血解毒；外用消肿止痛。栀子的炮制加工品（药材名：焦栀子），能凉血止血。

图 15－124　栀子

钩藤 *Uncaria rhynchophylla*（Miq.）Miq. ex Havil. 常绿木质大藤本。枝条四棱形，叶腋有钩状的变态枝。叶对生，叶片椭圆形；托叶 2 深裂，裂片线形至三角状披针形。头状花序单生叶腋或枝顶呈总状花序状；花 5 数，花冠黄色；子房下位。蒴果有宿存萼齿（图 15－125）。分布于福建、江西、湖南、广东、广西及西南各省区。生于山谷、溪边的疏林中。干燥带钩茎枝（药材名：钩藤），能息风定惊，清热平肝。

同属大叶钩藤 *U. marophylla* Wall. 与钩藤的主要区别：幼枝及钩均被褐色粗毛；叶大，革质，下面被褐色短粗毛；花有香气，被褐色粗毛。毛钩藤 *U. hirsuta* Havil. 与钩藤的区别主要：植株较小；小枝、幼钩、叶背、花萼、花冠及果实均被粗毛；花冠淡黄色或粉红色；蒴果纺锤形。华钩藤 *U. sinensis*（Oliv.）Havil. 与钩藤相似，但托叶膜质、圆形，全缘，外翻；叶较大；蒴果棒状。无柄果钩藤 *U. sessilifructus* Roxb. 与钩藤的区别主要：植株较小；小枝节上有毛；叶薄革质；花白色或淡黄色，仅裂片外被绢毛；蒴果纺锤形。以上四种植物的带钩茎枝亦作钩藤入药。

图 15－125　钩藤

本科其他药用植物见表15－36。

表 15－36　茜草科其他药用植物

植物名	入药部位	药材名	功能
巴戟天 *Morinda officinalis*F. C. How.	干燥根	巴戟天	补肾阳，强筋骨，祛风湿
红大戟 *Knoxia roxburghii*（Spreng.）M. A. Rau.	干燥块根	红大戟	泻水逐饮，消肿散结，有小毒
白花蛇舌草 *Scleromitrion diffusum*（Willd.）R. J. Wang.	干燥全草	白花蛇舌草	清热解毒，利湿
牛白藤 *Hedyotis hedyotidea*（DC.）Merr.	干燥茎叶	牛白藤	清热解毒
鸡屎藤 *Paederia foetida*L.	干燥全草	鸡屎藤	消食化积、镇痛、止咳

44. 忍冬科 Caprifoliaceae　$⚥ * \uparrow K_{(4\sim5)}C_{(5)}A_{4\sim5}\overline{G}_{(2\sim5:1\sim5:1\sim\infty)}$

木本，稀草本。叶对生，多单叶，常无托叶。花两性，辐射对称或两侧对称；聚伞花序。花萼 4～5 裂；花冠管状常 5 裂，有时二唇形；雄蕊和花冠裂片同数且互生，着生于花冠管上；雌蕊由 2～5 心皮合生，子房下位，1～5 室，常为 3 室，每室胚珠 1 至多数。浆果、蒴果或核果。

本科有 13 属约 500 种，主要分布于北温带和热带高海拔山地，东亚和北美东部种类最多，个别属分布在大洋洲和南美洲。中国有 12 属 200 余种，大多分布于华中和西南各省、区。

【药用植物】

忍冬 *Lonicera japonica* Thunb. 多年生半常绿缠绕藤本。老茎木质化，幼枝密被柔毛和腺毛。单叶对生；叶片卵形至卵状椭圆形。总花梗单生于叶腋，花成对，苞片叶状；花萼 5 裂，无毛；花冠唇形，上唇 4 裂，下唇不裂，初开时白色，后转为黄色，故称为金银花，芳香，外面被有柔毛；雄蕊 5；子房下位，花柱和雄蕊长于花冠。浆果球形，熟时黑色（图 15－126）。分布于全国大部分地区。生于山坡、路旁、林缘及灌丛中。干燥花蕾或带初开的花（药材名：金银花），能清热解毒，疏散风热。干燥茎枝（药材名：忍冬藤），能清热解毒，疏风通络。

图15－126　忍冬

同属植物灰毡毛忍冬 *L. macranthoides* Hand. －Mazz.、红腺忍冬 *L. hypoglauca* Miq.、华南忍冬 *L. confusa* DC.、黄褐毛忍冬 *L. fulvotomentosa* Hsu et S. C. Cheng. 的干燥花蕾或带初开的花作“山银花”入药，具有清热解毒，疏散风热。

练一练15-4

药材金银花来源于忍冬科（　）

A. 红腺忍冬　　B. 灰毡毛忍冬　　C. 华南忍冬　　D. 忍冬

答案解析

本科其他药用植物见表15－37。

表15－37　忍冬科其他药用植物

植物名	入药部位	药材名	功能
接骨木 *Sambucus williamsii* Hance.	干燥带叶茎枝	接骨木	祛风，利湿，活血，止痛
接骨草 *Sambucus chinensis* Lindl.	干燥茎叶	陆英	祛风，利湿，舒筋，活血

45. 败酱科 Valerianaceae　$⚥ \uparrow K_{5\sim15,0}C_{(3\sim5)}A_{3\sim4,1\sim2}\overline{G}_{(3:3:1)}$

常为多年生草本。全体常有陈腐气味或香气。茎直立，常中空。叶对生或基生，多为羽状分裂，无托叶。聚伞花序呈各种排列；花小，常两性，稍不整齐；花萼呈各种形状；花冠筒状，基部常呈囊状或有距，上部3～5裂；雄蕊常3或4枚，少为1～2枚，着生于花冠筒上；子房下位，3心皮合生，3室，仅1室发育，内含1胚珠。瘦果。

本科有13属，约400种，大多数分布于北温带，有些种类分布于亚热带或寒带，大洋洲不产；我国有3属，40余种，分布于全国各地。

【药用植物】

黄花败酱 *Patrinia scabiosaefolia* Fisch. ex Trev. 多年生草本。根及根茎具特殊的陈败豆酱气。基生叶成丛，具长柄，叶片卵形；茎生叶对生；常羽状深裂，两面密被粗毛。花小，黄色，顶生伞房聚伞花序，花序梗一侧有白色硬毛；花冠5裂，基部有小偏突；雄蕊4枚；子房下位。瘦果，有翅状窄边（图15－127）。全国广布。生于山坡草丛、灌木丛中。干燥全草入药（药材名：败酱或败酱草）具有清热解毒、消肿排脓，祛痰止咳。根及根茎能治疗神经衰弱等症。

图15－127　黄花败酱

同属植物白花败酱 *P. villosa*（Thunb.）Juss. 与黄花败酱区别点是：茎枝具倒生白色粗毛。茎上部叶不裂或仅有 1～2 对狭裂片。花白色。瘦果与宿存增大的圆形苞片贴生。全草入药亦作“败酱草”药用。

蜘蛛香 *Valeriana jatamansi* Jones. 植株高 20～70cm；根茎粗厚，块柱状，节密，有浓烈香味；茎一至数株丛生。基生叶发达，叶片心状圆形至卵状心形，边缘具疏浅波齿，被短毛或有时无毛，叶柄长为叶片的 2～3 倍。花序为顶生的聚伞花序，苞片和小苞片长钻形。花白色或微红色，杂性；雌花小，不育花药着生在极短的花丝上，位于花冠喉部；雌蕊伸长于花冠之外，柱头深 3 裂；两性花较大，雌雄蕊与花冠等长。瘦果长卵形，两面被毛（图 15－128）。产于河南、陕西、湖南、湖北、四川、贵州、云南、西藏。生山顶草地、林中或溪边，海拔 2500m 以下。干燥根茎和根（蜘蛛香）能理气止痛，消食止泻，祛风除湿，镇惊安神。

图 15－128　蜘蛛香

甘松 *Nardostachys chinensis* Batal. 多年生草本。具粗短的根茎，顶端有少数叶鞘纤维残存，具强烈香脂气。叶基生；狭条形或条状倒披针形。聚伞花序多呈紧密圆头状排列，花 5 数，花冠淡紫红色；雄蕊 4 枚；子房下位。分布于甘肃、青海、云南、四川等地。生于高山草原。干燥根及根茎（甘松）能理气止痛，开郁醒脾；外用祛湿消肿。

46. 葫芦科 Cucurbitaceae ♂ $* K_{(5)} C_{(5)} A_{3,5,(3,5)}$；♀ $* K_{(5)} C_{(5)} \overline{G}_{(3:1:\infty)}$

草质藤本，具卷须。叶互生，无托叶，常单叶，掌状分裂，有时为鸟趾状复叶。花单性，辐射对称，同株或异株。花萼和花冠裂片 5，稀为离瓣花冠；雄花中的雄蕊常为 3 或 5，分离或合生；雌花中的雌蕊通常由 3 心皮合生，子房下位，常为 1 室，侧膜胎座，稀 3 室。瓠果。

本科约 113 属 800 种，大多数分布于热带和亚热带，少数种类散布到温带。我国有 32 属 154 种 35 变种，主要分布于西南部和南部，少数散布到北部。

【药用植物】

栝楼 *Trichosanthes kirilowii* Maxim. 多年生草质藤本。块根圆柱状，肥厚。茎较粗，多分枝。叶近心形，常 3～9 掌状浅裂至中裂，中裂片菱状倒卵形、长圆形，先端钝。花雌雄异株；雄花成总状花序；雌花单生；花冠白色，中部以上细裂成流苏状；雄花有雄蕊 3 枚。瓠果椭圆形或圆形，成熟时黄褐色。种子扁平，浅棕色（图 15－129）。分布于我国长江以北等地。生于杂草丛、林缘，现多栽培。干燥块根（药材名：天花粉）入药，有清热泻火、生津止渴功效；干燥成熟果实（药材名：瓜蒌）入药，有清热涤痰，宽胸散结，润燥滑肠功效；干燥成熟种子（药材名：瓜蒌子）入药，有润肺化痰，润肠通便功效；干燥成熟果皮（药材名：瓜蒌皮）入药，有清热化痰，利气宽胸功效。

同属植物双边栝楼（中华栝楼）*T. rosthornii* Herms. 与栝楼主要区别是：叶通常 5 深裂几乎达基部，中部裂片 3，裂片条形或倒披针形。种子距边缘稍远处具一圈明显的棱线。分布于甘肃、陕西、湖北、四川等地。生于山谷、山坡。药用部位和功效同栝楼。

图 15－129　栝蒌

罗汉果 *Siraitia grosvenorii*（Swingle）C. Jeffrey ex A. M. Lu et Z. Y. Zhang. 攀援草本；根多年生，肥大，纺锤形或近球形；茎、枝稍粗壮，有棱沟。叶片膜质，卵形心形、三角状卵形或阔卵状心形；雌雄异株。雄花序总状，花萼筒宽钟状，花萼裂片 5，三角形；花冠黄色，被黑色腺点，裂片 5；雄蕊 5。雌花单生或 2～5 朵集生于总梗顶端；花萼和花冠比雄花大；果实球形或长圆形，初密生黄褐色茸毛和混生黑色腺鳞，老后渐脱落而仅在果梗着生处残存一圈茸毛。种子多数，淡黄色，扁压状（图 15－130）。干燥果实（药材名：罗汉果）入药，具有清热润肺，利咽开音，滑肠通便功效。

图 15－130　罗汉果

葫芦科其他药用植物见表 15－38。

表 15－38　葫芦科其他药用植物

植物名	入药部位	药材名	功能
木鳖 *Momordica cochinchinensis*（Lour.）Spreng.	干燥成熟种子	木鳖子	散结消肿，攻毒疗疮，有毒
冬瓜 *Benincasa hispid*（Thunb.）Cogn.	干燥外层果皮 干燥成熟种子	冬瓜皮 冬瓜子	利尿消肿 清热利湿，消肿排脓
丝瓜 *Luffa cylindrica*（L.）Roem.	干燥成熟果实的维管束	丝瓜络	祛风，通络，活血，下乳
西瓜 *Citrullus lanatus*（Thunb.）Matsum. et Nakai.	成熟新鲜果实与皮硝经加工制成	西瓜霜	清热泻火，消肿止痛
土贝母 *Bolbostemma paniculatum*（Maxim.）Franquet.	干燥块茎	土贝母	解毒，散结，消肿
绞股蓝 *Gynostemma pentaphyllum*（Thunb.）Makino.	干燥全草	绞股蓝	消炎解毒，止咳祛痰
甜瓜 *Cucumis melo* L.	干燥成熟种子	甜瓜子	清肺，润肠，化瘀，排脓，疗伤止痛
黄瓜 *Cucumis sativus* L.	干燥成熟种子	黄瓜子	续筋接骨，祛风，消痰，补钙
波棱瓜 *Herpetospermum pedunculosum*（Ser.）C. B. Clarke.	干燥成熟种子	波棱瓜子	清热解毒，柔肝

47. 桔梗科 Campanulaceae　⚥ $* \uparrow K_{(5)} C_{(5)} A_{5,(5)} \overline{G}_{(2\sim5:2\sim5:\infty)}$

多草本。单叶互生，少为对生或轮生。花两性，常集成聚伞花序，有时单生；辐射对称或两侧对称；花萼 5 裂，宿存；花冠 5 裂；雄蕊 5，分离或合生；雌蕊由 2～5 心皮合生，子房常为下位或半下位，心皮 3（稀 2、5），合生，中轴胎座，常 3 室，每室胚珠多数。蒴果，稀为浆果。种子多数，具胚乳。常具有乳汁。

全科有 60 个属，大约 2000 种。世界广布，但主产地为温带和亚热带。我国产 17 属，大约 170 种。

【药用植物】

桔梗 *Platycodon grandiflorum*（Jacq.）A. DC. 草本，通常无毛，具白色乳汁。根肥大肉质，长圆锥

形。叶轮生、无柄；叶片卵状披针形，边缘有不整齐的锐锯齿。花单朵顶生，或数朵集成假总状花序；花萼钟状；花冠大，蓝色或蓝紫色；雄蕊5。蒴果球形，顶部5裂（图15－131）。分布于全国各地，多为栽培。生于山坡、草丛或沟旁。干燥根（药材名：桔梗）入药，有宣肺，利咽，祛痰，排脓功效。

图15－131　桔梗

党参 *Codonopsis pilosula*（Franch.）Nannf. 多年生缠绕草本，幼嫩部分有细白毛。根圆柱状，茎基具多数瘤状茎痕。叶互生，叶柄具短刺毛；叶片卵形或狭卵形，两面被毛。花1～3朵生于分枝顶端；花5数；萼裂片狭矩圆形，长为宽的3倍以上；花冠阔钟状，内有紫斑；子房半下位，柱头3。蒴果圆锥形（图15－132）。分布于四川、云南、西藏、甘肃、河南等地。生于灌木杂草丛、林边。全国各地多有栽培。干燥根（药材名：党参）入药，有健脾益肺、养血生津功效。

图15－132　党参

同属素花党参 *C. pilosula Nannf.* var. *modesta*（Nannf）L. T. Shen. 与党参主要区别是叶仅在幼时上面有

疏毛，老时脱落。萼裂片近三角形，长约为宽的2倍。分布于四川、青海、甘肃。与川党参 *C. tangshen* Oliv. 主要区别是植株除叶片两面密被柔毛，全体几近于光滑无毛。花萼几乎完全不贴生于子房上，几乎全裂。生于山地林边或灌丛中。产于四川、贵州、湖北、湖南及陕西。以上两种植物根亦作党参药用。

轮叶沙参 *Adenophora tetraphylla*（Thunb.）Fisch. 茎高大，不分枝，无毛，少有毛。茎生叶3～6枚轮生，无柄或有不明显叶柄，叶片卵圆形至条状披针形，边缘有锯齿，两面疏生短柔毛。花序狭圆锥状，花序分枝（聚伞花序）大多轮生，细长或很短，生数朵花或单花。花萼无毛，花冠筒状细钟形。蒴果球状圆锥形或卵圆状圆锥形。种子黄棕色，矩圆状圆锥形，稍扁，有一条棱，并由棱扩展成一条白带。

同属植物沙参 *A. stricta* Miq. 与轮叶沙参区别是基生叶心形，大而具长柄；花序常不分枝而成假总状花序。花萼常被短柔毛或粒状毛，花冠宽钟状，蓝色或紫色。蒴果椭圆状球形，极少为椭圆状。以上两种植物干燥根（药材名：南沙参）入药，具有养阴清肺，益胃生津，化痰，益气功效。

半边莲 *Lobelia chinensis* Lour. 多年生草本。茎细弱，匍匐，节上生根，无毛。叶互生，无柄或近无柄，椭圆状披针形至条形，无毛。花单生于叶腋；花冠粉红色或白色，二唇形，花瓣5片类如莲花瓣，因花瓣均偏向一侧而得名；花丝中部以上连合，花丝筒无毛；子房下位，2室。蒴果倒锥状。种子椭圆状，稍扁压。分布于长江中下游。生于水田边、沟边及潮湿草地上。干燥全草（药材名：半边莲）入药，有清热解毒，利尿消肿功效。

48. 菊科 Asteraceae　$⚥ * \uparrow K_{0,\infty} C_{(3\sim5)} A_{(4\sim5)} \overline{G}_{(2:1:1)}$

常为草本，稀木本，有的具乳汁或树脂道。叶常互生，稀对生或轮生，无托叶。花两性或单性，极少有单性异株，辐射对称或两侧对称；小花同型（头状花序中小花全为管状花或全为舌状花）或异型（头状花序中小花外围为舌状花，中央为管状花）；头状花序外为总苞围绕，或由头状花序再集成总状、伞房状花序。花萼不发育，常退化为冠毛；花冠常呈管状或舌状，稀为假舌状、二唇形或漏斗状，3～5裂；雄蕊常5，为聚药雄蕊，着生于花冠筒上；雌蕊由2心皮合生，子房下位，1室，每室1枚胚珠，柱头2裂。连萼瘦果。

本科约有1000属，25000～30000种，广布于全世界，热带较少。我国约有200余属，2000多种，产于全国各地。已知药用154属，778种。

【药用植物】

菊花 *Chrysanthemum morifolium* Ramat. 多年生草本。茎基部木质，全体被白色绒毛。叶卵形至披针形，边缘有锯齿或羽裂，有短柄。头状花序具多层苞片，单个或数个集生于茎枝顶端；边缘为舌状花，雌性；中央为管状花，两性，黄色。瘦果，无冠毛。全国各地均有栽培。因产地与加工方法不同，分为“亳菊”“滁菊”“贡菊”“杭菊”。干燥头状花序（菊花）入药，有散风清热、平肝明目、清热解毒功效。

野菊 *Chrysanthemum indicum* L. 多年生草本。茎直立，被稀疏的毛。叶卵形、长卵形或椭圆状卵形，羽状半裂、浅裂或分裂不明显而边缘有浅锯齿；两面同色，淡绿色，有稀疏的短柔毛。头状花序小，多数在茎枝顶端排成疏松的伞房圆锥花序或少数在茎顶排成伞房花序。总苞片约5层，边缘白色；舌状花黄色。瘦果。分布于全国。干燥头状花序（野菊花）入药，有清热解毒、泻火平肝功效。

野菊花与菊花的主要区别是：头状花序较小；舌状花一层，黄色；管状花基部无托叶。

红花 *Carthamus tinctorius* L. 一年生草本。叶互生，长椭圆形或卵状披针形，叶缘齿端有尖刺。头状花序外侧总苞片2～3层，卵状披针形，上部边缘有锐刺，内侧数列卵形无刺；花序中全为管状花，初开时黄色，后变为红色。瘦果无冠毛（图15－133）。大部分地区有栽培，主产于河南、湖北、四川、浙江。干燥花（药材名：红花），能活血通经，散瘀止痛。

图15－133 红花

白术 *Atractylodes macrocephala* Koidz. 多年生草本。根茎结节状。茎直立光滑无毛。叶为羽状全裂，纸质，无毛，边缘或裂片边缘有长或短针刺状缘毛或细刺齿。头状花序单生茎枝顶端。苞叶绿色，针刺状。苞片有白色蛛丝毛。瘦果，具白色的长直毛（图 15－134）。分布于江西、浙江及四川等地。生于山坡、路边及草地。干燥根茎（药材名：白术）入药，有益气健脾，燥湿利水功效。

图 15－134 白术

苍术（茅苍术）*Atractylodes lancea*（Thunb.）DC. 多年生草本，高 30～60cm。茎直立或上部少分枝。叶互生，革质，卵状披针形或椭圆形，边缘具刺状齿，上部叶多不裂，无柄；下部叶常 3 裂，有柄或无柄。头状花序直径 1～2cm，顶生，下有羽裂叶状总苞一轮；总苞圆柱形，总苞片 6～8 层；花两性与单性，多异株；两性花有羽状长冠毛；花冠白色，细长管状。瘦果被黄白色毛（图 15－135）。干燥根茎（药材名：苍术），能燥湿健脾，祛风散寒，明目。

图 15－135　苍术（茅苍术）

同属植物北苍术 *A. chinensis*（DC.）Koidz. 与茅苍术主要区别是：叶片较宽，卵形或狭卵形，常羽状 5 浅裂，边缘有不连续的刺状牙齿。分布于东北、华北及山东、河南、陕西等地。生于低山阴坡、梁岗、草丛及灌丛中。根茎亦作苍术药用。

旋覆花 *Inula japonica* Thunb.（图 15）多年生草本。茎单生，有细沟。叶互生，无柄，下面有疏伏毛和腺点。头状花序；花序梗细长；总苞片约 6 层；舌状花黄色。瘦果圆柱形，有 10 条沟，顶端截形，被疏短毛，冠毛白色（图 15－136）。分布于东北部、中部、东部各省等地。生于山坡、路旁、砂质草地及沼泽地。干燥地上部分（药材名：金沸草）入药，有降气，消痰功效；干燥头状花序（药材名：旋覆花）入药，有降气，消痰，行水，止呕功效。

同属欧亚旋覆花 *I. Britannica* L. 与旋覆花主要区别是：叶片长圆或椭圆状披针形，基部宽大，心形，有耳，半抱茎。头状花序亦作旋覆花药用。条叶旋覆花 *I. linariifolia* Turcz. 的干燥地上部分亦作金沸草入药。

图 15－136　旋覆花

练一练15-5

药材旋覆花有降气、消痰、行水、止呕的功效，其入药部位是（　）

A. 干燥头状花序　　B. 初开的花　　C. 干燥花　　D. 果穗

答案解析

云木香（木香）*Aucklandia lappa* Decne. 多年生高大草本。主根粗壮，干后芳香。基生叶片巨大，三角状卵形，边缘有不规则浅裂或呈波状，疏生短齿，叶基下延成翅；茎生叶互生。头状花序具总苞片约10层；花序中全为管状花，花冠暗紫色。瘦果有冠毛。西藏南部有分布，云南、四川等地有栽培。干燥根（木香），能行气止痛，健脾消食。

土木香 *Inula helenium* L. 的干燥根（土木香）入药能够健脾和胃，行气止痛，安胎。

佩兰 *Eupatorium fortunei* Turcz. 多年生草本。茎直立，具短柔毛。叶光滑，无毛，边缘有粗齿或不规则的细齿。头状花序；总苞钟状，2～3层，覆瓦状排列，紫红色。花冠白色。瘦果，5棱；冠毛白色。多为栽培。生于路边、灌丛及山沟。干燥地上部分（佩兰）入药，有芳香化湿、醒脾开胃、发表解暑功效。

蒲公英 *Taraxacum mongolicum* Hand. Mazz. 多年生草本。根圆柱形，粗壮。叶基生，莲座状；叶缘有时具波状齿或羽状深裂，疏被蛛丝状白色柔毛。头状花序单一，顶生；舌状花黄色。瘦果倒卵状披针形，上部具小刺，下部具成行排列的小瘤；冠毛白色。全国均有分布。生于山坡、路边、草地。干燥全草（蒲公英）入药，有清热解毒、消肿散结功效。

同属碱地蒲公英 *T. borealisinense* Kitam. 或同属数种植物的干燥全草入药同蒲公英。

本科其他药用植物见表15－39。

表15－39　菊科其他药用植物

植物名	入药部位	药材名	功能
黄花蒿 *Artemisia annua* L.	干燥地上部分	青蒿	清虚热，除骨蒸，解暑热，截疟，退黄
茵陈蒿 *A. capillari* Thunb. 滨蒿 *A. scoparia* Waldst. et Kit.	干燥地上部分	茵陈	清利湿热，利胆退黄
翼齿六棱菊 *Laggera pterodonta*（DC.）Benth.	干燥地上部分	臭灵丹草	清热解毒，止咳祛痰，有毒
鹅不食草 Centipeda minima（L.）A. Br. et Aschers.	干燥全草	鹅不食草	发散风寒，通鼻窍，止咳
菊苣 *Cichorium intybus* L. 毛菊苣 *C. glandulosum* Boiss. et Huet.	干燥地上部分或根	菊苣	清肝利胆，健胃消食，利尿消肿
苦蒿 *Conyza blinii* Lévl.	干燥地上部分	金龙胆草	清热化痰，止咳平喘，解毒利湿，凉血止血
款冬 *Tussilago farfara* L.	干燥花蕾	款冬花	润肺下气，止咳化痰
蓍 *Achillea alpina* L.	干燥地上部分	蓍草	解毒利湿，活血止痛
轮叶泽兰 *Eupatorium lindleyanum* DC.	干燥地上部分	野马追	化痰止咳平喘
蓝刺头 *Echinops latifolius* Tausch. 华东蓝刺头 *E. grijisii* Hance	干燥根	禹州漏芦	清热解毒，消痈，下乳，舒筋通脉
祁州漏芦 *Rhaponticum uniflorum*（L.）DC.	干燥根	漏芦	清热解毒，消痈，下乳，舒筋通脉
鳢肠 *Eclipta prostrata* L.	干燥地上部分	墨旱莲	滋补肝肾，凉血止血
一枝黄花 *Solidago decurrens* Lour.	干燥全草	一枝黄花	清热解毒，疏散风热
紫菀 *Aster tataricus* L. f.	干燥根和根状茎	紫菀	润肺下气，消痰止咳

续表

植物名	入药部位	药材名	功能
苍耳 *Xanthium sibiricum* Patr.	干燥成熟带总苞的果实	苍耳子	散风寒，通鼻窍，祛风湿。有毒
豨莶 *Siegesbeckia orientalis* L. 腺梗豨莶 *S. pubescens* Makino. 毛梗豨莶 *S. glabrescens* Makino.	干燥地上部分	豨莶草	祛风湿，利关节，解毒
蓟 *Cirsium japonicum* Fisch. ex DC.	干燥地上部分 炮制加工品	大蓟 大蓟炭	凉血止血，散瘀解毒消痈
刺儿菜 *Cirsium setosum*（Willd.）MB.	干燥地上部分	小蓟	凉血止血，散瘀解毒消痈
水飞蓟 *Silybum marianum*（L.）Gaertn.	干燥成熟果实	水飞蓟	清热解毒，疏肝利胆
艾 *Artemisia argyi* Lévl. et Vant.	干燥叶	艾叶	温经止血，散寒止痛，外用祛湿止痒，有小毒
艾纳香 *Blumea balsamifera*（L.）DC.	新鲜叶经提取加工制成的结晶	艾片（左旋龙脑）	开窍醒神，清热止痛
短葶飞蓬 *Erigeron breviscapus*（Vant.）Hand. -Mazz.	干燥全草	灯盏细辛（灯盏花）	活血通络止痛，祛风散寒
天名精 *Carpesium abrotanoides* L.	干燥成熟果实	鹤虱	杀虫消积，有小毒
天山雪莲 *Saussurea involucrate*（Kar. etKir.）Sch. Bip.	干燥地上部分	天山雪莲	补肾活血，强筋骨
千里光 *Senecio scandens* Buch. -Ham.	干燥地上部分	千里光	能清热解毒，明目，利湿
牛蒡 *Arctium lappa* L.	干燥成熟果实	牛蒡子	疏散风热，宣肺透疹，解毒利咽
山莴苣 *Lagedium sibiricum*（L.）Sojak.	干燥嫩茎	山莴苣	清热解毒，利尿，通乳
苦苣菜 *Sonchus oleraceus* L. 苦荬菜 *Ixeris polycephala* Cass.	干燥全草	苦苣菜	清热解毒，消肿散结

二、单子叶植物纲 Monocotyledoneae

49. 禾本科 Gramineae（Poaceae） $⚥\uparrow P_{2\sim3}A_{3\sim6}\underline{G}_{(2\sim3:1:1)}$ PPT

多草本，少木本。地上茎多直立，特称为秆，秆呈圆柱形，节和节间明显，节间多中空。单叶互生；叶鞘包裹着秆，常在一边开裂；叶舌位于叶鞘顶端和叶片相连接处的近轴面，常为膜质或成一圈毛或完全退化，在叶鞘顶端两边常各具1耳状突起称叶耳。花序以小穗为基本单位排列成穗状、总状、圆锥状或头状，小穗有一短柄称小穗轴，基部有外颖和内颖，小穗轴上生有1至数朵小花，每一小花外有苞片2，称外稃和内稃。小花两性稀单性，雄蕊常3枚，花丝细长，花药丁字形着生于花丝顶端；雌蕊1，由2~3心皮组成1室，子房上位，每室胚珠数1，柱头常为羽毛状或帚刷状（图15-137）。果实通常多为颖果，种子富含淀粉质胚乳。

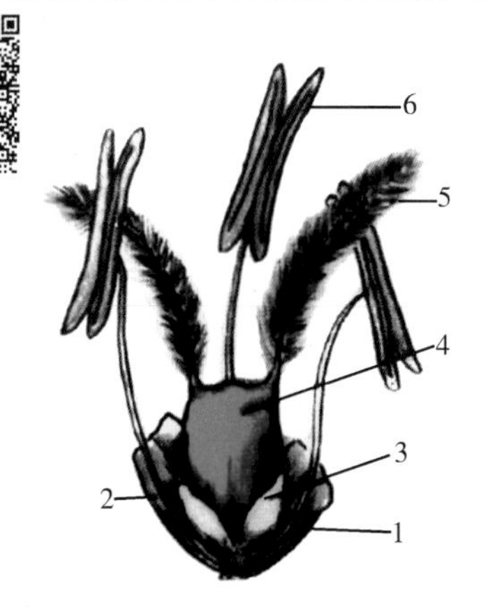

图15-137 禾本科植物小花

1. 外稃 2. 内稃 3. 浆片 4. 子房 5. 柱头 6. 雄蕊

本科已知约有700属，近10000种，是单子叶植物中仅次于兰科的第二大科，广布全球。我国有200余属，1000余种，各省区均有分布。

【药用植物】

图 15－138 淡竹叶

淡竹叶 *Lophatherum gracile* Brongn.（图 15－138）多年生草本。茎基部节上常生有不定根，叶片披针形，具横脉，有时被柔毛或疣基小刺毛，基部收窄成柄状。圆锥花序顶生，小穗疏生于花序轴上，每个小穗有花数朵，仅第一花为两性，其余皆退化。颖果长椭圆形。分布于长江以南，生于山坡、林地或林缘、道旁蔽荫处。干燥茎叶（药材名：淡竹叶），能清热泻火，除烦止渴，利尿通淋。

青竿竹 *Bambusa tuldoides* Munro.（图 15－139）竿高 6～10m，幼时薄被白蜡粉，无毛，竿壁厚；小穗含小花 6 或 7 朵，位于上下两端者不孕，中间的小花为两性；颖果圆柱形，被长硬毛和残留的花柱。主产于广东，香港亦有。生于低丘陵地或溪河两岸，也常栽培于村落附近。

大头典竹 *Sinocalamus beecheyanus*（Munro）McClure var. *pubescens* P. F. Li. 竿高达 15 米，幼时被白粉，成长后呈深绿色而常染有桔红色，假小穗黄绿色或枯草色，仅在外稃的顶端及边缘镶有枣红色；颖及外稃均无小横脉；内稃顶端具显著的裂口。主产于广东省南部至香港，台湾有栽培。

淡竹 *Phyllostachys nigra*（Lodd.）Munro var. henonis（Mitf.）Stapf ex Rendle. 竿高 5～12m，幼竿密被白粉，无毛，老竿灰黄绿色，竿壁薄；花枝呈穗状，基部有 3～5 片逐渐增大的鳞片状苞片，佛焰苞 5～7 片，每苞内有 2～4 枚假小穗；小穗常含 1 或 2 朵小花，常以最上端一朵成熟。主产于黄河流域至长江流域各地，也是常见的栽培竹种之一。将以上三种竹茎秆的干燥中间层（竹茹）刮成丝条或削成薄片可药用，有清热化痰，除烦，止呕的功效。

图 15－139 青竿竹

青皮竹 *Bambusa textilis* McClure. 竿高 8～10m，幼时被白蜡粉，并贴生或疏或密的淡棕色刺毛，后变无毛。叶鞘无毛，背部具脊，纵肋隆起；叶耳发达，常呈镰刀形。主产于广东和广西，常栽培于低海拔地区的河边、村落附近。

华思劳竹 *Schizostachyum chinense* Rendle.（中华空竹 *Cephalostachyum chinense.*）竿高 5～8m，上半部于幼嫩时被白色柔毛，老时毛落，并具硅质而使表面糙涩。产于云南的蒙自、屏边、金平等地，常生于海拔 1500～2500m 的山地常绿阔叶灌木林中。上述两种竹杆内的分泌液干燥后的块状物（药材名：天竺黄），能清热豁痰，凉心定惊。

薏米 *Coix lacryma－jobi* L. var. ma－yuen（Roman.）Stapf.（图 15－140）一年生草本，须根黄白色。秆直立丛生。叶片扁平宽大，中脉粗厚，在下面隆起。总状花序腋生成束，基部生有骨质念珠状总苞，内含由 2～3 朵雌花组成的雌小穗；雄蕊常退化；雌蕊从总苞顶端伸出。颖果成熟时包于骨质、光滑、灰白色球形的总苞内，卵形或卵球形，有光泽。我国各地有栽培或野生；生于河边、溪边、湿地。干燥种仁（药材名：薏苡仁）入药，能利水渗湿，健脾止泻，除痹，排脓，解毒散结。

图15－140　薏米

白茅 *Imperata cylindrica* Beauv. var. *major*（Nees）C. E. Hubb.［*Imperata cylindrica*（L.）Beauv.］多年生草本，具有粗壮的根茎。圆锥花序稠密，颖果椭圆形，长约1mm。产于辽宁、河北、山西、山东、陕西、新疆等地区，生于低山带平原河岸草地、沙质草甸、荒漠与海滨。干燥根茎（白茅根）入药，能够凉血止血，清热利尿。

芦苇 *Phragmites communis* Trin. 多年生草本，根茎十分发达，大型圆锥花序顶生。全国各地均有分布。新鲜或干燥根茎（药材名：芦根）可入药，具有清热泻火，生津止渴，除烦，止呕，利尿的功效。

大麦 *Hordeum vulgare* L. 一年生草本。秆粗壮，光滑无毛。穗状花序，颖果成熟时粘着于稃内，不突出。我国南北各地均有栽培。大麦的成熟果实经发芽干燥后的炮制加工品（药材名：麦芽），能行气消食，健脾开胃，回乳消胀。

稻 *Oryza sativa* L.（图15－141）一年生水生草本。大型圆锥花序疏展，分枝较多，成熟时向下弯垂。广泛分布于亚热带，我国南方北方均有栽培，是重要的谷物。稻的成熟果实经发芽干燥的炮制加工品（药材名：稻芽），有消食和中，健脾开胃的功效。

粟 *Setaria italica*（L.）Beauv. 植物体矮小，圆锥花序呈圆柱形，小穗卵形或卵状披针形，黄色。我国南北各地均有栽培，可食用。粟的成熟果实经发芽干燥的炮制加工品（药材名：谷芽），能消食和中，健脾开胃。

图15－141　稻（左）和玉蜀黍（右）

本科其他药用植物见表 15－40。

表 15－40　禾本科其他药用植物

植物名	入药部位	药材名	功能
小麦 *Triticum aestivum* L.	干燥成熟果实	小麦	养心，除热，止渴，敛汗
	干燥轻浮瘪瘦的果实	浮小麦	止汗，退虚热
玉蜀黍 *Zea mays* L.（图 15－141）	干燥花柱和柱头	玉米须	利尿消肿，降血压
粉单竹 *Lingnania chungii* McClure 撑蒿竹 *Barmbusa pervariabilis* McClure	干燥幼叶	竹心	清心除烦，利尿，解毒
净竹（灰竹）*Phyllostachys nuda* McClure	鲜杆中的液体	鲜竹沥	清热化痰

50. 棕榈科 Arecaceae　$⚥ * P_{3+3}A_{3+3}\underline{G}_{3:3\sim1:1,(3:3\sim1:1)}$；$♂ * P_{3+3}A_{3+3}$；$♀ * P_{3+3}\underline{G}_{3:3\sim1:1,(3:3\sim1:1)}$

木本，多灌木或乔木，稀为藤本。主干常不分枝，大型叶常绿，丛生于干顶，形成“棕榈形”树冠，叶柄基部常扩大成具纤维的鞘。大型肉穗花序，常具一至数片佛焰苞；花小，单性或两性；花被 6，离生或合生，覆瓦状或镊合状排列成 2 轮；雄蕊 6 枚，2 轮；子房上位，3 心皮，合生或离生，子房 1～3 室，每室 1 胚珠。浆果或核果，外果皮肉质或纤维质。种子胚乳丰富，胚小。

本科约有 210 属 2800 种，主要分布于热带和亚热带地区。我国约有 28 属 100 余种。主产于西南至东南部各省区。

【药用植物】

棕榈 *Trachycarpusfortunei*（Hook. f.）H. Wendl.（图 15－142）常绿乔木，主干不分枝，圆柱形，被不易脱落的老叶柄残基和密集的网状纤维。花常单性，雌雄异株，多为肉穗花序或圆锥花序，佛焰苞显著。果实阔肾形，成熟时由黄色变为淡蓝色。主要分布于长江以南各省区。干燥叶柄（药材名：棕榈皮；煅后：棕榈）能收敛止血。

图 15－142　棕榈

槟榔 *Areca catechu* L. 常绿乔木，有明显的环状叶痕。叶羽状全裂，丛生茎顶，羽片狭长披针形。雌雄同株，肉穗花序生于叶鞘束下，外被大型佛焰苞。核果长圆形或卵球形，橙黄色，中果皮厚，纤维质。种子卵形，胚乳嚼烂状。干燥成熟种子（药材名：槟榔）入药能杀虫、消积、行气、利水、截疟。干燥果皮（药材名：大腹皮）入药能下气宽中，行水消肿。

麒麟竭 *Daemonorops draco* Bl. 常绿藤本。羽状复叶在枝梢互生，叶柄和叶轴均被稀疏小刺。雌雄异株，肉穗花序大型。果实核果状，果皮猩红色，表皮密被覆瓦状鳞片，成熟时鳞片缝中流出红色树脂。主产于印度尼西亚、印度及马来西亚等地。我国广东、海南、台湾等省亦有种植。果实渗出的树脂经加工制成（血竭）能够活血定痛，化瘀止血，生肌敛疮。

51. 天南星科 Araceae　$⚥ * P_{0,4\sim6}A_{4\sim6}\underline{G}_{(1\sim\infty:1\sim\infty:1\sim\infty)}$；$♂ P_0A_{(2\sim\infty),2\sim\infty}$；$♀ * P_0\underline{G}_{(1\sim\infty:1\sim\infty:1\sim\infty)}$

多为草本，稀为木质藤本，富含刺激性汁液，具块根或伸长的根状茎。叶通常基生，叶单 1 或少数，基部常具膜质鞘，多网状脉。肉穗花序，具佛焰苞；花小，两性或单性，单性时雌雄同株或异株，雌雄同株者雌花居于花序下部，雄花群居花序上部；花被缺或为 4～6 个鳞片状，雄蕊常 4～6，雌蕊由 1 至数心皮组成，子房上位，1 至多室。果实常为浆果。

本科 115 属 2000 余种。分布于热带和亚热带。我国有 35 属 205 种。主要分布于长江以南各省区。

【药用植物】 微课 5

天南星（一把伞南星）*Arisaema erubescens*（Wall.）Schott.（图 15－143）块茎扁球形，直径可达 6cm。叶 1 枚，极稀 2 枚，叶柄上部绿色，有时具褐色斑块；叶片放射状分裂，裂片不定。绿色佛焰苞背面有清晰的白色条纹，或淡紫色至深紫色而无条纹。肉穗花序单性，雄花具短柄，雄蕊 2～4 枚；雌花，子房卵圆形，柱头无柄。浆果红色，种子 1～2 枚，球形，淡褐色。我国大部分省区都有分布。

异叶天南星 *Arisaema heterophyllum* Bl.（图 15－144）块茎扁球形，直径 2～4cm，顶部扁平，周围密生须根，常有若干侧生芽眼。叶单 1，叶片鸟足状分裂，裂片 13～19，披针形，基部楔形，先端骤狭渐尖。佛焰苞绿色，顶端细丝状。雄花雄蕊 4～6 枚，雌花子房上位，胚珠 3～4。广泛分布于除西北、西藏外的大部分省区，生于林下、灌木丛或草地。

图 15－143 天南星

东北天南星 *Arisaema amurense* Maxim. 块茎近球形，直径 1～2cm。叶 1 枚，叶柄紫色，下部具叶鞘；叶片鸟足状分裂，5 裂片，倒卵形，倒卵状披针形或椭圆形。佛焰苞白绿色，长 5cm。肉穗花序，单性。雄花具柄；雌花，子房倒卵形，柱头盘状。主要分布于东北、华北等地。以上三种植物的干燥块茎（药材名：天南星）有毒，具有散结消肿的功效。

图 15－144 异叶天南星

半夏 *Pineilia ternata*（Thunb.）Breit.（图 15－145）多年生草本。块茎圆球形，直径 1～2cm，具须根。叶 1～5 枚，一年生叶为单叶，卵状心形或戟形，二年以上叶为三出复叶。佛焰苞绿色或绿白色，有时边缘青紫色，雄花和雌花之间为不育部分。浆果卵圆形，红色。广泛分布于全国各地，常见于草坡、荒地、田边、林下。干燥块茎（药材名：半夏）有毒，具有燥湿化痰，降逆止呕，消痞散结的功效。

图15－145　半夏

石菖蒲（金钱蒲）*Acorus tatarinowii* Schott.（图 15－146）多年生草本。根茎横生，上部有分枝，具芳香气息。叶基生，剑状线形，基部两侧具膜质叶鞘，无中脉，平行脉多数，稍隆起。花序柄三棱形，肉穗花序圆柱状，叶状佛焰苞不包围花序。花两性，黄绿色，花被 6 枚，两列，雄蕊 6 枚，子房 2～3 室。浆果倒卵形。分布于黄河以南各省区，生于湿地或溪旁石上。干燥根茎（药材名：石菖蒲）能开窍豁痰，醒神益智，化湿开胃。

千年健 *Homalomena occulta*（Lour.）Schott. 多年生草本，根茎横走，有香气。叶片膜质至纸质，箭状心形至戟形，近基生。佛焰苞绿色，宿存。无被花单性，雄花位于花序上部，雌花位于下部，雄花具雄蕊 4，雌花具雌蕊及 1 枚退化雄蕊，花柱极短，柱头盘状。主要分布于广东、海南、广西西南部至东部、云南南部至东南部，生长于沟谷密林下，竹林和山坡灌丛中。干燥根茎（药材名：千年健）能祛风湿，壮筋骨。

图 15－146　石菖蒲

独角莲 *Typhonium giganteum* Engl. 块茎倒卵形，卵球形或卵状椭圆形，直径 2～4cm，外被暗褐色小鳞片，有 7～8 条环状节。叶基生，叶片三角状卵形，基部箭形。肉穗花序近无梗，佛焰苞紫色。是我国特有物种，分布于东北、华北、华中、西北及西南地区。干燥块茎（药材名：白附子）具有祛风痰，定惊搐，解毒散结，止痛的功效。

鞭檐犁头尖 *T. flagelliforme*（Lodd.）Blume. 块茎近圆形、椭圆形、圆锥形或倒卵形，直径 1～2cm。叶 3～4 枚，中部以下具宽鞘，叶片戟状长圆形，基部心形或下延。干燥块茎（药材名：水半夏）能燥湿，化痰，止咳。

52. 百合科 Liliaceae　$⚥ * P_{3+3,(3+3)} A_{3+3} \underline{G}_{(3:3:\infty)}$　微课 6

多年生草本，常具根状茎、鳞茎或球茎；茎直立或攀缘状。单叶互生或轮生，少数对生，有时退化成鳞片状，常具弧形脉。花常两性，辐射对称；花被花瓣状，6 枚，排成 2 轮，或基部联合，顶端 6 裂；雄蕊常 6 枚，2 轮，花丝分离或联合；子房上位，少有半下位，常为 3 室。蒴果或浆果，较少坚果。

本科约 230 属 3500 余种，广布全世界，特别是温带和亚热带地区。我国有 60 属，约 560 种。已知药用52属，374种。

【药用植物】

百合 *Lilium brownii* F. E. Brown var. *viridulum* Baker（图15－147）草本，鳞茎球形，白色；鳞茎盘极度缩短，上面着生多数肉质肥厚、卵匙形的鳞叶，下面有多数须根。茎有紫色条纹，光滑无毛。叶散生，通常自下向上渐小，倒披针形至倒卵形。花单生或几朵排成近伞形，花喇叭形，有香气，乳白色，背面稍带紫色，向外张开或先端稍外弯而不卷；雄蕊向上弯，花丝中部以下密被柔毛，花粉粒红褐色；子房圆柱形，柱头3裂。蒴果矩圆形，有棱，具多数种子。主要分布于华北、华南和西南，生于山坡、灌木林下、路边等。

卷丹 *L. lancifolium* Thunb.（图15－147）鳞茎近宽球形；鳞片宽卵形，白色。叶散生，矩圆状披针形或披针形，先端有白毛，边缘有乳头状突起，上部叶腋有珠芽。花3～6朵或更多；花下垂，花被披针形，反卷，橙红色，有紫黑色斑点。主要分布于西北、东北、华北地区。

细叶百合 *L. pumilum* DC.（图15－147）叶片狭线形，3～5列，互生，无柄，花被反卷。分布于全国大部分省区。上述三种植物的干燥肉质鳞叶（药材名：百合），具养阴润肺，清心安神的功效。

图15－147　百合、卷丹和细叶百合

1. 百合　2. 卷丹　3. 细叶百合

川贝母 *Fritilaria cirrhosa* D. Don.（图15－148）多年生草本，鳞茎圆锥形，由2枚鳞片组成，茎直立。叶常对生，少数在中部兼有散生或3～4枚轮生，条形至条状披针形，先端常卷曲。单花顶生，紫色至黄绿色，常有小方格；叶状苞片3枚，先端多少弯曲成钩状；蜜腺窝明显凸出；花被6；雄蕊6；柱头3裂，裂片长3～5mm。主产于四川、西藏、云南等地。是商品“青贝”的主流种之一。

暗紫贝母 *F. unibracteata* Hsiao et K. C. Hsia.（图15－148）叶先端不卷曲。花单朵，深紫色，有黄褐色小方格；叶状苞片1枚，先端不卷曲；蜜腺窝稍凸出或不明显；柱头裂片0.5～1mm。主产于四川阿坝，为商品“松贝”的主流种。

图15－148　川贝母、甘肃贝母和暗紫贝母

1. 川贝母　2. 甘肃贝母　3. 暗紫贝母

甘肃贝母 *F. przewalskii* Maxim.（图15－148）叶先端常不卷曲。花浅黄色，有黑紫色斑点；叶状苞片1枚，先端稍卷曲或不卷曲；蜜腺窝不很明显；柱头裂片不及1mm。主产于甘肃，青海，四川等地。是商品“青贝”的主流种之一。

梭砂贝母 *F. delavayi* Franch. 鳞茎粗大，由 2 ~3 枚鳞叶组成。叶片狭卵形至卵状椭圆形，先端不卷曲。花浅黄色，具红褐色斑点或小方格；柱头裂片不及 1mm。主产于四川、云南、青海、西藏等地。为商品“炉贝”的主流种。

太白贝母 *F. taipaiensis* P. Y. Li. 叶条形至条状披针形，先端常不卷曲，有时稍弯曲。花绿黄色，无方格斑，在花被片先端近两侧边缘有紫色斑带；叶状苞片 3 枚，先端有时稍弯曲，但决不卷曲；蜜腺窝几乎不凸出。主产于陕西、甘肃、四川、湖北等地。

瓦布贝母 *F. unibracteata* Hsiao et K. C. Hsia var. *wabuensis*（S. Y. Tanget S. C. Yue）Z. D. Liu，S. Wang et S. C. Chen. 花黄色。叶状苞片 1 ~4 枚。花柱裂片长 3mm。主要分布于四川西北部。太白贝母和瓦布贝母为川贝母“栽培品”的主要来源。上述 6 个种的干燥鳞茎（药材名：川贝母），具有清热润肺，化痰止咳，散结消痈的功效。

浙贝母 *F. thunbergii* Miq. 鳞茎大，由 2 ~3 枚鳞片组成。下部叶对生或散生，向上常兼有对生、散生和轮生；叶近条形至披针形，先端不卷曲或稍弯曲。花淡黄色，有时稍带淡紫色，钟形。蒴果棱上有翅。主要分布于浙江，江苏和湖南等地。干燥鳞茎（药材名：浙贝母）能清热化痰止咳，解毒散结消痈。

平贝母 *F. ussuriensis* Maxim. 鳞茎由 2 枚鳞片组成，周围常有少数小鳞茎，易脱落。花紫色而具黄色小方格。蜜腺窝在背面明显凸出。主要分布于辽宁、吉林、黑龙江等地。干燥鳞茎（药材名：平贝母）能清热润肺，化痰止咳。

新疆贝母 *F. walujewii* Regel. 鳞茎由 2 枚鳞片组成。最下面的叶对生，先端不卷曲，中上部叶对生或轮生，先端稍卷曲。单生花深紫色，有黄色小方格；3 枚叶状苞片，先端强烈卷曲；蜜腺窝在背面明显凸出，几乎成直角。主要分布于新疆天山地区。

伊犁贝母 *F. pallidiflora* Schrenk. 鳞茎由 2 枚鳞片组成，鳞片上端延伸为长的膜质物，鳞茎皮较厚。叶常散生，先端不卷曲。花淡黄色，内有暗红色斑点。主要分布于新疆西北部。上述两种植物的干燥鳞茎（药材名：伊贝母）能清热润肺，化痰止咳。

湖北贝母 *F. hupehensis* Hsiao et K. C. Hsia. 鳞茎由 2 枚鳞片组成。叶常对生，矩圆状披针形至披针形。花淡紫色具黄色小方格。主要分布于浙江北部和河南东南部。干燥鳞茎（药材名：湖北贝母）具有清热化痰，止咳，散结的功效。

玉竹 *Polygonatum odoratum*（Mill.）Druce. 根状茎圆柱形，叶互生，椭圆形至卵状矩圆形。花序无苞片；花被黄绿色至白色。浆果蓝黑色。产于东北、华东、华中和华北。干燥根茎（药材名：玉竹）能养阴润燥，生津止渴。

图 15－149　滇黄精

滇黄精 *P. kingianum* Coll. et Hemsl.（图 15－149）多年生草本。根状茎肥厚，近圆柱形或近连珠状。叶轮生，每轮 3 ~10 枚，条形或披针形，先端拳卷。花 2 ~6 朵腋生，花被粉红色。浆果球形，红色。主产于贵州、广西、云南等地。

黄精 *P. sibiricum* Red. 根状茎圆柱形，

节间膨大，形似鸡头。叶轮生，每轮4~6枚，叶片顶端拳卷或弯曲成钩。主产于东北、华北、华东等地区。

多花黄精 *P. cyrtonema* Hua. 根状茎肥厚，常呈连珠状或结节状。叶互生，椭圆形或披针形。花序有花2~7朵，或单生；花被黄绿色。浆果黑色。主产于河南以南及长江流域各省。三种植物的干燥根茎（药材名：黄精）具有补气养阴，健脾，润肺，益肾的功效。

图15-150　天冬

天冬 *Asparagus cochinchine-nsis*（Lour.）Merr.（图15-150）根在中部或近末端膨大呈纺锤形的块根。叶状枝常3枚成簇状，扁平。花2朵腋生，淡绿色。浆果红色，种子1枚。全国各地均有分布。干燥块根（药材名：天冬）能养阴润燥，清肺生津。

图15-151　麦冬

麦冬 *Ophiopogon japonicus*（L. f）Ker-Gawl.（图15-151）多年生草本。根较粗，中间或近末端常膨大成纺锤形的小块根。地下茎匍匐细长，地上茎直立，较短。叶基生成丛，狭线形。总状花序穗状，微下垂；花两性，辐射对称；花被片6，白色或淡紫色。浆果球形，蓝紫色。主产于浙江、四川等地，多为栽培。干燥块根（药材名：麦冬）能养阴生津，润肺清心。

知母 *Anemarrhena asphodeloides* Bge. 根状茎横走，粗壮，被残存的叶鞘所覆盖。叶片先端渐尖而成近丝状，基部渐宽而成鞘状，具多条平行脉。总状花序较长；花粉红色，淡紫色至白色；花被片条形。主产于河北等省区。其干燥根茎（药材名：知母）有清热泻火、滋阴润燥之功。

七叶一枝花 *Paris polyphylla* Smith var. chinensis (Franch.) Hara. 根状茎粗壮，密生环节和须根。茎直立，叶 7 ~ 10 枚，茎和叶柄均带紫红色。花被 2 轮，外轮花被片绿色 4 ~ 6 枚，内轮花被片狭条形；雄蕊 8 ~ 12 枚，子房近球形，顶端有一盘状花柱基。蒴果紫色，种子多数，具鲜红色多浆汁的外种皮。广泛分布于长江流域至华南南部及西南地区。

图 15 - 152　云南重楼

云南重楼 *P. polyphylla* Smith var. yunnanensis (Franch.) Hand. Mazz. （图 15 - 152）叶 8 ~ 10 枚。外轮花被片披针形，或狭披针形，内轮花被片6 ~ 8 枚，条形。主要分布于福建、湖南、湖北、四川、云南等省区。两种植物的干燥根茎（药材名：重楼）能清热解毒，消肿止痛，凉肝定惊。

菝葜 *Smilax china* L. （图 15 - 153）根茎不规则块状，坚硬粗壮。叶圆形、卵形或其他形状，伞形花序生于叶尚幼嫩的小枝上。花黄绿色。浆果成熟时红色，有粉霜。我国大部分地区均产。干燥根茎（药材名：菝葜）有利湿祛浊，祛风除痹，解毒散瘀的功效。

图 15 - 153　菝葜

光叶菝葜 *S. glabra* Roxb. 根茎粗壮，呈块状。叶狭椭圆状披针形或狭卵状披针形；叶柄有卷须。伞形花序。主产于甘肃及长江流域以南各省区。干燥根茎（药材名：土茯苓）能解毒，除湿，通利关节。

本科其他药用植物见表 15－41。

表 15－41　百合科其他药用植物

植物名	入药部位	药材名	功能
小根蒜 *Allium macrostemon* Bge.	干燥鳞茎	薤白	通阳散结，行气导滞
薤 *A. chinense* G. Don.			
韭菜 A. tuberosum RottL. ex Spreng.	干燥成熟种子	韭菜子	温补肝肾，壮阳固精
大蒜 *A. sativum* L.	干燥鳞茎	大蒜	解毒消肿，杀虫，止痢
洋葱 A. cepa L.	新鲜鳞茎	洋葱	开胃化湿，解毒杀虫
库拉索芦荟 *Aloe barbadensis* Miller.	植物叶的汁液浓缩干燥物	芦荟	泻下通便，清肝泻火，杀虫疗疳
好望角芦荟 *A. ferox* Miller.			
小天门冬 *Asparagus pseudofi－licinus* Wang et Tang.	干燥根	小百部	滋阴，润肺，止咳
滇南天门冬 *A. subscan－dens* F. T. Wang et S. C. Chen.	干燥块根	傣百部	清火解毒，止咳化痰，补水润肺，利尿止痛
短梗菝葜 *Smilax scobini－caulis* C. H. Wright.	干燥根及根茎	铁丝威灵仙	祛风除湿，散瘀，解毒
鞘柄菝葜 *S. stans Maxim.*			
华东菝葜 *S. siobold* Miq.			

53. 薯蓣科 Dioscoreaceae　♂ $* P_{3+3,(3+3)} A_{6,3}$；♀ $* P_{3+3,(3+3)} \overline{G}_{(3:3:2)}$

多年生缠绕草质或木质藤本，少数为矮小草本。地下部分为根状茎或块茎。叶互生，有时中部以上对生，单叶或掌状复叶，单叶常为心形、卵形或椭圆形，掌状复叶小叶常为披针形或卵圆形，掌状网脉。花单性或两性，雌雄异株，较少同株；排列成穗状、总状或圆锥花序；花被 6，2 轮，基部合生或离生；雄花雄蕊 6 枚，有时 3 枚退化，具退化子房或无；雌花具退化雄蕊 3～6 枚或无，子房下位，3 心皮合生成 3 室，每室胚珠数 2 枚，花柱 3，分离。蒴果三棱形，每棱翅状，成熟后顶端开裂；种子有翅或无翅，有胚乳。

本科约有 9 属 650 种，我国只有薯蓣属，约 49 种。主要分布于长江以南各省区。

【药用植物】

薯蓣 *Dioscorea opposita* Thunb.（图 15－154）缠绕草质藤本。根茎长圆柱形，垂直生长，长可达 1 米多，外皮褐色，密生须根。茎常带紫红色。单叶，茎基部的互生，中部以上的对生，叶腋内常有小块茎（珠芽）。叶片卵状三角形至宽卵形或戟形，叶基深心形。雌雄异株，穗状花序，雄花雄蕊 6 枚，雌花子房下位，柱头 3 裂。我国大部分地区均有栽培。其干燥根茎（药材名：山药）能够补脾养胃，生津益肺，补肾涩精。

图 15－154　薯蓣

黄山药 *D. panthaica* Prain. et Burk. 根状茎横走，圆柱形，不规则分枝，表面着生须根。单叶互生，叶片三角状心形，基部深心形。雌雄异株，雄花黄绿色，花被碟形，顶端6裂，雄蕊6枚；雌花具6枚退化雄蕊。干燥根茎（药材名：黄山药）具有理气止痛，解毒消肿的作用。

穿龙薯蓣 *D. nipponica* Makino. 根状茎横走，圆柱形，叶具长柄，单叶互生，叶片掌状心形，边缘作不等大的三角状浅裂。分布于东北、华北及中部各省区，干燥根茎（药材名：穿山龙）能够祛风除湿，舒筋通络，活血止痛，止咳平喘。

粉背薯蓣 *D. hypoglauca* Palibin. 叶为三角形或卵圆形。蒴果两端平截，顶端与基部通常等宽。主要分布于华东、华中及四川、台湾等地。干燥根茎（药材名：粉萆薢）能利湿去浊，祛风除痹。

绵萆薢 *D. spongiosa* J. Q. Xi，M. Mizuno et W. L. Zhao. 叶有两种类型，一种从茎基部至顶端全为三角状或卵状心形，全缘或边缘微波状；另一种茎基部的叶为掌状裂叶，5～9深裂、中裂或浅裂，茎中部以上的叶为三角状或卵状心形，全缘。分布于华南及浙江、江西、湖南。

福州薯蓣 *D. futschauensis* Uline ex R. Kunth. 根状茎呈不规则长圆柱形，茎基部叶为掌状裂叶，7裂，中部以上叶为卵状三角形，边缘波状或全缘。分布于福建、浙江、湖南、广东。上述两种植物干燥根茎（药材名：绵萆薢）有利湿去浊，祛风除痹的功效。

黄独 *D. bulbifera* L. 块茎卵圆形或梨形。单叶互生。雄花序穗状，下垂；雄花单生；花被片新鲜时紫色。三棱状蒴果反折下垂。主要分布于华东、西南及广东地区。干燥块茎（药材名：黄药子）具有化痰散结消瘿，清热解毒，凉血止血的功效。

54. 鸢尾科 Iridaceae ⚥ $* \uparrow P_{(3+3)}A_3\overline{G}_{(3:3:\infty)}$

多年生，稀一年生草本。地下部分通常为根状茎、球茎或鳞茎。叶多基生，叶片条形或剑形，基部呈鞘状，互相套叠。大多数种只有花茎。两性花色泽鲜艳，辐射对称，少为左右对称；单生、数朵簇生或多花排列成总状、穗状或圆锥花序，花或花序下有一至多个草质或膜质的苞片；花被裂片6，2轮排列，基部常合生成管；雄蕊3，子房下位，3心皮3室，胚珠多数。蒴果，成熟时室背开裂；种子多数，常有附属物或小翅。

本科约有60属800种，广泛分布于热带，亚热带及温带地区。我国有11属（其中原产3属，引种栽培的8属）80余种。已知药用有8属39种。

【药用植物】

射干 *Belamcanda chinensis*（L.）DC. 多年生草本。根状茎不规则块状，黄色或黄褐色，须根多数。叶互生，剑形，基部鞘状抱茎，无中脉。花两性，2～3分枝的伞房状聚伞花序顶生；花橙红色，散生紫褐色斑点；花被裂片6，2轮排列，雄蕊3枚，子房下位，3室。蒴果倒卵形或长椭圆形，种子圆球形，黑紫色，有光泽。全国各地均有分布。干燥根茎（药材名：射干）能清热解毒，消痰，利咽。

图15－155 番红花

鸢尾 *Iris tectorum* Maxim. 多年生草本，植株基部具膜质叶鞘及纤维，根状茎粗壮。广泛分布于全国各地。干燥根茎（药材名：川射干）能清热解毒，祛痰，利咽。

番红花 *Crocus sativus* L.（图15－155）俗名藏红花，为多年生草本。具扁圆球形的球茎，直径约

3cm。叶基生，条形。花顶生，花被淡紫色，有香味；花被裂片 6，2 轮排列；雄蕊直立，花药黄色；子房下位，花柱细长，黄色，上部三分枝，柱头暗红色，略扁，略呈喇叭状，顶端有浅齿。蒴果椭圆形。原产于欧洲，现我国各地常见栽培（主要产区为上海、浙江）。干燥柱头（药材名：西红花）能够活血化瘀，凉血解毒，解郁安神。

55. 姜科 Zingiberaceae　⚥ $\uparrow K_{(3)}C_{(3)}A_1\overline{G}_{(3:3\sim1:\infty)}$

多年生草本，通常具有芳香或辛辣味的块根或根状茎。地上茎高大或很矮或无，有时为多数叶鞘包叠而成为似芭蕉状的茎。叶基生或茎生，通常二行排列；多具叶鞘和叶舌，叶片较大，常为披针形或椭圆形，有多数羽状平行脉从主脉斜向上伸。花单生或组成穗状、总状或圆锥花序，花两性，两侧对称；花被 6，2 轮，外轮花萼管状 3 齿裂，内轮花冠美丽而柔嫩，下部合生成管状，上部具 3 枚裂片，通常位于后方的 1 枚裂片较大；退化雄蕊 2 或 4 枚，外轮的 2 枚称侧生退化雄蕊，呈花瓣状，齿状或不存在，内轮的 2 枚联合成一美丽的唇瓣；能育雄蕊 1 枚，花丝具槽，花药 2 室；雌蕊子房下位，由 3 心皮组成 3 或 1 室，胚珠多数，1 枚丝状花柱，通常经能育雄蕊花丝槽由花药室之间穿出，柱头漏斗状。蒴果室背开裂，或肉质不开裂呈浆果状。种子圆形或有棱角，常具假种皮，有丰富坚硬或粉状的胚乳。

本科约 50 属 1500 种，广泛分布于热带及亚热带地区。我国有 20 余属，150 余种，主要分布于西南部至东部各省区。

【药用植物】

姜 *Zingiber officinale* Rosc.（图 15－156）根状茎肉质肥厚，扁平，有短指状分枝，有芳香及辛辣味。叶片披针形或线状披针形，基部狭窄，无叶柄。穗状花序球果状，苞片卵形，花冠黄绿色，唇瓣中央裂片长圆状倒卵形，有紫色条纹及淡黄色斑点，下部两侧各有小裂片。原产于太平洋群岛，我国中部、东南部至西南部已广为栽培。新鲜根茎（药材名：生姜）能解表散寒，温中止呕，化痰止咳，解鱼蟹毒。干燥根茎（药材名：干姜）能够温中散寒，回阳通脉，温肺化饮。

图 15－156　姜

图 15－157　蓬莪术

姜黄 *Curcuma. Longa* L. 根状茎发达，橙黄色，极香；须根末端膨大成块根。叶片长圆形或椭圆形，两面无毛。穗状花序圆柱状；苞片淡绿色，顶端边缘染淡红晕；花冠淡黄色，裂片三角形；侧生退化雄蕊比唇瓣短，与花丝及唇瓣的基部相连成管状；唇瓣倒卵形，淡黄色，中部深黄。分布于我国东南部至西南部，常栽培。干燥根茎（药材名：姜黄）能够破血行气、通经止痛。

蓬莪术 *C. phaeocaulis* Valeton.（图 15－157）多年生草本，主根茎卵圆形，侧根茎指状，断面内侧黄绿色，或有时灰蓝色；须根末端膨大成肉质纺锤形，断面黄绿色或近白色。花萼白色，花冠淡黄色。主要分布于我国台湾、江西、广东、广西、四川、云南等省区。

温郁金 *C. wenyujin* Y. H. Chen et C. Ling. 根茎肉质肥厚，椭圆形或长椭圆形，断面外侧近白色，中心微黄色，芳香；须根末端膨大呈纺锤形。叶片背面无毛。花冠裂片纯白色而不染红。主要于浙江瑞安栽培。干燥块根（药材名：郁金）能够活血止痛，行气解郁，清心凉血，利胆退黄。

广西莪术 *C. kwangsiensis* S. g. Lee et C. F. Liang. 根茎卵球形，有横纹状的节，节上有残存的褐色膜质叶鞘，断面内部白色或微带淡奶黄色。细长须根生根茎周围，末端常膨大成近纺锤形的块根。叶两面被柔毛。分布于我国广西、云南。以上三种植物的干燥根茎（药材名：莪术）具有行气破血，消积止痛的功效。三种植物的块根入药亦为药材。

高良姜 *Alpinia officinarum* Hance. 根状茎圆柱形。叶片线形，两面无毛，无柄。总状花序顶生；花萼管顶端 3 齿裂，花冠裂片长圆形；唇瓣卵形，白色而有红色条纹。分布于广东、广西。干燥根茎（药材名：高良姜）能够温胃止呕，散寒止痛。

阳春砂 *Amomum villosum* Lour. 多年生常绿草本。根状茎圆柱形，横走。中部叶片长披针形，上部叶片线形，基部近圆形，两面无毛。穗状花序呈疏松的球形；花萼管顶端三浅齿，白色；花冠裂片倒卵状长圆形，白色；退化雄蕊 2～3 枚；雌蕊花柱细长，先端嵌生 2 药室之中，子房下位，球形，被白色柔毛。蒴果椭圆形，成熟时紫红色，干后褐色，表面被不分裂或分裂的柔刺；种子多角形，有浓郁的香气，味苦凉。主产于广东、广西、云南、四川、福建等地。绿壳砂 *A. villosum* Lour. var. xanthioides T. L. Wu et Senjen. 蒴果坚硬，长圆形或球状三角形，成熟时绿色，果皮上的柔刺较扁。主产于云南、广东、广西等地。海南砂 *A. longiligulare* T. L. Wu. 蒴果卵圆形，具钝三棱，被片状、分裂的短柔刺。主产于海南、广西等地。以上三种的干燥成熟果实（药材名：砂仁）能够化湿开胃，温脾止泻，理气安胎。

草果 *A. tsaoko* Crevost et Lemaire.（图 15－158）全株有辛香气，地下部分略似生姜。叶片长椭圆形或长圆形。穗状花序不分枝，花冠红色。密生长圆形或长椭圆形蒴果，成熟时红色，干后褐色，不开裂，顶端具宿存花柱残基，干后具有皱缩的纵线条。种子多角形，有浓郁香味。主产于云南、广西、贵州等省区。干燥成熟果实（药材名：草果）能燥湿温中，截疟除痰。

图 15－158　草果

白豆蔻 *A. kravanh* Pierre ex Gagnep. 叶片卵状披针形，近无柄。穗状花序圆柱形；花萼管状，白色，外被长柔毛；花冠裂片长椭圆形，白色。蒴果近球形，白色或淡黄色，略具钝三棱，表面有浅槽及若干略隆起的纵线条，果皮木质，易开裂为三瓣；种子为不规则的多面体，暗棕色，有芳香味。主产于我国云南、广东等地。

爪哇白豆蔻 *A. compactum* Soland ex Maton. 叶片披针形，两面无毛，揉之有松节油味。穗状花序圆柱形，花冠白色或稍带淡黄。蒴果扁球形，被疏长毛，淡黄色。

我国广东、海南有引种。两种植物干燥成熟果实（药材名：豆蔻），具有化湿行气，温中止呕，开胃消食的功效。

大高良姜 *Alpinia galangal* Willd. 果实为蒴果，长圆形，中部稍收缩，成熟时棕红色或枣红色。主产于台湾、广东、广西和云南等省区。干燥成熟果实（药材名：红豆蔻）能够散寒燥湿，醒脾消食。

草豆蔻 *Alpinia katsumadai* Hayata. 叶片线状披针形。总状花序顶生。蒴果球形，金黄色。主产于广东、广西。干燥近成熟种子（药材名：草豆蔻）能够燥湿行气，温中止呕。

山柰 *Kaempferia galanga* L. 根状茎块状，淡绿色，有芳香气。2 片叶贴近地面生长，干后叶面可见红色小点。花白色，顶生。我国台湾、广东、广西、云南等省区有栽培。干燥根茎（药材名：山柰）能行气温中，消食，止痛。

本科其他药用植物见表 15－42。

表 15－42 姜科其他药用植物

植物名	入药部位	药材名	功能
山姜 *Alpinia japonica*（Thunb.）Miq.	干燥根及根茎	山姜	温中散寒，祛风活血
珊瑚姜 *Zingiber corallinum* Hance	干燥根茎	珊瑚姜	消肿，解毒

56. 兰科 Orchidaceae $⚥ \uparrow P_{3+3} A_{2\sim1} \overline{G}_{(3:1:\infty)}$

多年生草本。陆生、附生或腐生，有气生根。陆生与腐生的常有块茎或肥厚的根状茎，附生的常由茎的一部分膨大而形成肉质假鳞茎。单叶互生，少对生，有时退化成鳞片状。花常排列成穗状、总状或圆锥花序，较少单生；花通常两性，两侧对称，花被片 6，2 轮，花瓣状，外轮萼片离生或合生，内轮中央 1 枚特化的花瓣大而鲜艳，称为唇瓣；子房下位，3 心皮组成 1 室，雄蕊和花柱合生成蕊柱，通常半圆柱形，面向唇瓣；能育雄蕊 1 或 2 枚，花药 2 室或假 4 室，花粉常结成花粉块 2～8 个。蒴果，种子极多，微小，胚小尚未分化，无胚乳。

兰科为种子植物第二大科，约有 730 属 2 万种，广泛分布于热带、亚热带与温带地区。我国有 171 属 1247 种。已知药用 76 属 289 种。

图 15－159 天麻

【药用植物】

天麻 *Gastrodia elata* Bl.（图 15－159）多年生腐生草本。茎直立单一，植株高 30～100cm，叶退化成膜质的鳞片；地下块茎肥厚，椭圆形或卵圆形，表面有均匀的环节。总状花序顶生；花淡黄绿色，花被合生，下部壶状，上部歪斜，唇瓣白色，先端 3 裂。蒴果长圆形。主产于我国东北、西南、华东等地，现多栽培（与蜜环菌共生）。干燥块茎（药材名：天麻）能息风止痉，平抑肝阳，祛风通络。

金钗石斛 *Dendrobium nobile* Lindl. 茎呈稍扁圆柱形，黄绿色，干后金黄色。叶互生，长圆形，基部具抱茎的鞘。总状花序 2～3 朵；花大，白色带淡紫色先端，有时全体淡紫红色或除唇盘上具 1 个紫红色斑块外，其余均为白色。分布于长江以南。

霍山石斛 *D. huoshanense* C. Z. Tang et S. J. Cheng. 茎直立，不分枝，从基部上方向上逐渐变细，淡黄绿色，有时带淡紫红色斑点，干后淡黄色。主产于河南西南部（南召），安徽西南部（霍山）。

鼓槌石斛 *D. chrysotoxum* Lindl. 茎直立，纺锤形，具多数圆钝的条棱，干后金黄色，近顶端具2～5枚叶。主产于云南南部至西部。

流苏石斛 *D. fimbriatum* Hook. 茎粗壮，质地硬，圆柱形或有时基部上方稍呈纺锤形，干后淡黄色或淡黄褐色。主产于广西、贵州、云南。上述种的栽培品及近似种的新鲜或干燥茎（药材名：石斛）具有益胃生津，滋阴清热的功效。铁皮石斛 *D. officinale* Kimura et Migo.（图15－160）茎圆柱形，黄绿色。常在中部以上互生3～5枚叶，叶二列，长圆状披针形，叶基部下延为抱茎的鞘；叶鞘常具紫斑。总状花序，萼片和花瓣黄绿色，长圆状披针形。分布于安徽、浙江、福建、广西、四川、云南等省区。干燥茎（药材名：铁皮石斛）具有益胃生津，滋阴清热的功效。

图15－160　铁皮石斛

白及 *Bletilla striata*（Thunb.）Reichb. f.（图15－161）块茎多为扁平三角状厚块，上具荸荠似的环带，富黏性。叶4～6枚，狭长圆形或披针形，基部收窄成鞘并抱茎。总状花序顶生。花大，紫红色或粉红色，唇瓣3裂，有5条纵皱褶，中裂片顶端微凹，合蕊柱顶端有1花药。蒴果圆柱形，有6条纵棱。广泛分布于长江流域。干燥块茎（药材名：白及）能收敛止血，消肿生肌。

杜鹃兰 *Cremastra appendiculata*（D. Don）Makino. 假鳞茎卵球形或近球形，直径1～3cm，外被纤维状残存鞘。假鳞茎顶端常生有1枚叶，近椭圆形或狭椭圆形。主要分布于我国华中、华东、西南和西北的部分省区。独蒜兰 *Pleione bulbocodioides*（Franch.）Rolfe. 假鳞茎卵形至卵状圆锥形，上端有明显的颈，顶端具1枚叶。主要分布于我国华中、华南、西北和西南等地区。云南独蒜兰 *P. yunnanensis* Rolfe. 假鳞茎卵形、狭卵形或圆锥形。主要分布于四川、贵州、云南和西藏等地。以上三种植物的干燥假鳞茎（药材名：山慈菇）具有清热解毒，化痰散结的功效。

图15－161　白及

手参 *Gymnadenia conopsea*（L.）R. Br. 块茎椭圆形，肉质，下部掌状分裂，裂片细长。主要分布于东北、华北及西南各省区。干燥块茎（药材名：手参）能补益气血，生津止渴。

答案解析

目标检测

一、单项选择题

1. 世界上种类最多的植物类群是（　）
   A. 藻类植物　B. 蕨类植物　C. 裸子植物　D. 被子植物　E. 菌类植物
2. 四强雄蕊属于以下（　）科药用植物的特征
   A. 唇形科　B. 十字花科　C. 罂粟科　D. 蓼科　E. 玄参科
3. 中药莱菔子来源于十字花科（　）
   A. 白菜　B. 萝卜　C. 白芥　D. 芸薹　E. 菘蓝
4. 中药延胡索来源于罂粟科植物延胡索的（　）
   A. 块根　B. 块茎　C. 叶　D. 果实　E. 根
5. 十字花科植物的果实类型是（　）
   A. 角果　B. 荚果　C. 蒴果　D. 瘦果　E. 坚果
6. 人参来源于（　）
   A. 五加科　B. 伞形科　C. 豆科　D. 锦葵科　E. 冬青科
7. 使君子的入药部位是（　）
   A. 根及根茎　B. 果实　C. 种子　D. 全草　E. 果皮
8. 芸香科植物常含有（　）
   A. 挥发油　B. 乳汁　C. 胶体　D. 树脂　E. 黏液
9. 垂盆草的入药部位是（　）
   A. 全草　B. 枝　C. 叶　D. 根　E. 地上部分
10. 金樱子来源于（　）
    A. 豆科　B. 蔷薇科　C. 大戟科　D. 景天科　E. 樟科
11. 关于合欢的花，描述错误的是（　）
    A. 头状花序呈伞房排列　B. 花淡红色，辐射对称
    C. 花冠絮状，淡紫色　D. 花冠漏斗状，均5裂
    E. 雄蕊多数，花丝细长
12. 苦树的入药部位是（　）
    A. 全草　B. 茎木　C. 叶　D. 枝和叶　E. 果实
13. 关于马鞭草科的特征，下列描述错误的是（　）
    A. 多数为木本，具特殊气味　B. 花冠常偏斜或二唇形
    C. 四强雄蕊　D. 核果
    E. 茎方形，叶对生
14. 富含挥发油，茎四棱，叶对生，轮伞花序，唇形花，描述的是（　）科的主要特征
    A. 唇形科　B. 马鞭草科　C. 豆科　D. 旋花科　E. 菊科
15. 关于龙胆的花冠，描述正确的是（　）

A. 花冠蓝紫色，钟状　B. 花冠深蓝色，具斑点
C. 花冠蓝紫色，蝶形　D. 花冠紫红色，钟状
E. 花冠5裂，裂片旋转状排列

16. 罗布麻来源于（　）
A. 豆科　B. 夹竹桃科　C. 大戟科　D. 旋花科　E. 萝藦科

17. 关于萝芙木，描述错误的是（　）
A. 灌木　B. 具乳汁　C. 核果
D. 伞房花序腋生，花冠红色　E. 心皮离生

18. 杠柳的根皮入药为（　）
A. 香加皮　B. 五加皮　C. 地骨皮　D. 秦皮　E. 桑白皮

19. 玄参科植物地黄的入药部位是（　）
A. 根　B. 根茎　C. 根及根茎　D. 块根　E. 块茎

20. 穿心莲茎、叶有（　）
A. 苦味　B. 甜味　C. 腥味　D. 辛味　E. 酸味

21. 茜草科植物茜草的特征是（　）
A. 茎四棱形，棱上无倒生刺　B. 茎四棱形，棱上具倒生刺
C. 茎圆柱形，无倒生刺　D. 茎圆柱形，具倒生刺
E. 茎圆柱形，具有绒毛

22. 金银花的入药部位是（　）
A. 干燥花蕾或带初开的花　B. 盛开的花
C. 带叶片的花　D. 花
E. 带小枝的花

23. 败酱草的入药部位是（　）
A. 全草　B. 根及根茎　C. 地上部分　D. 地下部分　E. 叶子

24. 葫芦科植物的果实类型是（　）
A. 瘦果　B. 梨果　C. 坚果　D. 瓠果　E. 坚果

25. 栝楼的根入药为（　）
A. 栝楼根　B. 栝楼　C. 瓜蒌子　D. 天花粉　E. 全栝楼

26. 半边莲的入药部位是（　）
A. 根及根茎　B. 全草　C. 地上部分　D. 果实和种子　E. 叶子

27. 菊科植物的果实类型是（　）
A. 梨果　B. 双悬果　C. 连萼瘦果　D. 坚果　E. 核果

28. 白术的入药部位是（　）
A. 根茎　B. 根　C. 地上部分　D. 全草　E. 枝条

29. 下列不属于单子叶植物特征的是（　）
A. 须根系　B. 平行叶脉　C. 有限维管束　D. 周皮　E. 形成层

30. 种子植物第二大科是（　）
A. 禾本科　B. 百合科　C. 棕榈科　D. 兰科　E. 姜科

31. 半夏属于（　）

A. 禾本科　B. 百合科　C. 棕榈科　D. 天南星科　E. 薯蓣科

32. ⚥↑$P_{3+3}A_1\overline{G}_{(3:3\sim1:\infty)}$是哪科植物的花程式（　）

A. 禾本科　B. 百合科　C. 棕榈科　D. 姜科　E. 鸢尾科

二、多项选择题

1. 苋科植物的主要特征是（　）

A. 草本　B. 托叶成鞘　C. 浆果　D. 单被花　E. 瘦果

2. 下列植物是桑科的是（　）

A. 北细辛　B. 大麻　C. 无花果　D. 桑　E. 石竹

3. 杜仲具有胶丝的部位是（　）

A. 树皮　B. 枝　C. 叶　D. 果实　E. 种子

4. 以下中药的基源植物属于毛茛科的有（　）

A. 白头翁　B. 黄连　C. 乌头　D. 五味子

5. 以下药用植物属于十字花科的是（　）

A. 独行菜　B. 播娘蒿　C. 延胡索　D. 菘蓝

6. 以下来源于伞形科的是（　）

A. 川芎　B. 白芷　C. 柴胡　D. 防风　E. 藁本

7. 关于蔷薇科，下列说法中正确的是（　）

A. 萼片、花瓣数目多为5　B. 花托杯状、壶状或凸起

C. 果实类型为柑果　D. 常含有乳汁

E. 常具刺

8. 关于橄榄科，下列说法正确的是（　）

A. 乔木或灌木　B. 分泌树脂或油　C. 圆锥花序

D. 核果　E. 种子无胚乳

9. 具有乳汁的是（　）

A. 旋花科　B. 萝藦科　C. 夹竹桃科　D. 木犀科　E. 报春花科

10. 来源于唇形科的药材是（　）

A. 薄荷　B. 丹参　C. 益母草　D. 半枝莲　E. 黄芩

11. 马蓝的入药部位是（　）

A. 根

B. 根茎

C. 叶或茎叶经加工制得的干燥粉末、团块或颗粒

D. 花

E. 果实和种子

12. 败酱科植物特征是（　）

A. 全体常有陈腐气味或香气　B. 茎直立，常中空

C. 唇形花冠　D. 连萼瘦果　E. 瘦果

13. 下列属于菊科植物的是（　）

A. 菊花　B. 西红花　C. 长春花　D. 红花　E. 苍术

14. 下列属于百合科的药用植物有（　）

A. 川贝母　　B. 麦冬　　C. 百合　　D. 天冬　　E. 郁金

书网融合……

重点回顾

微课 1

微课 2

微课 3

微课 4

微课 5

微课 6

习题

第十六章　药用植物资源调查

学习目标

知识目标：

1. 掌握　药用植物资源调查方法及蜡叶标本制作步骤、具体方法。

2. 熟悉　不同药用植物的采集方法和注意事项。

3. 了解　浸制标本的制作方法。

技能目标：

1. 能够在野外开展科学资源调查并进行药用植物的鉴定工作。

2. 学会制作蜡叶标本。

素质目标：

培养学生野外调查吃苦耐劳的精神品质以及对大自然馈赠的感恩之心。

导学情景

情景描述：不论是去药店、菜场还是去超市，经常有些产品会特意标明产地，比如药食两用的山药会标上“怀山药”，泡茶的菊花会写上“亳白菊”“杭白菊”，以此说明该产品质量上乘，仿佛加上了产地便如同贴上了“金广告”。

情景分析：不管是食用还是药用，老百姓都很在意这其中的“道地性”，而“道地药材”是指在特定自然条件、生态环境的地域内所产的药材，较同种药材在其他地区所产者品质佳、疗效好，在临床治疗中占有重要地位。

讨论：为了摸清江苏省药用植物的家底，除了文献资料的查阅，实地调查该如何实施呢？

学前导语：江苏句容茅山是菊科茅苍术 *Atractylodes lancea*（Thunb.）DC. 的道地产区，茅苍术喜凉爽干燥气候，是多年生宿根草本植物。根据本章中的资源调查方法可以了解当地的苍术蕴藏量、资源分布情况。采集苍术样品并制作蜡叶标本，记录时间、地点、基源等基本信息，对苍术合理的资源开发与保护、实现资源可持续利用十分重要。

PPT

第一节　药用植物资源调查

一、药用植物资源调查的意义和任务

微课

通过药用植物资源调查，掌握药用植物资源种类、分布、蕴藏量；认识药用植物资源与地貌、气候、土壤等自然条件和生产力、交通、科学技术等社会经济条件的关系；揭示药用植物资源的自然分布规律和药用植物生产、资源开发的地域差异；正确评价各地药用植物资源状况；总结分析、开发和利用药用植物资源的经验和技术，确定今后药材生产布局和发展方向、途径及应采取的措施，为全国药用植物资源区域性开发和合理保护提供科学依据。

二、药用植物和自然环境的关系

药用植物在其生长发育过程中，一方面依靠自然环境提供生长发育、繁衍后代所需的物质与能量，即植物受自然环境的制约；另一方面，它们也不断地影响和改变环境。药用植物和药用动物的生存和发展与温度、光照、水分关系密切，后二者是气候形成的主要因子，又受到地貌、土壤的制约，这三项因素影响着药用资源的形成和分布。

1. 地貌因素 地形、地貌对药用资源虽不发生直接影响，但能制约光照、温度、水分等自然因素，所以对药用植物的生存仍起着决定性作用。地形的变化可引起气候及其他因子的变化，从而影响药用资源的种类与分布。例如，不同海拔高度分布的药用资源种类不同，不同方向的山坡分布的中药资源种类也不相同；向南的阳坡生长着喜暖、喜光的种类，向北的阴坡生长着喜阴、喜凉的植物；坡度过大，乔木类的药用植物难以生长，只有矮小的灌木和草本药用种类才能适应和生存。

2. 气候因素 包括水分、温度、光照等因素。水分是药用植物生存、发展的必要条件，它们的一切生理活动都离不开水分。以水为主导因子可将药用资源分为以下几种。水生资源：水生环境的特点是光照弱、含氧量少，水的密度比空气大，温度变化较平缓，药用植物（如莲、香蒲等）一般根系不发达，而通气组织发达；湿生资源：通常指生长于潮湿环境中的药用种类，如芦苇、泽泻等。中生资源：指生长于水分条件适中的陆地环境中的种类，它们分布广，数量多，常见的药用植物多属此类。旱生资源：指生长在水分少的干旱条件的种类，如麻黄、卷柏等，一般植株矮小，叶片不大，角质层厚或叶片变态成刺状。

药用植物资源的生理活动和生化反应必须在一定的湿度和温度条件下才能进行，而空间和时间的变化又决定着温度和湿度的变化。空间变化指纬度不同，距海远近不同，海拔高度不同等，纬度低的地区，太阳辐射能量大，温度就高。纬度高的地区，太阳辐射能量小，温度就低，沿海地区因受海洋季风影响而气候湿润，中国东部地区属于此类；而离海洋较远的中国西北部内陆地区则形成大陆性干旱气候。

时间变化指药用植物在不同的发育阶段对温度的要求不同，如热带药用植物多为阔叶常绿树种和巨大藤本，而寒温带药用植物则多为针叶林树种和生长期短的草本植物。光能是提供药用植物生命活动的能源，提高光能利用率是提高药用植物产量的重要途径，光能对植物资源的生态习性有着重要影响，在不同光照强度下，植物分别形成了阳性、阴性和耐阴性三种类型。阳性植物指在强光照条件下生长发育健壮的植物，多分布于旷野、向阳坡地等，如山地分布的雪莲花、红景天、蒲公英，荒漠草原分布的麻黄、甘草、肉苁蓉、锁阳等。阴性植物是在微弱光照条件下生长发育健壮的种类，如分布于林下、阴坡的人参、三七、黄连、细辛、天南星等。耐阴性植物的习性介于阳性植物和阴性植物之间，既能在向阳山地生长，也可在较荫蔽的地方生长，如侧柏、桔梗、党参、沙参等。

3. 土壤因素 土壤是药用植物固着的基本条件，又是供应水分和营养成分的源泉，与药用植物生长和发育有着极为密切的关系。不同的土壤分布着不同的药用植物。东北、华北、西北地区的钙质土上生长的种类有甘草、麻黄、银柴胡等；南方酸性土壤中生长的种类有桃金娘、毛冬青，狗脊等；分布于石灰岩山地的种类有南天竹、木蝴蝶等；分布于盐碱地上的种类有柽柳、地肤、罗布麻、白蒺藜等。此外，土壤性质对植物含有的化学成分也有一定影响，如含氮肥多的土壤能使药用植物的生物碱含量增加。总之，构成自然界的各种因素，如地貌、气候、水文、土壤、植物是相互联系、相互制约的，它们形成了一个内在联系的有机整体。药用植物资源的开发利用和培育保护，必须遵循自然规律和其生长发育规律，才能使药用植物资源永久地为人类服务。

三、植被情况与调查方法

（一）药用植物植被情况

中国幅员广阔，地形复杂，气候多样，适宜各类植物生长繁衍。仅高等植物就有3.5万~4.5万种之多，其中许多种类具有药用价值。据初步统计，我国药用植物居世界各国之首，大部分种类已收载于《中国药用植物志》《中药志》《中药大辞典》《全国中草药汇编》《原色本草图鉴》《新华本草纲要》及其他一些药用植物著作中。按照我国气候特点、土壤和植被类型，以及药用植物的自然地理分布特点，可大致分为东北、华北、华中、西南、华南、内蒙古、西北以及青藏高原八大药用植物区。

（二）药用植物资源调查的传统方法

传统的中药资源调查方法采用野外实地调查（外业调查）与中药资源历史资料的系统整理（内业整理）结合，进行综合分析，确定每种中药资源的蕴藏量和产量。

1. 线路调查　按拟定的调查路线和预定的日程调查。采集、观察植物群落、生态环境。

（1）标本采集　药材的品质随植物的物候期、光照、海拔高度、土壤、加工干燥条件等内因和外因的影响而改变。如薯蓣根茎中薯蓣皂苷含量，一般在5月较高，10月以后较低。因此，供中药鉴定学、药理学、化学、临床医学研究用的实验材料，必须按一定时期采收，每种实验材料的取样量要一次采足，马上干燥，防止霉烂。注意：根皮类取样，采得的样品应混合均匀再取样；树皮类取样，在树干一定位置上割取少量样品，如需量多，可在多株树上取，最好不毁坏树木；叶类，应规定采收的时间、嫩叶或老叶，植株的上、中或下层；花类，严格规定采收的时期，花的部位（全花、花的某一部分）；果实类，规定果的成熟度；全草类，规定带不带地下部分等。采后均需及时干燥。

看一看

模式标本

相邻物种间的外貌差异有时并不显著，为了使各种植物的名称与其所指的物种之间具有固定的、可核查的依据，在给新物种命名时，除了要有相关的描述和图解外，还需将研究和确立该物种时所用的标本赋予特殊的意义并永久保存，作为今后核查的有效资料。这种用作种名依据的标本则被称为模式标本。

（2）观察植被和群落　植物群落就是在一定地段上由一定植物种类共同生活在一起、表现出一定的层片和外貌，在植物与植物间、植物与环境间有一定相互关系的植物群。如果是某一地区所覆盖的各种群落的总和，就是该地区的植被，如峨眉山植被、大兴安岭植被等。植物群落的名称，是以群落中的优势种类命名。若群落中有成层现象，就取各层的优势种命名，同层中种名与种名之间以“+”连接，异层间以“-”连接，如落叶松-兴安杜鹃-草类植物群落；麻栎+鹅耳枥-荆条-糖芥群落。

植物群落的观察中，注意药用植物的多度（或密度）、盖度和郁蔽度、频度。

多度（或密度）是指群落中某种药用植物的个体数目。确定多度的方法，一是记名计数法，直接统计出样地中各种植物的个体数目，计算公式是：

某种植物的多度=样地面积内该种植物的个体数目/样地中全部种的个体数×100%

本法多在具有高大乔木的群落或对群落进行详细研究时采用。另一方法是目测估计法，比较粗略，但迅速，可用。用相对概念表示：非常多（背景化+）、多（随处可遇+）、中等（经常可见+）、少（少见+）、很少（个别，偶遇+）5级。

盖度是指植物（草木或灌木）覆盖地面的程度，以百分数来统计，又可分为投影盖度和基部盖度。

投影盖度是指某种植物的枝叶在一定面积的土地上投影覆盖土地的面积，广义的盖度指的就是投影盖度。基部盖度是指某种植物的基部在一定面积的土地上所占有的面积。不论投影盖度或基部盖度，都以它覆盖样地的百分数表示，如某种植物投影面积（或基部占有面积）占样地的30%，其投影盖度（或基部盖度）为30%。

郁蔽度是指乔木郁蔽天空的程度，以小数表示。如该样地树冠盖度为70%，其郁蔽度则为0.7。

频度是指药用植物在群落中分布的均匀度，或是说某种植物在群落中出现的样方百分比率。统计方法是，在该种植物群落的不同地点设若干样地，然后以设的样地总数除以统计出现该植物的样地数，所得之商换算成百分率。公式为：

$$频度=某种植物出现的样地数/全部样地数\times 100\%$$

如兴安杜鹃在某个“落叶松－兴安杜鹃－草类群落”中的频度调查，共设样地15个，经调查后统计，有7个样地里出现兴安杜鹃（不管多度如何），其频度＝7/15×100%＝46.5%。测定各种植物的频度时，样地面积要小，数量设置10个以上。

2. 样地调查及计算产量　其对于开发利用保护中药资源是很重要的数据指标。估计蕴藏量，主要是调查重要的种类，或供应紧缺的种类和有可能造成资源枯竭的种类，其他种类没必要调查。

（1）样地设置与调查　在调查区内，选择不同的植物群落设置样地（要考虑不同的地形、海拔、坡度、坡向设置样地），在样地的一定距离设置样方（可以是方形、圆形，也可以是长方形）。一般草本植物为1～4m^2，小灌木为10～40m^2，大灌木和乔木为100m^2。样方设置的数目应从统计的角度考虑，样方数目不得少于30个。

（2）样方产量的计算方法　一是记名样方，用记名计数法（样株法）计算产量；二是面积样方，用投影盖度法计算产量。

①记名样方的调查和样株法计算产量：本法是统计样方内某种药用植物的株数后，再用样株法计算产量。样株法适用于木本、单株生长的灌木、大而稀疏生长的草本。

方法是选择样方中具代表性的植株称出湿重数，乘以株数，就得到样方中的总湿重数。对药用植物，测出湿重样品后，将样品干燥得出干重的重量，就可得出湿重与干重的比率。可以帮助粗算出单位面积上药材的蕴藏量。

②面积样方的调查和用投影盖度法计算产量：面积样方是统计样方内某种药用植物占整个样方面积的百分数，用投影盖度法调查产量时使用。投影盖度法适用于群落中占优势的灌木或草本，它们成丛生长，难于分出单株个体。计算公式：

$$U=X\times Y$$

U为样方上药材平均蓄积量，单位：g/m^2；X为样方上某种植物的平均投影盖度；Y为1%投影盖度药材平均重量，单位：g。

③样株法估算蓄积量：计算公式：

$$W=X\times Y$$

W为样方面积药材平均蓄积量；X为样方内平均株数，单位：n/m^2；Y为单株药材的平均重量，单位：g。

适用于木本、单株生长的灌木和大的稀疏生长的草本植物。

无论哪种方法，都应当记载调查地点、日期、样方面积、样方编号、药用植物所在的群落类型、生境、药用植物种类和伴生植物等。药材上要拴上号牌，标明物候期和样方号。

3. 蕴藏量调查　蕴藏量＝单位面积蓄产量×总面积。一般采用估量法和实测法。

（1）估量法　邀请当地有经验的药材部门收购员、药农座谈，参照历年收购数量及调查资料估计。

此法不精确。

（2）实测法　即在某地区，分别调查各种群落的植物组成，设置一些样地，调查各个样地内药材产量，求出样地面积药材平均产量的基础上，换算成每公顷单位面积产量，再从植物资源分布图（植被图或林相图，以1∶5000～1∶100000为适用）算出该植物群落所占面积及蕴藏量。

（三）3S技术在药用植物资源调查中的应用

野生中药资源受到种类数量变化、生境变化和群落演替规律的影响，是一个动态变化的过程，而传统调查方法主要集中在中药资源的种类、分布、常用药材的蕴藏量和采收量等静态描述上，远远不能满足时代发展的要求。

应运而生的3S技术指的是遥感（RS）、全球定位系统（GPS）和地理信息系统（GIS）的合称，近年来随着信息技术、计算机技术和空间技术的完善和发展，3S技术得到飞速发展，虽然在中药资源研究中的应用刚刚起步，但的确为中药资源调查、研究和保护提供了全新的思路和方法。

1. 野生中药资源信息提取　通过实地调查和遥感分析获取样方中药用植物的信息，构建遥感图像和地面生境或群落的相关模型，实现基于遥感技术的野生中药资源调查，如果把不同时段的遥感图进行对比分析，即可实现中药资源的动态监测。

2. 中药资源长势及产量的估测　利用环境与遥感技术进行多重相关分析，建立地学、光学和非线性遥感估产模型，然后在实际估产中加以应用、检验和修正，从而达到利用相关模型实现遥感估产的目的。

3. 中药资源区划　通过GIS利用大量存在的空间信息及相应的模型对中药资源进行区划，克服了传统凭经验区划的主观性。同时配合GPS和RS，还可以及时进行信息更新，使区划结果更科学、更有现实意义。

练一练

“浙八味”除了白术、白芍、浙贝母、杭白菊、温郁金、元胡、玄参还有（　）

A. 甘草　　B. 山药　　C. 麦冬　　D. 人参

答案解析

四、药用植物资源的保护

1. 加强资源调查　我国药用植物种类繁多，但缺少一份详细地记录清单，对已经濒临灭绝或有待开发的药用植物还不是很了解，资源监测工作开展较少。要实现药用资源的开发利用以及生态保护，必须先搞清楚我国药用植物资源的实际情况，这样才能方便今后采取保护措施，保护药用资源。

2. 建立自然保护区　要严格禁止随意开挖、破坏生态，提倡护药造林，利用资源的自然繁衍、再生，保护资源的多样性，对于分布面窄、数量稀少的药用资源应建立自然保护区加以保护。

3. 建立种质基因库　为了预防各种珍贵物种资源遭受毁灭性打击而面临基因灭绝，同时也为了促进药用植物品种优化、改良、复壮，应建立基因库，这是进行种质保存最科学的方法。

4. 建立种植基地　为了发现更多的药用植物资源，扩大生产开发，我们需加大在药用植物研究方面的投入，多参与野外试验，分析植物数据，同时为促进人工种植提供数据，从而减轻野生植物资源的负担，为今后的生产开发与生态保护打下基础。

5. 重视人才培养　实现药用植物的保护，必须广纳人才，实现专业利用，通过聘请、邀请专家、教授组成“智囊团”，也可以与各专业高校、研究所共同合作，建立人才队伍，全面满足药用植物的开发与利用。

6. 加强宣传，提高民众保护意识 药用植物资源的保护与利用并不是某一个部门或某一团体的事，而是我们全社会都应普遍关注的问题，积极开展多部门、多地区进行协调，同时加强科普教育，提高民众的生态意识，让社会群众百姓都能了解到保护药用植物的重要性，积极实现促进社会参与。

7. 利用生物技术 提高药用植物的品质也是实现其保护、开发利用的关键手段。目前，药用植物的品质提高主要集中在提高抗性和改善品质两个方面。目前，科学家正在不断深入研究，发现众多的药用植物中氨基酸含量、成分的差异较大，双子叶植物中赖氨酸含量较高，单子叶植物中就比较缺乏赖氨酸，这也是植物营养价值高低不一产生的原因。如果对缺少氨基酸的植物进行氨基酸补给，不仅能提高植物的药用功能，还能大大提高植物的营养价值。

想一想

答案解析

你认为开发药用植物新资源的途径和方法有哪些?

五、寻找药用植物新资源的途径

寻找药用植物新资源的途径主要有：筛选民族药物，扩大药用部位，寻找亲缘关系相近的药用植物，合成、半合成及修饰活性成分结构，生物技术繁殖，利用药用植物地域性定位发展等。

PPT

第二节 药用植物的分类鉴定

一、药用植物分类鉴定的意义

药用植物分类鉴定是药用植物学的重要内容之一。自然界中植物种类繁多，依据它们不同亲缘关系及进化发展规律，把种类繁多的植物进行鉴定、分群归类、命名并按系统排列起来，形成了便于识别、研究和利用掌握植物分类的知识，对于中草药原植物的鉴定具有重要意义。

应用植物分类学的知识和方法，可以正确识别药用植物，进行药材原植物的鉴定。分清真伪优劣，解决同名异物或同物异名的混乱现象，以保证临床疗效和用药安全，并可调查整理中草药种类，以供研究和推广，同时依据植物类群间的亲缘关系，深入挖掘和扩大中草药植物资源，不断提高中草药的利用价值。

二、药用植物分类鉴定的方法

早期的分类方法仅仅依靠形态、习性以及用途上的不同进行分类，往往用一个或少数几个性状作为分类依据，而不考虑亲缘关系和演化关系，这种分类方法称人为分类法，用人为分类法编制的系统称人为系统。为了某种应用的需要，这种人为分类系统至今仍在使用。

自十九世纪后半期，人们开始依据植物演化发展和彼此间的亲缘关系来分类，这种分类法称自然分类法，用自然分类法编制的系统称自然分类系统。现代被子植物的自然分类系统常用的有两大体系，两大系统依据的理论原则均不相同。

PPT

第三节　药用植物标本采集、制作和保存

一、采集工具

1. 标本夹　上下两片夹板，多以扁平木条为材料，钉成43cm×30cm大小，中间用5~6根厚约2cm、宽4cm的木条横列，上方再用两根硬方木钉成。

2. 采集箱　用铁皮或不锈钢材料加工成50cm×25cm×20cm的扁柱型小箱，一侧开有30cm×20cm的活门，并安有锁扣、背带。或者有采集袋。

3. 标本采集所需要的常备工具　小刀、枝剪、高枝剪、铁铲、长砍刀、凿子、防刺手套、望远镜、数码照相机、GPS记录仪、指南针、海拔仪。

4. 野外记录本、记录签、定名签和号牌签

（1）野外记录本　采集人在野外记录时使用。其格式和野外记录签基本相同，只在项目中稍有区别。

（2）野外记录签、定名签　每份标本均有一张。野外记录签可用薄纸，以便抄打复写。定名签最终确定哪种药用植物的相关项目。

（3）号牌签　挂在每张标本上。此种号牌用硬纸做成，其上穿有挂线。

5. 吸水纸　压制标本吸收植物水分之用，一般能吸收水分的纸张亦可。

6. 其他工具　安全绳、手电筒、打火机、铅笔、记号笔、卷尺。

7. 常备药品　止痛药水绷带、创可贴、蛇伤急救药、防暑药等。

二、采集方法

采集标本时，一般有如下要求。

1. 木本植物要选取有花、果及完整枝条剪下，其长度为25~30cm，如叶、花、果太密集可适当疏剪去一部分，注意经疏剪的叶要保留叶柄。如果药用部分为根或树皮，应取其小块树皮或根作为样品附在标本上。

2. 草本植物一般要连根挖出。如果植物高度超过1m，可将其折成N形收压起来，或分成段，将三段合成一份标本，但应把全草高度记录下来。特别是单子叶植物要带有根系。

3. 对有些雌雄异株的药用植物，要分开采集标本，分别编号，并注明两号关系。对桑寄生、槲寄生、菟丝子、列当等寄生植物，采集时应注意连同寄主一并采集。

4. 对有些肉质植物，如马齿苋、景天三七等，采集后要在开水中烫几分钟，便于压干。

5. 采集藻类时，因一般藻体外都有些黏质，可以用一张较厚的白纸先放在水盆中，然后把少量藻体摊在纸上，摊的时候要摊匀，然后将白纸慢慢拖到水面，最后出水。出水后用滴管把藻丝冲顺，将托好的藻类标本，放在带有吸水纸的标本夹板上，上面铺一层纱布（纱布质软可保护藻丝），再放上几层吸水纸，将标本夹轻轻捆起来，置通风处。每天更换吸水纸和纱布以防藻体霉烂，按蜡叶标本制作法做成标本。

6. 采集一种植物时，必须注意观察其生长环境、形态特征，如有无乳汁、乳汁的颜色、花的颜色、气味等经过压制标本看不出来的特征，加以详细记载。

7. 采集编号时，每个采集人或采集队名的采集号和每年或每次的采集号，必须按顺序编下。每个采集人或采集队切不可有重号或空号。在同时同地所采集的同种植物，应编为同一号。每一号标本，最少应采3～5份，以备应用和交换之需。每份标本上都要挂同一号牌。号牌必须紧系标本的中部，以防脱落。注意野外记录本上的编号和标本号牌上的号码一致，以防混淆。

三、野外记录的方法

野外采集必须有实地记录，记录内容有专门的野外记录本，按其格式填写。因为标本经过压制后改变了原有的形状，如乔木、灌木、高大草本植物，有些新鲜植物可见的乳汁及颜色，叶、花的颜色气味、花瓣是否有斑点、果实的形状颜色、全株各部分毛被着生、地下部分的情形等内容，都是压制标本后难以看到的性状，药用植物的别名以及药用价值、使用方法更是重要记录的内容。

填写野外记录卡和标本号牌签，应该用铅笔，不能用圆珠笔或钢笔，以防止遇水或标本消毒处理时褪色而字迹不清。

四、蜡叶标本的压制

采回标本后，应及时修剪、压制干燥，以便制成蜡叶标本，作长期保存。

1. 修剪 从采集袋中取出采回的标本（要求当日采当日压制），首先与采集记录信息（如采集号及各种特征）核对，相符后再行修剪。剪成略小于装订标本的台纸（约40cm×30cm）。并尽可能表现其自然状态。枝叶太多时可适当剪去一部分。如果遇上细长的草本植物及某些在大型的叶子时，可以折叠成“之”字形，太高的草本可选上、中、下三段剪取。大型的果实可取纵、横两个切片。

2. 压制 修剪好后，打开标本夹，在一片标本夹上放上5～7片吸水纸，然后放上修剪好的标本，使花、叶展平，姿势美观，不使多数叶片重叠。一般叶腹面向上，并将基部两片叶子翻转，使其叶背向上。这样压好的标本，叶子背、腹两面的特征一目了然。用纸袋装落下来的花、果或叶片，在袋外标上该标本的采集号，并与标本放在一起。随后盖上2～3张吸水纸。如上所述，再放上第二个标本。以后每放一个标本，就盖上2～3张吸水纸；如遇多汁难干的标本，上下要多放几张吸水纸。当所有标本压制完后，再放上5～7张吸水纸，放上另外一片标本夹，用绳子捆紧。放在干燥处，并可适当加压，放在通风处。

3. 干燥 标本压制后，主要靠吸水纸尽快把标本的水分吸干，使标本保留原来的颜色和形状，不致腐烂生霉、变色和脱落。因此，压制后必须经常换纸。换纸是把压制的标本解开，全部换上干燥的吸水纸。开始1～2次换纸时，标本较柔软，要注意把折叠的枝、叶等摊开，摆好形状。换纸次数和天数要根据天气和标本的含水量来决定。一般每天换一次纸，春天采集的标本开始每天最少换两次，以后可减少换纸的次数，直到完全干燥为止。换下来的湿纸，可以晒干或烘干后再用。但不能带标本一起烘干，以免使标本卷缩、失色。在换纸过程中，某些部分如花、果、种子等可能会脱落。脱落时，可用纸包好随原标本一起更换吸水纸至干。有些标本可能会先干，先干的标本应先抽出，另夹保存；未干的标本继续换纸，直至全干。

4. 消毒 标本在干燥后装订前，要进行消毒防蛀处理，处理方法很多，通常用1%的氯化汞（升汞）乙醇溶液。方法是将消毒液放入搪瓷盘内，再将压干的标本逐一浸入此液中片刻，或用毛笔将升汞溶液刷于标本上使湿透。用竹夹夹取，放在干的吸水纸中，压干后即可上台纸。然后方可上台纸做成永久标本，并于标本上角盖印“$HgCl_2$消毒”字样。

5. 装订（把标本装订在台纸上） 台纸常用40cm×26cm的白硬卡纸。装订时先将标本从标本夹中取出，平放在台纸上。注意左上方及右下方多留一点空白，以供贴采集记录和定名标签。然后在枝条两侧、叶子主脉两侧用雕刻刀刻穿台纸，约长0.5cm。并用0.5cm的台纸条穿过，拉紧。用胶水反贴于台纸的背面。用于固定标本的纸条多少，要根据标本的大小而定，要求使整个标本，包括茎、叶、花、果等能牢牢地紧贴于台纸上，药用部分也用同样的方法固定在台纸上。脱落的花果可用小纸袋装好，贴于台纸上以供参考。最后，在台纸的左上角贴上采集记录，在右下角贴上定名签。

6. 定名　一般在标本上台纸后，方可鉴定。通常鉴定植物必须采集完整的标本，即有花和果实的标本或至少有其中之一。根据植物的花果特征查阅鉴定植物的参考书，以该地区植物志为佳。所采植物如是未知科，可根据科的检索表，先查出科名，再找到该科查分属检索表，先查出属再查种。种查出后，再根据种的描述一一核对特征，如符合就可定出种名。必要时可以到植物研究所查对标本（包括模式标本）。如果自己鉴定不出植物名称来，也可送请有关专家鉴定。

如果标本请其他单位或专家鉴定学名时，每一个标本上必须有一个同号标本的号片，并连同这一号的野外记录夹再一起送出。照例这份送请鉴定的标本，即留在鉴定的单位或专家处，不再退还。这是鉴定单位对该标本学名负责的表示，以作将来复查之用。如果以后更改学名时，便于根据标本来源通知对方之用。鉴定者仅在各标本的号码下，抄写一个学名名单，寄还原单位或本人。

7. 蜡叶标本的保存　蜡叶标本经过分科、分属、分种鉴定后，可将定名签贴在右下角，野外记录签贴在左上角。最后加贴一张薄而韧性强的封面衬纸，以免标本相互摩擦损坏。将同种标本放在一起，加一种夹，种夹外标注植物学名，按科属顺序放入标本柜内密闭保存。柜子中要放入一些樟脑防虫，整个标本室可用溴代甲烷熏蒸消毒，但消毒数日方可进入。

五、浸制标本的制作

植物标本经过浸制，可使形态逼真，易于观察、鉴别，而且还可以保持其原有色泽。其制作方法如下。

1. 一般保存法　可用10% ~15%的福尔马林浸制保存。

2. 白花、红花植物浸制标本的制作方法

（1）洗涤消毒　将新鲜标本洗净泥沙，用70%酒精消毒5分钟后用蒸馏水冲洗干净，放入蒸馏水中浸泡15分钟，冲洗2~3遍，标本表面清洁干净为止。

（2）生杀处理　取醋酸铜50g，加蒸馏水1000ml，配成5%的醋酸铜溶液，将洗涤消毒后的植物标本放入瓶内，缓缓倒入5%的醋酸铜溶液浸制植物标本，浸泡24~48小时。根据花的大小、厚薄、质地不同可采用不同的浓度和时间。

（3）装瓶　将生杀处理后的标本放入适宜瓶内，缓缓加入保存液至瓶满，加盖，用石蜡封好即得。

3. 黄花、绿色果实类植物浸制标本的制作方法

（1）洗涤消毒　同白花植物标本的制作方法。

（2）生杀处理　取冰醋酸300ml加蒸馏水300ml配成600ml 50%醋酸溶液，醋酸铜48g加蒸馏水4000ml配成醋酸铜溶液。两种溶液混合，加热至煮沸，醋酸铜完全溶解后，投入洗涤消毒后的植物标本煮10~20min，观察叶色由绿变黄，再由黄变成浅绿色时取出，蒸馏水洗净。

（3）装瓶　将生杀处理后的标本放入适宜瓶内，缓缓加入保存液至瓶满，加盖，用石蜡封好即得（保存液的配制：取亚硫酸5ml，甘油5ml，加蒸馏水1000ml）。

药爱生命

有一次，李时珍经过一个山村，只见一个人醉醺醺的，还不时地手舞足蹈。经了解，原来这个人喝了用山茄子泡的药酒。“山茄子……”李时珍望着笑得前俯后仰的醉汉，记下了药名。回到家，他翻遍药书，找到有关这种草药的记载。可是药书上写得很简单，只说其本名叫“曼陀罗”。李时珍决心要找到它，进一步研究它。后来李时珍在采药时找到了曼陀罗。李时珍决定亲口尝一尝，他按山民说的办法，用曼陀罗泡了酒。过了几天，他抿了一口，味道很香；又抿一口，舌头以至整个口腔都发麻了；

再抿一口，整个人昏昏沉沉的，不一会儿竟发出阵阵傻笑，手脚也不停地舞动着；最后，他失去了知觉，摔倒在地。一旁的人都吓坏了，连忙给李时珍灌了解毒的药。醒来后的李时珍兴奋极了，连忙记下了曼陀罗的产地、性状、生长习性，写下了如何泡酒以及制成药后的作用、服法、功效、反应过程等等。有人埋怨他太冒险了，他却笑着说："不尝尝，怎么断定它的功效呢？"听了他的话，大家更敬佩李时珍了。就这样，又一种可以作为临床麻醉的药物问世。中医药的宝库就这样靠着先辈的不懈努力建立起来，我们应该珍惜并努力发扬光大。此外，在实际采药过程中有很多种方式可以对药用植物进行记录和鉴别，但应将安全放在首位。

答案解析

简答题

1. 野外记录的内容有哪些？
2. 植物标本的分类及应用范围是什么？

书网融合……

重点回顾

微课

习题

实　训

实训一　光学显微镜使用和植物细胞基本结构观察

【实训目的】

1. 能会使用与保养光学显微镜。

2. 学会通过光学显微镜观察植物细胞的基本结构。

3. 学会临时水装片的制法及能绘制植物细胞图。

【实训内容】

一、实训用品和器材

1. 仪器用品　光学显微镜、载玻片、盖玻片、尖头镊、解剖针、刀片、剪刀、吸水纸、擦镜纸、蒸馏水等。

2. 实训材料　洋葱等。

二、实训方法与步骤

1. 光学显微镜的各部件认识。

2. 光学显微镜的使用步骤。

（1）取镜与放镜；

（2）低倍镜的使用；

（3）高倍镜的使用；

（4）油镜的使用；

（5）光学显微镜还原。

3. 撕取洋葱内表皮制作临时水装片，观察植物细胞的基本结构，绘图标示。

【实训注意】

1. 对于机械部分应注意

（1）载于物台上的标本移动尺可前后左右移动显微标本片。

（2）粗调节螺旋调焦距离较大（不同的光学显微镜调焦螺旋转动 1 圈载物台和镜筒之间距离变化不同）。

（3）细调节螺旋调焦距离较小（螺旋转动 1 圈载物台和镜筒之间距离变化一般为 0.1mm）。

（4）聚光器调节螺旋转动可使聚光器升高或降低。

2. 对于光学部分应注意

（1）聚光器升高视野较亮，降低视野较暗。

（2）虹彩光圈可开大和关小。

（3）平面镜反光能力较弱，凹面镜反光能力较强。

（4）本教材实训使用光学显微镜时，只用低倍镜和高倍镜，不用油镜。

3. 使用光学显微镜应注意

（1）取镜时注意轻拿轻放，避免碰撞，镜身一定要正。

（2）对光时使用低倍镜和平面反光镜，切勿使用高倍镜，当光线较弱时可采用凹面反光镜。

（3）使用低倍镜时应注意：①调焦时应缓慢调节粗调焦螺旋，速度不宜过快，观察到较清晰物像后，改用细调焦螺旋进行调节；②不可边观察边下降镜筒，以免压碎玻片，损伤物镜；③如遇机件不灵，使用困难，千万不要用力转动，更不要任意拆修和互换部件，应立即报告老师请求解决；④单筒光学显微镜下观察标本时，必须双眼睁开，左眼观察。

（4）使用高倍镜时应注意：①必须在低倍镜下观察最清晰时，将需用高倍镜观察的细胞移至视野中央后，再转换为高倍镜观察；②高倍镜观察只能用细调节螺旋调至细胞物像最清晰为止。切记在高倍镜下不能使用粗调节螺旋。

4. 制作洋葱表皮临时标本片应注意

（1）取一载玻片，用吸水纸擦干净，用滴管在载玻片中央滴加一滴蒸馏水。

（2）用镊子从洋葱鳞茎肉质鳞片叶上撕取内表皮一小块（一般黄豆大1小片），注意不要挖到叶肉。

（3）将表皮平铺于水滴中，用解剖针使其展平。

（4）盖盖玻片时，用镊子夹住盖玻片的一边，将盖玻片略倾斜，使其另一边与水滴接触，轻轻地放下盖玻片，以防空气进入而发生气泡，如果加水太少未能铺满盖玻片的下方，可用滴管从盖玻片边缘补充水使其充满，水分外溢沾湿盖玻片表面，应立即用吸水纸吸去。

【实训思考】

1. 在低倍镜下均匀明亮的光学显微镜视野，为什么转换成高倍镜后变得既不均匀又不明亮？在高倍镜下如何将光学显微镜视野调节至均匀明亮？

2. 在光学显微镜下用高倍镜进一步观察植物细胞时，其移动方向与标本片的移动方向正好相反，为什么？

【实训报告】

1. 简述光学显微镜使用步骤与养护方法。

2. 绘制洋葱鳞叶内表皮细胞结构图，标明细胞壁、细胞质、细胞核和液泡。

【实训评价】

方法一：本实训项目涉及显微操作技能考核评价，要求学生正确使用光学显微镜。教师随机抽查各组学生，亦可安排各小组组长相互检查。

方法二：教师随机抽取几名学生到黑板绘制洋葱鳞叶内表皮细胞图，并按要求进行标注，以考核学生绘制植物细胞图的技能水平。

实训二　植物细胞后含物及细胞壁特化观察

【实训目的】

1. 会识别淀粉粒和草酸钙结晶形状和类型。

2. 能判断细胞壁的特化类型和鉴别细胞壁的特化反应。

【实训内容】

一、实训用品和器材

1. 仪器用品　用品光学显微镜、载玻片、盖玻片、镊子、解剖针、刀片、剪刀、吸水纸、擦镜纸、解剖用具、培养皿、甘油醋酸试液、稀碘液、稀甘油、水合氯醛试液、苏丹Ⅲ试液、盐酸、间苯三酚试液等。

2. 实训材料 马铃薯块茎、蓖麻种子、大黄粉末、半夏粉末、甘草或黄柏粉末、地骨皮或牛膝根横切制片、射干根状茎横切制片、印度橡胶树叶或无花果叶的横切制片、桔梗根的纵切制片、夹竹桃叶或柿树叶和嫩枝等。

二、实训方法与步骤

1. 观察淀粉粒 取马铃薯块茎一小块，用刀片刮取少许组织，置载玻片上，加水或甘油醋酸制成临时装片，先在低倍镜下观察淀粉粒，注意其形状。再转换高倍镜观察，注意其脐点和层纹，分辨出单粒、复粒和半复粒，绘图和记录。然后再观察半夏粉末，注意和马铃薯淀粉粒有何不同？再由盖玻片一侧加一滴稀碘液，观察有何颜色变化？

2. 观察菊糖（示教） 取桔梗根纵切片，在低倍镜下观察，可见在薄壁细胞中靠近细胞壁有呈球形或扇形，并有放射状纹理的菊糖结晶。

3. 观察草酸钙结晶

（1）簇晶 取大黄粉末少许，置载玻片上，滴加水合氯醛试液 1～2 滴。在酒精灯上慢慢加热进行透化，注意不要蒸干，并及时补充水合氯醛试液，切记将加热物质烧焦至材料颜色变浅而透明时，停止处理，加稀甘油一滴，盖上盖玻片，拭净其周围的试剂，镜检，可见多数大型、星状的草酸钙簇晶。

（2）针晶 取半夏粉末少许，如上法透化后，镜检，可见散在或成束的草酸钙针晶。

（3）方晶 取黄柏或甘草粉末少许，透化后，镜检，可见在细长的成束的纤维周围薄壁细胞内，含有方形或长方形的草酸钙方晶，这种结构称为晶鞘纤维或晶纤维。

（4）砂晶 观察地骨皮或牛膝根横切制片，可见在类圆形的薄壁细胞中充满了细小三角形或箭头状的草酸钙砂晶。

（5）柱晶 观察射干根状茎切片，可见长柱形的草酸钙柱晶。

4. 特化细胞壁的鉴别

（1）木质化细胞壁 ①取夹竹桃或柿树嫩枝或叶柄，徒手切成横切片，选一薄片置于载玻片上，加间苯三酚试液一滴，稍放置，再加浓盐酸一滴，加盖玻片，吸去盖玻片上多余的酸液，在低倍镜下观察，木质化细胞壁呈紫红色。②再用一段火柴棍直接滴加上述试液处理，有何变化？为什么？

（2）木栓化细胞壁 取马铃薯块茎一小块，垂直于外皮做徒手切片，置载玻片上，加苏丹Ⅲ试液 1～2 滴。放置 2 分钟或微微加热，加盖玻后镜检，可见木栓化细胞壁被染成近红色。另取一横切片，加氯化锌碘试液 1 滴，加盖玻片后镜检，可见外方木栓化细胞壁呈黄棕色，其内方的薄壁细胞壁以纤维素为主，呈蓝紫色。

（3）角质化细胞壁 取夹竹桃叶或柿树叶或其他植物叶做徒手横切片，方法是选择叶片主脉近中部，在主脉两侧保留各约 3mm 的叶片，然后将材料夹在马铃薯或其他合适夹持物中，徒手切成横切片，并置盛水的培养皿中，除去夹持物，将切片置载玻片上，用吸水纸吸去水分，加苏丹Ⅲ试液 1～2 滴，镜检可见叶片表皮细胞外的角质层被染成橙红色。

【实训思考】

经水合氯醛透化的木质化细胞壁，用间苯三酚试液和盐酸处理，能否染成红色？

【实训报告】

1. 绘马铃薯块茎中淀粉粒的构造和类型图。
2. 绘各种草酸钙结晶的形态图。

【实训评价】

方法一：本实训项目涉及显微操作技能考核评价，要求学生正确使用光学显微镜。教师随机抽查各组学生，亦可安排各小组组长相互检查。

方法二：教师随机抽取几名学生到黑板绘制马铃薯块茎中淀粉粒的构造和类型图，并按要求进行标注，以考核学生绘图的技能水平。

实训三　观察保护组织与分泌组织

【实训目的】

1. 能识别气孔、毛茸、油细胞和油室的显微结构特征。
2. 学会粉末和徒手切片临时标本片的制作方法。
3. 学会绘制显微特征图。

【实训内容】

一、实训用品和器材

1. 仪器用品　光学显微镜、镊子、刀片、解剖针、载玻片、盖玻片、培养皿、吸水纸、擦镜纸、蒸馏水、水合氯醛试液、稀甘油等。

2. 实训材料　薄荷叶、菊叶、石韦叶、姜根状茎、橘皮、松茎等。

二、实训方法和步骤

1. 观察薄荷叶的气孔和毛茸

（1）操作　用镊子撕取薄荷叶下表皮一小片，使其外表皮朝上，置于载玻片上的蒸馏水中，展平，加盖玻片。

（2）观察　将标本片置光学显微镜下观察。

①气孔：薄荷叶表皮细胞之间有些小孔，是由两个肾形保卫细胞对合而成，此孔即是气孔，保卫细胞中含叶绿体，与保卫细胞相连的表皮细胞是副卫细胞。薄荷叶的气孔轴式为直轴式。

②毛茸：薄荷叶下表皮临时制片，可见其表皮上的毛茸有三种。①腺毛：腺毛较少，由单细胞的头和单细胞的柄组成。头细胞中常充满黄色挥发油。②腺鳞：腺鳞较多，腺头大而明显，扁圆球形，常由 8 个分泌细胞组成，角质层囊内贮有黄色挥发油。腺柄极短，为单细胞。③非腺毛：非腺毛较大，顶端尖锐，由 3 ~8 个细胞单列构成，以 4 个为多见，也有单细胞的，细胞壁较厚。

2. 观察菊叶和石韦粉末的毛茸

（1）操作用镊子撕取菊叶上表皮一小片，将外表面向上，置于载玻片上的蒸馏水中，展平，加盖玻片；用小刀片刮取石韦叶下表皮粉末少许，置于载玻片中央，加一滴蒸馏水，加盖玻片。

（2）观察将菊叶的标本片置于光学显微镜下观察，可见毛茸呈丁字形；将石韦叶的标本片置于光学显微镜下观察，可见毛茸呈星状。

3. 观察鲜姜的油细胞、橘皮的油室、松茎的树脂道

（1）观察姜根状茎的油细胞　将姜的根状茎切成长方条，以左手的拇指和示指捏紧，拇指略低于示指，长方条上端露出，以中指托住底部。用右手拇指和示指捏紧刀片的右下角，刀片沾水后，两臂夹紧，刀口放平，刀口朝向怀内，从材料的左前方向右后方作水平方向的连续拉切。切拉速度宜快，要用臂力。选择其中最薄的用蒸馏水装片。

将标本片置于光学显微镜下观察。鲜姜薄壁组织中，有许多充满淡黄色油滴的细胞散在或成群，即油细胞。

（2）观察橘皮的油室　将橘皮切成长方条，用徒手切片的方法切取橘皮的外表皮，选取最薄的用蒸馏水装片观察。也可将标本片的盖玻片取下，吸去蒸馏水，加水合氯醛试液，加热透化，用稀甘油装片观察。橘皮果皮薄壁细胞中可见有一些略呈卵圆形的腔穴，其中散布着一些油状物及细胞碎片，腔穴周边的细胞多有破碎，为溶生式分泌腔。由于腔内贮藏的分泌物是挥发油类，又称为油室。

（3）观察松茎横切片的分泌道　取松茎横切面永久制片，置于光学显微镜下观察，可见在木质部中，有许多排列整齐的分泌细胞围绕成的大圆腔，即分泌道，因其内贮藏树脂而称树脂道。

（4）小茴香果实的横切制片也可观察油管。

【实训注意】

1. 撕下的表皮应是极薄呈无色透明状，不应带有绿色部分。

2. 观察根、茎、叶等新鲜材料的内部结构，通常采用徒手切片法制成临时标本片。此法操作简便迅速，能保持细胞及其含有物的原有形态。

3. 切鲜姜切片时，应注意手的位置，保证安全。

4. 橘皮切的尽量薄，而且最好加热透化后观察。

5. 试剂滴加要适量，否则会影响观察。

6. 光学显微镜使用完毕，各部件要清点齐全，归还原位。

【实训思考】

1. 保护组织有哪些种类？存在植物体的何部位？与中药鉴定的关系怎样？

2. 在皮类的粉末中可能找到哪些植物组织？一定找不到哪些植物组织？

【实训报告】

1. 绘薄荷叶的气孔、腺毛和非腺毛图。

2. 绘菊叶、石韦叶的非腺毛图。

3. 绘姜的油细胞图。

【实训评价】

方法一：本实训项目涉及显微操作技能考核评价，要求学生正确使用光学显微镜。教师随机抽查各组学生，亦可安排各小组组长相互检查。

方法二：教师随机抽取几名学生到黑板绘制薄荷叶的气孔、腺毛和非腺毛图，并按要求进行标注，以考核学生绘图的技能水平。

实训四　观察机械组织与输导组织

【实训目的】

1. 能识别纤维、石细胞、导管的显微特征。

2. 学会粉末和徒手切片临时标本片的制作方法。

3. 学会绘制各组织显微特征图。

【实训内容】

一、实训用品和器材

1. 仪器用品　光学显微镜、镊子、刀片、解剖针、载玻片、盖玻片、培养皿、吸水纸、擦镜纸、蒸馏水、水合氯醛试液、稀甘油等。

2. 实训材料 肉桂粉末、黄豆芽、梨果肉等。

二、实训方法与步骤

1. 观察肉桂粉末和梨果实

（1）观察肉桂粉末 取肉桂粉末制成临时制片，置光学显微镜下观察。肉桂粉末中纤维多单个散在，长梭形，壁极厚，纹孔不明显，木化。石细胞类圆形、类方形或多角形，壁常三面增厚，一面薄，木化。

（2）观察梨果实石细胞 用镊子挑取梨果肉少许，置于载玻片的中央，用镊子柄轻轻下压至其粉碎，滴加水合氯醛加热透化制成甘油装片的临时制片，置光学显微镜下观察。梨果实的石细胞成团或散在，大小不一，形状为椭圆形、类圆形等，细胞壁增厚明显，可见层纹，纹孔道分支或不分支，两相邻石细胞纹孔对明显。

2. 观察黄豆芽的导管 切取黄豆芽，用镊子将其固定在载玻片上，用刀片纵切，取中央的薄片置于载玻片上，加蒸馏水一滴，用镊子柄碾压，使其薄而平展，光学显微镜下观察。豆芽可见较多的环纹导管、螺纹导管、梯纹导管和网纹导管（南瓜茎纵切永久切片也可以观察导管）。

【实训报告】

1. 绘制肉桂的纤维、石细胞图。
2. 绘制黄豆芽的导管图。

【实训评价】

教师随机抽取几名学生到黑板绘制肉桂的纤维、石细胞图和黄豆芽的导管图，并按要求进行标注，以考核学生绘图的技能水平。

实训五 观察根和根的内部构造

【实训目的】

1. 会详述根的外形特征，能识别根和变态根类型。
2. 能辨认双子叶植物根的初生结构和次生结构。

【实训内容】

一、实训用品与器材

1. 仪器用品 光学显微镜、吸水纸、擦镜纸等。

2. 实训材料 蒲公英、人参、胡萝卜、何首乌、麦冬、薏苡、玉米、葱、菟丝子、常春藤、吊兰、石斛等植物的根或变态根；毛茛根初生结构横切片、细辛根横切片、防风根或黄芪根次生结构横切片。

二、实训方法与步骤

1. 观察根的外形特征、根和变态根的类型

（1）观察蒲公英、人参、桔梗、麦冬和葱等植物根的外形特征及根系。

（2）观察胡萝卜、何首乌、玉米、菟丝子、常春藤、吊兰、石斛等的变态根，判断其为定根或不定根以及变态根的类型。

2. 观察双子叶植物细辛根横切片或毛茛根的初生结构横切片 取细辛或毛茛根的初生结构横切片，置光学显微镜下由外向内观察，可见下列结构。

（1）表皮为幼根最外面的一列细胞。细胞排列紧密而整齐，细胞外壁不角质化。在横切面上，偶尔可见到根毛。

（2）皮层占根的大部分，明显地分为三部分。①外皮层为一列较小的薄壁细胞，紧接表皮，排列比较紧密。②皮层薄壁细胞占皮层的绝大部分，细胞近圆形，排列比较疏松，含有较多的淀粉粒。③内皮层为皮层最内面的一列细胞。细胞较小，近长方形，排列紧密整齐，其径向壁增厚的部分呈点状，常染成红色，即为凯氏点。在根尖较幼嫩部分的横切片中，不能见到凯氏点。

（3）维管柱为内皮层以内的所有组织。可见到下列结构：①中柱鞘为维管柱的外层组织，紧接内皮层，常由一列或二列排列较紧密的薄壁细胞组成，细胞呈类圆形至多边形。②细辛或毛茛根的初生维管束为辐射型维管束。初生木质部成束，在根的中央呈星芒状排列，导管常染成红色。木质部导管外方的较小，中央的较大。在根尖较幼嫩部分的横切片中，其中央的导管未分化成熟，细胞壁较薄。初生韧皮部束成团状，排列于两束木质部之间。

3. 观察双子叶植物防风或黄芪根的次生结构横切片　取防风根横切制片，从外向里逐层观察。

（1）周皮为最外方的数层细胞，由木栓层、木栓形成层和栓内层组成。①木栓层为数列排列整齐、紧密的扁长方形木栓细胞组成，常呈浅棕色。②木栓形成层是由中柱鞘细胞恢复分生能力而产生的，在切片中不易分辨。③栓内层狭窄，为 2 ~ 3 列呈切向延长的大型薄壁细胞，其中分布有不规则长圆形油管。

（2）次生维管组织为形成层活动产生的组织。①次生韧皮部为周皮以内的部分，甚宽。有多数裂隙。包括筛管、伴胞和韧皮薄壁细胞，其中散在有多数油管。在横切面上韧皮薄壁细胞与筛管形态相似，常不易区分。韧皮射线多弯曲，由 1 ~ 2 列径向排列的薄壁细胞组成，外侧常与韧皮部组织分离而出现大型裂隙。②形成层在次生韧皮部内方，由数列排列紧密、整齐的扁长方形薄壁细胞组成。形成层只有一列细胞，但由于其向内、向外分裂迅速，刚产生不久的衍生细胞尚未分化成熟，故在根切面上看到的是多列细胞组成的“形成层区”。③次生木质部在形成层以内，包括导管、管胞和木薄壁细胞。在横切面上导管最容易辨认，是一些被番红染成红色的、口径大小不一的类圆形或多边形的死细胞，作放射状排列。木射线由 1 ~ 2 列薄壁细胞组成，在木质部中也呈放射状排列，并与韧皮射线相连接，组成维管射线。在次生木质部的内方、根的中心部位为初生木质部。其导管口径细小，呈类圆形。

【实训思考】

1. 肉质直根与块根有何区别?
2. 根的次生构造和初生构造有何区别?

【实训报告】

1. 列表记录各种植物根的外形特征、根和变态根的类型。
2. 绘制细辛或毛茛根的初生构造结构简图。
3. 绘制防风或黄芪根的次生构造结构简图。

【实训评价】

方法一：教师随机抽取几名学生对药材标本进行分类，并说明理由。

方法二：教师随机抽取几名学生到黑板绘制细辛或毛茛根的初生构造结构简图，并按要求进行标注，以考核学生绘制根结构简图的技能水平。

实训六　观察茎和茎的内部构造

【实训目的】

1. 能识别茎的外形特征。

2. 通过识别各种药用植物能准确判断出茎的各种类型以及是否具有变态茎，并能识别出变态茎的类型。

3. 学会观察双子叶植物茎的初生构造，并能说出各个构造的特点。

【实训内容】

一、实训用品与器材

1. 仪器用品　光学显微镜、吸水纸、擦镜纸等。

2. 实训材料　桑枝、薄荷、芦荟、忍冬、地锦（爬山虎）、栝楼、地锦草等植物的地上部分；皂荚、钩藤、薯蓣、姜、马铃薯、荸荠、洋葱等植物的变态茎；马兜铃茎或忍冬藤幼茎内部构造横切片。

二、实训方法与步骤

（一）观察茎的外形特征、茎及变态茎的类型

1. 观察茎的外部形态特征　选取桑枝观察节、节间、托叶痕、皮孔等部分。

2. 观察茎的类型

（1）观察桑、薄荷、芦荟等植物茎的质地判断各属于哪种类型？

（2）观察薄荷、忍冬、常春藤、地锦（爬山虎）、栝楼、地锦草等植物茎的生长习性判断各属于哪种类型。

3. 观察植物变态茎的特征

（1）取皂荚、栝楼、钩藤、天冬、薯蓣等植物，观察地上变态茎的特征。

（2）取姜、马铃薯、荸荠、洋葱等植物，观察地下变态茎的特征。

（二）观察双子叶植物茎的初生构造

取马兜铃茎或忍冬藤幼茎部构造横切片，按照操作步骤，置光学显微镜下由外向内观察，可见下列部分。

1. 表皮　由一层排列紧密的细胞组成，外壁角质化，并常见有毛茸等附属物。

2. 皮层　在表皮下方的薄壁细胞既是皮层，在棱角处近表皮有厚角组织或4～6层纤维构成呈环状排列的完整纤维束环。

3. 维管柱　皮层以内的部分，称维管柱，包括呈环状排列的维管束、髓部和髓射线等，占较大的比例。

（1）初生维管束　为5～7个大小不等的无限外韧维管束，呈环状排列。由初生韧皮部、束中形成层和初生木质部三部分组成。①初生韧皮部：位于维管束的外方，由筛管、伴胞、韧皮纤维和韧皮薄壁细胞组成。②初生木质部：位于维管束的内方，由导管、管胞、木薄壁细胞和木纤维组成。③束中形成层：位于初生韧皮部和初生木质部之间，由1～2层具有分生能力细胞组成，排列紧密，细胞较小。

（2）髓射线　位于初生维管束之间的薄壁组织，内通髓部，外达皮层。

（3）髓　位于茎的中央，被维管束围绕，由一些较大的薄壁细胞组成。

【实训报告】

1. 列表记述观察到的植物茎标本，说明它们各属于何种类型。

2. 绘制茎的初生构造简图，并注明各部分结构名称。

【实训评价】

方法一：随机抽取学生观察各种类型植物茎，并说出属于茎的哪种类型，以考核对茎的类型这一知识点的掌握情况。

方法二：教师随机抽取几名学生到黑板绘制观察到的植物茎的初生构造图，并按要求进行标注，以考核学生绘图的技能水平。

实训七 观察茎的内部构造

【实训目的】

1. 能识别双子叶植物草质茎和木质茎的次生构造特点，学会绘制茎的次生构造简图。

2. 能识别双子叶植物根状茎的内部构造特点。

3. 学会观察双子叶植物茎和根状茎的异常特点。

4. 能识别单子叶植物茎的构造特点，学会绘制单子叶植物茎的构造简图。

【实训内容】

一、实训用品与器材

1. 仪器用品 光学显微镜、吸水纸、擦镜纸等。

2. 实训材料 大血藤或鸡血藤茎横切面制片、薄荷茎横切面制片、黄连根状茎横制片、大黄根茎横切面制片、石菖蒲茎横切面制片等。

二、实训方法与步骤

（一）观察双子叶植物大血藤的内部构造

取大血藤茎横切片，置光学显微镜下由外向内观察，可见下列部分。

1. 表皮 表皮为茎表面一列残存或枯萎的细胞，外壁具明显的角质层。

2. 周皮 包括木栓层、木栓形成层及栓内层。其表面有些部位向外突出形成皮孔。木栓层为几列木栓化细胞，呈黄褐色，细胞小而扁平，相叠排列，紧密而整齐。木栓形成层为一列小而扁平的薄壁细胞。栓内层为多列较大的薄壁细胞，排列较整齐。

3. 皮层 由薄壁细胞组成，细胞大而排列不规则，并含有草酸钙簇晶。

4. 维管束 维管束为皮层以内的部分，包括维管束、髓和髓射线等部分。

（1）维管束 多个外韧型维管束排列成环状，由外向内依次为：①韧皮部：韧皮部束呈梯形，被漏斗状髓射线隔开，初生韧皮部不明显。次生韧皮部为韧皮部的主体部分，由筛管、伴胞、韧皮纤维和韧皮薄壁细胞组成。韧皮纤维束常被染成红色。筛管分子常较大，旁边有较小的细胞，即为伴胞。少数韧皮薄壁细胞含有簇晶，而靠近髓射线的韧皮薄壁细胞常含方晶。②形成层：形成层是由束中形成层和束间形成层衔接而成的圆环，为一列扁平长方形的薄壁细胞。③木质部：木质部常染成红色，由导管、管胞、木纤维和木薄壁细胞组成。次生木质部占茎的绝大部分，其中有内侧小而排列紧密的细胞（秋材）和外侧大而排列疏松的细胞（春材）所构成的明显界限，呈同心环状，为年轮。初生木质部位于次生木质部内侧，细胞较小，排列紧密。

维管束中，从外到内贯穿有成行的薄壁细胞，即为维管射线。位于木质部的为木射线，位于韧皮部的为韧皮射线。

（2）髓射线　髓射线为径向排列的 1 至数列薄壁细胞，内连髓部，外接皮层，在韧皮部束之间展开成漏斗状，展开处的细胞常呈方形或长方形，较大而非径向排列，并含有草酸钙簇晶。

（3）髓　茎中心是由薄壁细胞所组成的髓，其中有分泌腔和簇晶存在。髓的周围有一圈排列紧密，较小而壁较厚的细胞，称环髓带。

（二）双子叶植物草质茎的次生构造观察

观察薄荷茎横切片，由外向内有如下特点。

1. 表皮　最外面仍由表皮起保护作用，常具角质层、蜡被、气孔及毛茸等附属物。少数植物在表皮下方有木栓形成层的分化，向外产生 1～2 层木栓细胞，向内产生少量栓内层，但表皮未被破坏仍然存在。

2. 皮层　多数无限外韧型维管束成环状排列。有少量植物为双韧维管束。

3. 维管束　有些植物只有束中形成层，没有束间形成层。还有些植物不仅没有束间形成层，束中形成层也不明显。

4. 髓射线　维管束之间的薄壁组织区域，宽窄不一。

5. 髓　位于中央，较发达，由大型的薄壁细胞组成，有的植物髓部中央破裂形成空洞。

（三）观察双子叶植物黄连根状茎的内部构造

取黄连根状茎横切制片置光学显微镜下观察，由外向内可见下列部分。

1. 木栓层　为数列木栓细胞。有的外侧附有鳞叶组织。

2. 皮层　宽广，内有石细胞单个或成群散在，有的可见根迹维管束斜向通过。

3. 维管束　为无限外韧型，环列，束间形成层不甚明显。韧皮部外侧有初生韧皮维管束，其间夹有石细胞。木质部细胞均木化，包括导管、木纤维和木薄壁细胞。

（四）观察双子叶植物大黄根茎横切片

取大黄根茎横切片放在光学显微镜下，先在低倍镜下由外向内观察，区分出表皮、皮层、维管束、髓、髓射线等各部分，然后在髓部有许多星点状的异型维管束，其形成层呈环状，外侧为由几个导管组成的木质部，内侧为韧皮部，射线呈星芒状排列。

（五）观察单子叶植物石菖蒲茎的构造

取石菖蒲茎横切片置光学显微镜下观察，可见下列部分。

1. 表皮　为一列排列紧密、外壁角质化和硅质化的细胞。

2. 厚壁组织　为表皮内侧的几列厚壁纤维，纤维较细小，常呈多角形，排列紧密。

3. 基本组织　为厚壁组织以内的薄壁细胞，占茎的大部分，其边缘的细胞较小，愈向中心细胞愈大。

4. 维管束　维管束散生于基本组织中。呈卵圆形或椭圆形。茎的边缘部分，维管束较小，分布较密；愈向茎中心，维管束愈大，分布也较稀疏。每个维管束被厚壁组织所包围，形成维管束鞘；在鞘内，韧皮部位于外侧，木质部位于内侧，两者之间无形成层，为有限外韧型维管束。韧皮部由筛管和伴胞组成，外侧有帽状的机械组织。木质部由两个大的孔纹导管和 1～3 个直列的环纹或螺纹导管构成“V”字形，在“V”字形的尖端有一空腔，称胞间隙或气腔。

【实训报告】

1. 绘制大血藤和薄荷茎的内部构造简图，并注明各部分结构。

2. 绘制黄连根茎横切面简图，并注明各部分结构。

3. 绘制石菖蒲茎横切面简图，并注明各部分结构。

【实训评价】

方法一：通过随机抽取学生观察各种茎的横切面制片，了解学生对茎内部构造的掌握情况。

方法二：教师随机抽取几名学生到黑板绘制观察到的茎内部构造图，以考核学生绘图技能水平。

实训八 观察叶和叶的内部构造

【实训目的】

1. 能判断出叶片全形、叶的特征以及三大类脉序类型。

2. 学会区分单叶和复叶，并判断出叶序的类型。

3. 能识别双子叶植物异面叶的内部构造和单子叶植物叶的构造特点。

【实训内容】

一、实训用品与器材

1. 仪器用品 光学显微镜、放大镜、直尺、载玻片、盖玻片、酒精灯、解剖针、吸水纸、擦镜纸、纱布等及水合氯醛、稀甘油。

2. 实训材料 银杏、桃、苦荬菜、橡皮树、车前、麦冬、枸杞、黄花蒿、玉簪、樟、接骨木、月季、合欢等植物的叶或带叶的茎枝，薄荷叶永久切片、淡竹叶或水稻永久切片、薄荷叶粉末、番泻叶粉末等。

二、实训方法与步骤

（一）观察各种实训材料，确定叶形，判断脉序、区分单叶与复叶、判断叶序类型。

1. 确定叶片的形状 逐个观察银杏、桃、苦荬菜、橡皮树、车前、麦冬、枸杞、黄花蒿、玉簪、樟、接骨木等植物的叶，用直尺量出叶片的长宽比，对照教材，确定叶形。

2. 判断脉序 逐个观察橡皮树、银杏、桃、苦荬菜、麦冬和玉簪等植物叶片的脉序（必要时可借助放大镜），判断每种植物叶的脉序类型，并说出判断依据。

3. 区分单叶与复叶 观察黄花蒿、桃、玉簪、接骨木、月季、合欢等植物带叶的茎枝，判断各植物的叶是单叶还是复叶，并说出判断依据。

4. 判断叶序类型 观察樟、银杏、接骨木、女贞、车前、枸杞等植物的叶序，判断各植物的叶序类型，并说出判断依据。

（二）对照教材，观察双子叶植物永久切片的内部构造

在光学显微镜下观察薄荷叶永久切片，由外向内包括以下几部分。

1. 表皮 包括上表皮和下表皮，为一列扁平的细胞，排列紧密，细胞外壁被有角质层、腺毛和非腺毛，并有气孔与叶肉的气室相通。

2. 叶肉 包括栅栏组织和海绵组织。栅栏组织靠近上表皮，由一层柱状细胞组成，排列呈栅栏状；海绵组织靠近下表皮，由排列疏松的薄壁细胞组成。叶肉细胞含有大量叶绿体。

3. 叶脉 主脉明显，由木质部、形成层和韧皮部组成。木质部靠近栅栏组织，上方有木纤维，下方有导管 2 ~ 5 个；韧皮部靠近下表皮，细胞较小，多角形；主脉上下表皮内侧有若干厚角组织。

（三）观察单子叶植物叶片的内部构造

对照教材，观察单子叶植物淡竹叶或水稻等的永久切片，由外向内包括以下几部分。

1. 表皮 上表皮细胞类方形，大小不一，大型的泡状细胞（运动细胞）排列成扇形，有较小的硅质化或角质化细胞。气孔的组成除了两个保卫细胞外，两侧还有两个副卫细胞，断面近乎呈正方形，气孔内侧为孔下室。下表皮由一层长方形细胞组成，外壁具硅质突起。

2. 叶肉 栅栏组织与海绵组织分化不明显。

3. 叶脉 主脉周围有一圈较大的薄壁细胞和一层厚壁细胞组成的维管束鞘，木质部靠上方，导管排成“V”字，下方为韧皮部。在上、下表皮的内侧有厚壁纤维群。

（四）观察薄荷叶、番泻叶粉末透化片

观察两种粉末透化片，寻找以下粉末特征。

1. 薄荷叶粉末可见腺鳞、小腺毛、多细胞非腺毛、单细胞非腺毛、直轴式气孔等。
2. 番泻叶粉末可见表皮细胞与平轴式气孔、单细胞非腺毛、晶纤维、草酸钙簇晶等。

【实训报告】

1. 列表记录各实训材料的叶形、脉序、单叶或复叶、叶序等类型。
2. 绘制出双子叶植物薄荷叶横切面详图，标注各部分名称。
3. 以禾本科植物水稻叶为例，写出单子叶植物叶的构造特点。

【实训评价】

方法一：教师随机抽取几名学生到黑板绘制薄荷叶横切面简图，并说出各个部分的名称。

方法二：教师随机抽取几名学生到讲台前，请同学讲述指定实训材料的叶形、脉序、单叶或复叶类型以及叶序等，并说出判断依据。

实训九 观察花的形态、类型、花序及花程式的书写

【实训目的】

1. 学会解剖花的方法，观察并识别花的组成及各部分的形态特征，能判断花的类型与花序的类型。
2. 学会识别雄蕊与雌蕊的特征与类型。
3. 学会花程式的书写方法。

【实训内容】

一、实训用品与器材

1. 仪器用品 解剖镜（放大镜）、解剖针、镊子、手术刀等。

2. 实训材料 萝卜、木槿、紫茉莉、野葛、月季、迎春、牵牛、桔梗、南瓜、茄、蓖麻、桃、石竹、天葵、玉竹等植物的花；车前、蒲公英、构树、女贞、苦苣菜、山楂、刺五加或八角金盘、茴香或白芷、无花果或薜荔、石竹、附地菜、益母草、鸢尾、大戟或泽漆等植物的花序。（建议根据本地植物特色及不同季节采集具有代表性的药用植物花进行观察）

二、实训方法与步骤

（一）观察花的组成

取萝卜花一朵，先进行整体观察，然后用解剖针和镊子由外向内仔细解剖，可见下列部分。

1. 花梗为花朵与茎相连的部分，呈圆柱形。

2. 花托为花梗顶端的膨大部分，其上着生花萼、花冠、雄蕊群和雌蕊群。

3. 花被包括花萼和花冠两部分。花萼由4枚萼片组成，离生，绿色或黄绿色，排成2轮。花冠由4枚黄色的花瓣组成，离生，十字形排列。

4. 雄蕊群由6枚雄蕊组成，离生，排成2轮，外轮2枚较短，内轮4枚较长，为四强雄蕊。每枚雄蕊由细长的花丝和囊状的花药组成。

5. 雌蕊群具有1个雌蕊，位于花的中央，由子房、花柱和柱头三部分组成。子房为膨大的囊状体，略呈扁圆柱形；花柱为子房上端的细小部分，较短；柱头为花柱顶端的膨大部分，略呈帽状。将子房作横切片置于放大镜或解剖镜下观察，可见是由2心皮构成，由假隔膜分成假2室，侧膜胎座。

（二）观察花主要组成部分的形态特征

1. 花萼类型 观察萝卜、蒲公英、木槿、紫茉莉等植物的花，判断花萼类型。

2. 花冠形状及类型 观察萝卜、野葛、蒲公英、迎春、牵牛、南瓜、茄、益母草等植物的花，判断花冠类型。

3. 雄蕊群类型 观察油菜、蚕豆、蒲公英、木槿、益母草、蓖麻等植物的花，判断雄蕊群的类型。

4. 雌蕊群类型 观察天葵、桃、桔梗和萝卜等植物的花，判断雌蕊群类型。

5. 子房位置 观察萝卜、桃、桔梗、南瓜的花，判断子房位置及花的位置。

（三）判断花的类型

1. 完全花与不完全花 取萝卜花和鸢尾花观察。

2. 重被花与单被花 取桃花和玉竹花观察

3. 两性花与单性花 取月季花和无花果等的花观察。

4. 两侧对称花与辐射对称花 取益母草花和牵牛花观察。

（三）观察花序的类型

观察车前、构树、女贞、山楂、五加或八角金盘、茴香或白芷、蒲公英、无花果或薜荔、石竹、附地菜、鸢尾、大戟或泽漆、益母草等植物的花序，判断花序的类型。

【实训报告】

1. 绘出萝卜花的解剖图，注明各部分名称。

2. 写出所观察植物花的组成、花萼类型、花冠类型、雄蕊群类型、雌蕊群类型、子房着生位置，判断花的类型。

3. 写出两种所观察植物的花程式。

4. 判断所观察植物的花序类型。

【实训评价】

教师随机抽查任一小组的学生，给定任意一种植物的花，要求学生按实训观察的内容向大家边解剖展示边讲解，考核学生对植物花的掌握情况，同时考核其观察分析能力和实际应用能力。

实训十 观察果实和种子的形态与类型

【实训目的】

1. 能够准确描述果实和种子的组成和外形特征。

2. 学会判断果实和种子的类型。

【实训内容】

一、实训用品

1. 仪器用品 解剖刀、镊子、放大镜、光学显微镜等。

2. 实训材料 八角茴香、豌豆或大豆、青菜或白菜、荠菜、蓖麻、牵牛、曼陀罗、玉米、向日葵、板栗、薄荷、小茴香、番茄、橙子、黄瓜或西葫芦、梨或苹果、月季、莲、草莓、桑葚、菠萝、无花果等的果实，蓖麻、大豆、玉米、苦杏仁等的种子。

二、实训方法与步骤

（一）观察果实

果实可分为三种，即单果、聚合果、聚花果。根据以下描述观察采集的标本，判断属于什么类型果实，并将结果记录下类。

1. 单果 单雌蕊或复雌蕊发育而成。分为肉果和干果，干果又分为裂果和不裂果。

（1）观察肉果 取番茄、橘、桃或杏、黄瓜、苹果或梨的果实横切，注意观察其外、中、内各层果皮，其界限是否明显，质地、子房室数、胎座类型、种子的数目，并分辨真果与假果，判断肉果的类型。

肉果有浆果、柑果（外果皮革质，外、中果皮界限不清，内果皮上着生囊状毛）、核果（内果皮形成坚硬的果核）、瓠果（三心皮下位子房连同花托一起发育而成的假果）、梨果（由5个心皮、下位子房和花托一起发育而成的假果）。

（2）观察裂果 取芸苔或白菜、扁豆或豌豆、马兜铃、射干或鸢尾、百合、牵牛、向日葵、玉米、板栗、槭树或白蜡树的果实，注意其成熟后是否开裂，开裂方式、心皮数目、果皮性质、种子数目等，判断干果的类型。

裂果有：蓇葖果（一侧开裂）、荚果、角果（假隔膜）、蒴果（开裂方式多样）。成熟后多自然开裂。

（3）观察不裂果 取玉米、向日葵、板栗、薄荷果实、小茴香等果实，注意果皮性质，种子数目等；另取蓖麻和小茴香果实观察，注意成熟时是开裂还是分离，有何不同。

不裂果有：瘦果、颖果（种皮与果皮愈合，常被当成种子）、坚果、翅果、胞果、双悬果（成熟后裂成两个小分果）。

（4）观察聚合果 取金樱子或蔷薇果纵切后观察，可见凹陷的壶形花托内，聚生着多数骨质瘦果；再取八角茴香观察，可见通常有8个蓇葖果轮状排列在花托上，下面有弯曲的果柄。

聚合果由离生雌蕊发育而成，每个心皮形成一个单果，许多单果，聚生在同一花托上。

（5）观察聚花果 取桑葚观察，可见其为雌花发育而成，每朵花的子房各发育成一个小瘦果，包藏在肥厚多汁的花被中；取凤梨观察，注意可食部分，由什么部分发育而成。

聚花果又称复果、花序果，是由整个花序发育而成，花序上的每一朵小花形成一个小果，许多小果聚生在同一花序轴上，成熟后整个花序果自母株脱落。

（二）观察种子

1. 借助大豆观察种脐、种孔，借助苦杏仁观察种脊、合点，借助蓖麻观察种阜。

2. 种子分为无胚乳种子和有胚乳种子。

（1）无胚乳种子 借助浸透的大豆观察无胚乳种子结构，无胚乳种子由种皮和胚两部分组成。这类种子在发育过程中，胚乳被胚完全吸收，并将营养物质贮藏在子叶中，因此该类种子发育成熟后没有胚乳或仅残留一薄层，而子叶肥厚。

借助浸透的大豆种子，观察胚的胚根、胚轴、胚芽、子叶四部分结构。

（2）有胚乳种子　借助玉米观察有胚乳种子，有胚乳种子胚相对较小，子叶薄，由种皮、胚和胚乳三部分组成。

【实训报告】

1. 根据所给实训材料，记录所观察果实的类型。

2. 绘制大豆种子的纵剖图，并注明各部分名称（子叶、胚根、胚轴、胚芽）。

【实训评价】

方法一：每个小组之间互相评价果实的分类结果。

方法二：教师随机抽取查看几名学生的分类结果以及学生绘制大豆种子结构图，以考核学生对果实类型和种子构造的掌握程度。

实训十一　识别藻类、菌类、地衣类药用植物

【实训目的】

1. 能说出藻类、菌类、地衣类植物的主要特征。

2. 识别常见藻类、菌类、地衣类药用植物。

【实训内容】

一、实训用品

1. 仪器用品　解剖镜、光学显微镜、擦镜纸、镊子、解剖针、载玻片、盖玻片、培养皿、纱布、吸水纸等。

2. 实训材料　葛仙米、甘紫菜、海带及其孢子囊制片、昆布、海蒿子和羊栖菜等藻类植物；冬虫夏草、茯苓、赤芝、马勃、猴头菌、雷丸、黑木耳、银耳、蘑菇的盒装标本等真菌类植物；地衣三种类型的盒装标本，叶状地衣横切永久制片，松萝等地衣类植物。

二、实训方法与步骤

1. 识别藻类药用植物

（1）葛仙米　藻体细胞圆球形，连成弯曲不分枝的念珠状丝状体，状似木耳。

（2）甘紫菜　藻体深紫色，薄叶片状。

（3）海带　分固着器、柄、带片三部分。观察海带孢子体的孢子囊群，取带片制片（或徒手切片做水装片）镜检，可见“表皮”“皮层”“髓”三部分，“表皮”上有许多呈棒状的单室孢子囊夹生在隔丝中。

（4）昆布　带片扁平、深褐色，呈不规则羽状分裂，边缘有粗锯齿。

（5）海蒿子　固着器盘状，主干圆柱形，单生，两侧有羽状分枝，小枝上的藻“叶”形态有较大的差异。

（6）羊栖菜　固着器假须根状；主轴周围有短的分枝及叶状突起，叶状突起棒状；其腋部有球形或纺锤形气囊和圆柱形的生殖托。

2. 识别真菌类药用植物

（1）冬虫夏草　虫体是充满菌丝而成僵死的幼虫体，同时菌丝体在虫体内变为菌核。头部长出所

谓“草”的部分为翌年夏季幼虫从头部长出的棒状子座，伸出土表，故称之为“冬虫夏草”。

（2）茯苓　菌核多为不规则的块状，表面粗糙，呈瘤状皱缩，内部白色略带粉红色，由无数菌丝组成。

（3）赤芝　子实体有柄，由菌盖和菌柄组成。菌盖半圆形或肾形，具环状棱纹和辐射状皱纹。菌柄生于菌盖的侧方。

（4）蘑菇　取蘑菇观察其子实体，可分菌盖、菌柄两部分，菌盖下有菌褶。取一小块菌盖，做徒手切片制成临时玻片。在镜下观察，可见菌褶两侧表面有子实层，由担子和隔丝组成。每一担子具4个担子梗，每个担子梗上有一个担孢子。

（5）其他真菌类观察　取猪苓、雷丸、脱皮马勃、猴头菌等药用真菌，仔细观察其形态特征。

3. 观察地衣植物

（1）壳状、叶状和枝状地衣　观察壳状、叶状和枝状三种地衣的盒装标本，从形态上加以区分。另取叶状地衣横切制片，可观察其结构包括上皮层、藻胞层、髓层和下皮层。

（2）松萝　植物体丝状，灰黄绿色，具光泽。二叉状分枝，基部较粗，先端分枝较多。

（3）长松萝　全株细长不分枝，两侧密生细而短的侧枝，形似蜈蚣。

【实训报告】

列表记录所观察到藻类、菌类、地衣类药用植物名称、形态特征和入药部位。

实训十二　识别苔藓、蕨类、裸子类药用植物

【实训目的】

1. 能说出苔藓、蕨类、裸子植物的主要特征和区别点。
2. 识别常见苔藓、蕨类、裸子类药用植物。

【实训内容】

一、实训用品

1. 仪器用品　光学显微镜、放大镜、镊子等。

2. 实训材料　地钱、葫芦藓等苔藓植物；石松、卷柏、木贼、紫萁、金毛狗脊、石韦、粗茎鳞毛蕨、海金沙、槲蕨等蕨类植物；银杏、侧柏、马尾松、草麻黄等裸子植物。

二、实训方法与步骤

（一）观察苔藓类药用植物

1. 观察地钱外部形态　取新鲜地钱配子体和孢子体观察，记录其外形特征。

2. 观察葫芦藓外部形态　取新鲜葫芦藓配子体和孢子体观察，记录其外形特征。

（1）配子体　植物体为配子体，有茎叶分化。茎直立，高1～3cm，下部具假根。

（2）孢子体　孢子体分为孢蒴、蒴柄、基足三部分。取下孢蒴置于载玻片上，盖好盖玻片，轻轻压迫孢蒴，镜检可看到被压出的许多孢子，无弹丝。孢蒴外罩有具长喙的蒴帽，移去，即为蒴盖，蒴盖内可见两层蒴齿。

（二）观察蕨类药用植物

1. 常见蕨类植物观察重点及注意事项　根多为不定根，形成须根；茎多为根状茎，匍匐生长或横走，少有地上茎；叶于根状茎上簇生，近生或远生，有时常呈拳曲状，有大型叶和小型叶之分，大型

叶又分单叶和复叶。小型叶没有叶隙和叶柄，仅具一条不分枝的叶脉的叶。大型叶具叶柄，有或没有叶隙，有多分枝的叶脉的叶。

2. 石松　草本，蔓生匍匐茎，二叉分枝。叶小，线状钻形，螺旋状排列。孢子枝高出营养枝。孢子叶聚生枝顶，形成孢子叶穗。全草药用。

3. 卷柏　主茎直立，常单一，下生多数须根，上部分枝多而丛生，莲座状，干旱时分枝向内卷缩成球状，遇雨复原。全草药用。

4. 木贼　茎不分枝或在基部有少数直立侧枝，直径可达8mm。鞘齿早落，下部宿存；茎的脊棱上有小瘤2条。干燥地上部分入药。

5. 紫萁　根状茎短块状，叶二型，不育叶二回羽状，能育叶小羽片狭，卷缩成条形，沿主脉两侧背面密生孢子囊。带叶柄的根状茎药用。

6. 凤尾蕨　根状茎短，密被线形棕色鳞片。叶簇生，二型，单数一回羽状，不育叶柄较短，能育叶柄长，二者的顶生羽片和侧生羽片基部均下延到叶轴上形成明显的翅。孢子囊群沿叶缘分布。全草药用。

7. 海金沙

（1）观察其植株　草质藤本。叶柄具缠绕性，叶二型，不育羽片生于叶下部、二回羽状，能育羽片生于叶上部、形态与不育羽片相近，末回羽片边缘有突出的叶形齿，齿具两行孢子囊。

（2）孢子囊及孢子形态　用镊子刮下能育叶背面的少许孢子囊置于载玻片上，制成水装片镜检，看清孢子囊的形状，然后取出载玻片放在桌面上，用示指轻压盖玻片使孢子囊中的孢子散出，再置于显微镜下观察孢子的形状，并判断其类型。

8. 粗茎鳞毛蕨　根状茎短。叶簇生，叶柄与根状茎具大鳞片，叶一回羽状。羽片多镰状披针形。孢子囊群生于内藏小脉顶端，囊群盖大，圆盾形，带叶柄的根状茎药用。

9. 石韦　与有柄石韦近似，但本种的叶柄基部有关节，叶片干后不卷曲，孢子囊在能育叶背的侧脉间紧密而整齐排列，初为星状毛包被，熟时露出。叶入药。

（三）观察裸子门药用植物

1. 银杏　有长、短枝之分，叶扇形，分叉脉序，在长枝上散生，在短枝上簇生。雌雄异株，雄球花呈葇荑花序状，雄蕊多数，花药通常2；雌球花有长梗，在梗端分成二叉，裸生胚珠，常1枚发育成种子。种子核果状，外种皮肉质，中种皮骨质，内种皮红色膜质；胚乳丰富。

2. 马尾松

（1）观察植株　叶2针一束，细软，长12～20cm，两面有不明显的气孔线（带），横切面有4～8个树脂道，边生。雄球花生于新枝基部，雌球花2个，生于新枝顶端。

（2）观察球果　注意此时的珠鳞已长大木质化。称种鳞，近长方形，其顶端加厚成菱形，称鳞盾，横脊微降起，鳞盾中央是鳞脐，微凹陷、无刺尖，腹面的胚珠发育成种子，种子一侧具翅。苞鳞常不易见。

3. 侧柏

（1）观察植株　小枝扁平，排成一平面，鳞叶对生，叶背中脉有槽，花单性同株。

（2）观察雌球花和球果　雌球花近球形，蓝绿色，有4对交互对生的珠鳞，用镊子取位于中间的珠鳞1枚置放大镜下，可见腹面基部有1～2枚胚珠；成熟球果为卵圆形，开裂，注意种鳞几对，种鳞的背部近顶端是否有反曲的尖头，种子有无翅。

4. 金钱松　枝有长、短之分。叶条形或倒披针形，背面有2条气孔带，秋后金黄色，在长枝上螺旋状散生，在短枝上簇生。雄球花数个簇生在短枝顶端，雌球花单生直立，球果直立；苞鳞、种鳞熟时一起脱落。根皮或近根树皮药用，称为“土荆皮”。

5. 草麻黄　小灌木，小枝节间具细纵沟槽，叶退化成膜质鳞片状，下部合生，上部2裂。花单性异株。草质茎和根可以入药。

【实训报告】

列表记录所观察到的苔藓、蕨类、裸子类药用植物的名称、形态特征和入药部位。

【实训评价】

本实训项目需要学生掌握裸子植物的主要特征和蕨类植物的典型特征。教师随机抽查学生，识别蕨类和裸子植物常见药用植物并能对植物形态特征进行描述。

实训十三　识别药用被子植物（一）

——桑科、马兜铃科、蓼科、石竹科、毛茛科、木兰科等

【实训目的】

1. 通过实训掌握蓼科的主要特征和其他科的典型特征。
2. 学会植物形态特征描述。
3. 学习科属检索表的查阅方法。
4. 识别各科常见药用植物。

【实训内容】

一、实训用品

1. 仪器用品　解剖镜、放大镜、镊子等。

2. 实训材料　三白草、蕺菜、牛膝、桑树枝条、马兜铃、细辛、何首乌、虎杖、金荞麦、火炭母、萹蓄、石竹、瞿麦、孩儿参、毛茛、唐松草、铁线莲、玉兰、木通、淫羊藿等。

二、实训方法与步骤

1. 桑科

（1）取桑树练习植物形态的描述。

（2）识别桑、构树药用植物标本及入药部位。

2. 马兜铃科

（1）取马兜铃植株，描述其植物形态。

（2）识别马兜铃、绵毛马兜铃药用植物标本及入药部位。

3. 蓼科

（1）以何首乌为例，查阅蓼科检索路线，并记录下来。

（2）识别何首乌、金荞麦、虎杖、萹蓄、拳参等药用植物及入药部位。

（3）总结蓼科的主要特征。

4. 石竹科

（1）取石竹植株，描述其植物形态。

（2）识别孩儿参、石竹、萹蓄植株，描述其植物形态及入药部位。

5. 毛茛科

（1）取毛茛植株练习植物形态的描述。

（2）识别毛茛、东亚唐松草、铁线莲等药用植物标本及入药部位。

6. 木兰科

（1）取玉兰植株，描述其植物形态。

（2）识别玉兰、荷花玉兰等药用植物标本及入药部位。

7. 识别其他科药用植物

【实训报告】

1. 列表记录所观察药用植物的名称及入药部位等（根据开课学期所处季节和当地植物情况选择合适的药用植物进行观察）。

2. 按照下表记录一种药用植物的主要特征。

植物名称：

记录项目	特征
生长环境与习性等	
植株高度	
根	
茎	
叶的外形（如叶的组成、叶的大小、叶形、叶脉、叶的分裂等）	
叶的类型与叶序等	
叶有无变态	
花的特征（花颜色、雄蕊、雌蕊等）	
单生花或者花序（如为花序请注明花序种类）	
果实形状，大小及颜色	
果实类型	
种子形状，大小及颜色	

3. 根据所描述的植物为例，按照被子植物科的检索表，查出属于哪个科，并写出该科的检索路线。

【实训评价】

本实训项目需要学生掌握蓼科的主要特征和其他科的典型特征。教师随机抽查学生，识别各科常见药用植物并对植物形态特征进行描述。

实训十四　识别药用被子植物（二）

——樟科、十字花科、杜仲科、蔷薇科、豆科、芸香科等

【实训目的】

1. 通过实训掌握十字花科、豆科的主要特征和其他科的重点特征。

2. 学会常见常用药用植物形态特征描述。

3. 学习重点科属检索表的查阅方法。

4. 识别各科常见常用药用植物及入药部位。

【实训内容】

一、实训用品

1. 仪器用品　解剖镜、放大镜、镊子等。

2. 实训材料　肉桂、香樟、乌药、菘蓝、荠菜、播娘蒿、独行菜、油菜、杜仲、月季、玫瑰、朝

天委陵菜、山楂、枇杷、桃、含羞草、决明、合欢、槐树、野葛、苦参、黄芪、枸橘等。

二、实训方法与步骤

1. 樟科

（1）取香樟植株，描述其植物形态。

（2）观察香樟、三亚乌药植株，描述其植物形态及入药部位。

2. 十字花科

（1）以菘蓝为例，查阅十字花科检索路线，并记录下来。

（2）识别菘蓝、荠菜、播娘蒿、独行菜、油菜等药用植物及入药部位。

（3）总结十字花科的主要特征。

3. 杜仲科

（1）取杜仲枝条练习植物形态的描述。

（2）识别杜仲药用植物标本及入药部位。

4. 蔷薇科

（1）取月季、山楂、枇杷等植株，描述其植物形态。

（2）识别月季、玫瑰、山楂、枇杷、桃等药用植物标本及入药部位。

5. 豆科

（1）以决明、野葛为例，查阅豆科检索路线，并记录下来。

（2）识别决明、合欢、槐树、野葛、苦参、黄芪等药用植物及入药部位。

（3）总结豆科的主要特征。

6. 芸香科

（1）取枸橘植株，描述其植物形态。

（2）观察枸橘、黄柏、吴茱萸等植株，描述其植物形态及入药部位。

7. 识别其他科药用植物

【实训报告】

1. 列表记录所观察药用植物的名称及入药部位等（根据开课学期所处季节和当地植物情况选择合适的药用植物进行观察）。

2. 按照下表记录一种药用植物的主要特征。

植物名称：

记录项目	特征
生长环境与习性等	
植株高度	
根	
茎	
叶的外形（如叶的组成、叶的大小、叶形、叶脉、叶的分裂等）	
叶的类型与叶序等	
叶有无变态	
花的特征（花颜色、雄蕊、雌蕊等）	
单生花或者花序（如为花序请注明花序种类）	
果实形状、大小及颜色	
果实类型	
种子形状、大小及颜色	

3. 以所描述的植物为例，按照被子植物科的检索表，查出属于哪个科，并写出该科的检索路线。

【实训评价】

本实训项目需要学生掌握十字花科、豆科的主要特征和其他科的典型特征。教师随机抽查学生，识别各科常见药用植物并对植物形态特征进行描述。

实训十五　识别药用被子植物（三）

——大戟科、锦葵科、五加科、伞形科、木犀科、唇形科等

【实训目的】

1. 通过实训掌握伞形科、唇形科的主要特征和其他科的重点特征。
2. 学会常见常用药用植物形态特征描述。
3. 学习重点科属检索表的查阅方法。
4. 识别各科常见常用药用植物及入药部位。

【实训内容】

一、实训用品

1. 仪器用品　解剖镜、放大镜、镊子等。

2. 实训材料　京大戟、乌桕、泽漆、乳浆大戟、黄蜀葵、秋葵、木槿、苘麻、刺五加、楤木、刺楸、防风、白花前胡、蛇床子、当归、女贞、连翘、益母草、薄荷、丹参、半枝莲、黄芩、地笋、海州香薷等。

二、实训方法与步骤

1. 大戟科

（1）取京大戟植株练习植物形态的描述。

（2）识别京大戟、乌桕、泽漆、乳浆大戟等药用植物标本及入药部位。

2. 锦葵科

（1）取黄蜀葵植株，描述其植物形态。

（2）识别黄蜀葵、秋葵、木槿、苘麻等药用植物标本及入药部位。

3. 五加科

（1）取刺五加植株，描述其植物形态。

（2）观察刺五加、楤木、刺楸植株及其人参、西洋参等腊叶标本，描述其植物形态及入药部位。

4. 伞形科

（1）以蛇床、白花前胡为例，查阅伞形科检索路线，并记录下来。

（2）识别防风、白花前胡、蛇床子、当归等药用植物及入药部位。

（3）总结伞形科的主要特征。

5. 木樨科

（1）取女贞、连翘植株观察，练习植物形态的描述。

（2）识别女贞、连翘等药用植物标本及入药部位。

6. 唇形科

（1）以益母草、薄荷为例，查阅唇形科检索路线，并记录下来。

（2）识别益母草、薄荷、丹参、半枝莲、黄芩等药用植物及入药部位。

（3）总结唇形科的主要特征。

7. 识别其他科药用植物

【实训报告】

1. 列表记录所观察药用植物的名称及入药部位等（根据开课学期所处季节和当地植物情况选择合适的药用植物进行观察）。

2. 按照下表记录植物的主要特征。

植物名称：

记录项目	特　征
生长环境与习性等	
植株高度	
根	
茎	
叶的外形（如叶的组成、叶的大小、叶形、叶脉、叶的分裂等）	
叶的类型与叶序等	
叶有无变态	
花的特征（如花颜色、雄蕊、雌蕊等）	
单生花或者花序（如为花序请注明花序种类）	
果实形状，大小及颜色	
果实类型	
种子形状，大小及颜色	

3. 以所描述的植物为例，按照被子植物科的检索表，查出属于哪个科，并写出该科的检索路线。

【实训评价】

本实训项目需要学生掌握伞形科、唇形科的主要特征和其他科的典型特征。教师随机抽查学生，识别各科常见药用植物并对植物形态特征进行描述。

实训十六　识别药用被子植物（四）

——茄科、玄参科、茜草科、葫芦科、桔梗科、菊科等

【实训目的】

1. 通过实训掌握菊科等的主要特征和其他科的重点特征。

2. 学会常见常用药用植物形态特征描述。

3. 学习重点科属检索表的查阅方法。

4. 识别各科常见常用药用植物及入药部位。

【实训内容】

一、实训用品

1. 仪器用品　解剖镜、放大镜、镊子等。

2. 实训材料　枸杞、曼陀罗、玄参、茜草、鸡矢藤、丝瓜、栝楼、桔梗、沙参、党参、菊、红花、蒲公英、白术、小蓟、大蓟、水飞蓟、牛蒡、紫菀、佩兰等。

二、实训方法与步骤

1. 茄科

（1）取枸杞、曼陀罗植株，描述其植物形态。

（2）观察枸杞、曼陀罗植株，描述其植物形态及入药部位。

2. 玄参科

（1）取玄参植株，描述其植物形态。

（2）识别玄参、通泉草等药用植物标本及入药部位。

3. 茜草科

（1）取茜草、鸡矢藤植株练习植物形态的描述。

（2）识别茜草、鸡矢藤等药用植物标本及入药部位。

4. 葫芦科

（1）取栝楼植株，描述其植物形态。

（2）识别丝瓜、栝楼等药用植物标本及入药部位。

5. 桔梗科

（1）取桔梗植株，描述其植物形态。

（2）观察桔梗、沙参、党参植株，描述其植物形态及入药部位。

6. 菊科

（1）以白术为例，查阅十字花科检索路线，并记录下来。

（2）识别菊、红花、蒲公英、白术、小蓟、大蓟、水飞蓟、牛蒡、紫菀、佩兰等药用植物及入药部位。

（3）总结菊科的主要特征。

7. 识别其他科药用植物

【实训报告】

1. 列表记录所观察药用植物的名称及入药部位等（根据开课学期所处季节和当地植物情况选择合适的药用植物进行观察）。

2. 按照下表记录植物的主要特征。

植物名称：

记录项目	特征
生长环境与习性等	
植株高度	
根	
茎	
叶的外形（如叶的组成、叶的大小、叶形、叶脉、叶的分裂等）	
叶的类型与叶序等	
叶有无变态	
花的特征（如花颜色、雄蕊、雌蕊等）	
单生花或者花序（如为花序请注明花序种类）	
果实形状，大小及颜色	
果实类型	
种子形状，大小及颜色	

3. 以所描述的植物为例，按照被子植物科的检索表，查出属于哪个科，并写出该科的检索路线。

【实训评价】

本实训项目需要学生掌握菊科的主要特征和其他科的典型特征。教师随机抽查学生，识别各科常见药用植物并对植物形态特征进行描述。

实训十七　识别药用被子植物（五）

——禾本科、天南星科、百合科、姜科、兰科等

【实训目的】

1. 能识别禾本科、天南星科、百合科、兰科的主要特征。

2. 熟练应用分科检索表识别出各科常见常用的药用植物。

【实训内容】

一、实训用品

1. 仪器用品　尖头镊、解剖针、解剖刀、解剖镜、放大镜、植物志、植物图鉴等。

2. 实训材料　淡竹叶、半夏、麦冬、姜、白及等带花果的植株新鲜植物或浸制标本；禾本科、棕榈科、天南星科、百合科、鸢尾科、姜科、兰科等药用植物腊叶标本。

二、实训方法与步骤

1. 观察解剖下列药用植物的花

（1）淡竹叶　观察圆锥花序，小穗线状披针形，柄极短；颖先端钝，5 脉，边缘膜质；第一外稃，7 脉，先端具尖头，内稃较短，其后具长约 3mm 小穗轴；不育外稃向上渐窄小，密集包卷，先端具芒；每个小穗只有一朵可育的小花，小穗基部颖片退化。在可育花基部可看到两个鳞片状的稃片，用镊子将可育花的内外稃分开，可见外稃大而硬，呈船形，有芒，内稃较小；在子房基部有两个浆片；雄蕊 6 枚；雌蕊由 2 心皮组成，1 室，1 胚珠，柱头 2 裂，呈羽毛状。

（2）半夏　观察具佛焰苞的肉穗花序，佛焰苞绿或绿白色，管部窄圆柱形，檐部长圆形，绿色，有时边缘青紫色；雌肉穗花序长 2cm，雄花序长 5 ~ 7mm；附属器绿至青紫色，长 6 ~ 10cm，直立或弯曲。

（3）麦冬　观察总状花序，具几朵至 10 余花，花单生或成对生于苞片腋内，苞片披针形；花梗关节生于中部以上或近中部；花被片常稍下垂不开展，披针形，白或淡紫色；花药三角状披针形；花柱长约 4mm，宽约 1mm，基部宽，向上渐窄。

（4）姜　观察穗状花序，被覆瓦状排列的鳞片。取一朵花观察：苞片绿色；花萼 3，下部合生；花冠黄绿色 3 裂，下部合生成管；唇瓣倒卵状圆形，中裂片具紫色条纹及淡黄色斑点，雄蕊 1 枚；子房下位。横切子房观察：3 心皮合生成 3 室，胚珠多数。

（5）白及　观察总状花序顶生，具花 4 ~ 10 朵。取一朵花观察：花被片 6，2 轮排列，唇瓣具紫色脉纹，中部以上三裂，侧裂片直立；合蕊柱顶端 1 花药，能育雄蕊 1 枚，花粉黏合成花粉块；柱头位于雄蕊下面，分成上唇和下唇，上唇不授粉，下唇二裂，能投粉；子房下位。横剖子房观察：3 心皮，1 室，侧膜胎座，胚珠多数。

写出以上 5 种植物的花程式并检索。

2. 观察识别下列药用植物标本　识别植物来源于书中所涉及的禾本科（薏苡、淡竹叶、芦苇、小麦、香茅、金丝草）；棕榈科（棕榈、槟榔）；天南星科（天南星、半夏、石菖蒲、千年健、独角莲）；百合科（百合、卷丹、太白贝母、滇黄精、玉竹、知母、库拉索芦荟、光叶菝葜、天冬）；薯蓣科（薯

薮、黄独）；鸢尾科（射干、番红花、鸢尾）；姜科（姜黄、阳春砂、山姜、白豆蔻、草豆蔻、高良姜、姜黄、温郁金、草果）；兰科（石斛、铁皮石斛、手参、天麻）。

3. 实训步骤

（1）仔细观察淡竹叶、半夏、麦冬、姜和白及这5种药用植物，并借助解剖工具解剖5种植物的花，以获取5种药用植物的植物形态特征。

（2）借助分科检索表查找和识别药用植物。

（3）总结书写药用植物的花程式。

【实训报告】

1. 写出禾本科、天南星科、百合科和兰科植物的主要特征。

2. 识别以上药用植物，写出任意5种带花药用植物的花程式。

【实训评价】

方法一：本实训项目涉及药用植物的观察、解剖、识别和描述，要求学生正确使用解剖工具，教师随机抽查各组学生的操作情况。

方法二：教师随机抽取几名学生解读药用植物的花程式，考核学生读写花程式的能力。

实训十八　药用植物学实训考核

考试项目一　切片、装片及显微操作技能考试

项目	内容	标准分	扣分依据
个人准备	实验服装整洁，态度严谨	2分	
物品准备	材料（芹菜叶柄）、刀片、培养皿、载玻片、盖玻片、镊子、蒸馏水、光学显微镜等	8分	缺一样扣1分
准备工作		10分	
操作流程	具体扣分细则	70分	
1. 徒手切片	取材：（1～2cm长小段）	4分	根据动作标准与否酌情扣分，刀片未左右拉切扣1－4分
	切片：		
	1. 右手拿刀片，左手拿实训材料；	4分	
	2. 两臂加紧，前臂水平；	4分	
	3. 刀片水平左右拉切；	4分	
	4. 将所切材料放入盛有蒸馏水的培养皿中。	4分	
2. 制作临时标本片	步骤：		
	1. 取载玻片、盖玻片各一片，用吸水纸擦干净；	2分	缺少一个环节扣1～2分
	2. 在培养皿里选取所放材料中最薄一片，置载玻片中央；	2分	
	3. 用滴管滴加1～2滴蒸馏水；	2分	
	4. 用镊子夹取盖玻片，将其一边与盖玻片接触，逐渐轻轻盖下；	2分	
	5. 挤压出气泡，用吸水纸将水迹擦干净。	2分	

续表

项目	内容	标准分	扣分依据
3. 显微镜的使用	取镜：一手紧握镜臂，一手托住镜座	4 分	缺少一个环节扣 2 ~ 4 分，动作不规范、用眼错误扣 1 ~ 4 分，归位时，漏掉一个部件扣 1 分
	对光：升高镜筒，将物镜对准进光孔，调节调焦螺旋	4 分	
	放片：将标本片置于载物台上，固定好	2 分	
	使用低倍镜观察：选择低倍物镜（10 倍），调节调焦螺旋	4 分	
	使用高倍镜观察：选择高倍物镜（40 倍），调节调焦螺旋	4 分	
	观察及绘图：		
	1. 观察时，双眼同时睁开	4 分	
	2. 左眼用于观察，右眼用于绘图	4 分	
	3. 手眼协调好	4 分	
	还镜：用擦镜纸将显微镜镜头擦干净，并将载物台清理干净	4 分	
	将显微镜各部件归位（物镜、反光镜、镜筒等），套上防尘罩，归还原处。	4 分	
	归还实验用品：各准备物品齐全，无损坏	2 分	
终末质量	1. 切片薄厚均匀，切面光滑； 2. 临时装片清晰、整洁、无气泡； 3. 使用显微镜规范，视野明亮，所观察材料内部结构清楚。	10 分	酌情扣分

考试项目二　药用植物识别及重点科特征的描述技能考试

<table>
<tr><th>考核项目</th><th>考核内容</th><th>标准分</th><th>扣分依据</th></tr>
<tr><td>常见药用植物的识别</td><td>能够写出所给 50 种药用植物的植物名和科名</td><td>50 分</td><td></td></tr>
<tr><td>重点科特征的描述</td><td>通过对所给 50 种药用植物的观察，归纳总结出 10 个重点科的特征</td><td>50 分</td><td></td></tr>
<tr><td>常见药用植物的识别</td><td>
<table>
<tr><th>序号</th><th>植物名</th><th>序号</th><th>植物名</th><th>序号</th><th>植物名</th></tr>
<tr><td>1</td><td>鱼腥草</td><td>18</td><td>龙牙草</td><td>35</td><td>忍冬</td></tr>
<tr><td>2</td><td>桑</td><td>19</td><td>地榆</td><td>36</td><td>枸杞</td></tr>
<tr><td>3</td><td>马兜铃</td><td>20</td><td>山楂</td><td>37</td><td>茜草</td></tr>
<tr><td>4</td><td>细辛</td><td>21</td><td>郁李</td><td>38</td><td>桔梗</td></tr>
<tr><td>5</td><td>何首乌</td><td>22</td><td>金樱子</td><td>39</td><td>栝楼</td></tr>
<tr><td>6</td><td>掌叶大黄</td><td>23</td><td>覆盆子</td><td>40</td><td>沙参</td></tr>
<tr><td>7</td><td>虎杖</td><td>24</td><td>草决明</td><td>41</td><td>菊花</td></tr>
<tr><td>8</td><td>牡丹</td><td>25</td><td>野葛</td><td>42</td><td>蒲公英</td></tr>
<tr><td>9</td><td>芍药</td><td>26</td><td>膜荚黄芪</td><td>43</td><td>薏苡</td></tr>
<tr><td>10</td><td>乌头</td><td>27</td><td>甘草</td><td>44</td><td>半夏</td></tr>
<tr><td>11</td><td>威灵仙</td><td>28</td><td>苦参</td><td>45</td><td>天南星</td></tr>
<tr><td>12</td><td>升麻</td><td>29</td><td>白花前胡</td><td>46</td><td>百合</td></tr>
<tr><td>13</td><td>藁本</td><td>30</td><td>白芷</td><td>47</td><td>天冬</td></tr>
<tr><td>14</td><td>玉兰</td><td>31</td><td>益母草</td><td>48</td><td>麦冬</td></tr>
<tr><td>15</td><td>厚朴</td><td>32</td><td>薄荷</td><td>49</td><td>玉竹</td></tr>
<tr><td>16</td><td>月季</td><td>33</td><td>丹参</td><td>50</td><td>射干</td></tr>
<tr><td>17</td><td>玫瑰</td><td>34</td><td>桔梗</td><td></td><td></td></tr>
</table>
</td><td>50 分</td><td>错一个植物名扣 0.5 分；错一个科名扣 0.5 分</td></tr>
<tr><td>重点科特征的描述</td><td>蓼科、毛茛科、十字花科、蔷薇科、豆科、
伞形科、唇形科、菊科、禾本科、百合科</td><td>50 分</td><td>错一个特征或漏掉一个特征扣 1 ~2 分</td></tr>
</table>

附录　被子植物门分科检索表（恩格勒系统）

1. 子叶2个，极稀可为1个或较多；茎具中央髓部；多年生的木本植物中有年轮；叶片常具网状脉；花常为4出或5出数。（次1项见332页）……………………………………………………………………… 双子叶植物纲 Dicotyledoneae
  2. 花无真正的花冠（花被片逐渐变化，呈覆瓦状排列成2至数层的，也可在此检查）；有或无花萼，有时类似花冠。（次2项见310页）
    3. 花单性，雌雄同株或异株，其中雄花或雌花和雄花均可成葇荑花序或类似葇荑状的花序。（次3项见267页）
      4. 无花萼，或在雄花中存在。
        5. 雌花的花梗着生于椭圆形膜质苞片的中脉上；心皮1 ……………………………… 漆树科 Anacardiaceae（九子母属 *Dobinea*）
        5. 雌花情形非如上述；心皮2或更多数。
          6. 多为木质藤本；叶为全缘单叶，具掌状脉；果实为浆果 ……………………………… 胡椒科 Piperaceae
          6. 乔木或灌木；叶呈各种型式，但常为羽状脉；果实不为浆果。
            7. 旱生性植物，有具节的分枝，和极退化的叶片，后者在节上连合成为具齿的鞘状物 ……………………………………………………………………… 木麻黄科 Casuarinaceae（木麻黄属 *Casuarina*）
            7. 植物体为其他情形者。
              8. 果实为具多数种子的蒴果；种子有丝状毛茸 ……………………………… 杨柳科 Salicaceae
              8. 果实为仅具1种子的小坚果、核果或核果状的坚果。
                9. 叶为羽状复叶；雄花有花被 ……………………………………… 胡桃科 Juglandaceae
                9. 叶为单叶（有时在杨梅科中可为羽状分裂）。
                  10. 果实为肉质核果；雄花无花被 ……………………………………… 杨梅科 Myricaceae
                  10. 果实为小坚果；雄花有花被 ……………………………………… 桦木科 Betulaceae
      4. 有花萼，或在雄花中不存在。
        11. 子房下位。
          12. 叶对生，叶柄基部互相连合 ……………………………………… 金粟兰科 Chloranthaceae
          12. 叶互生。
            13. 叶为羽状复叶 ……………………………………………… 胡桃科 Juglandaceae
            13. 叶为单叶。
              14. 果实为蒴果……………………………………………… 金缕梅科 Hamamelidaceae
              14. 果实为坚果。
                15. 坚果封藏于一变大呈叶状的总苞中 ……………………………… 桦木科 Betulaceae
                15. 坚果有一壳斗下托，或封藏在一多刺的果壳中……………………… 山毛榉科 Fagaceae
        11. 子房上位。
          16. 植物体中具白色乳汁。（次16项见301页）
            17. 子房1室；聚花果……………………………………………………… 桑科 Moraceae
            17. 子房2～3室；蒴果 ……………………………………………… 大戟科 Euphorbiaceae
          16. 植物体中无乳汁，或在大戟科的重阳木属 *Bischofia* 中具红色汁液。
            18. 子房为单心皮；雄蕊的花丝在花蕾中向内屈曲 ……………………………… 荨麻科 Unicaceae
            18. 子房为2枚以上的连合心皮所组成；雄蕊的花丝在花蕾中常直立（在大戟科的重阳木属 *Biscnofia* 及巴豆属 *Croton* 中则向前屈曲）。

19. 果实为3个（稀可2~4个）离果瓣所成的蒴果；雄蕊10至多数，有时少于10 ………………………………………………………………………………………… 大戟科 Euphorbiaceae

19. 果实为其他情形；雄蕊少数至数个（大戟科的黄桐树属 *Endospermum* 为6~10），或和花萼裂片同数且对生。

20. 雌雄同株的乔木或灌木。

21. 子房2室；蒴果 ………………………………………… 金缕梅科 Hamamelidaceae

21. 子房1室；坚果或核果 ………………………………………… 榆科 Ulmaceae

20. 雌雄异株的植物。

22. 草本或草质藤本；叶为掌状分裂或为掌状复叶 ………………………… 桑科 Moraceae

22. 乔木或灌木；叶全缘，或在重阳木属为3小叶所成的复叶 ………… 大戟科 Euphorbiaceae

3. 花两性或单性，但不为葇荑花序。

23. 子房或子房室内有数个至多数胚珠。（次23项见304页）

24. 寄生性草本，无绿色叶片 ………………………………………… 大花草科 Rafflesiaceae

24. 非寄生性植物，有正常绿叶，或叶退化而以绿色茎代行叶的功用。

25. 子房下位或部分下位。（次25项见302页）

26. 雌雄同株或异株，如为两性花时，则成肉质穗状花序。

27. 草本。

28. 植物体含多量液汁；单叶常不对称 ………………………… 秋海棠科 Begoniaceae（秋海棠属 *Begonia*）

28. 植物体不含多量液汁；羽状复叶 ………………………… 四数木科 Tetramelaceae（野麻属 *Datisca*）

27. 木本。

29. 花两性，肉质穗状花序；叶全缘 ………………………… 金缕梅科 Hamamelidaceae（假马蹄荷属 *Chunia*）

29. 花单性，成穗状、总状或头状花序；叶缘有锯齿或具裂片。

30. 花成穗状或总状花序；子房1室 ………………………… 四数木科 Tetramelaceae（四数木属 *Tetrameles*）

30. 花成头状花序；子房2室 ………………………… 金缕梅科 Hamamelidaceae（枫香树亚科 *Liquidambaroideae*）

26. 花两性，但不成肉质穗状花序。

31. 子房1室。

32. 无花被；雄蕊着生在子房上 ………………………… 三白草科 Saururaceae

32. 有花被；雄蕊着生在花被上。

33. 茎肥厚，绿色，常具棘针；叶常退化；花被片和雄蕊都多数；浆果 ………… 仙人掌科 Cacmceae

33. 茎不成上述形状；叶正常；花被片和雄蕊皆为五出或四出数，或雄蕊数为前者的2倍；蒴果 ………………………………………… 虎耳草科 Saxifragaceae

31. 子房4室或更多室。

34. 乔木；雄蕊为不定数 ………………………… 海桑科 Sonneratiaceae

34. 草本或灌木。

35. 雄蕊4 ………………………… 柳叶菜科 Onagraceae（丁香蓼属 *Ludwigia*）

35. 雄蕊6或12 ………………………… 马兜铃科 Aristolochiaceae

25. 子房上位。

36. 雌蕊或子房2个，或更多数。

37. 草本。
38. 复叶或多少有些分裂，稀可为单叶（如驴蹄草属 *Caltha*），全缘或具齿裂；心皮多数至少数 ………………………………………………………………………………………………… 毛茛科 Ranunculaceae
38. 单叶，叶缘有锯齿；心皮和花萼裂片同数 ……………………………………… 虎耳草科 Saxifragaceae
（扯根菜属 *Penthorum*）
37. 木本。
39. 花的各部为整齐的 3 出数 ………………………………………………………… 木通科 Lardizabalaceae
39. 花为其他情形。
40. 雄蕊数个至多数，连合成单体 ……………………………………………………… 梧桐科 Sterculiaceae
（苹婆属 *Sterculia*）
40. 雄蕊多数，离生。
41. 花两性；无花被 ………………………………………………………………… 昆栏树科 Trochodendraceae
（昆栏树属 *Trochodendron*）
41. 花雌雄异株，具 4 个小型萼片 ………………………………………………… 连香树科 Cercidiphyllaceae
（连香树属 *Cercidiphyllum*）
36. 雌蕊或子房单独 1 个。
42. 雌蕊周位，即着生于萼筒或杯状花托上。
43. 有不育雄蕊，且和 8 ~ 12 能育雄蕊互生 ……………………………………… 大风子科 Flacourtiaceae
（山羊角树属 *Carrierea*）
43. 无不育雄蕊。
44. 多汁草本植物；花萼裂片呈覆瓦状排列，成花瓣状，宿存；蒴果盖裂 ………… 番杏科 Aizoaceae
（海马齿属 *Sesuvium*）
44. 植物体为其他情形；花萼裂片不成花瓣状。
45. 叶为双数羽状复叶，互生；花萼裂片呈覆瓦状排列；荚果；常绿乔木 ……… 豆科 Leguminosae
（云实亚科 Caesalpinoideae）
45. 叶为对生或轮生单叶；花萼裂片呈镊合状排列；非荚果。
46. 雄蕊为不定数；子房 10 室或更多室；果实浆果状 ……………………… 海桑科 Sonneratiaceae
46. 雄蕊 4 ~ 12（不超过花萼裂片的 2 倍）；子房 1 室至数室；果实蒴果状。
47. 花杂性或雌雄异株，微小，成穗状花序，再成总状或圆锥状排列 ……… 隐翼科 Crypteroniaceae
（隐翼属 *Crypteronia*）
47. 花两性，中型，单生至排列成圆锥花序 ………………………………… 千屈菜科 Lythraceae
42. 雌蕊下位，即着生于扁平或凸起的花托上。
48. 木本；叶为单叶。
49. 乔木或灌木；雄蕊常多数，离生；胚珠生于侧膜胎座或隔膜上………………… 大风子科 Flacourtiaceae
49. 木质藤本；雄蕊 4 或 5，基部连合成杯状或环状；胚珠基生……………………… 苋科 Amaranthaceae
（浆果苋属 *Cladostachys* ）
48. 草本或亚灌木。
50. 植物体沉没水中，常为具背腹面呈原叶体状的构造，像苔藓 ……………… 川苔草科 Podostemaceae
50. 植物体非如上述情形。
51. 子房 3 ~ 5 室。（次 51 项见 304 页）
52. 食虫植物；叶互生；雌雄异株 ……………………………………………… 猪笼草科 Nepenthaceae
（猪笼草属 *Nepenthes*）
52. 非为食虫植物；叶对生或轮生；花两性 ………………………………………… 番杏科 Aizoaceae
（粟米草属 *Mollugo*）

51. 子房1～2室。

53. 叶为复叶或多少有些分裂 …………………………………………………… 毛茛科 Ranunculaceae

53. 叶为单叶。

54. 侧膜胎座。

55. 花无花被 ………………………………………………………………… 三白草科 Saururaceae

55. 花具4个离生萼片 ……………………………………………………… 十字花科 Cruciferae

54. 特立中央胎座。

56. 花序呈穗状、头状或圆锥状；萼片多少为干膜质 …………………… 苋科 Amaranthaceae

56. 花序呈聚伞状；萼片草质 …………………………………………… 石竹科 Caryophyllaceae

23. 子房或其子房室内有1至数个胚珠。

57. 叶片中常有透明微点。

58. 叶为羽状复叶 ……………………………………………………………………… 芸香科 Rutaceae

58. 叶为单叶，全缘或有锯齿。

59. 草本植物或在金粟兰科为木本植物；花无花被，常成简单或复合的穗状花序，但在胡椒科齐头绒属 *Zippelia* 成疏松总状花序。

60. 子房下位，1室1胚珠；叶对生，叶柄在基部连合……………………… 金粟兰科 Chloranthaceae

60. 子房上位；叶如为对生时，叶柄不在基部连合。

61. 雌蕊由3～6近于离生心皮组成，每心皮各有2～4胚珠……………………… 三白草科 Saururaceae

（三白草属 *Saururus*）

61. 雌蕊由1～4合生心皮组成，仅1室，有1胚珠 ………………………………… 胡椒科 Piperaceae

（齐头绒属 *Zippelia*，草胡椒属 *Peperomia*）

59. 乔木或灌木；花具一层花被；花序有各种类型，但不为穗状。

62. 花萼裂片常3片，镊合状排列；子房为1心皮，成熟时肉质，常以2瓣裂开；雌雄异株……………………………………………………………………………… 肉豆蔻科 Myristicaceae

62. 花萼裂片4～6片，覆瓦状排列；子房为2～4合生心皮构成。

63. 花两性；果实仅1室，蒴果状，2～3瓣裂开 ……………………………… 大风子科 Flacourtiaceae

（脚骨脆属 *Casearia*）

63. 花单性，雌雄异株；果实2～4室，肉质或革质，很晚才裂开 ……………… 大戟科 Euphorbiaceae

（白树属 *Suregada* ）

57. 叶片中无透明微点。

64. 雄蕊连为单体，至少在雄花中有这现象，花丝互相连合成筒状或成一中柱。（次64项见305页）

65. 肉质寄生草本植物，具退化呈鳞片状的叶片，无叶绿素 ……………………… 蛇菰科 Balanophoraceae

65. 植物体非为寄生性，有绿叶。

66. 雌雄同株，雄花成球形头状花序，雌花以2个同生于1个有2室而具钩状芒刺的果壳中……………………………………………………………………………………… 菊科 Compositae

（苍耳属 *Xanthium*）

66. 花两性，如为单性时，雄花及雌花也无上述情形。

67. 草本植物；花两性。

68. 叶互生 ……………………………………………………………………… 藜科 Chenopodiaceae

68. 叶对生。

69. 花显著，有连合成花萼状的总苞…………………………………………… 紫茉莉科 Nyctaginaceae

69. 花微小，无上述情形的总苞 ………………………………………………… 苋科 Amaranthaceae

67. 乔木或灌木，稀可为草本；花单性或杂性；叶互生。

70. 萼片呈覆瓦状排列，至少在雄花中如此 ……………………………………… 大戟科 Euphorbiaceae

70. 萼片呈镊合状排列。

71. 雌雄异株；花萼常具3裂片；雌蕊1心皮，成熟时肉质，且常以2瓣开裂……… 肉豆蔻科 Myristicaceae

71. 花单性或雄花和两性花同株；花萼具4～5裂片或裂齿；雌蕊为3～6近于离生的心皮构成，各心皮于成熟时为革质或木质，呈蓇葖状而不裂开 ……………………………… 梧桐科 Sterculiaceae

苹婆族（*Sterculia*）

64. 雄蕊各自分离，有时仅为1个，或花丝成为分枝的簇丛（如大戟科的蓖麻属 *Ricinus*）。

72. 每花有雌蕊2个至多数，近于或完全离生；或花的界限不明显时，则雌蕊多数，成球形头状花序。

73. 花托下陷，呈杯状或坛状。

74. 灌木；叶对生；花被片在坛状花托的外侧排列成数层 ………………………… 蜡梅科 Calycanthaceae

74. 草本或灌木；叶互生；花被片在杯或坛状花托的边缘排列成一轮…………………… 蔷薇科 Rosaceae

73. 花托扁平或隆起，有时可延长。

75. 乔木、灌木或木质藤本。

76. 花有花被 ……………………………………………………………………………… 木兰科 Magnoliaceae

76. 花无花被。

77. 落叶灌木或小乔木；叶卵形，具羽状脉和锯齿缘；无托叶；花两性或杂性，在叶腋中丛生；翅果无毛，有柄 ……………………………………………………… 昆栏树科 Trochodendraceae

（领春木科 Eupteleaceae）

77. 落叶乔木；叶广阔，掌状分裂，叶缘有缺刻或大锯齿；托叶围茎成鞘，易脱落；花单性，雌雄同株分别聚成球形头状花序；小坚果，围以长柔毛，无柄………………… 悬铃木科 Platanaceae

（悬铃木属 *Platanus*）

75. 草本或稀为亚灌木，有时为攀援性。

78. 胚珠倒生或直生。

79. 叶片多少有些分裂或为复叶；无托叶或极微小；有花被（花萼）；胚珠倒生；花单生或成各种类型的花序 ……………………………………………………………… 毛茛科 Ranunculaceae

79. 叶为全缘单叶；有托叶；无花被；胚珠直生；花成穗形总状花序 ……… 三白草科 Saururaceae

78. 胚珠常弯生；叶为全缘单叶。

80. 直立草本；叶互生，非肉质 ………………………………………………… 商陆科 Phytolaccaceea

80. 平卧草本；叶对生或近轮生，肉质 ………………………………………………… 番杏科 Aizoaceae

（针晶粟草属 *Gisekia*）

72. 每花仅有1个复合或单雌蕊，心皮有时于成熟后各自分离。

81. 子房下位或半下位。（次81项见306页）

82. 草本。（次82项见306页）

83. 水生或小型沼泽植物。

84. 花柱2个或更多；叶片（尤其沉没水中的）常成羽状细裂或为复叶 ………………………………………………………………………………………………… 小二仙草科 Haloragidaceae

84. 花柱1个；叶为线形全缘单叶……………………………………………………… 杉叶藻科 Hippuridaceae

83. 陆生草本。

85. 寄生性肉质草本，无绿叶。

86. 花单性，雌花常无花被；无珠被及种皮…………………………………… 蛇菰科 Balanophoraceae

86. 花杂性，有一层花被，两性花有1雄蕊；有珠被及种皮 ……………… 锁阳科 Cynomoriaceae

（锁阳属 *Cynomorium*）

85. 非寄生性植物，或于百蕊草属 *Thesium* 为半寄生性，但均有绿叶。

87. 叶对生，其形宽广而有锯齿缘 ……………………………………………… 金粟兰科 Chloranthaceae

87. 叶互生。

88. 平铺草本（限我国植物）；叶片宽，三角形，多少有些肉质……………… 番杏科 Aizoaceae（番杏属 *Tetragonia*）

88. 直立草本；叶片窄而细长………………………………………………………… 檀香科 Santalaceae（百蕊草属 *Thesium*）

82. 灌木或乔木

89. 子房 3～10 室。

90. 坚果 1～2 个；同生在一个木质且可裂为 4 瓣的壳斗里 ………………………… 壳斗科 Fagaceae（水青冈属 *Fagus*）

90. 核果，不生在壳斗里。

91. 雌雄异株，成顶生的圆锥花序，并不为叶状苞片所托 ……………………… 蓝果树科 Cornaceae（鞘柄木属 *Toricellia*）

91. 花杂性，形成球形的头状花序，后者为 2～3 白色叶状苞片所托…………… 珙桐科 Nyssaceae（珙桐属 *Davidia*）

89. 子房 1 或 2 室，或在铁青树科的青皮木属 *Schoepfia* 中，子房的基部可为 3 室。

92. 花柱 2 个。

93. 蒴果，2 瓣裂开 ……………………………………………………………… 金缕梅科 Hamamelidaceae

93. 果实呈核果状，或为蒴果状的瘦果，不裂开 ……………………………… 鼠李科 Rhamnaceae

92. 花柱 1 个或无花柱。

94. 叶片下面多少有些具皮屑状或鳞片状的附属物 ………………………… 胡颓子科 Elaeagnaceae

94. 叶片下面无皮屑状或鳞片状的附属物。

95. 叶缘有锯齿或圆锯齿，稀可在荨麻科的紫麻属 *Oreocnide* 中有全缘者。

96. 叶对生，具羽状脉；雄花裸露，有雄蕊 1～3 个………………… 金粟兰科 Chloranthaceae

96. 叶互生，大都于叶基具三出脉；雄花具花被及雄蕊 4 个（稀可 3 或 5 个）……………………………………………………………………………… 荨麻科 Urticaceae

95. 叶全缘，互生或对生。

97. 植物体寄生在乔木的树干或枝条上；果实呈浆果状 ……………… 桑寄生科 Loranthaceae

97. 植物体大都陆生，或有时可为寄生性；果实呈坚果状或核果状；胚珠 1～5 个。

98. 花多为单性；胚珠垂悬于基底胎座上……………………………… 檀香科 Santalaceae

98. 花两性或单性；胚珠垂悬于子房室的顶端或中央胎座的顶端。

99. 雄蕊 10 个，为花萼裂片的 2 倍数 …………………………… 使君子科 Combretaceae（诃子属 *Terminalia*）

99. 雄蕊 4 或 5 个，和花萼裂片同数且对生 ……………………… 铁青树科 Olacaceae

81. 子房上位，如有花萼时，和它相分离；或在紫茉莉科及胡颓子科中，当果实成熟时，子房为宿存萼筒所包围。

100. 托叶鞘围抱茎的各节；草本，稀可为灌木 ………………………………………… 蓼科 Polygonaceae

100. 无托叶鞘（在悬铃木科有托叶鞘但易脱落）。

101. 草本，或有时在藜科及紫茉莉科中为亚灌木。（次 101 项见 308 页）

102. 无花被。（次 102 项见 307 页）

103. 花两性或单性；子房 1 室，内仅有 1 个基生胚珠。

104. 叶基生，3 小叶组成；穗状花序在一个细长基生无叶的花梗上 ……… 小檗科 Berberidaceae（裸花草属 *Achlys*）

104. 叶茎生，单叶；穗状花序顶生或腋生，但常和叶相对生 ………………… 胡椒科 Piperaceae（胡椒属 *Piper*）

103. 花单性；子房 3 或 2 室。

105. 水生或微小的沼泽植物；无乳汁；子房 2 室，每室内含 2 个胚珠……… 水马齿科 Callitrichaceae

（水马齿属 *Callitriche*）

105. 陆生植物；有乳汁；子房 3 室，每室仅含 1 个胚珠 ………………… 大戟科 Euphorbiaceae

102. 有花被，当花为单性时，特别是雄花时有花被。

106. 花萼呈花瓣状，且呈管状。

107. 花有总苞，有时总苞类似花萼 ……………………………………………… 紫茉莉科 Nyctaginaceae

107. 花无总苞。

108. 胚珠 1 个，在子房的近顶端处 ………………………………………… 瑞香科 Thymelaeaccae

108. 胚珠多数，生在特立中央胎座上 …………………………………… 报春花科 Primulaceae

（海乳草属 *Glaux*）

106. 花萼非如上述情形。

109. 雄蕊周位，即位于花被上。

110. 叶互生，羽状复叶；有草质的托叶；花无膜质苞片；瘦果……………… 蔷薇科 Rosaceae

（地榆属 *Sanguisorba*）

110. 叶对生，或在蓼科的冰岛蓼属 *Koenigia* 为互生，单叶；无草质托叶；花有膜质苞片。

111. 花被片和雄蕊各为 5 或 4 个，对生；囊果；托叶膜质 ………… 石竹科 Caryophyllaceae

111. 花被片和雄蕊各为 3 个，互生；坚果；无托叶 ……………………… 蓼科 Polygonaceae

（冰岛蓼属 *Koenigia*）

109. 雄蕊下位，即位于子房下。

112. 花柱或其分枝为 2 或数个，内侧常为柱头面。

113. 子房常为 1 个至多数心皮连合而成 ………………………………… 商陆科 Phytolaccaceae

113. 子房常为 2 或 3（或 5）心皮连合而成。

114. 子房 3 室，稀可 2 或 4 室…………………………………………… 大戟科 Euphorbiaceae

114. 子房 1 或 2 室。

115. 叶为掌状复叶或具掌状脉而有宿存托叶……………………………………… 桑科 Moraceae

（大麻亚科 Cannabioideae）

115. 叶具羽状脉，稀为掌状脉而无托叶，也可在藜科中叶退化成鳞片或为肉质而形如圆筒。

116. 花有草质而带绿色或灰绿色的花被及苞片 ……………… 藜科 Chenopodiaceae

116. 花有干膜质而常有色泽的花被及苞片 ……………………… 苋科 Amaranthaceae

112. 花柱 1 个，常顶端有柱头，也可无花柱。

117. 花两性。

118. 雌蕊为单心皮；花萼由 2 膜质且宿存的萼片而成；雄蕊 2 个……… 毛茛科 Ranunculaceae

（星叶草属 *Circaeaster*）

118. 雌蕊由 2 合生心皮而成。

119. 萼片 2 片；雄蕊多数 ……………………………………………… 罂粟科 Papaveraceae

（博落回属 *Macleaya*）

119. 萼片 4 片；雄蕊 2 或 4 ………………………………………… 十字花科 Cruciferae

（独行菜属 *Lepidium*）

117. 花单性。

120. 沉于淡水中的水生植物；叶裂成丝状………………………… 金鱼藻科 Ceratophyllaceae

（金鱼藻属 *Ceratophyllum*）

120. 陆生植物；叶为其他情形。

121. 叶含多量水分；托叶连接叶柄的基部；雄花的花被 2 片；雄蕊多数………………………………………………………………………… 假牛繁缕科 Theligonaceae

（假牛繁缕属 *Theligonum*）

121. 叶不含多量水分；如有托叶时，也不连接叶柄的基部；雄花的花被片和雄蕊均各为 4 或 5 个，二者相对 ……………………………………… 荨麻科 Urticaceae

101. 木本植物或亚灌木。

122. 耐寒旱性的灌木，或在藜科的梭梭属 *Halaxylon* 为乔木；叶微小，细长或呈鳞片状，有时（如藜科）为肉质而成圆筒形或半圆筒形。

123. 雌雄异株或花杂性；花萼为 3 出数，萼片微呈花瓣状，和雄蕊同数且互生；花柱 1，极短，常有 6 ~ 9 放射状且有齿裂的柱头；核果；胚体劲直；常绿而基部偃卧的灌木；叶互生，无托叶 ………………………………………………… 岩高兰科 Empetraceae

（岩高兰属 *Empetrum*）

123. 花两性或单性；花萼为 5 出数，稀可 3 出或 4 出数，萼片或花萼裂片草质或革质，和雄蕊同数且对生，或在藜科中雄蕊由于退化而数较少，甚或 1 个；花柱或花柱分枝 2 或 3 个，内侧常为柱头面；胞果或坚果；胚体弯曲如环或弯曲成螺旋形。

124. 花无膜质苞片；雄蕊下位；叶互生或对生；无托叶；枝条常具关节 ……… 藜科 Chenopodiaceae

124. 花有膜质苞片；雄蕊周位；叶对生，基部常互相连合；有膜质托叶；枝条不具关节 ……………………………………………………………… 石竹科 Caryophyllaceae

122. 不是上述的植物；叶片矩圆形或披针形或宽广至圆形。

125. 果实及子房均为 2 至数室，或在大风子科中为不完全的 2 至数室。

126. 花常为两性。

127. 萼片 4 或 5，稀可 3 片，呈覆瓦状排列。

128. 雄蕊 4 个；4 室的蒴果 ………………………………… 木兰科 Magnoliaceae

（水青树科 Tetracentraceae）

128. 雄蕊多数；浆果状的核果 ……………………………… 大风子科 Flacourtiaceae

127. 萼片多 5 片，呈镊合状排列。

129. 雄蕊为不定数；具刺的蒴果 ………………………………… 杜英科 Elaeocarpaceae

（猴欢喜属 *Sloanea*）

129. 雄蕊和萼片同数；核果或坚果。

130. 雄蕊和萼片对生，各为 3 ~ 6 ……………………………… 铁青树科 Olacaceae

130. 雄蕊和萼片互生，各为 4 或 5 ………………………………… 鼠李科 Rhamnaceae

126. 花单性（雌雄同株或异株）或杂性。

131. 果实各种；种子无胚乳或有少量胚乳。

132. 雄蕊常 8 个；果实坚果状或为有翅的蒴果；羽状复叶或单叶 ……… 无患子科 Sapindaceae

132. 雄蕊 5 或 4，和萼片互生；核果有 2 ~ 4 个小核；单叶 …………… 鼠李科 Rhamnaceae

（鼠李属 *Rhamnus*）

131. 果实多呈蒴果状，无翅；种子常有胚乳。

133. 果实为具 2 室的蒴果，有木质或革质的外种皮及角质的内果皮………………………………………………………………… 金缕梅科 Hamamelidaceae

133. 果实纵为蒴果时，也不像上述情形。

134. 胚珠具腹脊；果实有各种类型，但多为胞间裂开的蒴果 ………… 大戟科 Euphorbiaceae

134. 胚珠具背脊；果实为胞背裂开的蒴果，或有时呈核果状…………… 黄杨科 Buxaceae

125. 果实及子房均为1或2室，稀在无患子科的荔枝属 *Litchi* 及韶子属 *Nephedium* 中为3室，或在卫矛科的十齿花属 *Dipentodon* 及铁青树科的铁青树属 *Olax* 中，子房下部为3室，上部为1室。

135. 花萼具显著的萼筒，且常呈花瓣状。

136. 叶无毛或下面有柔毛；萼筒整个脱落 ………………………………… 瑞香科 Thymelaeaceae

136. 叶下面具银白色或棕色的鳞片；萼筒或其下部永久宿存，当果实成熟时，变为肉质而紧密 ……………………………………………………………………… 胡颓子科 Elaeagnaceae

135. 花萼不是像上述情形，或无花被。

137. 花药以2或4舌瓣裂开 …………………………………………………… 樟科 Lauraceae

137. 花药不以舌裂瓣开。

138. 叶对生。

139. 果实为有双翅或呈圆形的翅果 ……………………………………… 槭树科 Aceraceae

139. 果实为有单翅而呈细长形兼矩圆形的翅果 ………………………… 木犀科 Oleaceae

138. 叶互生。

140. 叶为羽状复叶。

141. 叶为二回羽状复叶，或退化仅具叶状柄（特称为叶状叶柄 phyllodia） ………… ……………………………………………………………………… 豆科 Leguminosae（金合欢属 *Acacia*）

141. 叶为一回羽状复叶。

142. 小叶边缘有锯齿；果实有翅 ……………………………… 马尾树科 Rhoipteleaceae（马尾树属 *Rhoiptelea*）

142. 小叶全缘；果实无翅。

143. 花两性或杂性 ……………………………………………… 无患子科 Sapindaceae

143. 雌雄异株……………………………………………………… 漆树科 Anacardiaceae（黄连木属 *Pistacia*）

140. 叶为单叶。

144. 花均无花被。

145. 多为木质藤本；叶全缘；花两性或杂性，成紧密的穗状花序 ……………………………………………………………… 胡椒科 Piperaceae（胡椒属 *Piper*）

145. 乔木；叶缘有锯齿或缺刻；花单性。

146. 叶宽广，具掌状脉及掌状分裂，叶缘具缺刻或大锯齿；有托叶，围茎成鞘，但易脱落；雌雄同株，雌花和雄花分别成球形的头状花序；雌蕊为单心皮；小坚果为倒圆锥形而有棱角，无翅也无梗，但围以长柔毛…………………… ……………………………………………………………… 悬铃木科 Platanaceae（悬铃木属 *Platanus*）

146. 叶椭圆形至卵形，具羽状脉及锯齿缘；无托叶；雌雄异株，雄花聚成疏松有苞片的簇丛，雌花单生于苞片的腋内；雌蕊2心皮；小坚果扁平，具翅且有柄，但无毛 ……………………………………………… 杜仲科 Eucommiaceae（杜仲属 *Eucommia*）

144. 花常有花萼，尤其雄花。

147. 植物体内有乳汁………………………………………………………… 桑科 Moraceae

147. 植物体内无乳汁。

148. 花柱或其分枝2或数个，但在大戟科的核果木属 *Drypetes* 中则柱头几无柄，呈盾状或肾脏形。（次148项见310页）

149. 雌雄异株或有时为同株；叶全缘或具波状齿。

150. 矮小灌木或亚灌木；果实干燥，包藏于具有长柔毛而互相连合成双角状的2苞片中；胚体弯曲如环 ………………………… 藜科 Chenopodiaceae（驼绒藜属 *Ceratoides*）

150. 乔木或灌木；果实呈核果状，常为1室含1种子，不包藏于苞片内；胚体劲直 ……………………………………………… 大戟科 Euphorbiaceae

149. 花两性或单性；叶缘多有锯齿或具齿裂，稀可全缘。

151. 雄蕊多数…………………………………………… 大风子科 Flacourtiaceae

151. 雄蕊10个或较少。

152. 子房2室，每室有1个至数个胚珠；果实为木质蒴果 ………………………………………………… 金缕梅科 Hamamelidaceae

152. 子房1室，仅含1胚珠；果实不是木质蒴果 …………… 榆科 Ulmaceae

148. 花柱1个，也可有时（如荨麻属 *Urtica*）不存，而柱头呈画笔状。

153. 叶缘有锯齿；子房为1心皮而成。

154. 花两性 …………………………………………………… 山龙眼科 Proteaceae

154. 雌雄异株或同株。

155. 花生于当年新枝上；雄蕊多数……………………… 蔷薇科 Rosaceae（假稠李属 *Maddenia*）

155. 花生于老枝上；雄蕊和萼片同数 …………………… 荨麻科 Urticaceae

153. 叶全缘或边缘有锯齿；子房为2个以上连合心皮所成。

156. 果实呈核果状或坚果状，内有1种子；无托叶。

157. 子房具2或2个胚珠；果实成熟后由萼筒包围……………………………………………………………… 铁青树科 Olacaceae

157. 子房仅具1个胚珠；果实和花萼分离，或仅果实基部由花萼衬托之……………………………………………………………………………… 山柚子科 Opiliaceae

156. 果实呈蒴果状或浆果状，内含数个至1个种子。

158. 花下位，雌雄异株，稀可杂性；雄蕊多数；果实呈浆果状；无托叶……………………………………………………………………………… 大风子科 Flacourtiaceae（柞木属 *Xylosma*）

158. 花周位，两性；雄蕊5～12个；果实呈蒴果状；有托叶，但易脱落。

159. 花为腋生的簇丛或头状花序；萼片4～6片 ……………………………………………………………… 大风子科 Flacourtiaceae（山羊角树属 *Casearia*）

159. 花为腋生的伞形花序；萼片10～14片 ………… 卫矛科 Celastraceae（十齿花属 *Dipentodon*）

2. 花具花萼也具花冠，或有两层以上的花被片，有时花冠可为蜜腺叶所代替。

160. 花冠常为离生的花瓣所组成。（次160项见326页）

161. 成熟雄蕊（或单体雄蕊的花药）多在10个以上，通常多数，或其数超过花瓣的2倍。（次161项见315页）

162. 花萼和1个或更多的雌蕊多少有些互相愈合，即子房下位或半下位。（次162项见312页）

163. 水生草本植物；子房多室 ………………………………… 睡莲科 Nymphaeaceae

163. 陆生植物；子房1至数室，也可心皮为1至数个，或在海桑科中为多室。

164. 植物体具肥厚的肉质茎，多有刺，常无真正叶片 ……………… 仙人掌科 Cactaceae

164. 植物体为普通形态，不呈仙人掌状，有真正的叶片。

165. 草本植物或稀为亚灌木。（次165项见311页）

166. 花单性。

167. 雌雄同株；花鲜艳，多成腋生聚伞花序；子房2~4室 …………………… 秋海棠科 Begoniaceae（秋海棠属 *Begonia*）

167. 雌雄异株；花小而不显著，成腋生穗状或总状花序 ……………………… 四数木科 Tetramelaceae

166. 花常两性。

168. 叶基生或茎生，呈心形，或在阿柏麻属 *Apama* 为长形，不为肉质；花为3出数 …………………………………………………………………………………… 马兜铃科 Aristolochiaceae（细辛族 Asareae）

168. 叶茎生，不呈心形，多少有些肉质，或为圆柱形；花不是3出数。

169. 花萼裂片常为5，叶状；蒴果5室或更多室，在顶端呈放射状裂开 …………… 番杏科 Aizoaceae

169. 花萼裂片2；蒴果1室，盖裂 …………………………………………… 马齿苋科 Portulacaceae（马齿苋属 *Portulaca*）

165. 乔木或灌木（但在虎耳草科的叉叶蓝属 *Deinanthe* 及草绣球属 *Cardiandra* 为亚灌木，黄山梅属 *Kirengeshoma* 为多年生高大草本），有时有气生小根而攀援。

170. 叶通常对生（虎耳草科的草绣球属 *Cardiandra* 例外），或在石榴科的石榴属 *Punica* 中有时互生。

171. 叶缘常有锯齿或全缘；花序（除山梅花属 *Philadelphus* 外）常有不孕的边缘花 …………………………………………………………………………………… 虎耳草科 Saxifragaceae

171. 叶全缘；花序无不孕花。

172. 叶为脱落性；花萼呈朱红色 ………………………………………………… 石榴科 Punicaceae（石榴属 *Punica*）

172. 叶为常绿性；花萼不呈朱红色。

173. 叶片中有腺体微点；胚珠常多数 …………………………………………… 桃金娘科 Myrtaceae

173. 叶片中无微点。

174. 胚珠在每子房室中为多数 …………………………………………… 海桑科 Sonneratiaceae

174. 胚珠在每子房室中仅2个，稀可较多 ………………………………… 红树科 Rhizophoraceae

170. 叶互生。

175. 花瓣细长形兼长方形，最后向外翻转 ……………………………………… 八角枫科 Alangiaceae（八角枫属 *Alangium*）

175. 花瓣不成细长形，或纵为细长形时，也不向外翻转。

176. 叶无托叶。

177. 叶全缘；果实肉质或木质 ………………………………………………… 玉蕊科 Lecythidaceae（玉蕊属 *Barringtonia*）

177. 叶缘多少有些锯齿或齿裂；果实呈核果状，其形歪斜 ……………………… 山矾科 Symplocaceae（山矾属 *Symplocos*）

176. 叶有托叶。

178. 花瓣呈旋转状排列；花药隔向上延伸；花萼裂片中2个或更多个在果实上变大而呈翅状 ……………………………………………………………………………… 龙脑香科 Dipterocarpaceae

178. 花瓣呈覆瓦状或旋转状排列（如蔷薇科火棘属 *Pyracantha*）；花药隔并不向上延伸；花萼裂片也无上述变大情形。

179. 子房1室，内具2~6侧膜胎座，各有1个至多数胚珠；果实为革质蒴果，自顶端以2~6瓣裂开 …………………………………………………………………… 大风子科 Flacourtiaceae（天料木属 *Homalium*）

179. 子房2~5室，内具中轴胎座，或其心皮在腹面互相分离而具边缘胎座。

180. 花成伞房、圆锥、伞形或总状等花序，稀可单生；子房2~5室，或心皮2~5个，下位，每室或每心皮有胚珠 1～2 个，稀有时为 3～10 个或为多数；果实为肉质或木质假果；种子无翅 ………………………………………………………………… 蔷薇科 Rosaceae

（梨亚科 *Pomoideae*）

180. 花成头状或肉穗花序；子房 2 室，半下位，每室有胚珠 2～6 个；果为木质蒴果；种子有或无翅 ………………………………………………………… 金缕梅科 Hamamelidaceae

（马蹄荷亚科 Exbucklandioideae）

162. 花萼和 1 个或更多的雌蕊互相分离，即子房上位。

181. 花为周位花。（次 181 项见 312 页）

182. 萼片和花瓣相似，覆瓦状排列成数层，着生于坛状花托的外侧 ……………………… 蜡梅科 Calycanthaceae

（夏蜡梅属 *Calycanthus*）

182. 萼片和花瓣有分化，在萼筒或花托的边缘排列成 2 层。

183. 叶对生或轮生，有时上部互生，但均为全缘单叶；花瓣常于蕾中呈皱折状。

184. 花瓣无爪，形小，或细长；浆果 ………………………………………………… 海桑科 Sonneratiaceae

184. 花瓣有细爪，边缘具腐蚀状的波纹或具流苏；蒴果 ………………………………… 千屈菜科 Lythraceae

183. 叶互生，单叶或复叶；花瓣不呈皱折状。

185. 花瓣宿存；雄蕊的下部连成一管 ………………………………………………………… 亚麻科 Linaceae

185. 花瓣脱落性；雄蕊互相分离。

186. 草本植物；具 2 出数的花；萼片 2 片，早落；花瓣 4 个 ………………………… 罂粟科 Papaveraceae

（花菱草属 *Eschscholtzia*）

186. 木本或草本植物，具 5 出或 4 出数的花朵。

187. 花瓣镊合状排列；果实为荚果；叶多为 2 回羽状复叶，有时叶片退化，而叶柄发育为叶状柄；心皮 1 个 ………………………………………………………………… 豆科 Leguminosae

（含羞草亚科 Mimosoideae）

187. 花瓣覆瓦状排列；果实为核果、蓇葖果或瘦果；叶为单叶或复叶；心皮 1 个至多数…………
………………………………………………………………………………… 蔷薇科 Rosaceae

181. 花为下位花，或至少在果实时花托扁平或隆起。

188. 雌蕊少数至多数，互相分离或微有连合。（次 188 项见 313 页）

189. 水生植物。

190. 叶片呈盾状，全缘 ………………………………………………………… 睡莲科 Nymphaeaceae

190. 叶片不呈盾状，多少有些分裂或为复叶 ………………………………………… 毛茛科 Ranunculaceae

189. 陆生植物。

191. 茎为攀援性。

192. 草质藤本。

193. 花显著，为两性花 ………………………………………………………… 毛茛科 Ranunculaceae

193. 花小形，为单性，雌雄异株 ………………………………………………… 防己科 Menispermaceae

192. 木质藤本或为蔓生灌木。

194. 叶对生，复叶由 3 小叶所成，或顶端小叶形成卷须 ……………………… 毛茛科 Ranunculaceae

（锡兰莲属 *Naravelia*）

194. 叶互生，单叶。

195. 花单性。

196. 心皮多数，结果时聚生成一球状的肉质体或散于极延长的花托上…………………………
……………………………………………………………………………… 木兰科 Magnoliaceae

（五味子属 *Schisandra*）

196. 心皮 3～6，果为核果或核果状………………………………………… 防己科 Menispermaceae

195. 花两性或杂性；心皮数个；果为蓇葖果 ………………………………… 五桠果科 Dilleniaceae
（锡叶藤属 *Tetracera*）

191. 茎直立，不为攀援性。

197. 雄蕊的花丝连成单体 ………………………………………………………………… 锦葵科 Malvaceae

197. 雄蕊的花丝互相分离。

198. 草本植物，稀可为亚灌木；叶片多少有些分裂或为复叶。

199. 叶无托叶；种子有胚乳 ……………………………………………… 毛茛科 Ranunculaceae

199. 叶多有托叶；种子无胚乳……………………………………………………… 蔷薇科 Rosaceae

198. 木本植物；叶片全缘或边缘有锯齿，也稀有分裂者。

200. 萼片及花瓣均为镊合状排列；胚乳具嚼痕………………………… 番荔枝科 Annonaceae

200. 萼片及花瓣均为覆瓦状排列；胚乳无嚼痕。

201. 萼片及花瓣相同，3 出数，排列成 3 层或多层，均可脱落 …………… 木兰科 Magnoliaceae

201. 萼片及花瓣甚有分化，多为 5 出数，排列成 2 层，萼片宿存。

202. 心皮 3 个至多数；花柱互相分离；胚珠为不定数 ……………… 五桠果科 Dilleniaceae

202. 心皮 3 ~ 10 个；花柱完全合生；胚珠单生 ……………………… 金莲木科 Ochnaceae
（金莲木属 *Ochna*）

188. 雌蕊 1 个，但花柱或柱头为 1 至多数。

203. 叶片中具透明微点。

204. 叶互生，羽状复叶或退化为仅有 1 顶生小叶 …………………………………… 芸香科 Rutaceae

204. 叶对生，单叶 ……………………………………………………………………… 藤黄科 Guttiferae

203. 叶片中无透明微点。

205. 子房单纯，具 1 子房室。

206. 乔木或灌木；花瓣呈镊合状排列；果实为荚果 ……………………………… 豆科 Leguminosae
（含羞草亚科 *Mimosoideae*）

206. 草本植物；花瓣呈覆瓦状排列；果实不是荚果。

207. 花为 5 出数；蓇葖果 ……………………………………………………… 毛茛科 Ranunculaceae

207. 花为 3 出数；浆果 ………………………………………………………… 小檗科 Berberidaceae

205. 子房为复合性。

208. 子房 1 室，或在马齿苋科的土人参属 *Talinum* 中子房基部为 3 室。

209. 特立中央胎座。

210. 草本；叶互生或对生；子房的基部 3 室，有多数胚珠 ……………… 马齿苋科 Portulacaceae
（土人参属 *Talinum*）

210. 灌木；叶对生；子房 1 室，内有 3 对 6 个胚珠 …………………… 红树科 Rhizophoraceae
（秋茄树属 *Kandelia*）

209. 侧膜胎座。

211. 灌木或小乔木（在半日花科中常为亚灌木或草本植物）；子房柄不存在或极短；果实为蒴果或浆果。

212. 叶对生；萼片不相等，外面 2 片较小，或有时退化，内面 3 片呈旋转状排列………………
………………………………………………………………………………………… 半日花科 Cistaceae
（半日花属 *Helianthemum*）

212. 叶常互生；萼片相等，呈覆瓦状或镊合状排列。

213. 植物体内含有色泽的汁液；叶具掌状脉，全缘；萼片 5 片，互相分离，基部有腺体；种皮肉质，红色 ……………………………………………………………………… 红木科 Bixaceae
（红木属 *Bixa*）

213. 植物体内不含有色泽的汁液；叶具羽状脉或掌状脉，叶缘有锯齿或全缘；萼片3～8片，离生或合生；种皮坚硬，干燥 ………………………………… 大风子科 Flacourtiaceae

211. 草本植物，如为木本植物时，则具有显著的子房柄；果实为浆果或核果。

214. 植物体内含乳汁；萼片2～3 ………………………………………………… 罂粟科 Papaveraceae

214. 植物体内不含乳汁；萼片4～8。

215. 叶为单叶或掌状复叶；花瓣完整；长角果……………………………… 山柑科 Capparidaceae

215. 叶为单叶，或为羽状复叶或分裂；花瓣具缺刻或细裂；蒴果仅于顶端裂开……………… ………………………………………………………………………… 木犀草科 Resedaceae

208. 子房2室至多室，或为不完全的2至多室。

216. 草本植物，具多少有些呈花瓣状的萼片。(次216项见314页)

217. 水生植物；花瓣为多数雄蕊或鳞片状的蜜腺叶所代替 …………………… 睡莲科 Nymphaeaceae (萍蓬草属 *Nuphar*)

217. 陆生植物；花瓣不为蜜腺叶所代替。

218. 一年生草本植物；叶呈羽状细裂；花两性 ………………………………… 毛茛科 Ranunculaceae (黑种草属 *Nigella*)

218. 多年生草本植物；叶全缘而呈掌状分裂；雌雄同株 …………………… 大戟科 Euphorbiaceae (麻疯树属 *Jatropha*)

216. 木本植物，或陆生草本植物，常不具呈花瓣状的萼片。

219. 萼片在花蕾时呈镊合状排列。

220. 雄蕊互相分离或连成数束。

221. 花药1室或数室；叶为掌状复叶或单叶，全缘，具羽状脉……………… 木棉科 Bombacaceae

221. 花药2室；叶为单叶，叶缘有锯齿或全缘。

222. 花药以顶端2孔裂开 ……………………………………………… 杜英科 Elaeocarpaceae

222. 花药纵长裂开 ………………………………………………………………… 椴树科 Tiliaceae

220. 雄蕊连为单体，至少内层者为单体，并且多少有些连成管状。

223. 花单性；萼片2或3片 ……………………………………………… 大戟科 Euphorbiaceae (石栗属 *Aleurites*)

223. 花常两性；萼片多5片，稀可较少。

224. 花药2室或更多室。

225. 无副萼；多有不育雄蕊；花药2室；叶为单叶或掌状分裂 ……………………………… ……………………………………………………………………………… 梧桐科 Sterculiaceae

225. 有副萼；无不育雄蕊；花药数室；叶为单叶，全缘且具羽状脉………………………… ……………………………………………………………………………… 木棉科 Bombacaceae (榴莲属 *Durio*)

224. 花药1室。

226. 花粉粒表面平滑；叶为掌状复叶 ………………………………… 木棉科 Bombacaceae (木棉属 *Bombax*)

226. 花粉粒表面有刺；叶有各种情形 ………………………………………… 锦葵科 Malvaceae

219. 萼片在花蕾时呈覆瓦状或旋转状排列，或有时近于呈镊合状排列（如大戟科的巴豆属 *Croton*）。

227. 雌雄同株或稀异株；果实为蒴果，由2～4个各自裂为2片的离果所组成……………………… ……………………………………………………………………………… 大戟科 Euphorbiaceae

227. 花常两性，或在猕猴桃科的猕猴桃属 *Actinidia* 中为杂性或雌雄异株；果实为其他情形。

228. 萼片在果实时增大且成翅状；雄蕊具伸长的花药隔 ……………… 龙脑香科 Dipterocarpaceae

228. 萼片及雄蕊二者不为上述情形。
229. 雄蕊排列成二层，外层 10 个和花瓣对生，内层 5 个和萼片对生 ………………………………………………………………………… 蒺藜科 Zygophyllaceae
（骆驼蓬属 *Peganum*）
229. 雄蕊的排列为其他情形。
230. 食虫的草本植物；叶基生，呈管状，其上再具有小叶片…………………………………………………………………………………… 瓶子草科 Sarraceniaceae
230. 不是食虫植物；叶茎生或基生，但不呈管状。
231. 植物体呈耐寒旱状；叶为全缘单叶。
232. 叶对生或上部互生；萼片 5 片，互不相等，外面 2 片较小或有时退化，内面 3 片较大，成旋转状排列，宿存；花瓣早落…………………… 半日花科 Cistaceae
232. 叶互生；萼片 5 片，大小相等；花瓣宿存；在内侧基部各有 2 舌状物…………………………………………………………………………… 柽柳科 Tamaricaceae
（红砂属 *Reaumuria*）
231. 植物体不是耐寒旱状；叶常互生；萼片 2 ~ 5 片，彼此相等；呈覆瓦状或稀呈镊合状排列。
233. 草本或木本植物；花为 4 出数，或其萼片多为 2 片且早落。
234. 植物体内含乳汁；无或有极短子房柄；种子有丰富胚乳…………………………………………………………………………… 罂粟科 Papaveraceae
234. 植物体内不含乳汁；有细长的子房柄；种子无或有少量胚乳 ……………………………………………………………………………… 山柑科 Capparidaceae
233. 木本植物；花常为 5 出数，萼片宿存或脱落。
235. 果实为具 5 个棱角的蒴果，分成 5 个骨质并各含 1 或 2 种子的心皮后，再各沿其缝线而 2 瓣裂开…………………………………………… 蔷薇科 Rosaceae
（白鹃梅属 *Exochorda*）
235. 果实不为蒴果，如为蒴果时则为胞背裂开。
236. 蔓生或攀援的灌木；雄蕊互相分离；子房 5 室或更多室；浆果，常可食…………………………………………………………………………………………… 猕猴桃科 Actinidiaceae
236. 直立乔木或灌木；雄蕊至少在外层连为单体，或连成 3 ~ 5 束而着生于花瓣的基部；子房 3 ~ 5 室。
237. 花药能转动，以顶端孔裂开；浆果；胚乳颇丰富 ………………………………………………………………………… 猕猴桃科 Actinidiaceae
（水冬哥属 *Saurauia*）
237. 花药能或不能转动，常纵长裂开；果实有各种情形；胚乳通常量微小…………………………………………………………………………………………… 山茶科 Theaceae
161. 成熟雄蕊 10 个或较少，如多于 10 个，其数不超过花瓣的 2 倍。
238. 成熟雄蕊和花瓣同数，且和花瓣对生。（次 238 项见 317 页）
239. 雌蕊 3 个至多数，离生。
240. 直立草本或亚灌木；花两性，5 出数 ……………………………………………… 蔷薇科 Rosaceae
（地蔷薇属 *Chamaerhodos*）
240. 木质或草质藤本；花单性，常为 3 出数。
241. 叶常为单叶；花小型；核果；心皮 3 ~ 6 个，呈星状排列，各含 1 胚珠……………… 防己科 Menispermaceae
241. 叶为掌状复叶或由 3 小叶组成；花中型；浆果；心皮 3 至多数，轮状或螺旋状排列，各含 1 个或多数胚珠 …………………………………………………………………… 木通科 Lardizabalaceae

239. 雌蕊1个。

242. 子房2至数室。

243. 花萼裂齿不明显或微小；以卷须缠绕他物的灌木或草本植物 ………………………… 葡萄科 Vitaceae

243. 花萼具4~5裂片；乔木、灌木或草本植物，有时虽为缠绕性，但无卷须。

244. 雄蕊连成单体。

245. 叶为单叶；每子房室含胚珠2~6个（或在可可树亚族 *Theobromineae* 中为多数）………………… ……………………………………………………………………………… 梧桐科 Sterculiaceae

245. 叶为掌状复叶；每子房室含胚珠多数 ……………………………………… 木棉科 Bombacaceae（吉贝属 *Ceiba*）

244. 雄蕊互相分离，或稀可在其下部连成一管。

246. 叶无托叶；萼片各不相等，呈覆瓦状排列；花瓣不相等，在内层的2片常很小…………………… ……………………………………………………………………………… 清风藤科 Sabiaceae

246. 叶常有托叶；萼片同大，呈镊合状排列；花瓣均大小同形。

247. 叶为单叶 ……………………………………………………………………… 鼠李科 Rhamnaceae

247. 叶为1~3回羽状复叶 …………………………………………………………… 葡萄科 Vitaceae（火筒树属 *Leea*）

242. 子房1室（在马齿苋科的土人参属 *Talinum* 及铁青树科的铁青树属 *Olax* 中子房的下部多少有些成为3室）。

248. 子房下位或半下位。

249. 叶互生，边缘常有锯齿；蒴果……………………………………………… 大风子科 Flacourtiaceae（天料木属 *Homalium*）

249. 叶多对生或轮生，全缘；浆果或核果 …………………………………… 桑寄生科 Loranthaceae

248. 子房上位。

250. 花药以舌瓣裂开 …………………………………………………………… 小檗科 Berberidaceae

250. 花药不以舌瓣裂开。

251. 缠绕草本；胚珠1个；叶肥厚，肉质 ……………………………………… 落葵科 Basellaceae（落葵属 *Basella*）

251. 直立草本，或有时为木本；胚珠1个至多数。

252. 雄蕊连成单体；胚珠2个 ………………………………………………… 梧桐科 Sterculiaceae（蛇婆子属 *Waltheria*）

252. 雄蕊互相分离；胚珠1个至多数。

253. 花瓣6~9片；雌蕊单纯 ………………………………………………… 小檗科 Berberidaceae

253. 花瓣4~8片；雌蕊复合。

254. 常为草本；花萼有2个分离萼片。

255. 花瓣4片；侧膜胎座 ……………………………………………… 罂粟科 Papaveraceae（角茴香属 *Hypecoum*）

255. 花瓣常5片；基底胎座 …………………………………………… 马齿苋科 Portulacaceae

254. 乔木或灌木，常蔓生；花萼呈倒圆锥形或杯状。

256. 通常雌雄同株；花萼裂片4~5；花瓣呈覆瓦状排列；无不育雄蕊；胚珠有2层珠被 ………………………………………………………………………… 紫金牛科 Myrsinaceae（酸藤子属 *Embelia*）

256. 花两性；花萼于开花时微小，而具不明显的齿裂；花瓣多为镊合状排列；有不育雄蕊（有时为蜜腺）；胚珠无珠被。

257. 花萼于果时增大；子房下部为3室，上部为1室，内含3个胚珠……………………

………………………………………………………………………… 铁青树科 Olacaceae

（铁青树属 *Olax*）

257. 花萼于果时不增大；子房 1 室，内仅含 1 个胚珠 ………………… 山柚子科 Opiliaceae

238. 成熟雄蕊和花瓣不同数，如同数则雄蕊和花瓣互生。

258. 雌雄异株；雄蕊 8 个，其中 5 个较长，有伸出花外的花丝，且和花瓣相互生，另 3 个则较短而藏于花内；灌木或灌木状草本；互生或对生单叶；心皮单生；雌花无花被，无梗，贴生于宽圆形的叶状苞片上………

……………………………………………………………………………………… 漆树科 Anacardiaceae

（九子母属 *Dobinea*）

258. 花两性或单性，为雌雄异株时，其雄花中也无上述情形的雄蕊。

259. 花萼或其筒部和子房多少有些相连合。（次 259 项见 318 页）

260. 每子房室内含胚珠或种子 2 个至多数。（次 260 项见 318 页）

261. 花药为顶端孔裂；草本或木本植物；叶对生或轮生，多于叶片基部具 3～9 脉 ………………………

…………………………………………………………………………… 野牡丹科 Melastomataceae

261. 花药纵长裂开。

262. 草本或亚灌木；有时为攀援性。（次 262 项见 317 页）

263. 具卷须的攀援草本；花单性 ……………………………………………………… 葫芦科 Cucurbitaceae

263. 无卷须的植物；花常两性。

264. 萼片或花萼裂片 2 片；植物体多少肉质而多水分 ……………………… 马齿苋科 Portulacaceae

（马齿苋属 *Portulaca*）

264. 萼片或花萼裂片 4～5 片；植物体常不为肉质。

265. 花萼裂片呈覆瓦状或镊合状排列；花柱 2 个或更多；种子具胚乳…………………………………

…………………………………………………………………………………… 虎耳草科 Saxifragaceae

265. 花萼裂片呈镊合状排列；花柱 1 个，具 2～4 裂，或为 1 呈头状的柱头；种子无胚乳 …………

……………………………………………………………………………………… 柳叶菜科 Onagraceae

262. 乔木或灌木，有时为攀援性。

266. 叶互生。

267. 花数朵至多数成头状花序；常绿乔木；叶革质，全缘或具浅裂………… 金缕梅科 Hamamelidaceae

267. 花成总状或圆锥花序。

268. 灌木；叶为掌状分裂，基部具 3～5 脉；子房 1 室，有多数胚珠；浆果…………………………

…………………………………………………………………………………… 虎耳草科 Saxifragaceae

（茶藨子属 *Ribes*）

268. 乔木或灌木；叶缘有锯齿或细锯齿，有时全缘，具羽状脉；子房 3～5 室，每室内含 2 至数个胚珠，或在山茉莉属 *Huodendron* 为多数；干燥或木质核果，或蒴果，有时具棱角或有翅

…………………………………………………………………………………… 安息香科 Styracaceae

266. 叶常对生（使君子科的榄李属 *Lumnitzera* 例外，同科的风车子属 *Combretum* 也有时互生，或互生和对生共存于一枝上）。

269. 胚珠多数，除冠盖藤属 *Pileostegia* 自子房室顶端垂悬外，均位于侧膜或中轴胎座上；浆果或蒴果；叶缘有锯齿或为全缘，但均无托叶；种子含胚乳 ……………… 虎耳草科 Saxifragaceae

269. 胚珠 2 个至数个，近于子房室顶端垂悬；叶全缘或有圆锯齿；果实多不裂开，内有种子 1 至数个。

270. 乔木或灌木，常为蔓生，无托叶，不为形成海岸林的组成分子（榄李属 *Lumnitzera* 例外）；种子无胚乳，落地后始萌芽 ……………………………………………… 使君子科 Combretaceae

270. 常绿灌木或小乔木，具托叶；多为形成海岸林的主要组成分子；种子常有胚乳，在落地前即萌芽（胎生） ……………………………………………………………… 红树科 Rhizophoraceae

260. 每子房室内仅含胚珠或种子 1 个。

271. 果实裂开为 2 个干燥的离果，并同悬于一果梗上；花序常为伞形花序（在变豆菜属 *Sanicula* 及鸭儿芹属 *Cryptotaenia* 中为不规则的花序，在刺芹属 *Eryngium* 中则为头状花序） ··· 伞形科 Umbelliferae

271. 果实不裂开或裂开而不是上述情形的；花序可为各种型式。

272. 草本植物。

273. 花柱或柱头 2～4 个；种子具胚乳；果实为小坚果或核果，具棱角或有翅·· 小二仙草科 Haloragidaceae

273. 花柱 1 个，具有 1 头状或呈 2 裂的柱头；种子无胚乳。

274. 陆生草本植物，具对生叶；花为 2 出数；果实为一具钩状刺毛的坚果·· 柳叶菜科 Onagraceae

（露珠草属 *Circaea*）

274. 水生草本植物，有聚生而漂浮水面的叶片；花为 4 出数；果实为具 2～4 刺的坚果（栽培种果实可无显著的刺） ·· 菱科 Trapaceae

（菱属 *Trapa*）

272. 木本植物。

275. 果实干燥或为蒴果状。（次 275 项见 318 页）

276. 子房 2 室；花柱 2 个·· 金缕梅科 Hamamelidaceae

276. 子房 1 室；花柱 1 个。

277. 花序伞房状或圆锥状 ·· 莲叶桐科 Hernandiaceae

277. 花序头状 ·· 珙桐科 Nyssaceae

（喜树属 *Camptotheca*）

275. 果实核果状或浆果状。

278. 叶互生或对生；花瓣呈镊合状排列；花序有各种型式，但稀为伞形或头状，有时且可生于叶片上。

279. 花瓣 3～5 片，卵形至披针形；花药短 ·· 山茱萸科 Cornaceae

279. 花瓣 4～10 片，狭窄形并向外翻转；花药细长······························ 八角枫科 Alangiaceae

（八角枫属 *Alangium*）

278. 叶互生；花瓣呈覆瓦状或镊合状排列；花序常为伞形或呈头状。

280. 子房 1 室；花柱 1 个；花杂性兼雌雄异株，雌花单生或以少数至数朵聚生，雌花多数，腋生为有花梗的簇丛 ·· 蓝果树科 Nyssaceae

（蓝果树属 *Nyssa*）

280. 子房 2 室或更多室；花柱 2～5 个；如子房为 1 室而具 1 花柱时（例如马蹄参属 *Diplopanax*），则花两性，形成顶生类似穗状的花序 ·································· 五加科 Araliaceae

259. 花萼和子房相分离。

281. 叶片中有透明微点。

282. 花整齐，稀可两侧对称；果实不为荚果 ··· 芸香科 Rutaceae

282. 花整齐或不整齐；果实为荚果 ··· 豆科 Leguminosae

281. 叶片中无透明微点。

283. 雌蕊 2 个或更多，互相分离或仅有局部的连合；也可子房分离而花柱连合成 1 个。（次 283 项见 319 页）

284. 多水分的草本，具肉质的茎及叶 ··· 景天科 Crassulaceae

284. 植物体为其他情形。

285. 花为周位花。

286. 花的各部分呈螺旋状排列，萼片逐渐变为花瓣；雄蕊 5 或 6 个；雌蕊多数 ························

……………………………………………………………………………… 蜡梅科 Calycanthaceae

（蜡梅属 *Chimonanthus*）

286. 花的各部分呈轮状排列，萼片和花瓣甚有分化。

287. 雌蕊 2~4 个，各有多数胚珠；种子有胚乳；无托叶 ……………… 虎耳草科 Saxifragaceae

287. 雌蕊 2 个至多数，各有 1 至数个胚珠；种子无胚乳；有或无托叶 ………… 蔷薇科 Rosaceae

285. 花为下位花，或在悬铃木科中微呈周位。

288. 草本或亚灌木。

289. 各子房的花柱互相分离。

290. 叶常互生或基生，多少有些分裂；花瓣脱落性，较萼片大，或在天葵属 *Semiaquilegia* 中稍小于呈花瓣状的萼片 ……………………………………………… 毛茛科 Ranunculaceae

290. 叶对生或轮生，为全缘单叶；花瓣宿存性，较萼片小 ……………… 马桑科 Coriariaceae

（马桑属 *Coriaria*）

289. 各子房合具 1 共同的花柱或柱头；叶为羽状复叶；花为 5 出数；花萼宿存；花中有和花瓣互生的腺体；雄蕊 10 个 ……………………………………………… 牻牛儿苗科 Geraniaceae

（熏倒牛属 *Biebersteinia*）

288. 乔木、灌木或木本的攀援植物。

291. 叶为单叶。(次 291 项见 319 页)

292. 叶对生或轮生 ……………………………………………………… 马桑科 Coriariaceae

（马桑属 *Coriaria*）

292. 叶互生。

293. 叶为脱落性，具掌状脉；叶柄基部扩张成帽状以覆盖腋芽 ………… 悬铃木科 Platanaceae

（悬铃木属 *Platanus*）

293. 叶为常绿性或脱落性，具羽状脉。

294. 雌蕊 7 个至多数（稀可少至 5 个）；直立或缠绕灌木；花两性或单性 ………………
……………………………………………………………………… 木兰科 Magnoliaceae

294. 雌蕊 4~6 个；乔木或灌木；花两性。

295. 子房 5 或 6 个，以 1 共同的花柱而连合，各子房均成熟为核果…………………
…………………………………………………………………… 金莲木科 Ochnaceae

（赛金莲木属 *Ouratea*）

295. 子房 4~6 个，各具 1 花柱，仅有 1 子房可成熟为核果………… 漆树科 Anacardiaceae

（山檬仔属 *Buchanania*）

291. 叶为复叶。

296. 叶对生 ……………………………………………………………… 省沽油科 Staphyleaceae

296. 叶互生。

297. 木质藤本；叶为掌状复叶或三出复叶 ………………………… 木通科 Lardizabalaceae

297. 乔木或灌木（有时在牛栓藤科 Connnaraceae 中有缠绕性者）；叶为羽状复叶。

298. 果实为 1 含多数种子的浆果，状似猫屎（圆柱形略弯曲） ……………………
…………………………………………………………………… 木通科 Lardizabalaceae

（猫儿屎属 *Decaisnea*）

298. 果实为其他情形。

299. 果实为蓇葖果 …………………………………………………… 牛栓藤科 Connaraceae

299. 果实为离果，或在臭椿属 *Ailanthus* 中为翅果 ……………… 苦木科 Simaroubaceae

283. 雌蕊 1 个，或至少其子房为 1 个。

300. 雌蕊或子房是单纯的，仅 1 室。

301. 果实为核果或浆果。
302. 花为 3 出数，稀 2 出数；花药以舌瓣裂开 …………………………………… 樟科 Lauraceae
302. 花为 5 出或 4 出数；花药纵长裂开。
303. 落叶具刺灌木；雄蕊 10 个，周位，均可发育 ……………………………… 蔷薇科 Rosaceae
（扁核木属 *Prinsepia*）
303. 常绿乔木；雄蕊 1 ~5 个，下位，常仅其中 1 或 2 个发育 …………… 漆树科 Anacardiaceae
（芒果属 *Mangifera*）
301. 果实为蓇葖果或荚果。
304. 果实为蓇葖果。
305. 落叶灌木；叶为单叶；蓇葖果内含 2 至数个种子 ………………………… 蔷薇科 Rosaceae
（绣线菊亚科 Spiraeoideae）
305. 常为木质藤本；叶多为单数复叶或具 3 小叶，有时因退化而只有 1 小叶；蓇葖果内仅含 1 个种子 ………………………………………………………………… 牛栓藤科 Connaraceae
304. 果实为荚果 ……………………………………………………………………… 豆科 Leguminosae
300. 雌蕊或子房并非单纯者，有 1 个以上的子房室或花柱、柱头、胎座等部分。
306. 子房 1 室或因有 1 假隔膜的发育而成 2 室，有时下部 2 ~5 室，上部 1 室。（次 306 项见 322 页）
307. 花下位，花瓣 4 片，稀可更多。（次 307 项见 320 页）
308. 萼片 2 片 ……………………………………………………………… 罂粟科 Papaveraceae
308. 萼片 4 ~8 片。
309. 子房柄常细长，呈线状 …………………………………………… 白花菜科 Capparidaceae
309. 子房柄极短或不存在。
310. 子房为 2 个心皮连合组成，常具 2 子房室及 1 假隔膜 …………… 十字花科 Cruciferae
310. 子房 3 ~6 个心皮连合组成，仅 1 子房室。
311. 叶对生，微小，为耐寒旱性；花为辐射对称；花瓣完整，具瓣爪，其内侧有舌状的鳞片附属物 ………………………………………………… 瓣鳞花科 Frankeniaceae
（瓣鳞花属 *Frankenia*）
311. 叶互生，显著，非为耐寒旱性；花瓣两侧对称；花瓣常分裂，但其内侧并无鳞片状的附属物 …………………………………………………………… 木犀草科 Resedaceae
307. 花周位或下位，花瓣 3 ~5 片，稀可 2 片或更多。
312. 每子房室内仅有胚珠 1 个。
313. 乔木，或稀为灌木；叶常为羽状复叶。
314. 叶常为羽状复叶，具托叶及小托叶 ……………………………… 省沽油科 Staphyleaceae
（瘿椒树属 *Tapiscia*）
314. 叶为羽状复叶或单叶，无托叶及小托叶 ……………………………… 漆树科 Anacardiaceae
313. 木本或草本；叶为单叶。
315. 通常均为木本，稀在樟科的无根藤属 *Cassytha* 为缠绕性寄生草本；叶常互生，无膜质托叶。
316. 乔木或灌木；无托叶；花为 3 出或 2 出数；萼片和花瓣同形，稀可花瓣较大。花药以舌瓣裂开；浆果或核果 …………………………………………………… 樟科 Lauraceae
316. 蔓生性的灌木，茎为合轴型，具钩状的分枝；托叶小而早落；花为 5 出数，萼片和花瓣不同形，前者于结实时增大成翅状；花药纵长裂开；坚果 ……………………………………………………………… 钩枝藤科 Ancistrocladaceae
（钩枝藤属 *Ancistrocladus*）
315. 草本或亚灌木；叶互生或对生，具膜质托叶鞘 …………………………… 蓼科 Polygonaceae

312. 每子房室内有胚珠 2 个至多数。

317. 乔木、灌木或木质藤本。（次 317 项见 321 页）

318. 花瓣雄蕊均着生于花萼上 ………………………………………… 千屈菜科 Lythraceae

318. 花瓣雄蕊均着生于花托上（或于西番莲科中雄蕊着生于子房柄上）

319. 核果或翅果，仅有 1 种子。

320. 花萼具显著的 4 或 5 裂片或裂齿，微小而不能长大 ………… 茶茱萸科 Icacinaceae

320. 花萼呈截平头或具不明显的萼齿，微小，但能在果实上增大………………………
……………………………………………………………………… 铁青树科 Olacaceae
（铁青树属 *Olax*）

319. 蒴果或浆果，内有 2 个至多数种子。

321. 花两侧对称。

322. 叶为 2～3 回羽状复叶；雄蕊 5 个 ……………………………… 辣木科 Moringaceae
（辣木属 *Moringa*）

322. 叶为全缘的单叶；雄蕊 8 个 ……………………………… 远志科 Polygalaceae

321. 花辐射对称；叶为单叶或掌状分裂。

323. 花瓣有直立而常彼此衔接的瓣爪 ………………………… 海桐花科 Pittosporaceae
（海桐花属 *Pittosporum*）

323. 花瓣不具细长的瓣爪。

324. 植物体为耐寒旱性；有鳞片状或细长形的叶片；花无小苞片…………………
……………………………………………………………………… 柽柳科 Tamariceae

324. 植物体非为耐寒旱性，具有较宽大的叶片。

325. 花两性。（次 325 项见 321 页）

326. 花萼和花瓣不甚分化，且前者较大……………… 大风子科 Flacourtiaceae
（红子木属 *Erythrospermurn*）

326. 花萼和花瓣有分化，前者很小 ……………………… 堇菜科 Violaceae
（三角车属 *Rinorea*）

325. 雌雄异株或花杂性。

327. 乔木；花的每一花瓣基部各具位于内方的一鳞片；无子房柄……………
………………………………………………………… 大风子科 Flacourtiaceae
（大风子属 *Hydnocarpus*）

327. 多为具卷须而攀援的灌木；花常具由 5 鳞片所组成的副冠，各鳞片和萼片相对生；有子房柄 ……………………………… 西番莲科 Passifloraceae
（蒴莲属 *Adenia*）

317. 草本或亚灌木。

328. 胎座位于子房室的中央或基底。

329. 花瓣着生于花萼的喉部 ……………………………………… 千屈菜科 Lythraceae

329. 花瓣着生于花托上。

330. 萼片 2 片；叶互生，稀可对生 ………………………… 马齿苋科 Portulacaceae

330. 萼片 5 或 4 片；叶对生 ……………………………………… 石竹科 Caryophyllaceae

328. 胎座为侧膜胎座。

331. 食虫植物，具生有腺体刚毛的叶片……………………………… 茅膏菜科 Droseraceae

331. 非为食虫植物，也无生有腺体毛茸的叶片。

332. 花两侧对称。

333. 花有一位于前方的距状物；蒴果 3 瓣裂开 ……………… 堇菜科 Violaceae

333. 花有一位于后方的大型花盘；蒴果仅于顶端裂开 ………… 木犀草科 Resedaceae

332. 花整齐或近于整齐。

334. 植物体为耐寒旱性；花瓣内侧各有 1 舌状的鳞片 ………… 瓣鳞花科 Frankeniaceae （瓣鳞花属 *Frankenia*）

334. 植物体非为耐寒旱性；花瓣内侧无鳞片的舌状附属物。

335. 花中有副冠及子房柄 ……………………………………… 西番莲科 Passifloraceae （西番莲属 *Passifiora*）

335. 花中无副冠及子房柄 ……………………………………… 虎耳草科 Saxifragaceae

306. 子房 2 室或更多室。

336. 花瓣形状彼此极不相等。

337. 每子房室内有数个至多数胚珠。

338. 子房 2 室 ……………………………………………………… 虎耳草科 Saxifragaceae

338. 子房 5 室……………………………………………………… 凤仙花科 Balsaminaceae

337. 每子房室内仅有 1 个胚珠。

339. 子房 3 室；雄蕊离生；叶盾状，叶缘具棱角或波纹 ……………… 旱金莲科 Tropaeolaceae （旱金莲属 *Tropaeolum*）

339. 子房 2 室（稀可 1 或 3 室）；雄蕊连合为一单体；叶不呈盾状，全缘 …………………… ……………………………………………………………… 远志科 Polygalaceae

336. 花瓣形状彼此相等或微有不等，且有时花也可为两侧对称。

340. 雄蕊数和花瓣数既不相等，也不是它的倍数。（次 340 项见 322 页）

341. 叶对生。

342. 雄蕊 4 ~ 10 个，常 8 个。

343. 蒴果 ……………………………………………………… 七叶树科 Hippocastanaceae

343. 翅果 ……………………………………………………………… 槭树科 Aceraceae

342. 雄蕊 2 或 3 个，也稀为 4 或 5 个。

344. 萼片及花瓣均为 5 出数；雄蕊多为 3 个 …………………… 翅子藤科 Hippocrateaceae

344. 萼片及花瓣均为 4 出数；雄蕊 2 个，稀可 3 个 ……………………… 木犀科 Oleaceae

341. 叶互生。

345. 叶为单叶，多全缘，或在油桐属 *Aleurites* 中具 3 ~ 7 裂片；花单性 …………………… ……………………………………………………………… 大戟科 Euphorbiaceae

345. 叶为单叶或复叶；花两性或杂性。

346. 萼片为镊合状排列；雄蕊连成单体 ……………………………… 梧桐科 Sterculiaceae

346. 萼片为覆瓦状排列；雄蕊离生。

347. 子房 4 或 5 室，每子房室内有 8 ~ 12 胚珠；种子具翅 …………… 楝科 Meliaceae （香椿属 *Toona*）

347. 子房常 3 室，每子房室内有 1 至数个胚珠；种子无翅。

348. 花小型或中型，下位，萼片互相分离或微有连合 …………… 无患子科 Sapindaceae

348. 花大型，美丽，周位，萼片互相连合成一钟形的花萼…………………………………… ……………………………………………………… 伯乐树科 Bretschneideraceae （伯乐树属 *Bretschneidera*）

340. 雄蕊和花瓣数相等，或是花瓣数的倍数。

349. 每子房室内有胚珠或种子 3 至多数。（次 349 项见 324 页）

350. 叶为复叶。

351. 雄蕊连合成为单体……………………………………………… 酢浆草科 Oxalidaceae

351. 雄蕊彼此相互分离。
352. 叶互生。
353. 叶为 2～3 回的三出叶，或为掌状叶 …………………… 虎耳草科 Saxifragaceae（落新妇属 *Astilbe*）
353. 叶为 1 回羽状复叶 ……………………………… 楝科 Meliaceae（香椿属 *Toona*）
352. 叶对生。
354. 叶为双数羽状复叶 ………………………………………… 蒺藜科 Zygophyllaceae
354. 叶为单数羽状复叶 ………………………………………… 省沽油科 Staphyleaceae
350. 叶为单叶。
355. 草本或亚灌木。
356. 花周位；花托多少有些中空。
357. 雄蕊着生于杯状花托的边缘 ……………………………… 虎耳草科 Saxifragaceae
357. 雄蕊着生于杯状或管状花萼（或花托）的内侧 …………… 千屈菜科 Lythraceae
356. 花下位；花托常扁平。
358. 叶对生或轮生，常全缘。
359. 水生或沼泽草本，有时（例如田繁缕属 *Bergia*）为亚灌木；有托叶 ……………………………………………………………………… 沟繁缕科 Elatinaceae
359. 陆生草本；无托叶 …………………………………… 石竹科 Caryophyllaceae
358. 叶互生或基生，稀可对生，边缘有锯齿，或退化为无绿色组织的鳞片。
360. 草本或亚灌木；有托叶；萼片呈镊合状排列，脱落性…………………………………………………………………………………… 椴树科 Tiliaceae（黄麻属 *Corchorus*，田麻属 *Corchoropsis*）
360. 多年生常绿草本，或为死物寄生植物而无绿色组织；无托叶；萼片呈覆瓦状排列，宿存 ……………………………………………… 鹿蹄草科 Pyrolaceae
355. 木本植物。
361. 花瓣常有彼此衔接或其边缘互相依附的柄状瓣爪………… 海桐花科 Pittosporaceae（海桐花属 *Pittosporum*）
361. 花瓣无瓣爪，或仅具互相分离的细长柄状瓣爪。
362. 花托空凹；萼片呈镊合状或覆瓦状排列。（次 362 项见 323 页）
363. 叶互生，边缘有锯齿，常绿性 ………………………… 虎耳草科 Saxifragaceae（鼠刺属 *Itea*）
363. 叶对生或互生，全缘，脱落性。
364. 子房 2～6 室，仅具 1 花柱；胚珠多数，着生于中轴胎座上 ……………………………………………………………………… 千屈菜科 Lythraceae
364. 子房 2 室，具 2 花柱；胚珠数个，垂悬于中轴胎座上……………………………………………………………… 金缕梅科 Hamamelidaceae（双花木属 *Disanthus*）
362. 花托扁平或微凸起；萼片呈覆瓦状或在杜英科中呈镊合状排列。
365. 花为 4 出数；果实呈浆果状或核果状；花药纵长裂开或顶端舌瓣裂开。
366. 穗状花序腋生于当年新枝上；花瓣先端具齿裂………… 杜英科 Elaeocarpaceae（杜英属 *Elaeocarpus*）
366. 穗状花序腋生于昔年老枝上；花瓣完整 …………… 旌节花科 Stachyuraceae（旌节花属 *Stachyurus*）
365. 花为 5 出数；果实呈蒴果状；花药顶端孔裂。

367. 花粉粒单纯；子房3室 ………………………………… 桤叶树科 Clethraceae
（桤叶树属 *Clethra*）
367. 花粉粒复合，成为四合体；子房5室 ………………… 杜鹃花科 Ericaceae
349. 每子房室内有胚珠或种子1或2个。
368. 草本植物，有时基部呈灌木状。
369. 花单性、杂性，或雌雄异株。
370. 具卷须的藤本；叶为2回3出复叶 ………………………… 无患子科 Sapindaceae
（倒地铃属 *Cardiospermum*）
370. 直立草本或亚灌木；叶为单叶 ……………………………… 大戟科 Euphorbiaceae
369. 花两性。
371. 萼片呈镊合状排列；果实有刺 ………………………………………… 椴树科 Tiliaceae
（刺蒴麻属 *Triumfetta*）
371. 萼片呈覆瓦状排列；果实无刺。
372. 雄蕊彼此分离；花柱互相连合 ……………………………… 牻牛儿苗科 Geraniaceae
372. 雄蕊互相连合；花柱彼此分离 ………………………………………… 亚麻科 Linaceae
368. 木本植物。
373. 叶肉质，通常仅为1对小叶所组成的复叶 ……………………… 蒺藜科 Zygophyllaceae
373. 叶为其他情形。
374. 叶对生；果实为1、2或3个翅果所组成。
375. 花瓣细裂或具齿裂；每果实有3个翅果 ……………………… 金虎尾科 Malpighiaceae
375. 花瓣全缘；每果实具2个或连合为1个的翅果 ……………… 槭树科 Aceraceae
374. 叶互生，如为对生时，则果实不为翅果。
376. 叶为复叶，或稀可为单叶而有具翅的果实。（次376项见324页）
377. 雄蕊连为单体。
378. 萼片及花瓣均为3出数；花药6个，花丝生于雄蕊管的口部………………
…………………………………………………………………………… 橄榄科 Burseraceae
378. 萼片及花瓣均为4至6出数；花药8～12个，无花丝，直接着生于雄蕊管的喉部或裂齿之间 ……………………………………………………… 楝科 Meliaceae
377. 雄蕊各自分离。
379. 叶为单叶；果实为一具3翅而其内仅有1个种子的小坚果…………………
…………………………………………………………………………… 卫矛科 Celastraceae
（雷公藤属 *Tripterygium*）
379. 叶为复叶；果实无翅。
380. 花柱3～5个；叶常互生，脱落性 ……………………… 漆树科 Anacardiaceae
380. 花柱1个；叶互生或对生。
381. 叶为羽状复叶，互生，常绿性或脱落性；果实有各种类型……………
…………………………………………………………………… 无患子科 Sapindaceae
381. 叶为掌状复叶，对生，脱落性；果实为蒴果……………………………
…………………………………………………………… 七叶树科 Hippocastanaceae
376. 叶为单叶；果实无翅。
382. 雄蕊连成单体，或如为2轮时，至少其内轮者如此，有时其花药无花丝（例如大戟科的三宝木属 *Trigonostemon*）。
383. 花单性；萼片或花萼裂片2～6片，呈镊合状或覆瓦状排列 ………………
…………………………………………………………………… 大戟科 Euphorbiaceae

383. 花两性；萼片 5 片，呈覆瓦状排列。

384. 果实呈蒴果状；子房 3 ~ 5 室，各室均可成熟 ………… 亚麻科 Linaceae

384. 果实呈核果状；子房 3 室，其中的 2 室多为不孕性，仅 1 室可成熟，而有 1 或 2 个胚珠 ………………………………………… 古柯科 Erythroxylaceae（古柯属 *Erythroxylum*）

382. 雄蕊各自分离，有时在毒鼠子科中可和花瓣相连合而形成 1 管状物。

385. 果呈蒴果状。

386. 叶互生或稀对生；花下位。

387. 叶脱落性或常绿性；花单性或两性；子房 3 室，稀 2 或 4 室，有时可多至 15 室（例如算盘子属 *Glochidion*） ……… 大戟科 Euphorbiaceae

387. 叶常绿性；花两性；子房 5 室 …………… 五列木科 Pentaphylacaceae（五列木属 *Pentaphylax*）

386. 叶对生或互生；花周位 ……………………………… 卫矛科 Celastraceae

385. 果呈核果状，有时木质化，或呈浆果状。

388. 种子无胚乳，胚体肥大而多肉质。

389. 雄蕊 10 个 ………………………………………… 蒺藜科 Zygophyllaceae

389. 雄蕊 4 或 5 个。

390. 叶互生；花瓣 5 片，各 2 裂或成 2 部分 ……………………………………………………………… 毒鼠子科 Dichapetalaceae（毒鼠子属 *Dichapetalum*）

390. 叶对生；花瓣 4 片，均完整 ………………… 刺茉莉科 Salvadoraceae（刺茉莉属 *Azima*）

388. 种子有胚乳，胚体有时很小。

391. 植物体为耐寒旱性；花单性，3 出或 2 出数 ……………………………………………………………… 岩高兰科 Empetraceae（岩高兰属 *Empetrum*）

391. 植物体为普通形状；花两性或单性，5 出或 4 出数。

392. 花瓣呈镊合状排列。（次 392 项见 325 页）

393. 雄蕊和花瓣同数 …………………………… 茶茱萸科 Icacinaceae

393. 雄蕊为花瓣的倍数。

394. 枝条无刺，而有对生的叶片 …………… 红树科 Rhizophoraceae（红树族 Gynotrocheae）

394. 枝条有刺，而有互生的叶片 ……………… 铁青树科 Olacaceae（海檀木属 *Ximenia*）

392. 花瓣呈覆瓦状排列，或在攀打科的小盘木属 *Microdesmis* 中为扭转兼覆瓦状排列。

395. 花单性，雌雄异株；花瓣较小于萼片 ………… 攀打科 Pandaceae（小盘木属 *Microdesmis*）

395. 花两性或单性；花瓣常较大于萼片。

396. 落叶攀援灌木；雄蕊 10 个；子房 5 室，每室内有胚珠 2 个 ……………………………………………… 猕猴桃科 Actinidiaceae（藤山柳属 *Clematoclethra*）

396. 多为常绿乔木或灌木；雄蕊 4 或 5 个。

397. 花下位，雌雄异株或杂性；无花盘……………………………

…………………………………………… 冬青科 Aquifoliaceae

（冬青属 *Iler*）

397. 花周位，两性或杂性；有花盘 ………… 卫矛科 Celastraceae

（福木亚科 Cassinoideae）

160. 花冠为多少有些连合的花瓣所组成。

398. 成熟雄蕊或单体雄蕊的花药数多于花冠裂片。（次 398 项见 327 页）

399. 心皮 1 个至数个，互相分离或大致分离。

400. 叶为单叶或有时为羽状分裂，对生，肉质 …………………………………………… 景天科 Crassulaceae

400. 叶为 2 回羽状复叶，互生，不呈肉质 …………………………………………………… 豆科 Leguminosae

（含羞草亚科 Mimosoideae）

399. 心皮 2 个或更多，连合成一复合性子房。

401. 雌雄同株或异株，有时为杂性。

402. 子房 1 室；无分枝而呈棕榈状的小乔木 ……………………………………………… 番木瓜科 Caricacea

（番木瓜属 *Carica*）

402. 子房 2 室至多室；具分枝的乔木或灌木。

403. 雄蕊连成单体，或至少内层者如此；蒴果 ………………………………………… 大戟科 Euphorbiaceae

（麻疯树属 *Jatropha*）

403. 雄蕊各自分离；浆果 ……………………………………………………………………… 柿科 Ebenaceae

401. 花两性。

404. 花瓣连成一盖状物，或花萼裂片及花瓣均可合成为 1 或 2 层的盖状物。

405. 叶为单叶，具有透明微点 ………………………………………………………………… 桃金娘科 Myrtaceae

405. 叶为掌状复叶，无透明微点 …………………………………………………………………… 五加科 Araliaceae

（多蕊木属 *Tupidanthus*）

404. 花瓣及花萼裂片均不连成盖状物。

406. 每子房室中有 3 个至多数胚珠。（次 406 项见 326 页）

407. 雄蕊 5～10 个或其数不超过花冠裂片的 2 倍，稀在野茉莉科的银钟花属 *Halesia* 其数可达 16 个，而为花冠裂片的 4 倍。

408. 雄蕊连成单体或其花丝于基部互相连合；花药纵裂；花粉粒单生。

409. 叶为复叶；子房上位；花柱 5 个………………………………………………………… 酢浆草科 Oxalidaceae

409. 叶为单叶；子房下位或半下位；花柱 1 个；乔木或灌木，常有星状毛…… 安息香科 Styracaceae

408. 雄蕊各自分离；花药顶端孔裂；花粉粒为四合型 ……………………………… 杜鹃花科 Ericaceae

407. 雄蕊为不定数。

410. 萼片和花瓣常各为多数，而无显著的区分；子房下位；植物体肉质，绿色，常具棘针，而其叶退化 ……………………………………………………………………………… 仙人掌科 Cactaceae

410. 萼片和花瓣常各为 5 片，而有显著的区分；子房上位。

411. 萼片呈镊合状排列；雄蕊连成单体 ………………………………………………… 锦葵科 Malvaceae

411. 萼片呈显著的覆瓦状排列。

412. 雄蕊连成 5 束，且每束着生于 1 花瓣的基部；花药顶端孔裂；浆果………………………………………………………………………………… 猕猴桃科 Actinidiaceae

（水东哥属 *Saurauia*）

412. 雄蕊的基部连成单体；花药纵长裂开；蒴果……………………………………… 山茶科 Theaceae

（紫茎属 *Stewartia*）

406. 每子房室中常仅有 1 或 2 个胚珠。

413. 花萼中的2片或更多片于结实时能长大成翅状……………………………… 龙脑香科 Dipterocarpaceae
413. 花萼裂片无上述变大的情形。
414. 植物体常有星状毛茸…………………………………………………………… 安息香科 Styracaceae
414. 植物体无星状毛茸。
415. 子房下位或半下位；果实歪斜 ……………………………………………… 山矾科 Symplocaceae
（山矾属 *Symplocos*）
415. 子房上位。
416. 雄蕊相互连合为单体；果实成熟时分裂为离果 ……………………………… 锦葵科 Malvaceae
416. 雄蕊各自分离；果实不是离果。
417. 子房1或2室；蒴果 …………………………………………………… 瑞香科 Thymelaeaceae
（沉香属 *Aquilaria*）
417. 子房6~8室；浆果 ……………………………………………………… 山榄科 Sapotaceae
（紫荆木属 *Madhuca*）
398. 成熟雄蕊并不多于花冠裂片或有时因花丝的分裂则可多于。
418. 雄蕊和花冠裂片为同数且对生。
419. 植物体内有乳汁 ………………………………………………………………… 山榄科 Sapotaceae
419. 植物体内不含乳汁。
420. 果实内有数个至多数种子。
421. 乔木或灌木；果实呈浆果状或核果状 ……………………………………… 紫金牛科 Myrsinaceae
421. 草本；果实呈蒴果状 ……………………………………………………… 报春花科 Primulaceae
420. 果实内仅有1个种子。
422. 子房下位或半下位。
423. 乔木或攀援性灌木；叶互生 ……………………………………………… 铁青树科 Olacaceae
423. 常为半寄生性灌木；叶对生 ……………………………………………… 桑寄生科 Loranthaceae
422. 子房上位。
424. 花两性。
425. 攀援性草本；萼片2；果为肉质宿存花萼所包围 …………………………… 落葵科 Basellaceae
（落葵属 *Basella*）
425. 直立草本或亚灌木，有时为攀援性；萼片或萼裂片5；果为蒴果或瘦果，不为花萼所包围
…………………………………………………………………………… 白花丹科 Plumbaginaceae
424. 花单性，雌雄异株；攀援性灌木。
426. 雄蕊连合成单体；雌蕊单纯性 …………………………………………… 防己科 Menispermaceae
（锡生藤亚族 Cissampelinae）
426. 雄蕊各自分离；雌蕊复合性 ……………………………………………… 茶茱萸科 Icacinaceae
（微花藤属 *Iodes*）
418. 雄蕊和花冠裂片为同数且互生，或雄蕊数较花冠裂片为少。
427. 子房下位。（次427项见328页）
428. 植物体常以卷须而攀援或蔓生；胚珠及种子皆为水平生长于侧膜胎座上 ………… 葫芦科 Cucurbitaceae
428. 植物体直立，如为攀援时也无卷须；胚珠及种子并不为水平生长。
429. 雄蕊互相连合。
430. 花整齐或两侧对称，成头状花序，或在苍耳属 *Xanthium* 中，雌花序为一仅含2花的果壳，其外生有钩状刺毛；子房1室，内仅有1个胚珠 ………………………………………… 菊科 Compositae
430. 花多两侧对称，单生或成总状或伞房花序；子房2或3室，内有多数胚珠。
431. 花冠裂片呈镊合状排列；雄蕊5个，具分离的花丝及连合的花药 ………… 桔梗科 Campanulaceae

（半边莲亚科 Lobelioideae）

431. 花冠裂片呈覆瓦状排列；雄蕊 2 个，具连合的花丝及分离的花药…………… 花柱草科 Stylidiaceae

（花柱草属 *Stylidium* ）

429. 雄蕊各自分离。

432. 雄蕊和花冠相分离或近于分离。

433. 花药顶端孔裂；花粉粒连合成四合体；灌木或亚灌木 ……………………………… 杜鹃花科 Ericaceae

（越桔亚科 Vaccinioideae）

433. 花药纵长裂开，花粉粒单纯；多为草本。

434. 花冠整齐；子房 2～5 室，内有多数胚珠 ……………………………………… 桔梗科 Campanulaceae

434. 花冠不整齐；子房 1～2 室，每子房室内仅有 1 或 2 个胚珠 …………… 草海桐科 Goodeniaceae

432. 雄蕊着生于花冠上。

435. 雄蕊 4 或 5 个，和花冠裂片同数。

436. 叶互生；每子房室内有多数胚珠 ………………………………………… 桔梗科 Campanulaceae

436. 叶对生或轮生；每子房室内有 1 个至多数胚珠。

437. 叶轮生，如为对生时，则有托叶存在 ……………………………………… 茜草科 Rubiaceae

437. 叶对生，无托叶或稀有明显的托叶。

438. 花序多为聚伞花序 ………………………………………………………… 忍冬科 Caprifoliaceae

438. 花序为头状花序 ………………………………………………………… 川续断科 Dipsacaceae

435. 雄蕊 1～4 个，其数较花冠裂片为少。

439. 子房 1 室。

440. 胚珠多数，生于侧膜胎座上 ……………………………………………… 苦苣苔科 Gesneriaceae

440. 胚珠 1 个，垂悬于子房的顶端 …………………………………………… 川续断科 Dipsacaceae

439. 子房 2 室或更多室，具中轴胎座。

441. 子房 2～4 室，所有的子房室均可成熟；水生草本 ………………………… 胡麻科 Pedaliaceae

（茶菱属 *Trapella*）

441. 子房 3 或 4 室，仅其中 1 或 2 室可成熟。

442. 落叶或常绿的灌木；叶片常全缘或边缘有锯齿 ………………………… 忍冬科 Caprifoliaceae

442. 陆生草本；叶片常有很多的分裂 ………………………………………… 败酱科 Valerianaceae

427. 子房上位。

443. 子房深裂为 2～4 部分；花柱或数花柱均自子房裂片之间伸出。

444. 花冠两侧对称或稀可整齐；叶对生 ……………………………………………………… 唇形科 Labiatae

444. 花冠整齐；叶互生。

445. 花柱 2 个；多年生匍匐性小草本；叶片呈圆肾形 ……………………………… 旋花科 Convolvulaceae

（马蹄金属 *Dichondra*）

445. 花柱 1 个 ……………………………………………………………………………… 紫草科 Boraginaceae

443. 子房完整或微有分割，或为 2 个分离的心皮所组成；花柱自子房的顶端伸出。

446. 雄蕊的花丝分裂。（次 446 项见 328 页）

447. 雄蕊 2 个，各分为 3 裂 …………………………………………………………… 罂粟科 Papaveraceae

（荷包牡丹亚科 Fumarioideae）

447. 雄蕊 5 个，各分为 2 裂 …………………………………………………………… 五福花科 Adoxaceae

（五福花属 *Adoxa*）

446. 雄蕊的花丝单纯。

448. 花冠不整齐，常多少有些呈二唇状。

449. 成熟雄蕊 5 个。

450. 雄蕊和花冠离生 ………………………………………………………………… 杜鹃花科 Ericaceae

450. 雄蕊着生于花冠上 ……………………………………………………………… 紫草科 Boraginaceae

449. 成熟雄蕊 2 或 4 个，退化雄蕊有时也可存在。

451. 每子房室内仅含 1 或 2 个胚珠（如为后一情形时，也可在次 451 项检索之）。

452. 叶对生或轮生；雄蕊 4 个，稀 2 个；胚珠直立，稀垂悬。

453. 子房 2～4 室，共有 2 个或更多的胚珠 ………………………………… 马鞭草科 Verbenaceae

453. 子房 1 室，仅含 1 个胚珠 ………………………………………………… 透骨草科 Phrymaceae

（透骨草属 *Phryma*）

452. 叶互生或基生；雄蕊 2 或 4 个，胚珠垂悬；子房 2 室，每子房室内仅有 1 个胚珠 ……………
………………………………………………………………………………… 玄参科 Scrophulariaceae

451. 每子房室内有 2 个至多数胚珠。

454. 子房 1 室具侧膜胎座或中央胎座（有时可因侧膜胎座的深入而为 2 室）。

455. 草本或木本植物，不为寄生性，也非食虫性。

456. 多为乔木或木质藤本；叶为单叶或复叶，对生或轮生，稀可互生，种子有一翅，但无胚乳 ……………………………………………………………………… 紫葳科 Bignoniaceae

456. 多为草本；叶为单叶，基生或对生；种子无翅，有或无胚乳…………………………
………………………………………………………………………… 苦苣苔科 Gesneriaceae

455. 草本植物，为寄生性或食虫性。

457. 植物体寄生于其他植物的根部，无绿叶存在；雄蕊 4 个；侧膜胎座…………………
………………………………………………………………………… 列当科 Orobanchaceae

457. 植物体为食虫性，有绿叶存在；雄蕊 2 个；特立中央胎座；多为水生或沼泽植物，且有具距的花冠 ……………………………………………………… 狸藻科 Lentibulariaceae

454. 子房 2～4 室，具中轴胎座，或于角胡麻科中为子房 1 室而具侧膜胎座。

458. 植物体常具分泌黏液的腺毛；种子无胚乳或具一薄层胚乳。

459. 子房最后成为 4 室；蒴果的果皮质薄而不延伸为长喙；油料植物………………………
…………………………………………………………………………… 胡麻科 Pedaliaceae

（胡麻属 *Sesamum*）

459. 子房 1 室；蒴果的内皮坚硬而呈木质，延伸为钩状长喙；栽培花卉 …………………
………………………………………………………………………… 角胡麻科 Martyniaceae

（角胡麻属 *Martynia*）

458. 植物体不具上述的腺毛；子房 2 室。

460. 叶对生；种子无胚乳，位于胎座的钩状突起上 ……………………… 爵床科 Acanthaceae

460. 叶互生或对生；种子有胚乳，位于中轴胎座上。

461. 花冠裂片具深缺刻；成熟雄蕊 2 个 ………………………………… 茄科 Solanaceae

（蝴蝶花属 *Schizanthus*）

461. 花冠裂片全缘或仅其先端具一凹陷；成熟雄蕊 2 或 4 个 ………… 玄参科 Scrophulariaceae

448. 花冠整齐；或近于整齐。

462. 雄蕊数较花冠裂片为少。（次 462 项见 330 页）

463. 子房 2～4 室，每室内仅含 1 或 2 个胚珠。（次 463 项见 329 页）

464. 雄蕊 2 个 ………………………………………………………………… 木犀科 Oleaceae

464. 雄蕊 4 个。

465. 叶互生，有透明腺体微点存在 ……………………………………… 苦槛蓝科 Myoporaceae

465. 叶对生，无透明微点 ………………………………………………… 马鞭草科 Verbenaceae

463. 子房 1 或 2 室，每室内有数个至多数胚珠。

466. 雄蕊2个；每子房室内有4~10个胚珠垂悬于室的顶端 ………………………… 木犀科 Oleaceae
（连翘属 *Forsythia*）

466. 雄蕊4或2个；每子房室内有多数胚珠着生于中轴或侧膜胎座上。

467. 子房1室，内具分歧的侧膜胎座，或因胎座深入而使子房成2室 ………… 苦苣苔科 Gesneriaceae

467. 子房为完全的2室，内具中轴胎座。

468. 花冠于蕾中常折叠；子房2心皮的位置偏斜 ……………………………… 茄科 Solanaceae

468. 花冠于蕾中不折叠，而呈覆瓦状排列；子房的2心皮位于前……… 玄参科 Scrophulariaceae

462. 雄蕊和花冠裂片同数。

469. 子房2个，或为1个而成熟后呈双角状。

470. 雄蕊各自分离；花粉粒也彼此分离 ………………………………………… 夹竹桃科 Apocynaceae

470. 雄蕊互相连合；花粉粒连成花粉块 ………………………………………… 萝藦科 Asclepiadaceae

469. 子房1个，不呈双角状。

471. 子房1室或因2侧膜胎座的深入而成2室。

472. 子房为1心皮所成。

473. 花显著，呈漏斗形而簇生；果实为1瘦果，有棱或有翅 ………… 紫茉莉科 Nyctaginaceae
（紫茉莉属 *Mirabilis*）

473. 花小型而形成球形的头状花序；果实为1荚果，成熟后则裂为仅含1种子的节荚果 ……………………………………………………………………………… 豆科 Leguminosae
（含羞草属 *Mimosa*）

472. 子房为2个以上连合心皮所成。

474. 乔木或攀援性灌木，稀为攀援性草本，而体内具有乳汁（例如心翼果属 *Peripterygium*）；果实呈核果状心翼果属为干燥的翅果，内有1个种子 ………………… 茶茱萸科 Icacinaceae

474. 草本或亚灌木，或于旋花科的丁公藤属 *Erycibe* 中为攀援灌木；果实呈蒴果状（或于丁公藤属中呈浆果状），内有2个或更多的种子。

475. 花冠裂片呈覆瓦状排列。

476. 叶茎生，羽状分裂或为羽状复叶（限我国植物） …………… 田基麻科 Hydrophyllaceae
（水叶族 Hydrophylleae）

476. 叶基生，单叶，边缘具齿裂 ……………………………………… 苦苣苔科 Gesneriaceae
（苦苣苔属 *Conandron*，世纬苣苔属 *Tengia*）

475. 花冠裂片常呈旋转状或内折的镊合状排列。

477. 攀援性灌木；果实呈浆果状，内有少数种子 …………………… 旋花科 Convolvulaceae
（丁公藤属 *Erycibe*）

477. 直立陆生或漂浮水面的草本；果实呈蒴果状，内有少数至多数种子…………………………………………………………………………………………… 龙胆科 Gentianaceae

471. 子房2~10室。

478. 无绿叶而为缠绕性的寄生植物 ……………………………………… 旋花科 Convolvulaceae
（菟丝子亚科 Cuscutoideae）

478. 不是上述的无叶寄生植物。

479. 叶常对生，且多在两叶之间具有托叶所成的连接线或附属物 ……… 马钱科 Loganiaceae

479. 叶常互生，或有时基生，如为对生时，其两叶之间也无托叶所成的连系物，有时其叶也可轮生。

480. 雄蕊和花冠离生或近于离生。

481. 灌木或亚灌木；花药顶端孔裂；花粉粒为四合体；子房常5室……………………

……………………………………………………………………… 杜鹃花科 Ericaceae

481. 一年或多年生草本，常为缠绕性；花药纵长裂开；花粉粒单纯；子房常 3 ~ 5 室 ……………………………………………………………………… 桔梗科 Campanulaceae

480. 雄蕊着生于花冠的筒部。

482. 雄蕊 4 个，稀可在冬青科为 5 个或更多。

483. 无主茎的草本，具由少数至多数花朵所形成的穗状花序生于一基生花葶上 ……………………………………………………………………… 车前科 Plantaginaceae

（车前属 *Plantago* ）

483. 乔木、灌木，或具有主茎的草本。

484. 叶互生，多常绿 ……………………………………………… 冬青科 Aquifoliaceae

（冬青属 *Ilex*）

484. 叶对生或轮生。

485. 子房 2 室，每室内有多数胚珠……………………… 玄参科 Scrophulariaceae

485. 子房 2 室至多室，每室内有 1 或 2 个胚珠 ………… 马鞭草科 Verbenaceae

482. 雄蕊常 5 个，稀可更多。

486. 每子房室内仅有 1 或 2 个胚珠。

487. 子房 2 或 3 室；胚珠自子房室近顶端垂悬；木本植物；叶全缘。

488. 每花瓣 2 裂或 2 分；花柱 1 个；子房无柄，2 或 3 室，每室内各有 2 个胚珠；核果；有托叶 ……………………………………… 毒鼠子科 Dichapetalaceae

（毒鼠子属 *Dichapetalum*）

488. 每花瓣均完整；花柱 2 个；子房具柄，2 室，每室内仅有 1 个胚珠；翅果；无托叶……………………………………………… 茶茱萸科 Icacinaceae

487. 子房 1 ~ 4 室；胚珠在子房室基底或中轴的基部直立或上举；无托叶；花柱 1 个，稀 2 个，有时在紫草科的破布木属 *Cordia* 中其先端可成两次的 2 分。

489. 果实为核果；花冠有明显的裂片，并在蕾中呈覆瓦状或旋转状排列；叶全缘或有锯齿；通常均为直立木本或草本，多粗壮或具刺毛 ……………………… ……………………………………………………………… 紫草科 Boraginaceae

489. 果实为蒴果；花瓣完整或具裂片；叶全缘或具裂片，但无锯齿缘。

490. 通常为缠绕性稀为直立草本，或为半木质的攀援植物至大型木质藤本（例如盾苞藤属 *Neuropeltis*）；萼片多互相分离；花冠常完整而几无裂片，于蕾中呈旋转状排列，也可有时深裂而其裂片成内折的镊合状排列（例如盾苞藤属） ……………………………………………… 旋花科 Convolvulaceae

490. 通常均为直立草本；萼片连合成钟形或筒状；花冠有明显的裂片，唯在蕾中也呈旋转状排列………………………………………… 花荵科 Polemomaceae

486. 每子房室内有多数胚珠，或在花荵科中有时为 1 至数个；多无托叶。

491. 高山区生长的耐寒旱性低矮多年生草本或丛生亚灌木；叶多小型，常绿，紧密排列成覆瓦状或莲座式；花无花盘；花单生至聚集成几为头状花序；花冠裂片呈覆瓦状排列；子房 3 室；花柱 1 个；柱头 3 裂；蒴果室背开裂…………… ……………………………………………………… 岩梅科 Diapensiaceae

491. 草本或木本，不为耐寒旱性；叶常为大型或中型，脱落性，疏松排列而各自展开；花多有位于子房下方的花盘。

492. 花冠不于蕾中折叠，其裂片呈旋转状排列，或在田基麻科中为覆瓦状排列。（次 492 项见 323 页）

493. 叶为单叶，或在花荵属 *Polemonium* 为羽状分裂或为羽状复叶；子房 3 室

（稀 2 室）；花柱 1 个；柱头 3 裂；蒴果多室背开裂 ………………………………………………………………………………… 花荵科 Polemoniaceae

493. 叶为单叶，且在田基麻属 *Hydrolea* 为全缘；子房 2 室；花柱 2 个；柱头呈头状；蒴果室间开裂 ……………………………… 田基麻科 Hydrophyllaceae（田基麻族 Hydroleeae）

492. 花冠裂片呈镊合状或覆瓦状排列，或其花冠于蕾中折叠，且呈旋转状排列；花萼常宿存；子房 2 室；或在茄科中为假 3 室至假 5 室；花柱 1 个；柱头完整或 2 裂。

494. 花冠多于蕾中折叠，其裂片呈覆瓦状排列；或在曼陀罗属 *Datura* 呈旋转状排列，稀在枸杞属 *Lycium* 和颠茄属 *Atropa* 等属中，并不于蕾中折叠，而呈覆瓦状排列，雄蕊的花丝无毛；浆果，或为纵裂或横裂的蒴果…………………………………………………………………………… 茄科 Solanaceae

494. 花冠不于蕾中折叠，其裂片呈覆瓦状排列；雄蕊的花丝具毛茸（尤以后方的 3 个如此）。

495. 室间开裂的蒴果 ………………………………………… 玄参科 Scrophulariaceae（毛蕊花属 *Verbascum*）

495. 浆果，有刺灌木 ………………………………………………… 茄科 Solanaceae（枸杞属 *Lycium*）

1. 子叶 1 个；茎无中央髓部，也不呈年轮状的生长；叶多具平行叶脉；花为 3 出数，有时为 4 出数，但极少为 5 出数…………………………………………………………………………………………………… 单子叶植物纲 Monocotyledoneae

496. 木本植物，或其叶于芽中呈折叠状。

497. 灌木或乔木；叶细长或呈剑状，在芽中不呈折叠状 ………………………………………… 露兜树科 Pandanaceae

497. 木本或草本；叶甚宽，常为羽状或扇形的分裂，在芽中呈折叠状而有强韧的平行脉或射出脉。

498. 植物体多很高大，呈棕榈状，具简单或分枝少的主干；花为圆锥或穗状花序，托以佛焰状苞片……… 棕榈科 Palmae

498. 植物体常为无主茎的多年生草本，具常深裂为 2 片的叶片；花为紧密的穗状花序 ………… 环花科 Cyclanthaceae（巴拿马草属 *Carludovica*）

496. 草本植物或稀可为木质茎，但其叶于芽中从不呈折叠状。

499. 无花被或在眼子菜科中很小。（次 499 项见 333 页）

500. 花包藏于或附托以呈覆瓦状排列的壳状鳞片（特称为颖）中，由多花至 1 花形成小穗（自形态学观点而言，此小穗即为简单的穗状花序）。

501. 秆多少有些呈三棱形，实心；茎生叶呈 3 行排列；叶鞘封闭；花药以基底附着花丝；果实为瘦果或囊果…… 莎草科 Cyperaceae

501. 秆常呈圆筒形；中空；茎生叶呈 2 行排列；叶鞘常在一侧纵裂开；花药以其中部附着花丝；果实通常为颖果 …… 禾本科 Poaceae

500. 花虽有时排列为具总苞的头状花序，但并不包藏于呈壳状的鳞片中。

502. 植物体微小，无真正的叶片，仅具无茎而漂浮水面或沉没水中的叶状体 …………………… 浮萍科 Lemnaceae

502. 植物体常具茎，也具叶，其叶有时可呈鳞片状。

503. 水生植物，具沉没水中或漂浮水面的叶片。（次 503 项见 333 页）

504. 花单性，不排列成穗状花序。（次 504 项见 333 页）

505. 叶互生；花成球形的头状花序 …………………………………………… 黑三棱科 Sparganiaceae（黑三棱属 *Sparganium*）

505. 叶多对生或轮生；花单生，或在叶腋间形成聚伞花序。

506. 多年生草本；雌蕊为 1 个或更多而互相分离的心皮组成；胚珠自子房室顶端垂悬……………………

………………………………………………………………………… 眼子菜科 Potamogetonaceae
（角果藻族 Zannichellieae）

506. 一年生草本；雌蕊1个，具2~4柱头；胚珠直立于子房室的基底 …………………… 茨藻科 Najadaceae
（茨藻属 *Najas*）

504. 花两性或单性，排列成简单或分歧的穗状花序。

507. 花排列于1扁平穗轴的一侧。

508. 海水植物；穗状花序不分歧，具雌雄同株或异株的单性花；雄蕊1个，具无花丝而为1室的花药；雌蕊1个，2柱头；胚珠1个，垂悬于子房室顶端 ……………………… 眼子菜科 Potamogetonaceae
（大叶藻属 *Zostera*）

508. 淡水植物；穗状花序常分为二歧而具两性花；雄蕊6个或更多，具极细长的花丝和2室的花药；雌蕊为3~6个离生心皮组成；胚珠在每室内2个或更多，基生 ……………… 水蕹科 Aponogetonaceae
（水蕹属 *Aponogeton*）

507. 花排列于穗轴的周围，多为两性花；胚珠常仅1个 ……………………… 眼子菜科 Potamogetonaceae

503. 陆生或沼泽植物，常有位于空气中的叶片。

509. 叶有柄，全缘或有各种形状的分裂，具网状脉；花形成一肉穗花序，后者常有一大型而常具色彩的佛焰苞片 ………………………………………………………………………… 天南星科 Araceae

509. 叶无柄，细长形、剑形，或退化为鳞片状，其叶片常具平行脉。

510. 花形成紧密的穗状花序，或在帚灯草科为疏松的圆锥花序。

511. 陆生或沼泽植物；花序为由位于苞腋间的小穗所组成的疏散圆锥花序；雌雄异株；叶多呈鞘状
………………………………………………………………………… 帚灯草科 Restionaceae
（薄果草属 *Leptocarpus*）

511. 水生或沼泽植物；花序为紧密的穗状花序。

512. 穗状花序位于一呈二棱形的基生花葶的一侧，而另一侧则延伸为叶状的佛焰苞片；花两性
………………………………………………………………………… 天南星科 Araceae
（石菖蒲属 *Acorus*）

512. 穗状花序位于一圆柱形花梗的顶端，形如蜡烛而无佛焰苞；雌雄同株 ……………… 香蒲科 Typhaceae

510. 花序有各种型式。

513. 花单性，成头状花序。

514. 头状花序单生于基生无叶的花葶顶端；叶狭窄，呈禾草状，有时叶为膜质…………………………
………………………………………………………………………… 谷精草科 Eriocaulaceae
（谷精草属 *Eriocaulon*）

514. 头状花序散生于具叶的主茎或枝条的上部，雄性者在上，雌性者在下；叶细长，呈扁三棱形，直立或漂浮水面，基部呈鞘状 ……………………………………………… 黑三棱科 Sparganiaceae
（黑三棱属 *Sparganium*）

513. 花常两性。

515. 花序呈穗状或头状，包藏于2个互生的叶状苞片中；无花被；叶小，细长形或呈丝状；雄蕊1或2个；子房上位，1~3室，每子房室内仅有1个垂悬胚珠 ……………… 刺鳞草科 Centrolepidaceae

515. 花序不包藏于叶状的苞片中；有花被。

516. 子房3~6个，至少在成熟时互相分离 ……………………………… 水麦冬科 Juncaginaceae
（水麦冬属 *Triglochin*）

516. 子房1个，由3心皮连合所组成 ……………………………………………… 灯心草科 Juncaceae

499. 有花被，常显著，且呈花瓣状。

517. 雌蕊3个至多数，互相分离。（次517项见334页）

518. 死物寄生性植物，具呈鳞片状叶片而无绿色叶片。（次518项见334页）

519. 花两性，具 2 层花被片；心皮 3 个，各有多数胚珠 ………………………………………… 百合科 Liliaceae

（无叶莲属 *Petrosavia*）

519. 花单性或稀可杂性，具一层花被片；心皮数个，各仅有 1 个胚珠 …………………… 霉草科 Triuridaceae

（喜阴草属 *Sciaphila*）

518. 不是死物寄生性植物，常为水生或沼泽植物，具有发育正常的绿叶。

520. 花被裂片彼此相同；叶细长，基部具鞘 …………………………………………………… 水麦冬科 Juncaginaceae

（冰沼草属 *Scheuchzeria*）

520. 花被裂片分化为萼片和花瓣 2 轮。

521. 叶（限于我国植物）呈细长形，直立；花单生或呈伞形花序；蓇葖果 …………… 花蔺科 Butomaceae

（花蔺属 *Butomus*）

521. 叶呈细长兼披针形至卵圆形，常为箭状而具长柄；花常轮生，成总状或圆锥花序；瘦果………………
…………………………………………………………………………………………… 泽泻科 Alismataceae

517. 雌蕊 1 个，复合性或于百合科的岩菖蒲属 *Tofieldia* 中其心皮近于分离。

522. 子房上位，或花被和子房相分离。

523. 花两侧对称；雄蕊 1 个，位于前方，即着生于远轴的 1 个花被片基部 ……………… 田葱科 Philydraceae

（田葱属 *Philydrum*）

523. 花辐射对称，稀可两侧对称；雄蕊 3 个或更多。

524. 花被分化为花萼和花冠 2 轮，后者于百合科的重楼族中，有时为细长形或线形的花瓣所组成，稀可缺如。

525. 花形成紧密而具鳞片的头状花序；雄蕊 3 个；子房 1 室 ………………………… 黄眼草科 Xyridaceae

（黄眼草属 *Xyris*）

525. 花不形成头状花序；雄蕊数在 3 个以上。

526. 叶互生，基部具鞘，平行脉；花为腋生或顶生的聚伞花序；雄蕊 6 个，或因退化而数较少……………
……………………………………………………………………………… 鸭跖草科 Commelinaceae

526. 叶以 3 个或更多个生于茎的顶端而成一轮，网状脉而于基部具 3 ~ 5 脉；花单独顶生；雄蕊 6 个、8 个或 10 个 ………………………………………………………………………… 百合科 Liliaceae

（重楼属 Parideae）

524. 花被裂片彼此相同或近于相同，或于百合科的白丝草属 *Chionographis* 中则极不相同，又在同科的油点草属 *Tricyrtis* 中其外层 3 个花被裂片的基部呈囊状。

527. 花小型，花被裂片绿色或棕色。

528. 花位于一穗形总状花序上；蒴果自一宿存的中轴上裂为 3 ~ 6 瓣，每果瓣内仅有 1 个种子 ……………
……………………………………………………………………………… 水麦冬科 Juncaginaceae

（水麦冬属 *Triglochin*）

528. 花位于各种型式的花序上；蒴果室背开裂为 3 瓣，内有 3 至多数个种子 ………… 灯心草科 Juncaceae

527. 花大型或中型，或有时为小型，花被裂片多少有些具鲜明的色彩。

529. 叶（限我国植物）的顶端变为卷须，并有闭合的叶鞘；胚珠在每室内仅为 1 个；花排列为顶生的圆锥花序 ……………………………………………………………………… 须叶藤科 Flagellariaceae

（须叶藤属 *Flagellaria*）

529. 叶的顶端不变为卷须；胚珠在每子房室内为多数，稀可仅为 1 个或 2 个。

530. 直立或漂浮的水生植物；雄蕊 6 个，彼此不相同，或有时有不育者 ……… 雨久花科 Pontederiaceae

530. 陆生植物；雄蕊 6 个、4 个或 2 个，彼此相同。

531. 花为 4 出数，叶（限我国植物）对生或轮生，具有显著纵脉及密生的横脉 …………………
……………………………………………………………………………… 百部科 Stemonaceae

（百部属 *Stemona*）

531. 花为3出或4出数；叶常基生或互生 ………………………………………………… 百合科 Liliaceae

522. 子房下位，或花被多少有些和子房相愈合。

532. 花两侧对称或为不对称形。（次532项见335页）

533. 花被片均成花瓣状；雄蕊和花柱多少有些互相连合 ………………………………… 兰科 Orchidaceae

533. 花被片并不是均成花瓣状，其外层者形如萼片；雄蕊和花柱相分离。

534. 后方的1个雄蕊常为不育性，其余5个则均发育而具有花药。

535. 叶和苞片排列成螺旋状；花常因退化而为单性；浆果；花管呈管状，其一侧不久即裂开…………………………………………………………………………………………………… 芭蕉科 Musaceae

（芭蕉属 *Musa*）

535. 叶和苞片排列成2行；花两性，蒴果。

536. 萼片互相分离或至多可和花冠相连合；后中的1花瓣并不成为唇瓣 ………… 芭蕉科 Musaceae

（鹤望兰属 *Strelitzia*）

536. 萼片互相连合成管状；居中（位于远轴方向）的1花瓣为大型而成唇瓣 ……… 芭蕉科 Musaceae

（兰花蕉属 Orchidantha）

534. 后方的1个雄蕊发育而具有花药，其余5个则退化，或变形为花瓣状。

537. 花药2室；萼片互相连合为一萼筒，有时呈佛焰苞状 ………………………… 姜科 Zingiberaceae

537. 花药1室；萼片互相分离或至多彼此相衔接。

538. 子房3室，每子房室内有多数胚珠位于中轴胎座上；各不育雄蕊呈花瓣状，互相于基部简短连合 …………………………………………………………………………………… 美人蕉科 Cannaceae

（美人蕉属 *Canna*）

538. 子房3室或因退化而成1室，每子房室内仅含1个基生胚珠；各不育雄蕊也呈花瓣状，唯多少有些互相连合 ……………………………………………………………………… 竹芋科 Marantaceae

532. 花常辐射对称，也即花整齐或近于整齐。

539. 水生草本，植物体部分或全部沉没水中 ……………………………………… 水鳖科 Hydrocharitaceae

539. 陆生草本。

540. 植物体为攀援性；叶片宽广，具网状脉（还有数主脉）和叶柄………………… 薯蓣科 Dioscoreaceae

540. 植物体不为攀援性；叶具平行脉。

541. 雄蕊3个。

542. 叶2行排列，两侧扁平而无背腹面之分，由下向上互相套叠；雄蕊和花被的外层裂片相对生……… 鸢尾科 Iridaceae

542. 叶不为2行排列；茎生叶呈鳞片状；雄蕊和花被的内层裂片相对生…… 水玉簪科 Burmanniaceae

541. 雄蕊6个。

543. 果实为浆果或蒴果，而花被残留物多少和它相合生，或果实为一聚花果；花被的内层裂片各于其基部有2舌状物；叶呈带形，边缘有刺齿或全缘 ………………………… 凤梨科 Bromeliaceae

543. 果实为蒴果或浆果，仅为1花所成；花被裂片无附属物。

544. 子房1室，内有多数胚珠位于侧膜胎座上；花序为伞形，具长丝状的总苞片…………………………………………………………………………………………………… 蒟蒻薯科 Taccaceae

544. 子房3室，内有多数至少数胚珠位于中轴胎座上。

545. 子房部分下位 ……………………………………………………………… 百合科 Liliaceae

（粉条儿菜属 *Aletris*，沿阶草属 *Ophiopogon*，球子草属 *Peliosanthes*）

545. 子房完全下位 ……………………………………………………… 石蒜科 Amaryllidaceae

参考文献

[1] 国家药典委员会．中华人民共和国药典（一部）［M］.2020年版．北京：中国医药科技出版社，2020.
[2] 国家药典委员会．中华人民共和国药典（四部）［M］.2020年版．北京：中国医药科技出版社，2020.
[3] 汪荣斌，丁平．药用植物学［M］.2版．北京：中国中医药出版社，2018.
[4] 林美珍，张建海．药用植物学［M］.2版．北京：中国医药科技出版社，2019.
[5] 郑小吉，金虹．药用植物学［M］.4版．北京：人民卫生出版社，2018.
[6] 秦胜红，陈川慧．药用植物学基础［M］.2版．北京：中国医药科技出版社，2016.
[7] 艾继周．天然药物学［M］.2版．北京：人民卫生出版社，2013.
[8] 沈力，张辛．天然药物学［M］.3版．北京：人民卫生出版社，2018.
[9] 张钦德．中药鉴定技术［M］.4版．北京：人民卫生出版社，2014.
[10] 黄宝康．药用植物学［M］.7版．北京：人民卫生出版社，2016.